# Chemische Technologie der Lösungsmittel

Von

Dr. phil. Otto Jordan
Mannheim

Mit 26 Abbildungen im Text



Berlin
Verlag von Julius Springer
1932

ISBN 978-3-642-50539-3 ISBN 978-3-642-50849-3 (eBook)
DOI 10.1007/978-3-642-50849-3


Softcover reprint of the hardcover 1st edition 1932

Herrn Geheimrat Prof. Dr. phil.

**Karl von Auwers**

in dankbarer Ergebenheit gewidmet

# Vorwort.

Organische Lösungsmittel wurden vor etwa 10 Jahren in der Technik nur auf eng begrenzten Spezialgebieten verwendet. Seitdem ist ihre Bedeutung, angeregt vornehmlich durch die Entwicklung neuzeitlicher Lackiermethoden im Automobilbau, in ungeahntem Maße gewachsen. Diese noch keineswegs abgeschlossene Ausbreitung zeigt sich in der großen Zahl und den hohen Produktionsziffern der heutigen Handelsprodukte; durch sie ist die Entwicklung zahlreicher Industriezweige entscheidend beeinflußt worden.

Zu dieser Entwicklung haben in den letzten Jahren grundlegende wissenschaftliche Arbeiten vor allem deutscher Forscher beigetragen, durch welche unsere Kenntnisse von dem für die Verarbeitung technischer Lösungsmittel so wichtigen Wesen kolloider Lösungen vertieft worden sind. Gefördert wurde die zunehmende Verwendung von Lösungsmitteln ferner durch Untersuchungen über deren Einwirkung auf den Organismus; dadurch ist die Ausschaltung giftiger Produkte ermöglicht worden.

Mit der wachsenden wirtschaftlichen Bedeutung der Lösungsmittel wächst auch das Interesse daran, für ihre Herstellung neue und billigere Rohstoffe nutzbar zu machen und weitere Anwendungsgebiete zu erschließen.

Die große Zahl der Veröffentlichungen auf diesem Gebiete erschwert es denjenigen, die sich in die Materie einarbeiten wollen, in hohem Maße, Wichtiges von Nebensächlichem zu unterscheiden und einen Überblick zu gewinnen. Neben die zahlreichen amerikanischen Veröffentlichungen, vor allem über die Anwendungstechnik der Lösungsmittel, treten Arbeiten europäischer, besonders deutscher Autoren, in denen die wissenschaftlichen Grundlagen erweitert werden. Es wird leicht übersehen, daß die größte Zahl von Lösungsmitteln des Handels wohl in Deutschland anzutreffen ist und daß sich mit deren Hilfe eine Reihe hochwertiger Spezialerzeugnisse entwickelt hat.

H. Wolff hat im Jahre 1927 in seinem trefflichen Buche: „Die Lösungsmittel der Fette, Öle und Harze" ein größeres Teilgebiet erfolgreich zusammengefaßt und den Versuch gemacht, das Gebiet nach dem damaligen Stande der Kenntnisse zu umreißen. Auch von anderer

Seite, beispielsweise von Bianchi-Weihe („Celluloseesterlacke“[1]) und F. Zimmer („Nitrocelluloselacke und Zaponlacke“), sind Teilgebiete eingehender behandelt worden. Gleichwohl wird das Fehlen eines das Gesamtgebiet der chemischen Technologie der Lösungsmittel unter Berücksichtigung der neuesten Forschungen zusammenfassenden Werkes allerseits als ein Mangel empfunden.

Wenn im vorliegenden Buche der Versuch einer solchen Zusammenfassung der verschiedensten Gesichtspunkte gemacht wird, so geschieht dies aus der Erwägung heraus, daß durch die derzeitige wirtschaftliche Lage die Entwicklung des Gebietes ruhiger geworden ist und ihr weiterer Gang sich einigermaßen übersehen läßt, ferner weil zahlreichen Fachgenossen und Anfängern ein Leitfaden gerade im gegenwärtigen Moment erwünscht ist.

Da im Rahmen des Buches eine vollständige Besprechung aller wichtigeren Arbeiten nicht zu erreichen war, wurde besonderer Wert darauf gelegt, auch für den Fachmann ohne abgeschlossene chemische Vorbildung in Grundzügen die neueren Vorstellungen über das Wesen der Lösungsmittel und deren physikalische Eigenschaften allgemeinverständlich darzustellen und dabei auf die Ableitung mathematischer Formeln zu verzichten.

Um auch das tiefere Studium zu erleichtern, wurden zahlreiche Hinweise auf die Originalliteratur aufgenommen. Der Bedeutung der Anwendung der Lösungsmittel entsprechend wurde ferner der Behandlung anwendungstechnischer Fragen ein breiter Raum gewährt. Dagegen konnte auf mancherlei unwesentliche Einzelheiten apparativer Natur bei der Herstellung der Lösungsmittel ohne Beeinträchtigung der Verständlichkeit verzichtet werden. Die Patentliteratur wurde weitgehend herangezogen, ohne indessen Vollständigkeit erreichen zu können.

Besondere Schwierigkeiten bot die Sichtung der umfangreichen Literatur über die einzelnen Produkte, vor allem auf dem noch kaum zusammengefaßten Gebiet der Weichmachungsmittel. Hierbei mußte allein der Gesichtspunkt der praktischen Bedeutung über die Aufnahme entscheiden. Dementsprechend waren viele häufig wiederkehrende, aber veraltete Angaben namentlich über bedeutungslose Produkte auszuschließen.

Der Verfasser hofft, damit den Interessen des Leserkreises am besten gedient zu haben.

Da das Inhaltsverzeichnis mit größter Sorgfalt ausgestaltet wurde, konnte auf die Aufnahme eines Registers verzichtet werden.

Mannheim, im September 1932.

**Dr. Otto Jordan.**

---

[1] Berlin: Julius Springer 1931.

# Inhaltsverzeichnis.

Seite

## XI. Die Analyse von Lösungsmitteln und Lacken.



## XII. Die Herstellung von Lösungsmitteln.

Seite

## Spezieller Teil.



## XIII. Die einzelnen Lösungsmittel.

## XIV. Weichmachungsmittel.

## XV. Tabellen und Übersichten.

Allgemeiner Teil.

# I. Allgemeines über Lösungsmittel und Weichmachungsmittel.

## A. Die Begriffe Lösungsmittel und Weichmachungsmittel.

Organische Lösungsmittel haben sich während der letzten Jahre in größten Mengen in den verschiedensten Zweigen der Industrie und des täglichen Lebens Eingang verschafft. Ihre wichtigsten Anwendungsgebiete sind:

Lacke und Anstrichmittel aller Art,
Plastische Massen und Kunststoffe,
Klebmittel, Polier- und Abbeizmittel,
Imprägnierung von Geweben,
Vervielfältigungsgewerbe (Druck- und Tiefdruckfarben),
Gummiindustrie,
Extraktion von Fetten, Ölen und Riechstoffen,
Chemische Reinigung durch Entfetten und Waschen,
Schuhcreme und Bohnermassen.

Auf diesen Gebieten werden die verschiedenartigsten Stoffe gelöst und die Handhabung der Lösungsmittel erfolgt auf eine sehr mannigfache Weise. Demgemäß gehen die Anforderungen an ein technisches Lösungsmittel außerordentlich weit auseinander.

Auf vielen Gebieten dienen neben organischen Lösungsmitteln auch anorganische wie flüssiges Ammoniak, Schwefeldioxyd u. dgl. Sieht man von diesen nur in besonderen Fällen verwendbaren anorganischen Produkten ab, so ergeben sich für die auf den obengenannten Gebieten verwendeten Lösungsmittel doch zahlreiche gemeinsame Gesichtspunkte. Man kann die hierher gehörenden Lösungsmittel bezeichnen als flüssige, flüchtige organische Verbindungen, mit deren Hilfe nicht oder nur schwer flüchtige organische Stoffe in technisch verwertbare Lösungen gebracht werden können, ohne daß sie chemisch durch das Lösungsmittel eine Veränderung erfahren.

Im weiteren Sinne werden zu den Lösungsmitteln auch die sog. Weichmachungsmittel gezählt. Unter diesem Namen faßt der Sprachgebrauch in den verschiedensten Zweigen der Technik völlig verschiedene Produkte zusammen. So bezeichnet man in der Leder- und Textilindustrie als Weichmachungsmittel teilweise auch Produkte, die die Ware griffig oder geschmeidig machen sollen, ohne sich irgendwie durch einen Löseprozeß mit der Leder- oder Gewebesubstanz homogen zu mischen, und die durch einfache Wasch- oder Extraktionsprozesse wieder abgetrennt werden können. In der Industrie der Anstrichstoffe, Imprägniermittel, Kunststoffe und verwandter Erzeugnisse dagegen versteht man unter Weichmachungsmitteln flüssige oder feste, nicht oder nur sehr schwer flüchtige organische Verbindungen, welche sich mit organischen Bindemitteln mit oder ohne Zuhilfenahme flüchtiger Lösungsmittel zu homogenen Erzeugnissen verarbeiten lassen, ohne daß eine chemische Reaktion eintritt, und welche Härte und Zügigkeit der Bindemittel zu beeinflussen vermögen. Nur von dieser letzteren Art von Weichmachungsmitteln ist in diesem Buche die Rede. Sie zeigen mit flüchtigen Lösungsmitteln insofern eine nahe Verwandtschaft, als sie meist ein ausgeprägtes Lösevermögen für die Bindemittel besitzen. Man kann viele von ihnen auch als nichtflüchtige Lösungsmittel bezeichnen.

## B. Allgemeines über die zu lösenden Stoffe.

Die organischen Lösungsmittel werden in der Technik außer zum Umkrystallisieren von krystallinischen Substanzen in der Hauptsache zum Lösen von nichtkrystallisierenden Körpern, vor allem von Ölen und hochmolekularen Kolloiden, verwendet. Die letzteren nennt man, weil sie im Gegensatz zu vielen anderen Kolloiden löslich sind, lyophile Kolloide. Zu ihnen zählen Kautschuk, Cellulosederivate wie Nitrocellulose, Acetylcellulose und Celluloseäther, ferner natürliche und künstliche Harze und Bitumina. Über den Aufbau dieser Stoffe, die man vom Standpunkt des Anstrichmittelherstellers auch oft als „Bindemittel" oder „Filmbildner" zusammenfaßt, besteht in vieler Hinsicht noch keine völlige Klarheit. Durch die grundlegenden Arbeiten von Forschern wie Staudinger, K. H. Meyer und H. Mark und von einigen führenden Industrielaboratorien sind indessen unsere Kenntnisse der lyophilen Kolloide in den letzten Jahren wesentlich vertieft worden. Eine ausführliche Darstellung dieser Arbeiten bringt das Buch von K. H. Meyer und H. Mark: Der Aufbau der hochpolymeren organischen Naturstoffe. Leipzig 1930.

Über die Arbeiten auf dem Gebiete der Nitrocellulose, die für den Lösungsmittelverbraucher von besonderem Interesse sind, gibt das

Buch von Bianchi-Weihe: Celluloseesterlacke[1] einen näheren Überblick. Wertvolle Angaben enthält auch die Broschüre der I. G. Farbenindustrie Aktiengesellschaft: Die Kollodiumwolle und ihre Verarbeitung zum Lack (1929), sowie deren Ergänzungsband (1932).

Auf diese Forschungen kann im Rahmen dieses Buches nicht näher eingegangen werden. Soweit zur Besprechung der Wechselbeziehungen zwischen Lösungsmittel und gelöstem Stoff die neueren Vorstellungen über den Aufbau und die Eigenschaften von lyophilen Kolloiden herangezogen werden müssen, ist dies in den betreffenden Kapiteln geschehen.

## C. Ursachen für das Lösevermögen.

Die Löslichkeit der einzelnen Stoffe in organischen Lösungsmitteln ist sehr verschieden, und es gibt kein Universallösungsmittel für alle Zwecke. Es besteht ein grundsätzlicher Unterschied zwischen der Löslichkeit von krystallinen Substanzen einerseits und löslichen, sog. lyophilen Kolloiden andererseits. Während erstere in der Regel eine begrenzte Löslichkeit haben und nach Überschreitung des Sättigungspunktes weitere Mengen des Krystalloids nicht mehr in Lösung gehen, gibt es augenscheinlich beim Auflösen von Ölen und besonders von „lyophilen" Kolloiden gewöhnlich derartige Sättigungsgrenzen nicht, vielmehr sind Lösungsmittel und gelöste Stoffe in allen Verhältnissen miteinander mischbar. Beim Auflösen saugen lyophile Kolloide beinahe beliebige Mengen von Lösungsmitteln auf, und es gibt bei ihnen keine definierte Grenze zwischen flüssiger und fester Phase. Dadurch wird die Möglichkeit der Bildung zusammenhängender Schichten, der Filme, aus den lyophilen Kolloiden ermöglicht. Praktisch sind der Konzentration von Lösungen aber dort Grenzen gezogen, wo infolge zu hoher Viscosität die Verarbeitung unmöglich wird.

Die Gründe für die Verschiedenheit des Lösevermögens sind bisher nicht klar erkannt. In der Literatur finden sich darüber die verschiedensten Auffassungen[2]. Immerhin sind von verschiedenen Seiten in den letzten Jahren Anschauungen entwickelt worden, die einen richtigen Kern enthalten und die Vorgänge bei der Herstellung von Lösungen dem Verständnis näherbringen.

Die Betrachtung der im folgenden Abschnitt besprochenen chemischen Zusammensetzung von Lösungsmitteln zeigt solche Stoffe, in denen die Atome und Atomgruppen, aus welchen sich die Molekel der Lösungsmittel aufbaut, keine elektrischen Gegensätze oder Unter-

[1] Berlin: Julius Springer 1930.

[2] Vgl. P. Walden: Die Lösungstheorien in ihrer geschichtlichen Aufeinanderfolge. Sammlung chemisch-technischer Vorträge. Stuttgart: Fr. Enke 1910.

schiede in der frei verfügbaren Valenzenergie aufweisen (beispielsweise Kohlenwasserstoffe), während in anderen Lösungsmitteln einzelne Atome oder Atomgruppen gegenüber dem übrigen Teil der Molekel recht erhebliche Spannungsunterschiede besitzen. Letztere Stoffe, zu denen vor allem sauerstoffhaltige Lösungsmittel zählen und deren extremster Vertreter das Wasser ist, nennt man deshalb polare, während die ersteren als nichtpolare Lösungsmittel bezeichnet werden.

Die Erfahrung lehrt, daß nichtpolare Lösungsmittel besonders gut nichtpolare Stoffe lösen, während polare Stoffe von polaren Lösungsmitteln gut gelöst werden.

Die Theorie von Langmuir-Hildebrand[1] nimmt als Ursache für die Löslichkeit eine spezifische Anziehung zwischen den polaren Gruppen im Lösungsmittel und in dem zu lösenden Stoff an. Diese Vorgänge werden durch die von Debye[2], K. H. Meyer[3] und anderen Forschern entwickelten Vorstellungen verständlich.

In nichtpolaren Lösungsmitteln sind die einzelnen Atome durch Hauptvalenzen miteinander so verknüpft, daß an keiner Stelle der Molekel mehr größere Mengen von nicht abgesättigter Energie vorhanden sind und keine Spannungsdifferenzen (Dipolmomente) auftreten. Die chemische Bindung ist hier eine homöopolare und im Sinne der Quantenmechanik als ein Zusammenwirken zweier Elektronen zu betrachten, die den sich vereinigenden Atomen angehören und verschiedenen Elektronendrall besitzen.

Da demnach nur sehr kleine freie Energiemengen bei den einzelnen Molekeln vorhanden sind, so können in flüssigen Lösungsmitteln benachbarte Molekeln nur eine sehr geringe Einwirkung aufeinander ausüben; sie werden also einzeln für sich leicht beweglich sein und nicht zu Assoziationen neigen. Infolgedessen können sie leicht von der Oberfläche in den Gasraum über der Flüssigkeit übergehen; der Dampfdruck nichtpolarer Lösungsmittel ist verglichen mit polaren Lösungsmitteln hoch und sie verdunsten schneller. Auch Verdampfungswärme und zahlreiche andere Erscheinungen sind hierdurch beeinflußt.

Ganz anders liegen die Dinge bei polaren Lösungsmitteln. In ihnen führt die chemische Bindung der Atome untereinander nicht zu einem Zustand gegenseitiger Absättigung, vielmehr bleiben an bestimmten Stellen der Molekel Energieüberschüsse frei verfügbar. Die Molekel kann man sich dann in einen aktiven, durch das Vorhandensein von freier Energie charakterisierten und einen nichtak-

---

[1] Mc. Ewen: Journ. Chem. Soc. London Bd. 123 (1923) S. 2279.
[2] Debye: Polare Molekeln. Leipzig 1929.
[3] a. a. O.

tiven Teil geteilt denken, zwischen denen Spannungen, ein sog. Dipolmoment, bestehen. So kann man beispielsweise die Äthylalkoholmolekel wie folgt formulieren, wobei + den aktiven, — den nichtaktiven Teil bedeutet:

$$\boxed{-C_2H_5 \text{———————} OH+}$$

Die Molekeln von solchen polaren Stoffen können sich leicht gegenseitig beeinflussen, indem die aktiven Teile sich gegenseitig abzusättigen suchen, so daß nach außen hin ein Minimum an potentieller Energie vorhanden ist. Dieser Neigung wird durch die Wärmebewegung entgegengewirkt, und sie wird deshalb mit steigender Temperatur geringer. Da die miteinander in Wechselbeziehung tretenden Molekeln gleicher Art sind, also auch gleichartige elektrische Ladungen tragen, so können gleichzeitig und unabhängig von der Temperatur Polarisationserscheinungen auftreten.

Alle diese Kräfte, die zwischen polaren Molekeln wirksam sind, heißen van der Waalssche Kohäsionskräfte. K. H. Meyer und H. Mark haben dafür den Namen Molkohäsion eingeführt. Sie ist auch für die Betrachtung der Wechselbeziehungen zwischen Lösungsmittel und gelöstem Stoff von großer Bedeutung. Ihre Größe hat man aus der Verdampfungswärme berechnet und dafür die folgenden, hier interessierenden Werte ermittelt:

| Gruppe | Molkohäsion Cal pro Mol | Gruppe | Molkohäsion Cal pro Mol |
|---|---|---|---|
| $-CH_3$<br>$=CH_2$ | 1780 | $-CHO$ | 4700 |
| $-CH_2-$<br>$=CH-$ | 990 | $-COOH$ | 8970 |
| $-CH-$ | 380 | $-COOCH_3$ | 5600 |
| $-O-$ | 1630 | $-COOC_2H_5$ | 6230 |
| $-OH$ | 7250 | $-Cl$ | 3530 |
| $=CO$ | 4270 | ferner unsicherer $-NO_2$ | 7200 |

In dieser Reihe fällt besonders die Größe der Molkohäsion der Hydroxylgruppe und der eine Hydroxylgruppe enthaltenden Carboxylgruppe auf. Sie gibt in der Tat den Lösungsmitteln am stärksten polaren Charakter.

Die Molkohäsion führt bei polaren Lösungsmitteln zu gewissen Assoziationen in flüssigem Zustand, wozu die Neigung je nach der Stärke der aktiven Atomgruppen verschieden ist. Am stärksten ist sie beim Wasser und bei den niedrigmolekularen Alkoholen und Carbonsäuren. Hieraus werden niedrigerer Dampfdruck bei Zimmertemperatur und geringere Flüchtigkeit im Vergleich mit nichtpolaren Lösungsmitteln sowie viele andere Eigenschaften verständlich.

Unter dem Einfluß der Wärmebewegung können die einzelnen Molekeln oder Molekelassoziationen polarer Lösungsmittel im wesentlichen drei verschiedene Stellungen zueinander einnehmen, die sich schematisch wie folgt darstellen lassen:

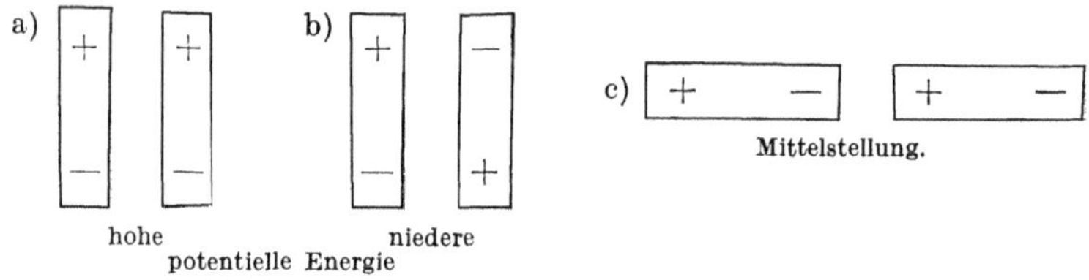


Unter normalen Temperaturbedingungen ist keine dieser Stellungen bevorzugt oder von langer Dauer, sondern es findet ein steter Wechsel der Gruppierungen statt, wobei gelegentliche Schwarmbildungen nicht ausgeschlossen sind.

Diese Lagerungen gelten aber nur für das Innere von Flüssigkeiten. An deren Oberfläche gegen Luft und an den Grenzflächen gegen andere Lösungsmittel treten besondere Verhältnisse auf. Sie beeinflussen namentlich die Oberflächen- und Grenzflächenspannung.

Es ist sehr wahrscheinlich, daß in dem oben gekennzeichneten Bestreben der Molekeln, nach außen einen Zustand von einem Minimum an potentieller Energie einzunehmen, von polaren Lösungsmitteln der aktive Teil nach dem Inneren der Flüssigkeit, der nichtaktive Teil dagegen nach außen gerichtet ist. Die Anordnung der Molekeln des Methanols an der Oberfläche ist dann die folgende (Abb. 1a):

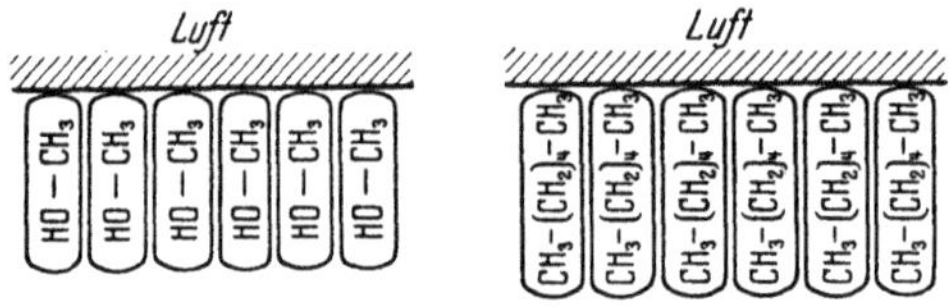


a b

Abb. 1.

Bei nicht polaren Lösungsmitteln treten derartige besondere Lagerungen der Molekeln nicht auf, weil deren Enden gleichwertig sind, wie beispielsweise im Hexan (Abb. 1b).

Tritt an der Oberfläche ein weiteres Lösungsmittel hinzu, so wandert Gleiches zu Gleichem, d. h. es streben die energiereichen aktiven Gruppen, also die sauerstoffhaltigen Molekelteile beider Flüssigkeiten, und ebenso die energiearmen Kohlenwasserstoffteile zueinander. Liegen dann in dem einen Lösungsmittel, beispielsweise im Wasser oder Methanol, keine oder nur sehr schwache Kohlenwasserstoffreste, im anderen Lösungsmittel dagegen, wie im Benzin, keine energiereichen aktiven Gruppen vor, so erfolgt gegenseitige Abstoßung: Die beiden Lösungsmittel lösen sich gegenseitig nicht oder nur in Spuren.

Treffen zwei Schichten polarer Lösungsmittel aufeinander, beispielsweise Butanol und Methanol, so lagern sich zunächst die Molekeln dergestalt um, daß an der Grenzfläche Hydroxyl gegen Hydroxyl steht:

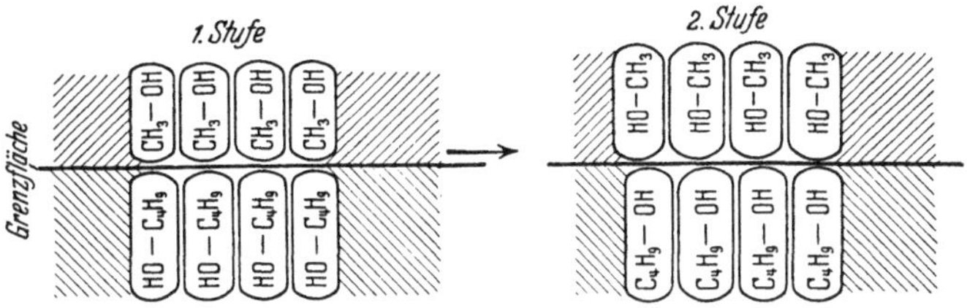


Abb. 2.

Es erfolgt danach leicht Mischung von Butanol und Methanol. Dabei können Assoziationskräfte wirksam sein, wofür die beim Vermischen zweier Lösungsmittel auftretende Wärmetönung spricht, die bei den einzelnen Produkten verschieden groß ist. Nach völliger Mischung wird sich an der Oberfläche wieder die oben für Methanol gegebene Konstellation einstellen, und zwar aus Methanol- und Butanolmolekeln oder gemischten Molekelassoziationen (Solvaten).

Die Solvatbildung bedeutet, daß eine Lösungsmittelmolekel die unabhängige Beweglichkeit einer benachbarten fremden Lösungsmittelmolekel vermindert oder aufhebt. Dadurch wird auch das Molvolumen in erheblichem Maße beeinflußt. Über die Solvate, die sich beim Mischen von mehreren Lösungsmitteln bilden und z. B. für Mischungen aus Aceton und Chloroform bekannt sind, liegt noch wenig Tatsachenmaterial vor. Dessen Eıweiterung wäre sehr zu begrüßen, da hierbei vielleicht weitere Erklärungen für das oft sprunghafte Ansteigen oder Fallen des Lösevermögens von Lösungsmittelgemischen bei Änderung des Mengenverhältnisses der Komponenten gefunden werden können. Die für das Mischen zweier Lösungsmittel entwickelten Verhältnisse gelten auch für das Auflösen von Ölen oder lyophilen Kolloiden in Lösungsmitteln, da die Kräfte, welche Lösungsmittel und gelöster Stoff aufeinander ausüben, von gleicher Größenordnung sind wie die Molkohäsion. Die Verhältnisse seien nachstehend am Beispiel des Verhaltens des Äthylalkohols gegenüber Leinöl und Ricinusöl erläutert.

Im Leinöl ist der Anteil des nichtpolaren Kohlenwasserstoffteiles (R) sehr groß, der der aktiven Estergruppe —COO— dagegen klein, während im Alkohol die energiereiche Hydroxylgruppe weitaus die schwache Alkylgruppe überwiegt; dies läßt sich etwa folgendermaßen darstellen:

$$\begin{array}{l|l}
\mathbf{OH}\text{—}C_2H_5 & \mathbf{R}\text{—COO—}CH_2 \\
 & \qquad\qquad\quad | \\
\mathbf{OH}\text{—}C_2H_5 & \mathbf{R}\text{—COO—}CH \\
 & \qquad\qquad\quad | \\
\mathbf{OH}\text{—}C_2H_5 & \mathbf{R}\text{—COO—}CH_2
\end{array}$$

Der polare Charakter beider Stoffe ist zu verschieden, Alkohol und Leinöl mischen sich nicht. Im Ricinusöl dagegen liegen drei aktive OH-Gruppen vor, die zu den Hydroxylgruppen des Alkohols streben:

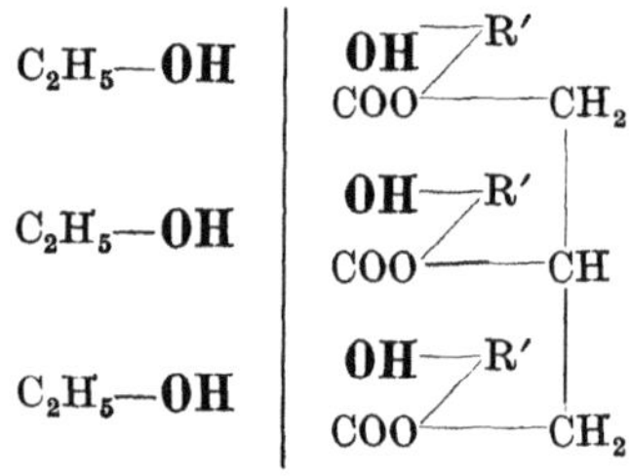

Die beiderseits verfügbaren freien Energiemengen führen zum Lösen von Ricinusöl in Alkohol.

Beim Auflösen großer Molekeln in Lösungsmitteln tritt ähnlich wie beim Mischen zweier Lösungsmittel häufig Solvatbildung ein; die große Molekel des gelösten Stoffes vermag eine oft sehr große Zahl von Lösungsmittelmolekeln so weit zu binden, daß sie kinetisch nicht mehr unabhängig sind. Hierbei ist außer dem polaren Charakter noch die Raumerfüllung der Molekeln von großem Einfluß. Näher untersucht sind diese Verhältnisse vor allem bei den Celluloseestern, wie wir später noch sehen werden.

Die angeführten Beispiele zeigen, daß das Verhältnis von energiereichem zu energiearmem Teil der Molekel, anders ausgedrückt der Wert von

$$\frac{\text{Kohlenwasserstoffrest}}{\text{Sauerstoffhaltiger Rest}} \quad \text{oder} \quad \frac{\text{Molekulargewicht}}{\text{Aktive Gruppe}} = \frac{M}{A}$$

für das Lösevermögen von außerordentlich großer Bedeutung ist.

Die Anwendung dieser Betrachtungsweise setzt voraus, daß die Stärke der aktiven Gruppe unabhängig von der Natur des Kohlenwasserstoffanteils ist und in den verschiedenen Verbindungen etwa den gleichen Wert hat. Tatsächlich zeigen die Angaben der Literatur, daß das elektrische Moment $\mu$ polarer Molekeln, ausgedrückt in elektrostatischen Einheiten, für jede Körperklasse innerhalb gewisser Grenzen konstante Werte besitzt. Aus den von Debye[1] gesammelten Daten ergeben sich nachstehende abgerundete Durchschnittswerte für $\mu$:

| | $\mu \cdot 10^{18}$ |
|---|---|
| Aliphatische Alkohole (—OH) . . . . . . | ca. 1,6 |
| „ Ketone (=CO) . . . . . . . . | „ 2,7 |
| „ Ester (—COO—) . . . . . . | „ 1,75 |
| „ Äther (—O—) . . . . . . . . | „ 1,2 |

[1] a. a. O.

Nach Highfield[1] enthält Nitrocellulose Atomgruppen von starker Polarität (Hydroxyl), neben weniger stark (Nitrogruppe) oder nicht polaren Gruppen (Kohlenwasserstoffanteil). Demnach müßte die Löslichkeit der Nitrocellulose in solchen Lösungsmitteln oder Lösungsmittelgemischen am größten sein, in denen ebenfalls stark polare und nichtpolare Gruppen nebeneinander vorhanden sind. Da mit zunehmendem Stickstoffgehalt durch Veresterung die Zahl der Hydroxylgruppen sinkt und damit der polare Charakter der Nitrocellulose etwas geschwächt wird, so müßte zu erwarten sein, daß solche Kollodiumwollen in weniger stark polaren Lösungsmitteln besser löslich sind.

Diese Annahme trifft bei technischen Kollodiumwollen innerhalb gewisser Grenzen tatsächlich zu. Während Kollodiumwollen von niedrigstem Stickstoffgehalt und hohem Hydroxylanteil schon in Sprit allein weitgehend löslich sind, geht mit zunehmendem Stickstoffgehalt die Löslichkeit in Alkohol stark zurück und Nitrocellulosen von höchstem Stickstoffgehalt sind in Alkoholen kaum noch löslich, dagegen steigt bei solchen Kollodiumwollen die Löslichkeit in Lösungsmittelgemischen, die größere Mengen von nichtpolaren Kohlenwasserstoffen beispielsweise von Toluol oder Benzin enthalten. Sie sind auch in den schwächer polaren Ketonen gut löslich. Mit dieser Auffassung stimmt auch die Tatsache überein, daß man das Lösevermögen eines Lösungsmittels für Nitrocellulose und Harze nicht nach seinem Sauerstoffgehalt beurteilen kann, denn Lösungsmittel von gleichem Sauerstoffgehalt zeigen je nach ihrer Konstitution, vor allem je nach der Art der chemischen Bindung des Sauerstoffs ein ganz verschiedenes Lösevermögen[2].

Ähnliche Verhältnisse lassen sich auch bei Acetylcellulosen und Celluloseäthern feststellen. Bei diesen zeigen solche Produkte, in denen die meisten Hydroxylgruppen durch Acetyl oder Äthyl gebunden sind, die beste Löslichkeit in schwachpolaren Lösungsmitteln wie chlorierten Kohlenwasserstoffen, und teilweise auch in Benzolkohlenwasserstoffen, während stark hydrolysierte Produkte mit hohem Hydroxylanteil nur in Lösungsmittelgemischen löslich sind, die viel Alkohol oder sogar Wasser enthalten. Beispielsweise lösen sich Cellulosetriacetate nur in Methylenchlorid oder Chloroform, besonders bei Zusatz von wenig Alkohol, während die Cellulosehydroacetate, in denen freie Hydroxylgruppen vorhanden sind, sich in größere Mengen Alkohol oder Wasser enthaltenden Lösungsmittelgemischen lösen, aber in Methylenchlorid allein unlöslich sind.

---

[1] Trans. Faraday Soc. Bd. 22 (1926) S. 64; Ztschr. f. physikal. Ch. Bd. 124 (1926) S. 345ff.

[2] Vgl. R. Calvert: Ind. and Engin. Chem. Bd. 21 (1929) S. 213; Ref. Farbe u. Lack 1929 S. 626.

Damit stimmt ferner überein, daß nicht- oder nur wenig polare Stoffe wie fette Öle in Kohlenwasserstoffen und deren Chlorderivaten am besten löslich sind.

Für Harze hat ferner Drummond[1] eine Zweiteilung durchgeführt. Er unterscheidet zwischen solchen ziemlich stark polaren Harzen, die in polaren Lösungsmitteln löslich sind, wie Phenolharze, Glycerin-Phthalsäureharze, Acroleinharze und solchen Harzen, die sich in nichtpolaren Lösungsmitteln lösen. Zu letzteren gehören u. a. Harze aus Cumaron, öllösliche Bakelite wie Kolophonium-Phenolformaldehyd oder Naphthalin-Aldehydharze.

Es ist nach den vorstehenden Ausführungen erklärlich, daß stark polare Lösungsmittel, in denen die energiereiche aktive Gruppe überwiegt, eine gute Wasserlöslichkeit aufweisen, die mit dem Anwachsen des Kohlenwasserstoffanteiles an der Molekel zurückgeht, während Öle und Fette schlecht gelöst werden. Sie werden daher als hydrophil oder lipophob bezeichnet. Nichtpolare Lösungsmittel dagegen sind, wie oben gezeigt, wasserabstoßend, aber sehr gute Fettlöser; man nennt sie deshalb lipophil oder hydrophob. Ähnliche Unterschiede zeigen sich auch bei den zu lösenden Stoffen, beispielsweise bei Celluloseäthern. Bei diesen sind die Verbindungen mit hohem Gehalt an hydrophilen Hydroxylgruppen in Wasser quellbar oder löslich, während hochalkylierte Produkte wie Trialkylcellulosen vom Typus der Triäthyl- oder Tripropylcellulosen wasserabstoßend und in Kohlenwasserstoffen löslich sind.

Solche Anschauungen erklären auch, daß Mischungen aus Lösungsmitteln von verschieden stark polarem Charakter und verschiedener Wasserlöslichkeit Stoffe zu lösen vermögen, die von den Einzelkomponenten nicht gelöst werden. Wichtige Beispiele hierfür sind die Mischungen von Alkohol und Äther für Kollodiumwolle oder von Alkohol und Benzol oder Methylenchlorid für Acetylhydrocellulosen.

Die angeführten Beispiele zeigen, daß die neueren Anschauungen über polare und nichtpolare Molekeln zur Erklärung des Lösevermögens weitgehend herangezogen werden können. Rechnerisch sind indessen die bestehenden Beziehungen noch kaum an exaktem Beobachtungsmaterial verfolgt worden. Ein abschließendes Urteil, inwieweit außerdem noch andere Ursachen für das Lösevermögen herangezogen werden müssen, ist deshalb heute noch nicht möglich. Die Erforschung der natürlichen und der synthetisch erzeugten hochpolymeren Bindemittel läßt indessen schon heute erkennen, daß auch den Fragen der Raumerfüllung der großen Molekeln und wahrscheinlich auch der Lösungsmittel eine erhebliche Bedeutung zukommt.

---

[1] India Rubber Journ. Bd. 125 (1928) S. 101.

# D. Einteilung der Lösungsmittel nach chemischen Gruppen.

Ordnet man die technisch verwendeten Lösungsmittel nach ihrer chemischen Natur, so läßt sich unter Berücksichtigung des im vorhergehenden Abschnitt Gesagten folgendes erkennen:

## 1. Kohlenwasserstoffe.

Aliphatische (Benzine) und aromatische Kohlenwasserstoffe (Benzole) bestehen nur aus Kohlenstoff und Wasserstoff und sind elektrisch weitgehend ausgeglichen und nicht polar; sie enthalten keine hydrophilen Gruppen. Dementsprechend sind sie hydrophob, aber lipophil. Zwischen den Gliedern von niederem und höherem Molekulargewicht bestehen im Lösevermögen meist nur graduelle, nicht aber prinzipielle Unterschiede, weil sich mit zunehmender Molekelgröße der nichtpolare Charakter nicht wesentlich ändert und nur die Raumerfüllung wechselt. Allgemein sind die aromatischen Kohlenwasserstoffe bessere Lösungsmittel als die aliphatischen, was u. a. mit ihrer anderen Raumerfüllung zusammenzuhängen scheint. Die Mitglieder dieser Gruppe zeigen ein vorzügliches Lösevermögen für nicht- oder wenig polare, also hydrophobe Stoffe, vor allem für Fette, Öle, Bitumina, viele Harze, Kautschuk, aber auch, vor allem bei höherer Temperatur, für Paraffin und Wachse. Die aromatischen Kohlenwasserstoffe lösen ferner gewisse Celluloseäther.

Dagegen lösen Kohlenwasserstoffe nur schlecht hydrophile und polare Stoffe, wie Schellack, Celluloseester oder hydrolysierte Celluloseäther, sind aber wichtige Zusatzmittel für deren Verarbeitung.

Da der Preis der Kohlenwasserstoffe sehr niedrig ist, dienen sie in größtem Maßstab für Extraktionszwecke verschiedener Art, für die chemische Reinigung, Lösungsmittelseifen sowie als Lösungsmittel für Kautschuk, bituminöse und Öllacke.

Alle Kohlenwasserstoffe sind brennbar und gute Dielektrika.

## 2. Chlorkohlenwasserstoffe.

Die Chlorkohlenwasserstoffe sind gleichfalls völlig lipophil, aber meist schwach polar. Sie zeigen ein den aromatischen Kohlenwasserstoffen recht ähnliches Lösevermögen. Der etwas stärker polare Charakter dieser Verbindungen zeigt sich in dem Löse- oder Quellvermögen einzelner Chlorkohlenwasserstoffe für gewisse organische Celluloseester, beispielsweise für Cellulosetriacetate.

Viele Chlorkohlenwasserstoffe sind unbrennbar; dieser große Vorteil erklärt ihre ausgedehnte Anwendung für Extraktions- und Reinigungszwecke. Leider zeigen sie kein Lösevermögen für Nitrocellulose; Nitrocelluloselacke, die auch während des Trocknens völlig unbrennbar sind, können deshalb von Ausnahmefällen abgesehen nicht hergestellt werden.

Manche Chlorkohlenwasserstoffe zeigen eine ziemlich starke physiologische Wirksamkeit und sind deshalb trotz ihrer Unbrennbarkeit nur mit entsprechender Vorsicht anzuwenden. Die meisten Produkte sind unter ganz bestimmten Umständen verseifbar, einige neigen bei Gegenwart von Metallen oder Licht und Feuchtigkeit zur Salzsäureabspaltung, während andere unter den bei ihrer Verwendung vorliegenden Bedingungen vollkommen beständig sind.

## 3. Alkohole.

Die Alkohole erhalten durch die Hydroxylgruppe stark polaren Charakter. Für ihr Lösevermögen ist maßgebend, wie groß der Anteil der Hydroxylgruppe an der Gesamtmolekel ist. In den niederen Alkoholen ist der Kohlenwasserstoffanteil an der Molekel klein, der Hydroxylanteil dagegen groß; deshalb sind diese Körper wasserlöslich und stark polar. Sie besitzen ein schlechtes Lösevermögen für nichtpolare Stoffe wie Fette, Öle, Bitumina oder Wachse, lösen aber vorzüglich stärker polare Stoffe, wie manche Harze, Farbstoffe und einige Nitrocellulosen. Mit steigendem Anteil der Kohlenwasserstoffgruppe an der Molekel, also mit steigendem Molekulargewicht in homologen Reihen, nimmt der Einfluß der aktiven hydrophilen Hydroxylgruppe ab; dadurch sinkt die Wasserlöslichkeit und das Lösevermögen für Celluloseester und polare Stoffe, während die Löslichkeit nichtpolarer Stoffe, z. B. der Öle, steigt. Während Methanol Kollodiumwollen gut löst, besitzt Äthylalkohol nur noch für bestimmte Typen von niedrigem N-Gehalt ein hohes Lösevermögen. Propylalkohol und höhere Alkohole zeigen dagegen kein direktes Lösevermögen mehr für Nitrocellulosen aller Art.

Ähnliche Änderungen des Lösevermögens in homologen Reihen beobachtet man auch bei allen anderen Gruppen von polaren Lösungsmitteln, doch sind die Unterschiede entsprechend dem besonders stark aktiven Charakter der Hydroxylgruppe bei den Alkoholen weitaus am größten. Zusätze von Alkoholen zu anderen Lösungsmitteln sind deshalb ein wichtiges Hilfsmittel, um den polaren Charakter des Lösungsmittels dem des zu lösenden Stoffes anzupassen.

In den mehrwertigen Alkoholen sind die polaren Eigenschaften noch wesentlich gegenüber den einwertigen Alkoholen gesteigert; das Verhältnis $M/A$ verschiebt sich durch den Eintritt einer zweiten und dritten Hydroxylgruppe immer mehr zugunsten von $A$, nähert sich also dem Wert für das Wasser. Dementsprechend weicht das Lösevermögen der mehrwertigen Alkohole wesentlich von dem der einwertigen ab und ähnelt dem des Wassers. Mehrwertige Alkohole sind deshalb ausgesprochene Nichtlöser für Öle, Fette, Harze und Cellulosederivate, mischen sich auch nicht oder nur wenig mit nichtpolaren Lösungsmitteln, dagegen lösen sie wasserlösliche Farbstoffe und sind teilweise mit wasserlöslichen Kolloiden, beispielsweise mit Eiweißverbindungen, verträglich.

## 4. Ketone.

Ketone enthalten die Ketogruppe —CO—, welche an zwei verschiedene Kohlenstoffatome gebunden ist. Die Ketone sind schwächer polar als die Alkohole (vgl. die Werte für die Molkohäsion). Nur ihre niedersten Glieder wie Aceton sind hydrophil und lösen hydroxylhaltige Acetylcellulosen. Die höheren Ketone sind gute Lösungsmittel für Öle. Die meisten sind auch ausgezeichnete Lösungsmittel für viele Celluloseester, besonders für Nitrocellulosen.

Für die Ketone hat zuerst E. Desparmet[1] festgestellt, daß das Lösevermögen für Nitrocellulose in hohem Maße abhängig ist von dem Wert $M/A$, worin $A$ die Carbonylgruppe bedeutet. Er fand, daß das Optimum des Lösevermögens bei einem Wert von etwa 2,07 für dieses Verhältnis liegt. Bei diesen Arbeiten wurde ferner festgestellt, daß die Viscosität von Lösungen der Nitrocellulose in Ketonen niedriger ist als die von Lösungen in Estern von gleichem Siedepunkt. Da die Molkohäsion der Carbonylgruppe sich von der der Ester beträchtlich unterscheidet und bei Estern von gleichem Siedepunkt $M/A$ einen anderen Wert hat, ist diese Feststellung qualitativ nicht überraschend.

Bei hochmolekularen Ketonen verschiebt sich der Wert $M/A$ derartig zugunsten von $M$, daß das Lösevermögen für Nitrocellulose überhaupt aufhört; solche Ketone zeigen beinahe Kohlenwasserstoffcharakter.

## 5. Ester.

Die Ester entsprechen der Formulierung $R — CO — OR_1$, worin R und $R_1$ Kohlenwasserstoffreste bedeuten und R an Stelle eines Kohlenwasserstoffrestes auch Wasserstoff (in Ameisensäureestern) bedeuten kann. Sie sind gleichfalls polar, aber schwächer als die Alkohole. Nur ihre niedersten Glieder sind hydrophil. Die meisten Ester haben ein ziemlich gutes Lösevermögen für Öle und Harze, vor allem aber sind sie ausgezeichnete Löser für Celluloseester, namentlich für Nitrocellulosen. Unter ihnen finden sich die wichtigsten Lösungsmittel und Weich-

[1] Le Cuir technique 1928 S. 56; Ref. Farben-Ztg. Bd. 36 S. 461.

machungsmittel für die Herstellung von Celluloselacken, plastischen Massen und dergleichen. Sehr hochmolekulare Ester zeigen entsprechend dem ungünstigen Wert für $M/A$ kaum noch ein Lösevermögen für Nitrocellulose, sind aber noch gute Weichmachungsmittel.

Die Ester können unter entsprechenden Bedingungen in die ihnen zugrunde liegenden Säuren und Alkohole gespalten werden und einige von ihnen bilden bei sehr langer Lagerung deshalb kleine Mengen freier Säure. Bei den meisten Estern ist aber die Neigung hierzu so außerordentlich gering, daß sie vernachlässigt werden kann.

## 6. Äther.

In den Äthern sind zwei Kohlenwasserstoffreste durch ein Sauerstoffatom miteinander verknüpft; die Produkte sind recht schwach polar. Schon beim Diäthyläther findet man ein sehr starkes Lösevermögen für wenig polare Stoffe wie Fette, Öle und Riechstoffe, dagegen werden Celluloseester kaum gelöst, da die polaren Eigenschaften der Äther zu schwach sind. Verstärkt man den polaren Charakter, indem man Äther mit Alkohol mischt, so werden einige Äther in solchen Mischungen zu Lösungsmitteln für Nitrocellulosen. Das gleiche gilt für die stärker polaren cyclischen Äther, in denen der Äthersauerstoff ein Bestandteil des Ringes ist, wie Propylenoxyd und Dioxan, die teilweise auch schon ohne Alkoholzusätze Celluloseester auflösen.

Eine besondere Stellung nehmen die *Glykoläther* ein, welche neben der Äthergruppe noch die Hydroxylgruppe in der Molekel enthalten. Sie sind die wichtigsten Vertreter der sog. Zweityplösungsmittel und lösen ausgezeichnet Nitrocellulose und teilweise auch Acetylhydrocellulosen.

## 7. Acetale.

Die Acetale enthalten 2 Äthersauerstoffatome, die einseitig an das gleiche Kohlenstoffatom gebunden sind, entsprechen also dem Schema

$$R{-}CH\left\langle\begin{matrix}O{-}R^{1}\\ O{-}R^{1}\end{matrix}\right.$$

Sie sind etwas stärker polar als die gewöhnlichen Äther, werden aber, von den niedersten Gliedern abgesehen, erst bei Zusatz von Alkohol zu Lösungsmitteln für Celluloseester.

Außerhalb diesen Gruppen stehen nur ganz wenige Lösungsmittel wie z. B. Schwefelkohlenstoff, welche Spezialverwendungszwecken dienen.

# E. Praktische Voraussetzungen für die Verwendung technischer Lösungsmittel.

Da organische Lösungsmittel, von Spezialfällen abgesehen, nicht eine chemische Umsetzung des zu lösenden Stoffes bewirken, sondern nur der Überführung technisch wichtiger Substanzen in die Lösung als die beste Form der Gewinnung oder Verarbeitung dienen sollen, so müssen sie bestimmte Voraussetzungen erfüllen. Diese werden von der I. G.-Farbenindustrie-Aktiengesellschaft[1] wie folgt genannt:

Lösungsmittel sollen

1. sich beim Lagern nicht chemisch verändern, also z. B. nicht verharzen;

2. physiologisch zumindest keine ausgesprochene Giftwirkung besitzen;

3. ganz oder nahezu farblos (wasserhell) und wasserfrei sein, da durch wasserhaltige oder stark Wasser anziehende Lösungsmittel Trübungen oder Ausscheidungen aus der Lösung auftreten können;

4. neutral sein, also weder sauer noch alkalisch reagieren oder leicht Säuren oder Alkalien abspalten, um Angriffe auf Gefäßwandungen, Emballagen u. dgl. zu vermeiden und Reaktionen mit den gelösten Bestandteilen oder außerdem beigegebenen unlöslichen Zusatzstoffen auszuschließen. Besonders unangenehm können solche Erscheinungen in Celluloseesterlacken sein. Man kann z. B. Kollodiumwolle in Eisessig oder Milchsäure oder Pyridin auflösen, aber die Kollodiumwolle wird dabei zerstört. Aus diesem Grunde darf auch pyridinvergällter Sprit nicht in Verbindung mit Kollodiumwolle verwendet werden.

# F. Kontrolle von Lösungs- und Verdünnungsmitteln.

Für die Überprüfung der Gleichmäßigkeit und einwandfreier Beschaffenheit sind von der American Society of Testing Materials (ASTM.) Vorschriften für die Untersuchung und Prüfung von Lösungs- und Verdünnungsmitteln für Nitrocelluloselacke ausgearbeitet worden[2]. Sie lassen sich sinngemäß auch unschwer auf Lösungsmittel für viele andere Zwecke übertragen und seien deshalb nachstehend ausführlich mitgeteilt:

## 1. Probenahme.

Die aus größeren Gebinden zu entnehmende Probe soll aus möglichst vielen Einzelproben bestehen, insgesamt mindestens 2 Liter. 5 % aller Gebinde sollen

---

[1] Broschüre Lösungsmittel und Weichmachungsmittel. 1930.

[2] 1926 Book of ASTM. Tentative Standards, S. 388; Proceedings of ASTM. Bd. 26 I (1926), S. 816, D 86—26 T.

untersucht werden. Bei teuren Lösungsmitteln ist die Prüfung jedes einzelnen Behälters zu empfehlen.

## 2. Prüfverfahren.

1. Bestimmung des spezifischen Gewichtes bei 20° C nach einer der üblichen Methoden, welche bis zur dritten Dezimale genaue Werte ergibt.

2. Farbprüfung. Probe und Typmuster werden in 50 ccm-Nesslerröhren gegen weißes Papier als Hintergrund verglichen. Ein Lösungsmittel soll im allgemeinen nicht dunkler sein als eine Lösung von 0,003 g Kaliumbichromat im Liter Wasser.

3. Siedeanalyse in der Normalapparatur. Dabei werden Siedebeginn und Siedeende und die Temperaturen bestimmt, bei welchen bestimmte Volumina, gewöhnlich je 10 ccm, überdestillieren.

4. Bestimmung des Rückstandes. 5 ccm des zu prüfenden Lösungsmittels und des Typmusters werden mit der Pipette in zwei Abdampfschalen aus Porzellan eingefüllt und zum Verdunsten 24 Stunden unter einen Abzug gestellt. Ein hinterbleibender Rückstand muß näher geprüft werden, sofern er vom Typmuster abweicht. Es werden dann 100 ccm der Probe in eine ausgewogene Abdampfschale gefüllt und auf dem Wasserbad bis fast zur Trockene und Gewichtskonstanz eingedampft. Die Gewichtszunahme der Schale ergibt den Gehalt an nichtflüchtigen Bestandteilen. Das Gewicht der eingefüllten 100 ccm wird aus dem spezifischen Gewicht errechnet.

5. Geruchsprüfung. Zwei gleiche Streifen aus starkem Filtrierpapier werden bis zu gleicher Höhe in die zu untersuchende Probe und das Typmuster eingetaucht und dann durch Aufhängen an der Luft in bestimmten Zeiträumen, vor allen Dingen gegen das Ende der Verdunstung hin, auf Übereinstimmung des Geruches geprüft.

6. Prüfung auf Wassergehalt. 5 ccm werden in einem mit Glasstöpsel versehenen Zylinder mit 100 ccm Inhalt nach und nach mit je 5 ccm Lackbenzin versetzt, wobei nach jedem Zusatz kräftig geschüttelt wird. Bei Anwesenheit von Wasser entsteht eine Trübung.

(Diese Prüfung ist nur bei solchen Lösungsmitteln durchführbar, welche mit Benzinen, vor allem mit dem am meisten verwendeten Leichtbenzin, vollständig mischbar sind. Die in manchen Fällen angewandte Prüfung durch Zusatz an Benzol ist weniger scharf.)

7. Prüfung auf Säuregehalt. Man füllt je 50 ccm der Probe und des Typmusters in einen Erlenmeyer-Kolben und titriert (gegen Phenolphthalein) mit n/10 alkoholischer Kalilauge (feste KOH gelöst in reinem Methylalkohol). Das Gewicht der 50 ccm wird aus dem spezifischen Gewicht errechnet und die Säurezahl in Milligramm KOH pro Gramm ausgedrückt. (Man kann auch mit kleineren Mengen Lösungsmittel bei dieser Prüfung auskommen, die man mit Alkohol zunächst verdünnt und mit n/10 oder n/100 KOH titriert.)

8. Prüfung auf Alkaligehalt. Sie wird nur ausgeführt, wenn bei der Säureprüfung sich die Anwesenheit von freiem Alkali ergibt. In diesem Falle wird in analoger Weise mit n/10 Schwefelsäure gegen Methylorange titriert.

9. Bestimmung der Esterzahl bei esterhaltigen Lösungsmitteln. 1—2 g der Probe werden in ein kleines Kugelröhrchen eingewogen, indem man das leere Röhrchen wiegt, nach Anwärmen füllt, vorsichtig zuschmilzt und abermals wiegt. Das Kugelröhrchen wird in einen mit 50 ccm n/2 alkoholischer Kalilauge beschickten 200 ccm Erlenmeyer-Kolben übergeführt, mit einem Glasstab zerdrückt und der Kolben dann am Rückflußkühler je nach der Natur des Produktes 1—4 Stunden auf dem Wasserbad erhitzt, wobei Materialverluste zu vermeiden sind. Nach dem

Erkalten und Ausspülen des Kühlers mit destilliertem Wasser wird der Kolbeninhalt mit n/2 Salzsäure gegen Phenolphthalein titriert. Kontrolle durch den Blindversuch wird empfohlen. Die gefundenen Daten werden in Prozent Ester ausgedrückt, wobei gegebenenfalls der Säure- oder Alkaligehalt berücksichtigt werden muß. (An Stelle eines Kugelröhrchens kann auch ein Wägegläschen verwendet werden, wobei gegebenenfalls die gewogene Probe auch mit etwas Alkohol in den Kolben gespült werden kann.)

10. Kohlenwasserstoffe werden auf Korrosionswirkung geprüft, indem ein Streifen aus poliertem reinem Kupferblech von etwa 2,5 × 2,5 Größe in einer Schale mit 100 ccm Probe überdeckt wird. Die mit einem Uhrglas abgedeckte Schale wird 30 Minuten auf dem Wasserbad erhitzt. Man gießt dann die Flüssigkeit ab und prüft das Blech auf Schwärzung. Schwaches Anlaufen ist zulässig, stärkere Schwärzung wird im allgemeinen beanstandet.

# II. Physikalische Eigenschaften von Lösungsmitteln.

## A. Siedepunkt und Dampfdruck.

Alle organischen Lösungs- und Weichmachungsmittel zeigen einen meßbaren Dampfdruck. Während dieser bei guten Weichmachungsmitteln bei Zimmertemperatur ganz minimal bleibt und erst bei höheren Temperaturen eine nennenswerte Größe annimmt, ist er bei flüchtigen Lösungsmitteln schon bei gewöhnlicher Temperatur erheblich und eine der wichtigsten Eigenschaften eines Lösungsmittels, da er für dessen Flüchtigkeit weitgehend mitbestimmend ist.

Da die Messung des Dampfdruckes bei Zimmertemperatur etwas umständlich ist[1], gibt man als praktisches Maß dafür den Siedepunkt unter Atmosphärendruck an, d. h. die Temperatur, bei welcher der Dampfdruck den der Atmosphäre von 760 mm Quecksilbersäule erreicht. Der Siedepunkt dient zur Kontrolle der Gleichmäßigkeit. Technische Lösungsmittel sind nur selten so rein, daß sie innerhalb eines Grades sieden. Man bestimmt deshalb, welche Mengen Lösungsmittel innerhalb eines festgelegten Temperaturintervalls, der Siedegrenzen, überdestillieren und kann das Ergebnis graphisch in Form der Siedekurve festlegen. Die Bestimmung der Siedegrenzen erfolgt am besten in umstehender Normalapparatur nach Holde[2]:

In den Kolben werden genau 100 ccm Lösungsmittel eingefüllt und so destilliert, daß je Sekunde 2 Tropfen fallen. Die Temperatur, bei welcher der erste Tropfen vom Kühlerende abfällt, ist der Siedebeginn,

[1] Eine noch verhältnismäßig einfache Bestimmungsmethode gibt A. W. Francis in Ind. and Eng. Chem., Analytical Edition, Bd. 1 (1929) Nr. 1 S. 38 an.

[2] Holde, D.: Kohlenwasserstofföle und Fette, 6. Aufl., S. 101. Berlin: Julius Springer 1924.

während das Siedeende eintritt, wenn im Kolben keine Flüssigkeit mehr vorhanden ist.

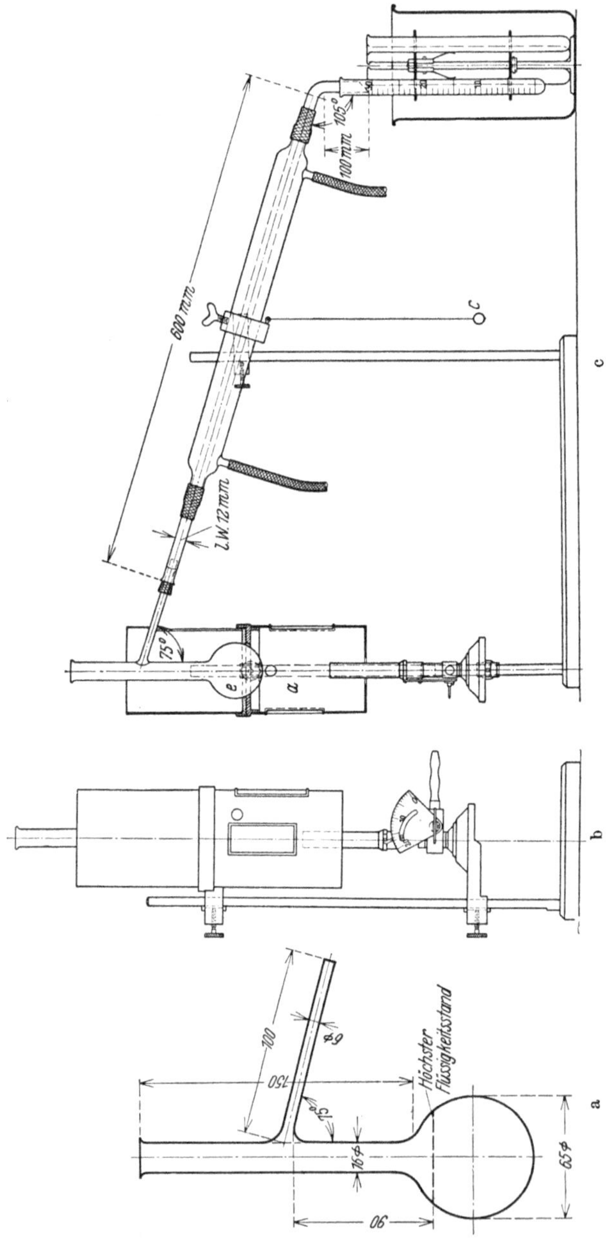


Abb. 3 a—c. Normal-Destillationsapparatur.

Man hat den Siedepunkt als leicht zu bestimmende physikalische Konstante zur Einteilung der Lösungsmittel benutzt und unterscheidet zwischen

leichtsiedenden (unter etwa 100° C), mittelsiedenden (Siedepunkt etwa 100—150° C) und hochsiedenden Lösungsmitteln (Siedepunkt über etwa 150° C).

Die letztgenannten setzte man aus später zu besprechenden Gründen in der Lacktechnik vielfach den Weichmachungsmitteln gleich. Diese Einteilung der Lösungsmittel ist aber wenigstens auf dem Lackgebiet wieder weitgehend aufgegeben worden, weil für viele Anwendungsgebiete die wichtigste Eigenschaft nicht der Siedepunkt, sondern die Flüchtigkeit (Verdunstungsgeschwindigkeit) ist und beide Eigenschaften nicht mit einander parallel gehen.

Der Dampfdruck organischer Flüssigkeiten ist bei Zimmertemperatur klein; er steigt mit zunehmender Temperatur an und erreicht beim

Siedepunkt des Lösungsmittels unter 760 mm Quecksilber den Atmosphärendruck. Wenn zwei Lösungsmittel vom gleichen Siedepunkt, deren Dampfdruck bei Siedetemperatur also gleich ist, auch bei Zimmertemperatur die gleiche Flüchtigkeit aufweisen sollen, so muß ihr Dampfdruck auch bei gewöhnlicher Temperatur sehr nahe übereinstimmen.

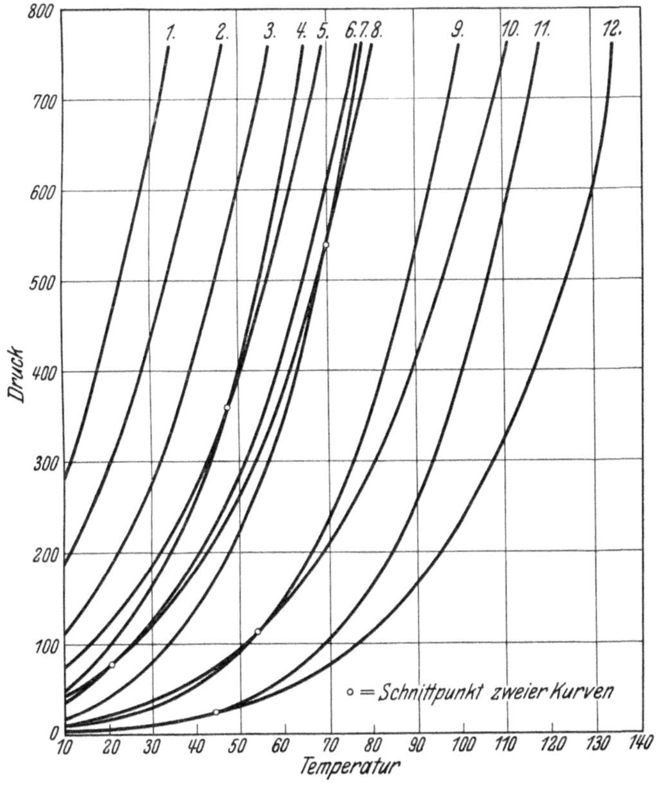


Abb. 4. Dampfdrucke von Lösungsmitteln.

| | | | |
|---|---|---|---|
| 1. Diäthyläther | 4. Methanol | 7. Äthylalkohol | 10. Toluol |
| 2. Schwefelkohlenstoff | 5. Hexan | 8. Benzol | 11. Butanol |
| 3. Aceton | 6. Äthylacetat | 9. Wasser | 12. Xylol |

Dies ist jedoch nur bei wenigen Lösungsmitteln, z. B. bei Aceton und Methylacetat, bei denen Dampfdruckkurve und Siedepunkt sehr dicht beieinanderliegen, der Fall. Gewöhnlich ist, wie vorstehende Tabelle[1] zeigt, der Verlauf der Dampfdruckkurven der organischen Flüssigkeiten ganz verschiedenartig. Die Unterschiede liegen unter anderem im

[1] Eine sehr vollständige Zusammenstellung der Dampfdrucke organischer Flüssigkeiten siehe von Rechenberg: Einfache und fraktionierte Destillation in Theorie und Praxis. Leipzig 1923.

chemischen Aufbau und in der Assoziation von Molekeln in der Flüssigkeit begründet. Es kann daher der Dampfdruck eines höhersiedenden Lösungsmittels bei Zimmertemperatur größer sein als der eines niedriger siedenden und dementsprechend kann letzteres weniger schnell verdunsten. Beispielsweise sieden Methylglykol und Butylacetat beide bei rund 125° C. Letzteres ist aber etwa dreimal flüchtiger. Äthylalkohol, welcher bei 78° siedet, ist bei Zimmertemperatur weniger rasch flüchtig als Toluol, das bei 110° siedet.

Für die Lage der Dampfdruckkurven der verschiedenen hier interessierenden Körperklassen ergeben sich einige Gesetzmäßigkeiten von größerem Interesse:

1. Die Kurven der sauerstoffhaltigen Lösungsmittel, insbesondere der Alkohole, steigen mit zunehmender Temperatur zunächst langsam und erst bei höheren Temperaturen steiler an. Diese Lösungsmittel sind bei Zimmertemperatur stärker assoziiert und relativ langsam flüchtig (vgl. Abschnitt Ic).

2. Die Dampfdrucke von Kohlenwasserstoffen sind bei Zimmertemperatur verhältnismäßig hoch und steigen mit zunehmender Temperatur weniger rasch weiter, so daß sie die Kurven der Alkohole oft schneiden. Die Kohlenwasserstoffe sind dementsprechend bei Zimmertemperatur leichter flüchtig als Alkohole von naheliegendem Siedepunkt.

3. Der Kurvenlauf für die Ester, Ketone und Äther liegt im allgemeinen zwischen dem vergleichbarer Alkohole und Kohlenwasserstoffe.

4. Die Dampfdruckkurven von Körpern aus homologen Reihen zeigen einander ähnlichen Charakter; sie schneiden sich niemals.

5. Dampfdruckkurven von Lösungsmitteln verschiedener Gruppen können sich unterhalb oder oberhalb des Atmosphärendruckes schneiden; namentlich gilt das für Kurven von Alkoholen und Kohlenwasserstoffen miteinander oder mit denen anderer Verbindungen. Die Kurven von Estern und den ihnen zugrunde liegenden Alkoholen schneiden sich oft.

Es wäre für den Verbraucher von Lösungsmitteln erwünscht, neben dem Siedepunkt auch den Dampfdruck zu kennen. Dieser wird von den meisten Herstellern von Lösungsmitteln nicht angegeben. Die Bestimmung des Dampfdruckes ist einmal sehr viel umständlicher als die des Siedepunktes und deshalb als Kontrollmaßnahme seitens des Verbrauchers kaum zu verwenden. Die in den üblichen Apparaten erhaltenen Werte ändern sich mitunter schon durch ganz geringe Mengen von Verunreinigungen recht erheblich. Bei technischen Lösungsmitteln können somit Unterschiede gemessen werden, welche, bedingt durch den kleinen Dampfraum der Bestimmungsapparatur, groß erscheinen, aber praktisch völlig bedeutungslos sind. Ferner gibt die Siedekurve ein viel übersichtlicheres Bild über die Gleichmäßigkeit gerade von technischen Produkten. Hierzu kommt ferner, daß nicht der Dampfdruck, sondern die Flüchtigkeit oder Verdunstungsgeschwindigkeit praktisch interessiert.

## B. Die Verdunstungsgeschwindigkeit.

Die Verdunstungsgeschwindigkeit bei Zimmertemperatur hängt nicht allein vom Dampfdruck ab, sonst könnten z. B. Toluol und Wasser, die bei 20° C recht nahe beieinanderliegende Dampfdrucke aufweisen, nicht so sehr verschiedene Verdunstungsgeschwindigkeiten haben. Es machen vielmehr noch weitere Faktoren ihre Einflüsse geltend, deren Bedeutung noch nicht in allen Stücken klargestellt ist. Die für die Verdunstungsgeschwindigkeit geltenden Gesetze exakt zu klären, bleibt noch eine Zukunftsaufgabe der wissenschaftlichen Forschung (s. auch Kapitel III).

Der Übergang eines Lösungsmittels aus der flüssigen Phase in den Gaszustand erfolgt unter Wärmeaufnahme aus der Umgebung, und es machen sich die Einflüsse der spezifischen Wärme, der latenten Verdampfungswärme, des Wärmeleitvermögens und, verursacht durch diese Faktoren, der Verdunstungskälte, geltend. Die Verdampfungswärme setzt sich zusammen aus der Wärme, die zur Überwindung der Kohäsion der Molekeln oder der Molekelassoziationen in der Flüssigkeit nötig ist, und derjenigen für die Volumenvergrößerung. Sie ist von der Temperatur abhängig und folgt der von Pictet[1] und von Trouton[2] gefundenen sog. Troutonschen Regel:

$$r = \frac{k \cdot T}{M},$$

worin $r$ die Verdampfungswärme, $M$ das Molekulargewicht, $T$ die absolute Temperatur und $k$ eine Konstante bedeutet, die bei einem Druck von einer Atmosphäre zwischen 19,8 und 21 schwankt. Bei gegebenem Druck ist also die molekulare Verdampfungswärme bei verschiedenen Körpern der absoluten Temperatur proportional.

Für die Verdunstung reiner Lösungsmittel stellt A. Blom[3] die Formel

$$y = \alpha \cdot t^n$$

auf, worin $y$ die zur Zeit $t$ verdunstete Menge, $\alpha$ und $n$ Konstanten bedeuten. Die in der Zeiteinheit verdunstende Menge Lösungsmittel

---

[1] Arch. Genève 1876 S. 76. [2] Philos. Mag. (5) Bd. 18 (1884) S. 54.
[3] Farben-Ztg. Bd. 36 (1931) S. 873.

bleibt demnach konstant, solange die äußeren Bedingungen (Abkühlung, Wasseraufnahme) nicht geändert werden.

Auf Grund dieser Formel lassen sich die Verdunstungskurven der Messungen von I. G. Park und M. B. Hopkins[1] sowie von H. Jores[2] wie folgt im logarithmischen Netz darstellen:

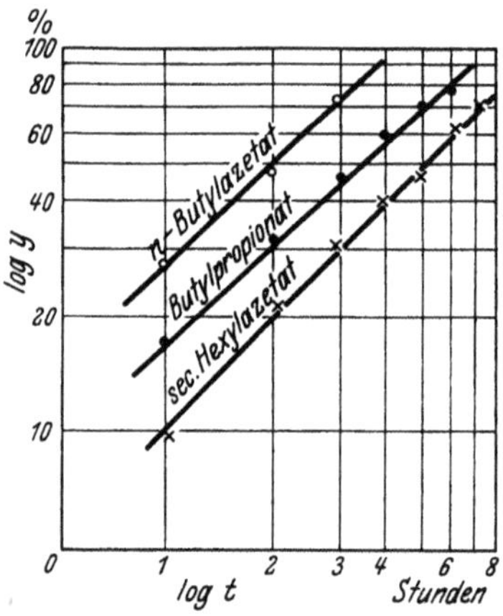


Abb. 5.

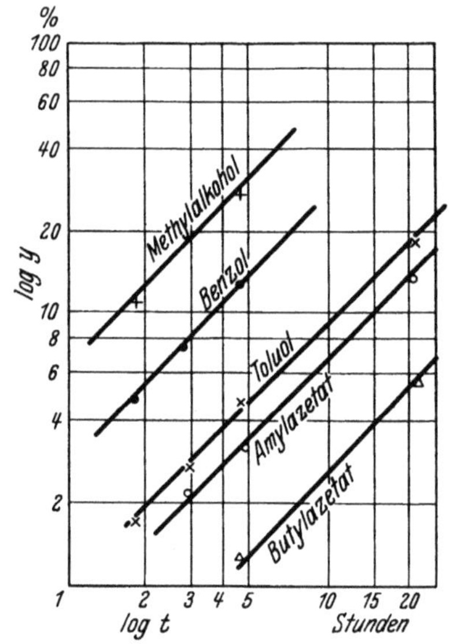


Abb. 6.

Abb. 5 u. 6. Verdunstungskurven.

Für die Praxis des Lackherstellers macht sich die Wärmebilanz eines Lösungsmittels besonders durch die Verdunstungskälte bemerkbar, welche durch Aufnahme von Wärme aus der Umgebung durch das verdunstende Lösungsmittel verursacht wird. Sie kann bei leichtflüchtigen Lösungsmitteln so groß werden, daß der Sättigungspunkt der Luft für Wasserdampf vor allem bei feuchter Luft unterschritten wird und sich Wasser kondensiert. Hierauf sind viele Lackfehler zurückzuführen. Die Abkühlung hängt auch ab von der Größe der Oberfläche der verdunstenden Flüssigkeit und von der Geschwindigkeit, mit der die Lösungsmitteldämpfe sich im Luftraum über der Flüssigkeit verteilen. Alle diese Faktoren haben deshalb auf die Verdunstungsgeschwindigkeit Einfluß.

Wenn auch die Verdunstungskälte beim Verdampfen von Lösungsmitteln aus Lösungen von lyophilen Kolloiden häufig eine andere ist als die bei der Verflüchtigung der gleichen Mengen der reinen Lösungsmittel, so geben doch die für letztere ermittelten Werte einen gewissen Anhaltspunkt. H. Dabisch[3] macht folgende Angaben über die Tem-

[1] Ind. and Engin. Chem. Bd. 22 (1930) S. 828.

[2] Farben-Ztg. Bd. 34 (1929) S. 2886. [3] Farben-Ztg. Bd. 36 S. 1300.

peraturerniedrigung, welche durch Verdunsten am feuchten Thermometer gegenüber der Raumtemperatur ermittelt wurde:

| | Temperaturerniedrigung | | | |
|---|---|---|---|---|
| | bei t = 27° relative Feuchtigkeit 63 % | | bei t = 10° relative Feuchtigkeit 93 % | |
| | abgelesen | Differenz | abgelesen | Differenz |
| Diäthyläther | —10° | (—37°) | —19,5° | (—29,5°) |
| Aceton | + 1° | (—26°) | — 9° | (—19°) |
| Lösungsmittel E 14 | + 1° | (—26°) | — 7,5° | (—17,5°) |
| Methanol | + 5° | (—22°) | — 2° | (—12°) |
| Benzol | + 9° | (—18°) | 0° | (—10°) |
| Essigester | + 9,5° | (—17,5°) | 0° | (—10°) |
| Methyläthylketon | + 9,5° | (—17,5°) | + 1° | (— 9°) |
| Äthylenchlorid | +10° | (—17°) | + 1° | (— 9°) |
| Spiritus | +12,5° | (—14,5°) | + 5° | (— 5°) |
| Toluol | +15° | (—12°) | + 2,5° | (— 7,5°) |
| Benzin, 100—125° | +17° | (—10°) | + 3,5° | (— 6,5°) |
| Dioxan | +19° | (— 8°) | + 8° | (— 2°) |
| Isobutylacetat | +20° | (— 7°) | + 7,5° | (— 2,5°) |
| n-Butylacetat | +22° | (— 5°) | + 8,5° | (— 1,5°) |
| Xylol | +22,5° | (— 4,5°) | + 8,5° | (— 1,5°) |
| n-Butanol | +23° | (— 4°) | + 8,5° | (— 1,5°) |
| Amylacetat | +23° | (— 4°) | + 8,5° | (— 1,5°) |
| Amylalkohol | +25° | (— 2°) | + 9,5° | (— 0,5°) |
| Cyclohexanolacetat | +26° | (— 1°) | + 9,5° | (— 0,5°) |
| Methylglykol | +29° | (+ 2°)! | +13,5° | (+ 3,5°)! |
| Äthylglykol | +29,5° | (+ 2,5°)! | +13,5° | (+ 3,5°)! |
| Äthyllactat | +29° | (+ 2°)! | +13,5° | (+ 3,5°)! |
| Diacetonalkohol | +27° | (+ 0°)! | +13° | (+ 3°)! |
| Glycerin | +28,5° | (+ 1,5°)! | +12,5° | (+ 2,5°)! |

Besonders interessant ist das Verhalten der letzten 4 Lösungsmittel, die wenigstens zunächst sogar eine Temperaturzunahme zeigen. Sie wird dadurch erklärt, daß diese langsam verdunstenden wasserlöslichen Produkte während des Verdunstens gewisse Mengen Wasser auflösen. Eine Wasseraufnahme ist auch beim Milchsäureäthylester von H. Jores[1] beobachtet worden.

Einige deutsche Hersteller von Lösungsmitteln für Lackzwecke geben zur Erleichterung der Verarbeitung neben dem Siedepunkt die Flüchtigkeit (Verdunstungsgeschwindigkeit) von Lösungsmitteln an. Sie läßt sich zwar mit einfachen Mitteln nicht wissenschaftlich genau, aber doch mit praktisch genügender Zuverlässigkeit nach verschiedenen Methoden bestimmen.

Nach der einfachsten Methode, die zuerst von der I. G. Farbenindustrie angegeben worden ist[2], läßt man 0,5 ccm des Lösungsmittels aus einer Pipette auf Filtrierpapier (Nr. 598 von Schleicher

[1] Farben-Ztg. Bd. 34 S. 2887.

[2] Broschüre der I. G. Farbenindustrie Aktiengesellschaft: Lösungsmittel und Weichmachungsmittel. Frankfurt a. M.

& Schüll, Düren) aufträufeln und bestimmt die Zeit, in der das Lösungsmittel völlig verdunstet ist. Als Vergleichszahl wird die Verdunstungsgeschwindigkeit von Diäthyläther = 1 gewählt. Diese Methode ist den in Kapitel XV enthaltenen Tabellen zugrunde gelegt. Sie gibt bei einiger Übung recht befriedigend übereinstimmende Werte.

An Stelle von Äther könnte man natürlich auch andere Lösungsmittel wählen, z. B. Aceton[1] oder Essigäther[2], doch würde man dann für einige besonders leicht flüchtige Lösungsmittel unter 1 liegende Zahlen erhalten.

Nach der amerikanischen Methode läßt man 5 ccm Lösungsmittel in einer Porzellanschale von etwa 4 cm Durchmesser in ruhiger Luft stehen, bis völlige Verdunstung eingetreten ist. Die Methode erfordert bei vielen Lösungsmitteln natürlich längere Zeit.

Eine andere Art der Bestimmung ist jüngst von L. Ivanovsky[3] vorgeschlagen worden.

Zur genaueren Bestimmung der Verdunstungsgeschwindigkeit verwendet man auch die Torsionswaage.

Bei der Verwendung der erhaltenen Werte für die Verdunstungsgeschwindigkeit ist zu berücksichtigen, daß sie nur für die reinen Lösungsmittel gelten, denn in Lösungsmittelgemischen und beim Auflösen von Ölen oder lyophilen Kolloiden werden diese Verhältnisse komplizierter, weil hochmolekulare gelöste Kolloide die Lösungsmittel stark zurückhalten können[4] (s. auch Kapitel III), und weil bei Lösungsmittelgemischen sich Dampfdruck und Flüchtigkeit nicht immer aus denen der Einzelbestandteile ableiten lassen, vielmehr die einzelnen Bestandteile sich gegenseitig verschieden stark beeinflussen können, wie an Hand von größerem Versuchsmaterial von Jores[5] gezeigt worden ist. Allgemein ist der Partialdampfdruck jeder Komponente in Lösungsmittelgemischen kleiner als ihr Dampfdruck, wenn sie für sich allein vorliegt.

## C. Lösungsmittelgemische.

Sieht man hier von der Möglichkeit ab, daß zwei Lösungsmittel oder Lösungsmittel und gelöster Stoff chemisch miteinander reagieren, so kann man drei Gruppen von Lösungsmittelgemischen unterscheiden, nämlich:

---

[1] Broschüre der Hiag-Verein G.m.b.H.: Lösungsmittel. Konstanz.
[2] Broschüre der Dr. A. Wacker G. m. b. H.: Lösungsmittel. München.
[3] Farbe u. Lack 1932, S. 244.
[4] Park, J. G. u. M. B. Hopkins: a. a. O.
[5] Farben-Ztg. Bd. 34 S. 2886.

1. Flüssigkeiten, die sich unbegrenzt miteinander mischen lassen,
2. nur begrenzt miteinander mischbare Flüssigkeiten,
3. gegenseitig unlösliche Flüssigkeiten.

Von diesen Gruppen bietet für die Verarbeitung von Lösungsmitteln vor allem die erste Interesse.

Beim Vermischen zweier Flüssigkeiten oder beim Auflösen von Stoffen in Lösungsmitteln treten die Molekeln der Lösungsbestandteile in Wechselbeziehungen zueinander. Sie können Anlagerungsverbindungen oder Assoziationen in stöchiometrischen oder je nach der Konzentration wechselnden Verhältnissen bilden. Diese Vorgänge sind mit einer Wärmetönung verbunden und auch für die Viscosität von Lösungen von Bedeutung.

Wir haben dabei zu unterscheiden zwischen folgenden Fällen:

1. Es tritt keine Assoziation und Beeinflussung der Molekeln der in der Lösung vorhandenen Stoffe ein.

Dann läßt sich der Dampfdruck ($p$) der Lösung ($l$) aus dem der Einzelbestandteile ($a$ und $b$) bei gegebener Temperatur berechnen:

$$p_l = \frac{p_a \cdot m_a + p_b \cdot (100 - m_a)}{100},$$

worin $m$ die Molprozente der Komponente angibt.

Dampfdruck und Siedepunkt liegen zwischen denen der reinen Komponenten und sind abhängig von der Konzentration der Bestandteile. Es bilden sich dann keine Gemische von einem ausgezeichneten Siedepunkt. Derartige Lösungen lassen sich durch sorgsame wiederholte Destillation in ihre Bestandteile zerlegen, sofern deren Siedepunkte genügend weit auseinanderliegen. Die Dampfdruckkurven der Bestandteile schneiden sich nicht. Dies gilt vor allem für homologe Reihen organischer Stoffe beispielsweise für Benzol-Toluol, ferner für Methanol-Wasser.

2. Die Molekeln der beiden Lösungsmittel beeinflussen sich gegenseitig.

In diesem Falle tritt auch eine Veränderung des Dampfdruckes ein und dieser läßt sich nicht aus den Daten der Einzelbestandteile nach obiger Formel errechnen. In solchen Lösungen kann der Dampfdruck erniedrigt sein, dann kann man die Lösung durch Destillation zerlegen in eine Fraktion von ganz bestimmter Zusammensetzung, welche sich im Siedepunkt wie ein einheitlicher Stoff verhält, aber höher siedet als die höchstsiedende Komponente, und in eine zweite Fraktion, die aus der im Überschuß vorhandenen Komponente besteht. Der Dampfdruck eines Gemisches kann aber auch in anderen Fällen erhöht sein, dann enthält die Lösung neben einer im Überschuß vorhandenen Komponente eine Fraktion, welche sich im Siedepunkt wie ein einheitlicher

Stoff verhält, aber niedriger siedet als die Komponente mit dem niedrigsten Siedepunkt. Derartige Gemische, welche einen Maximumsiedepunkt und Minimumdampfdruck oder einen Minimumsiedepunkt und Maximumdampfdruck zeigen, haben stets eine ganz bestimmte Zusammensetzung. Sie heißen nach Ostwald[1] „ausgezeichnete Lösungen", doch hat sich allgemein mehr die von M. Lecat[2] übernommene Bezeichnung „Azeotropie" oder „azeotropische Gemische" durchgesetzt.

Die Dampfdrucke von Gemischen miteinander mischbarer Lösungsmittel kann man somit graphisch folgendermaßen aufzeichnen:

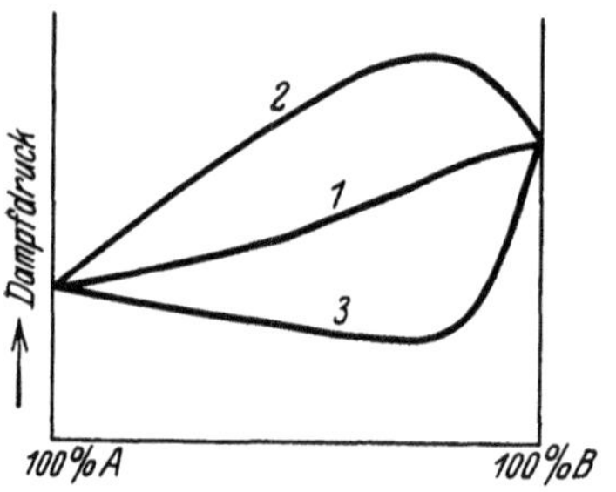

Abb. 7. Dampfdrucke von Gemischen.

Kurve 1 zeigt das Verhalten einer Lösung zweier Lösungsmittel, deren Dampfdrucke sich gegenseitig nicht beeinflussen (Benzol-Toluol).

Kurve 2 ist die eines Gemisches zweier Lösungsmittel, die ein azeotropisches Gemisch von Maximumdampfdruck bilden (Alkohol-Wasser). Diese Kurve wird, da sie zur Abszissenachse konkav ist, auch als positive Kurve bezeichnet.

Kurve 3 ist die eines Gemisches von zwei Lösungsmitteln, die ein azeotropisches Gemisch von Minimumdampfdruck bilden (Ameisensäure-Wasser, Chloroform-Aceton).

Die Zusammensetzung des azeotropischen Gemisches ist aus der Lage des Scheitelpunktes der Kurve zu ersehen. Im allgemeinen ist in solchen Gemischen der niedriger siedende Bestandteil im Überschuß vertreten.

Zu beachten ist, daß die Zusammensetzung der azeotropischen Mischung je nach Temperatur und Druck verschieden ist. So fand Ryland[3] für Mischungen aus Alkohol und Benzol folgende Zusammensetzung in Abhängigkeit vom Druck:

| Druck | Siedepunkt | Gewichtsprozent Alkohol |
|---|---|---|
| 760 mm | 68,2° C | 32,36 |
| 380 „ | 49,9° C | 26 |
| 241 „ | 35,0° C | 23,3 |

Merriman[4] fand für Alkohol-Äthylacetatgemische:

| Druck | Siedepunkt | Gewichtsprozent Alkohol |
|---|---|---|
| 760 mm | 71,81° C | 30,98 |
| 948 „ [5] | 78,13° C | 33,27 |

[1] Ostwald, W.: Grundriß der allgemeinen Chemie, S. 358. Leipzig 1909.
[2] La tension de vapeur des melanges liquides. L'azéotropisme. Brüssel 1918.
[3] J. Amer. chem. Soc. 1899 S. 384; Z. physik. Chem. Bd. 47 S. 445.
[4] J. Amer. chem. Soc. Bd. 103 (1913) S. 1801.
[5] Schnittpunkt der Dampfdruckkurven von Alkohol und Äthylacetat.

Es ist deshalb aus der Zusammensetzung azeotropischer Gemische beim Siedepunkt noch kein Schluß zu ziehen auf die Zusammensetzung beim Verdunsten bei Zimmertemperatur unter Atmosphärendruck, wie es in der Lacktechnik in der Regel vorkommt. Über die Zusammensetzung unter solchen Bedingungen liegt bis jetzt exaktes Beobachtungsmaterial kaum vor.

Azeotropische Gemische können nicht nur aus zwei Bestandteilen gebildet werden, sondern sie können auch drei, vier und mehr Bestandteile enthalten. Man unterscheidet danach

| | | | | |
|---|---|---|---|---|
| binäre | Gemische | mit | 2 | Bestandteilen |
| ternäre | „ | „ | 3 | „ |
| quaternäre | „ | „ | 4 | „ |

Von diesen sind vor allem die ersteren verbreitet, von denen man viele Hundert kennt; sie sind auch bei Lösungsmittelgemischen sehr zahlreich. Ternäre und quaternäre Gemische dagegen gibt es wesentlich weniger. Für ihre Bildung ist Voraussetzung, daß jede Komponente mit jeder anderen ein binäres Gemisch zu bilden vermag, eine Anforderung, die naturgemäß nur wenige Lösungsmittel zu erfüllen vermögen.

Nach der von Rechenberg modifizierten Regel von W. D. Bancroft[1] bilden Flüssigkeiten, deren Dampfdruckkurven sich schneiden, innerhalb eines bestimmten Druckgebietes Lösungen mit einem ausgezeichneten Punkt. Solche mit Maximumsiedepunkt spielen auf dem Lösungsmittelgebiet keine nennenswerte Rolle, wohl aber sind solche mit einem Minimumsiedepunkt sehr verbreitet, und zwar kennt man neben binären auch einige ternäre Gemische, in denen kleine Mengen von Wasser als Bestandteil enthalten sind. Im Kapitel XV sind die wichtigeren für die Lösungsmittel in Betracht kommenden bekannten Gemische zusammengestellt[2], da sie technisch in den verschiedensten Anwendungsgebieten der Lösungsmittel große Bedeutung haben. Als Beispiele dafür seien genannt:

96proz. Alkohol und dessen Entwässerung mit Hilfe von Benzol,
Vergällung von Sprit mit Diäthylphthalat,
Destillation von Extrakten ätherischer Öle,
Entfernung der Feuchtigkeit aus Lacken u. a. m.

Die Bildung azeotropischer Gemische hat ferner einen starken Einfluß auf die Lage des Flammpunktes (s. Kapitel II D) und damit auch auf die Verdunstungsgeschwindigkeit und die Explosionsgrenzen von Lösungsmitteldampf-Luftgemischen.

---

[1] Bancroft: The Phase Rule, S. 119. Ithaca N. Y. 1897. — v. Rechenberg: a. a. O. S. 523. — Nähere Einzelheiten vgl. v. Rechenberg: a. a. O. —

[2] Vgl. auch Kremann: Die Eigenschaften der binären Flüssigkeitsgemische. 1916.

Der Nachweis eines azeotropischen Gemisches kann durch verschiedene Methoden geführt werden, am zweckmäßigsten durch fraktionierte Destillation unter Anwendung der Youngschen Regel des mittleren Punktes[1]. Wird nämlich ein binäres Gemisch, dessen Bestandteile qualitativ bekannt sind, vorsichtig bis zum mittleren Siedepunkt der beiden Komponenten destilliert, so ist das Gewicht dieser Fraktion etwa gleich dem Gehalt des azeotropischen Gemisches an dem leichter siedenden Bestandteil. In analoger Weise kann der Gehalt ternärer Gemische bestimmt werden, indem man jeweils bis zur Mitte zwischen je zwei Siedepunkten destilliert, also zwei verschiedene Fraktionen auffängt.

## D. Entzündlichkeit (Brennbarkeit) von Lösungsmitteln.

Die überwiegende Mehrzahl der technisch verwendeten Lösungsmittel ist brennbar und deshalb mehr oder weniger feuergefährlich. Es ist für den Verarbeiter von Lösungsmitteln deshalb wichtig, sich über den Grad der Vorsicht, die er walten lassen muß, zu unterrichten. Zur Erkennung der Feuergefährlichkeit dienen der Flammpunkt und Angaben über die Explosionsgrenzen von Lösungsmitteldampf-Luftgemischen.

### 1. Flammpunkt.

Der Flammpunkt, auch Entflammungspunkt genannt, ist eine der wichtigsten Konstanten eines technischen Lösungsmittels. Man bezeichnet als Flammpunkt diejenige Temperatur, bei welcher die in einem Prüfungsapparat verdunstenden Dämpfe des Lösungsmittels in der über der Flüssigkeit stehenden Luft eine so hohe Konzentration erreicht haben, daß sie sich durch eine offene Flamme entzünden. Der Flammpunkt ist also eine Funktion des Dampfdruckes. Da die so gemessene Temperatur naturgemäß sehr stark abhängig ist von der Art der Apparatur, so hat man sich in Deutschland auf den Apparat von Abel-Pensky festgelegt.

Auf die Höhe des Flammpunktes haben nach E. von Mühlendahl[2] die Verbrennungswärme, die spezifische Wärme und das spezifische Volum Einfluß. Eine theoretische Deutung des Flammpunktes kann indessen heute noch nicht gegeben werden. Nach W. Ormandy und E. Craven[3] gilt wenigstens für Kohlenwasserstoffe die empirisch gefundene Regel, daß der Quotient von Flammpunkt und absolutem

[1] Young, S.: Fractional Distillation. London 1903.
[2] Farben-Ztg. Bd. 34 S. 1427.
[3] J. Inst. Petrol. Techn. Bd. 8 (1922) S. 145.

Siedepunkt gleich 0,736 ist. Die genannten Autoren fanden für die Abhängigkeit des Flammpunktes vom Druck die Gleichung:

$$\text{Flammpunkt} = a \cdot \log p + b\,,$$

worin $p$ den Druck, $a$ und $b$ Konstanten bedeuten, deren erste allgemein gilt, während deren letzte für die betreffende Substanz charakteristisch ist. Nach E. Mack, C. Boord und N. Barham[1] besteht für Kohlenwasserstoffe die Regel, daß beim Flammpunkt des Lösungsmitteldampf-Luftgemisches gerade das Doppelte des zur vollständigen Verbrennung nötigen Sauerstoffes zugegen ist. Bei Mischungen mehrerer Lösungsmittel oder Auflösungen schwerflüchtiger Stoffe in Lösungsmitteln läßt sich der Flammpunkt nicht aus dem der Einzelbestandteile ableiten; er kann niedriger sein als der der Komponente mit dem niedrigsten Entflammungspunkt. Bilden einzelne Bestandteile der Lösung miteinander ein azeotropisches Gemisch, so ist dessen Dampfdruck höher als der der Einzelbestandteile und dementsprechend kann auch der Flammpunkt niedriger sein, da er ja abhängig ist von den Beträgen an Dampf, den eine Flüssigkeit bei gegebener Temperatur in den über ihr stehenden Luftraum abgibt.

Kommt es für den Lackhersteller darauf an, einen bestimmten Flammpunkt innezuhalten, so ist er mitunter gezwungen, leichtflüchtige Bestandteile, die mit den übrigen Lösungsmitteln azeotropische Gemische bilden und damit den Flammpunkt unter eine vorgeschriebene Temperatur senken, durch solche zu ersetzen, die dies nicht tun, oder überhaupt auf die Mitverwendung von leichtsiedenden Produkten zu verzichten. Da in besonderem Maße Kohlenwasserstoffe und von diesen wieder die Benzolderivate zur Bildung azeotropischer Gemische von niedrigerem Flammpunkt neigen, so kann in manchen Fällen deren Ersatz durch Alkohole Abhilfe schaffen. Der Flammpunkt von Lösungen kann ferner heraufgesetzt werden durch Zusatz der nicht brennbaren Chlorkohlenwasserstoffe[2], vor allem von Methylenchlorid, Trichloräthylen und Tetrachlorkohlenstoff. Dabei ist außer deren Beständigkeit und Lösevermögen besonders zu berücksichtigen, daß sich der Flammpunkt solcher Lösungsmittelmischungen während des Verdunstens des Chlorkohlenwasserstoffs erniedrigen oder erhöhen kann, je nachdem die unbrennbare Komponente schwerer oder leichter flüchtig ist als die übrigen Lösungsmittel[3]. Vom Standpunkt der Feuersicherheit wäre daher nach Snell zu fordern, daß nur solche Mischungen zur Verwendung kommen, die nicht nur ursprünglich unbrennbar sind

[1] Ind. and Engin. Chem. Bd. 15 (1923) S. 963.
[2] E. P. 243031, 286724, 302390; Frz. P. 653025, 724900.
[3] Snell, F. D.: Ind. and Engin. Chem. Bd. 22 S. 893; Ref. Farben-Ztg. Bd. 36 S. 1092.

oder einen über einer bestimmten Grenze liegenden Flammpunkt haben, sondern auch während der Verdunstung über dieser Grenze bleiben. Solche Bedingungen sind allerdings in Nitrocelluloselacken kaum einzuhalten.

In hochviscosen Lösungen findet man häufig etwas tiefere Flammpunkte als erwartet. Solche Abweichungen sind darauf zurückzuführen, daß im Prüfapparat der Wärmeaustausch infolge der Viscosität nur langsam erfolgt und infolgedessen das mitten in die Lösung eintauchende Thermometer eine niedrigere Temperatur anzeigt als an der Oberfläche der zu prüfenden Lösung herrscht. Man muß dann die Bestimmung unter gutem Rühren vornehmen.

Die Flammpunkte der wichtigsten Lösungsmittel sind bei den einzelnen Produkten angegeben.

## 2. Einteilung der Lösungsmittel nach Lage des Flammpunktes.

Sowohl die Post als auch die Eisenbahnverwaltungen haben die Lösungsmittel und Lacke nach ihrem Flammpunkt und der Wasserlöslichkeit in Gefahrenklassen eingeteilt.

Die bei der Deutschen Reichsbahn zur Zeit geltenden Bestimmungen (Eisenbahnverkehrsordnung, Anlage C, Klasse IIIa) befinden sich in Übereinstimmung mit den Vorschriften des „Internationalen Übereinkommens über den Eisenbahnfrachtverkehr" (IÜG.) sowie mit der Polizeiverordnung (Kapitel X). Es wird folgende Klassifizierung nach dem Grad der Feuergefährlichkeit vorgenommen:

A 1 a = Flüssigkeiten, die entweder selbst oder deren brennbare flüssigen Anteile sich mit Wasser **nicht** vermischen lassen, einen Flammpunkt unter 21 °C haben und von festen, in den Flüssigkeiten gelösten und/oder aufgeschlämmten Stoffen[1] im ganzen **nicht** mehr als 30 % enthalten.

A 1 b = Flüssigkeiten, die entweder selbst oder deren brennbare flüssigen Anteile sich mit Wasser **nicht** vermischen lassen, einen Flammpunkt unter 21° C haben und von festen, in den Flüssigkeiten gelösten und/oder aufgeschlämmten Stoffen[1] im ganzen **mehr** als 30 % enthalten.

A 2 = Flüssigkeiten, die entweder selbst oder deren brennbare flüssigen Anteile sich mit Wasser **nicht** vermischen lassen, einen Flammpunkt von 21—55° C haben und von festen, in den Flüssigkeiten gelösten und/oder aufgeschlämmten Stoffen[1] im ganzen **nicht** mehr als 30 % enthalten.

A 3 = Flüssigkeiten, die entweder selbst oder deren brennbare flüssigen Anteile sich mit Wasser **nicht** vermischen lassen, einen Flammpunkt von mehr als 55—100 °C haben und festen, in den Flüssigkeiten gelösten und/oder aufgeschlämmten Stoffen[1] im ganzen **nicht** mehr als 30 % enthalten.

B = Flüssigkeiten, die entweder selbst oder deren brennbare flüssigen Anteile sich mit Wasser in beliebigem Verhältnis vermischen lassen,

[1] Den festen Stoffen sind Standöle (eingedickte Leinöle) oder ähnliche Stoffe mit einem Flammpunkt über 100° C gleichzuachten.

einen Flammpunkt unterhalb 21° C haben und von festen, in den Flüssigkeiten gelösten und/oder aufgeschlämmten Stoffen[1] im ganzen **nicht** mehr als 30 % enthalten.

Kleinpackungen brennbarer Flüssigkeiten aller Gefahrengruppen (bei Gefahrengruppe A1a höchstens 200 g Reingewicht je Kleinpackung) in fester Sammelpackung (Blech, Holz oder Pappe) gegen Zerbrechen sicher festgelegt, werden bedingungslos befördert.

Nach der Polizeiverordnung des Preußischen Ministers für Handel und Gewerbe vom 26. November 1930 über den Verkehr mit brennbaren Flüssigkeiten zur Aufbewahrung, Lagerung und im Verkehr zu Lande gelten folgende Vorschriften:

Begriff:

Die Polizeiverordnung findet Anwendung auf alle brennbaren Flüssigkeiten und den damit oder daraus hergestellten Mischungen, die bei 15° C nicht fest oder salbenförmig, sondern flüssig sind. Sie findet gleichfalls Anwendung auf den Verkehr zu Lande mit diesen Stoffen. Ausgenommen sind:

1. solche Mischungen, die einen Flammpunkt von 21° C oder mehr und einen Gehalt an festen, in den Flüssigkeiten gelösten Stoffen von mehr als 30 % des Gesamtgewichtes haben; den festen Stoffen sind hierbei flüssige Stoffe mit einem Flammpunkt über 100° C gleichzuachten;
2. alle brennbaren Flüssigkeiten, deren Flammpunkt über 100° C liegt;
3. alle mit Wasser in jedem Verhältnis mischbaren, brennbaren Flüssigkeiten, deren Flammpunkt bei 21° C und darüber liegt.

Der Polizeiverordnung sind alle leeren Transport- und Lagergefäße von mehr als 5 Liter Fassungsvermögen unterstellt, in denen sich bei der letzten Füllung Flüssigkeiten, die dieser Polizeiverordnung unterworfen sind, befunden haben.

Einteilung in Gruppen und Gefahrklassen:

Gruppe A, Gefahrklasse I = Flüssigkeiten und Mischungen oder Lösungen, die sich mit Wasser **nicht** oder nur **teilweise** vermischen lassen, wenn sie einen Flammpunkt unter 21° C haben.

Gruppe A, Gefahrklasse II = Flüssigkeiten und Mischungen oder Lösungen, die sich mit Wasser **nicht** oder nur **teilweise** vermischen lassen, wenn sie einen Flammpunkt von 21—55° C haben.

Gruppe A, Gefahrklasse III = Flüssigkeiten und Mischungen oder Lösungen, die sich mit Wasser **nicht** oder nur **teilweise** vermischen lassen, wenn sie einen Flammpunkt von mehr als 55—100° C haben.

Gruppe B = Flüssigkeiten und Mischungen oder Lösungen, die sich mit Wasser in beliebigem Verhältnis mischen lassen und einen Flammpunkt unter 21° C haben.

Vorschriften und Durchführungsverordnung:

Die besonderen Vorschriften und die Durchführungsverordnung sind aus der durch die Regierungen der deutschen Länder erlassenen Polizeiverordnung über den Verkehr mit brennbaren Flüssigkeiten unter Zugrundelegung des Normalentwurfs nach dem Erlaß des Preußischen Ministers für Handel und Gewerbe vom 26. November 1930 zu entnehmen.

Da bei den einzelnen Lösungsmitteln in Kapitel XIII Flammpunkt und Wasserlöslichkeit angegeben werden, ist eine besondere Aufzählung nach Gefahrenklassen hier entbehrlich.

## 3. Explosionsgrenzen.

Der Flammpunkt gibt noch kein klares Bild über eine andere sehr wichtige Eigenschaft vieler Lösungsmitteldämpfe, nämlich ihre Fähigkeit, in Mischung mit Luft explosible Lösungsmitteldampf-Luftgemische zu bilden. In solchen Gemischen erfolgt innerhalb bestimmter Grenzen bei Einwirkung genügend hoher Temperaturen an irgendeiner Stelle eine rasche Verbrennung des Dampfes des flüchtigen Lösungsmittels durch den Luftsauerstoff. Die einmal eingeleitete Reaktion überträgt sich unter großer Wärmeentwicklung mit ungeheurer Schnelligkeit als „Explosionswelle“ auf die gesamte Mischung. Zur Erzeugung einer genügend hohen Temperatur an irgendeiner Stelle und damit zur Auslösung der Explosion genügen bereits Funken, offene Flammen oder glühende Gegenstände. Gemische von Lösungsmitteldampf und Luft explodieren aber nicht in jedem Mischungsverhältnis, vielmehr nur innerhalb gewisser Grenzen. Man unterscheidet zwischen einer „unteren Explosionsgrenze“, d. h. derjenigen Konzentration des Lösungsmitteldampfes in Luft, unterhalb deren eine Entzündung oder Explosion überhaupt nicht eintritt, und einer „oberen Explosionsgrenze“, d. h. der Konzentration des Lösungsmitteldampfes, bei deren Überschreitung gleichfalls keine Explosion oder Entzündung mehr erfolgt. Der explosionsgefährliche Konzentrationsbereich ist demnach für jedes System von Lösungsmitteldampf und Luft scharf umrissen und charakteristisch. Fügt man aber als dritte Komponente den Dampf eines weiteren Lösungsmittels hinzu, so werden die Explosionsgrenzen verändert. Hierbei ist die Bildung azeotropischer Mischungen von Maximumdampfdruck in Rücksicht zu ziehen. Theoretisch läßt sich die untere Explosionsgrenze $G$ einer Mischung von zwei oder mehr Lösungsmitteldämpfen annähernd errechnen, wenn die untere Grenze jedes einzelnen brennbaren Bestandteiles bekannt ist. Nach Le Chatelier[1] besteht dann die Gleichung

$$G = \frac{100}{\frac{p_1}{N_1} + \frac{p_2}{N_2} + \frac{p_3}{N_3} + \cdots},$$

worin $N_1$, $N_2$, $N_3$ die Konzentration bei der unteren Explosionsgrenze der brennbaren Bestandteile für sich mit Luft in Prozenten bedeutet und $p_1$, $p_2$, $p_3$ die Prozente der Bestandteile in der Mischung, wobei $p_1 + p_2 + p_3 + \ldots = 100$ ist.

Die Gültigkeit dieses Gesetzes für nicht azeotropische Lösungsmittelgemische zeigen folgende Daten, die G. W. Jones und R. Klick[2] für

[1] C. R. Acad. Sci., Paris Bd. 126 (1898) S. 1344.

[2] Ind. and Engin. Chem. Bd. 21 (1929) S. 791; Ref. Farbe u. Lack 1929 S. 627.

Alkohol und seine Mischungen mit Benzol bzw. Aceton gefunden haben (Barometerstand 740 mm, 125° C).

Entflammbarkeit einiger Lösungsmitteldampf-Luftgemische.

| Zusammensetzung der Versuchsmischung in Gewichtsprozenten | | | Untere Entflammbarkeitsgrenze (Volumprozente) | |
|---|---|---|---|---|
| Alkohol 95 proz. | Benzol (78—82° C) | Aceton rein | bestimmt | errechnet |
| 100 | — | — | 3,85 | 3,85 |
| 75 | 25 | — | 3,30 | 3,06 |
| 67 | 33 | — | 2,99 | 2,84 |
| 50 | 50 | — | 2,30 | 2,44 |
| 25 | 75 | — | 1,72 | 1,94 |
| — | 100 | — | 1,53 | 1,53 |
| — | — | 100 | 2,92 | 2.92 |
| 80 | — | 20 | 3,76 | 3,71 |

Weitere Beispiele hat White beigebracht[1].

Die Explosionsgrenzen sind abhängig von der Temperatur; mit steigender Temperatur vergrößert sich im allgemeinen der explosionsgefährliche Bereich.

Zahlreiche Lösungsmittel bilden bei Zimmertemperatur mit Luft kein explosibles Gemisch, weil die maximale Dampfkonzentration unterhalb der unteren Explosionsgrenze bleibt und erst bei erhöhter Temperatur erreicht wird. Als Anhaltspunkt für die Temperatur, bei welcher die untere Explosionsgrenze solcher Lösungsmittel überschritten wird, kann der Flammpunkt dienen. Infolge der Bildung von azeotropischen Gemischen können auch Mischungen der Dämpfe von mehreren Lösungsmitteln mit etwas höherem Flammpunkt mit Luft schon bei Zimmertemperatur explosionsgefährliche Gemische bilden, ein Gesichtspunkt, der vor allem bei der Verarbeitung von Lacken nicht übersehen werden darf.

Die Bestimmung der Explosionsgrenzen ist umständlich und erfordert besondere Sorgfalt. In der Regel verdampft man bestimmte Mengen Lösungsmittel restlos in einem luftgefüllten Gasometer und bestimmt durch Überführung in eine Hempelsche Explosionsbürette mit Hilfe des Induktionsfunkens die Explosionsgrenzen. Nach White[2] werden die Ergebnisse durch die Versuchsbedingungen beeinflußt. Eine ausführliche Untersuchung der Explosionsgrenzen verdanken wir E. G. Richardson und C. R. Sutton[3], der nachstehende Tabelle entnommen ist.

[1] Journ. chem. Soc. (London) 1922 S. 2561.

[2] Journ. chem. Soc. 1919 S. 1462; 1922 S. 1244.

[3] Ind. and Engin. Chem. Bd. 20 (1928) S. 187—190; Ref. Farbe u. Lack 1928 S. 290.

I. Einfache Lösungsmittel.

| | Molekulargewicht | Siedepunkt | Flammpunkt | Dampfdruck 25° | Explosionsgrenze | | | |
|---|---|---|---|---|---|---|---|---|
| | | | | | untere | | obere | |
| | | °C | °C | mm | Vol. % | g/l | Vol. % | g/l |
| Äther | 74,1 | 35 | —40 | 526 | 1,25 | 0,0386 | 10,0 | 0,308 |
| Aceton | 58,1 | 56 | —20 | 225 | 2,5 | 0,0605 | 9,0 | 0,218 |
| Methanol | 32 | 66 | 12 | 116 | 5,5 | 0,0734 | 21,0 | 0,280 |
| Alkohol | 46 | 76—78 | 13 | 60 | 4,0 | 0,0733 | 14,0 | 0,256 |
| Äthylacetat | 88 | 72—79 | 3 | 104 | 2,25 | 0,0824 | 11,0 | 0,403 |
| Isopropylalkohol | 60 | 81—83 | 12 | 45 | 2,5 | 0,0627 | — | — |
| Butanol a) | 74 | 113—116 | 29 | 9 | — | — | — | — |
| Butylacetat a) | 116 | 113—140 | 22 | 16 | — | — | — | — |
| Amylalkohol a) | 88 | 117—131 | 33 | 8 | — | — | — | — |
| Amylacetat a) | 130 | 129—148 | 32 | 10 | — | — | — | — |
| Benzol 90 % | 78 | 77—118 | —12 | 97 | 1,5 | 0,0487 | 9,5 | 0,308 |
| Toluol | 92 | 107—125 | 8 | 32 | 1,3 | 0,0498 | 7,0 | 0,268 |
| VMP-Naphtha | — | 96—154 | — | 36 | — | 0,0499 | — | — |

a) bilden bei 25° C kein explosives Gemisch.

II. Lösungsmittelgemische.

| | Menge in Prozenten | | | | | | |
|---|---|---|---|---|---|---|---|
| Benzol | 50 | 60 | 20 | — | — | 20 | — |
| Toluol | — | — | 40 | 60 | 60 | 40 | 30 |
| Essigäther | 50 | 30 | 15 | 15 | — | 10 | — |
| Butylacetat | — | — | 15 | — | 15 | 10 | — |
| Butylpropionat | — | — | — | 15 | 15 | 10 | 40 |
| Sprit | — | 10 | 5 | 5 | — | — | — |
| Butanol | — | — | 5 | 5 | 10 | 10 | 30 |
| Untere Grenze g/l | 0,0700 | 0,0567 | 0,0714 | 0,0980 | 0,0824 | 0,0620 | 0,0773 |

Auffallend sind die sehr niedrigen unteren Grenzwerte für Benzol, Toluol und VMP-Naphtha. Die Verfasser erklären dies durch die Tatsache, daß die Verbrennung dieser Stoffe eine große Luftmenge erfordert und die Kohlenwasserstoffe einen besonders hohen Heizwert haben. Damit die Explosion eintritt, muß in der Umgebung des Funkens genügend Wärme frei gemacht werden, um die Gasschichten auf die Entzündungstemperatur zu bringen. Zur Weiterleitung der Wärme an weitere Gasschichten ist ferner eine genügende Wärmeleitfähigkeit des Gasgemisches nötig. Mit Rücksicht auf die große Verdünnung der geprüften Gemische kann für letztere etwa die Wärmeleitfähigkeit der Luft angenommen werden. Dann bleibt lediglich noch der Heizwert von Bedeutung. Dieser ist für sauerstoffhaltige Lösungsmittel (Ester, Alkohole u. dgl.) durchweg kleiner als für Kohlenwasserstoffe, wie nachstehende Übersicht zeigt:

Heizwert einiger leichtsiedender Lösungsmittel in cal/g.

| | | | | | |
|---|---|---|---|---|---|
| Diäthyläther | 8807 | Aceton | 7304 | Methanol | 5331 |
| Alkohol | 7080 | Essigäther | 6103 | Benzol | 9960 |
| | | Toluol | 10150 | | |

Aus den Untersuchungen werden folgende Schlüsse gezogen:

a) Niedrigsiedende Lösungsmittel der Alkohol- und Esterreihe erreichen erst bei höherer Konzentration (ca. 0,075 g je Liter) die untere

Explosionsgrenze, während diese bei leichtsiedenden Kohlenwasserstoffen schon bei 0,05 g je Liter erreicht wird.

b) Mittel- und hochsiedende Alkohole etwa vom Siedepunkt 115° C aufwärts bilden bei Zimmertemperatur keine explosionsfähigen Gemische.

c) Mischungen von Lösungsmitteln, die mäßige Mengen von Kohlenwasserstoffen enthalten, bilden auch mit Alkoholen und Estern von höherem Siedepunkt leicht explosionsfähige Gemische.

Da die Formel von Le Chatelier additiv ist, so können allgemein Lösungsmittel, die für sich allein bei Zimmertemperatur keine explosiven Dampfkonzentrationen erreichen, in Mischung mit anderen Lösungsmitteln sehr wohl explosible Gemische bilden.

Für den Verarbeiter von Lösungsmitteln und Lacken ergibt sich aus diesen Feststellungen die Notwendigkeit, die Konzentration der Lösungsmitteldämpfe in der Luft des Arbeitsraumes durch Absaugung und Erneuerung der Luft tunlichst unterhalb der unteren Explosionsgrenze zu halten. Dies ist praktisch unschwer möglich.

## 4. Selbstentzündungstemperaturen von Lösungsmitteln.

Im Zusammenhang mit der Brennbarkeit ist ferner die Selbstentzündungstemperatur der Lösungsmittel von Interesse, d. h. die Temperatur, bei der die Dämpfe des Lösungsmittels sich an der Luft von selbst entzünden können. Diese Temperatur liegt fast durchweg sehr hoch und ist abhängig von der Natur der Zündfläche. Während Schwefelkohlenstoffdampf sich schon bei etwa 150° C entzünden kann, also besonders gefährlich ist, wurden für einige viel gebrauchte Lösungsmittel von N. J. Thompson[1] folgende Werte ermittelt:

Selbstentzündungstemperatur.

| Lösungsmittel | Im Quarzglas- (Pyrex-) Kolben °C | Im Stahlblock °C |
|---|---|---|
| Aceton | 633 | 649 |
| Isoamylacetat | 379 | 461 |
| Benzol | 580 | 649 |
| n-Butanol | 366 | 345 |
| n-Butylacetat | 422 | 449 |
| Äther (0,3 % Alkohol) | 188 | 193 |
| Essigäther | 484 | 547 |
| Alkohol, 95 proz. | 421 | 392 |
| Methanol | 475 | 474 |
| Methylacetat | 506 | 569 |
| Terpentinöl | 252 | 262 |
| Toluol | 553 | — |
| Xylol, technisch | 553 | 649 |

[1] Ind. and Engin. Chem. Bd. 21 (1929) S. 134; Ref. Farben-Ztg. Bd. 34 (1929) S. 1789.

# E. Dampfdichte von Lösungsmitteln.

Die Dampfdichte der Lösungsmittel, bezogen auf Luft, ist technologisch von Wichtigkeit, um sich ein Bild über die Verteilung der Lösungsmitteldämpfe in der Luft der Arbeitsräume zu machen, weil sich danach die Art der Anbringung der Ventilation richten muß.

Da das Mol (Molekulargewicht, ausgedrückt in Gramm) aller Dämpfe bei 0° C ein Volum von 22,42 Liter einnimmt, so läßt sich das spezifische Gewicht der Dämpfe (die Dampfdichte) unter Einbeziehung des spezifischen Gewichtes der Luft leicht errechnen nach der Formel

$$G = \frac{\text{Mol}}{22{,}42 \cdot 1{,}293} \quad \text{oder rund} \quad \frac{\text{Mol}}{29}.$$

Das spezifische Gewicht aller Lösungsmitteldämpfe ist größer als 1; die Lösungsmitteldämpfe sind schwerer als Luft und sinken zu Boden, soweit nicht Wärmezirkulation im Raum sie aufsteigen läßt. Die Hauptabsaugung von Lösungsmitteldämpfen hat deshalb am Boden zu erfolgen. Einige Dampfdichten sind in Kapitel XV genannt.

# F. Spezifisches Gewicht der flüssigen Lösungsmittel.

Das spezifische Gewicht oder die Dichte ist eine einfach zu kontrollierende Konstante von Lösungsmitteln, die als Maß für Reinheit und Gleichmäßigkeit wichtig ist. Die Dichte wird als unbenannte Zahl angegeben und sagt aus, wie schwer ein Körper bei einer bestimmten Temperatur im Vergleich zu Wasser ist. Gewöhnlich wählt man als normale Temperatur 20° C, doch finden sich, zumal in der ausländischen Literatur, zahlreiche Angaben für 15° C. Man bezieht die bei diesen Temperaturen ermittelte Dichte auf diejenige des Wassers von 4° C und schreibt sie dann $D_{4}^{20}$. Manche Angaben der Literatur werden auch auf Wasser von der gleichen Temperatur bezogen, bei der die Dichte des Lösungsmittels bestimmt wird, man gibt die Zahl dann z. B. als $D_{15}^{15}$ an.

Das spezifische Gewicht nimmt mit steigender Temperatur ab. Es schwankt bei den organischen Lösungsmitteln bei Zimmertemperatur zwischen etwa 0,66 bei Leichtbenzinen und 1,65 bei schweren Chlorkohlenwasserstoffen. Die Unterschiede sind vor allem dort von Belang, wo Lösungsmittel nach Gewicht gehandelt, aber fertige Lacke nach Volumen verkauft oder in Raummassen gemessene Behälter gefüllt werden müssen, deren räumliches Fassungsvermögen für die Kalkulation maßgebend ist. Sie erfordern ferner Berücksichtigung bei der Konstruktion von Extraktionsapparaturen; es ist meist unmöglich, eine für leichte Extraktionsmittel konstruierte Anlage ohne weiteres auf spezifisch schwerere Chlorkohlenwasserstoffe umzustellen.

Das spezifische Gewicht wird bei den einzelnen Lösungsmitteln in Kapitel XIII aufgeführt. Da minimale Schwankungen der Zusammensetzung bereits nicht unerhebliche Änderungen der Dichte ergeben, so ist eine gewisse Toleranz bei technischen Produkten nicht immer zu vermeiden.

## G. Brechungsindex.

Der Brechungsindex ist eine leicht auszuführende, sehr empfindliche Kontrolle für die Reinheit eines Lösungsmittels. Er gewinnt vor allem für das wissenschaftliche und analytische Laboratorium[1] steigende Bedeutung und ist wie die Dichte abhängig von der Temperatur; man mißt ihn gewöhnlich bei 20° C. Der Brechungsindex ist ferner abhängig von der Wellenlänge des Lichtes, da die verschiedenen Lichtstrahlen verschieden stark gebrochen werden. Es ist üblich geworden, den Brechungsexponent für die D-Linie (Natriumlinie) des Spektrums zu bestimmen. Der so ermittelte Index trägt die Bezeichnung $n_D^{20}$ oder kurz $n^{20}$.

Bei technischen Produkten ist für den Brechungsindex stets eine gewisse Toleranz erforderlich, deshalb werden von vielen Herstellern überhaupt keine Zahlen genannt.

Über die Anwendung des Brechungsindexes zur Analyse der Zusammensetzung von Gemischen berichtet O. Merz[2]. Solange keine Volumkontraktion eintritt, gilt für Gemische die Gleichung

$$n = \frac{v_1 \cdot n_1 + v_2 \cdot n_2}{100},$$

worin $n$ den Index des Gemisches, $n_1$ und $n_2$ den der einzelnen Komponenten, $v_1$ und $v_2$ die Volumprozente der Komponenten angeben. Ist nur der Brechungsindex einer Komponente und des Gemisches bekannt, so ermittelt man den der unbekannten Komponente aus der Gleichung

$$n_2 = \frac{100\,n - (100 - v) \cdot n_1}{v},$$

worin $v$ die Volumprozente der Komponente mit unbekanntem Brechungsindex ausdrückt.

[1] Kohlrausch: Praktische Physik, 12. Aufl., S. 291.

[2] Farbenchemiker Bd. 2 (1931) S. 259.

J. D. Jenkins[1] ermittelte, daß die Dispersionsskala am Refraktometer von Abbé für eine rasche und ziemlich genaue Bestimmung des Toluol- und Benzolgehaltes von Verdünnnngsmitteln recht gut geeignet ist. Während Ester, Alkohole und Ketone eine Dispersion von etwa 41,4 Skalenteilen zeigen, haben die Benzolkohlenwasserstoffe eine solche von etwa 35,6. Solange keine aliphatischen Kohlenwasserstoffe zugegen sind, arbeitet die Methode mit etwa 1 % Genauigkeit. Es werden folgende Daten für Brechungsindex und Dispersionsskala angegeben:

| | Brechungsindex 25° C | Dispersion Skalaablesung |
|---|---|---|
| Butylalkohol, technisch | 1,3633 | 41,5 |
| Methanol | 1,3275 | 42,0 |
| Isopropylalkohol, technisch | 1,3784 | 41,5 |
| Isopropylalkohol, rein | 1,3722 | 41,45 |
| n-Butylalkohol, technisch | 1,3985 | 41,4 |
| sek.-Butylalkohol, technisch | 1,3955 | 41,5 |
| tert.-Butylalkohol, technisch | 1,3857 | 41,4 |
| Amylalkohol, technisch | 1,4050 | 41,4 |
| Isoamylalkohol, rein | 1,4067 | 41,3 |
| Aceton, technisch | 1,3573 | 41,3 |
| Methyläthylketon, technisch | 1,3770 | 41,4 |
| Äthylacetat, technisch | 1,3703 | 41,4 |
| Isopropylacetat, technisch | 1,3774 | 41,3 |
| n-Butylacetat, technisch | 1,3943 | 41,25 |
| sek.-Butylacetat, technisch | 1,3933 | 41,4 |
| Pentacetat, technisch | 1,3988 | 41,3 |
| Amylacetat, rein | 1,3975 | 41,2 |
| Butylpropionat, technisch | 1,3986 | 41,3 |
| Äthylglykol, technisch | 1,4073 | 41,4 |
| Methylglykol, technisch | 1,4035 | 41,5 |
| Butylglykol, technisch | 1,4183 | 41,3 |
| Äthylglykolacetat | 1,4048 | 41,3 |
| Äthyllaktat, synthetisch | 1,4116 | 41,3 |
| Naphtha, V., M. & P. | 1,4322 | 40,8 |
| Naphtha (enger Siedebereich) | 1,4059 | 41,1 |
| Naphtha (enger Siedebereich) | 1,4133 | 41,4 |
| Balsamterpentinöl | 1,4533 | 40,0 |
| Benzol, technisch | 1,4955 | 35,4 |
| Toluol, technisch | 1,4930 | 35,6 |
| Xylol, rein | 1,4940 | 35,9 |
| Xylol, technisch | 1,4940 | 36,0 |
| Solventnaphtha, technisch | 1,4846 | 36,5 |

Zur Bestimmung dient das Abbésche Refraktometer oder das Butterrefraktometer der Firma Karl Zeiss in Jena; letzteres hat einen etwas engeren Meßbereich von etwa 1,42—1,49. Für wässerige Lösungen von Lösungsmitteln wird auch das Eintauchrefraktometer von Zeiss verwendet[2].

[1] Ind. and. Engin. Chem. Analyt. Ed. Bd. 2 (1930) S. 127; Ref. Farben-Ztg. Bd. 35 S. 1827.

[2] Löwe: Chem.-Ztg. 1921 S. 25. 52.

# III. Lösungsmittel für Cellulosederivate.

## A. Einteilung der Lösungsmittel.

Während man für manche Anwendungsgebiete, beispielsweise für Extraktionszwecke, die Lösungsmittel in leicht-, mittel- und hochsiedende einteilt, ist es, wie in Abschnitt II ausgeführt, für den Lackhersteller zweckmäßiger, eine Einteilung nach der Flüchtigkeit vorzunehmen. Man unterscheidet demgemäß

Lösungsmittel von rascher Flüchtigkeit, relative Flüchtigkeit bezogen auf Äther unter etwa 7,

Lösungsmittel von mittlerer Flüchtigkeit, relative Flüchtigkeit etwa 7—35,

Lösungsmittel von langsamer Flüchtigkeit, relative Flüchtigkeit über 35.

Die relativen Verdunstungszeiten der Lösungsmittel, bezogen auf Schwefeläther = 1, sind auf S. 298 ff. zusammengestellt. Sie bilden für die Auswahl der Lösungsmittel ein wichtiges Hilfsmittel.

Wie schon in Kapitel II angedeutet, geben diese Zahlen aber noch kein klares Bild über die Flüchtigkeit von Lösungsmitteln aus Gemischen, weil durch die Bildung azeotropischer Gemische die Verhältnisse wesentlich geändert sein können. Auch für die Verdunstung der Lösungsmittel aus Lösungen von Cellulosederivaten ergeben sich andere Verhältnisse. Die nichtflüchtigen Bestandteile von Lösungen können die Verdunstung der Lösungsmittel verzögern[1]. Der Grad dieser Verzögerung ist abhängig von der Art der nichtflüchtigen Bestandteile, von der Viscosität der Lösung und von der Dicke der verdunstenden Lackschicht.

Die einzelnen Cellulosederivate halten die Lösungsmittel verschieden stark zurück, auch wenn man Produkte von ungefähr gleicher Viscosität miteinander vergleicht. Beispielsweise werden zwei Kollodiumwollen von gleicher Viscosität, aber verschiedenem Stickstoffgehalt einen ihrem polaren Charakter entsprechenden verschieden großen Einfluß auf ein gegebenes Lösungsmittelgemisch ausüben und die optimalen Lösungsmittel für jedes einzelne Produkt werden verschieden sein. Eine starke, die Verdunstung verzögernde Wirkung haben ferner die meisten Harze, die vor allem kleine Lösungsmittelreste meist außerordentlich lange zurückhalten.

Die Erfahrung zeigt weiter, daß höher viscose Lösungen die Lösungsmittel länger festhalten als niedrig viscose.

Nach Blom[2] verläuft die Verdunstung eines Lösungsmittels aus einer Lösung in drei Stufen. Zunächst wandern seine Molekeln durch

---

[1] Siehe u. a. Jores: Farben-Ztg. Bd. 34 S. 2886.

[2] Farben-Ztg. Bd. 36 (1931) S. 873.

die filmbildende Masse zur Oberfläche. Mit zunehmender Verfestigung des trocknenden Filmes nimmt die Diffusionsgeschwindigkeit wegen der wachsenden Erhöhung des inneren Widerstandes ab. Als zweite Stufe bildet sich an der Lackoberfläche eine dünne Gashaut. Aus dieser Adhäsionsschicht diffundiert endlich das Lösungsmittel in die umgebende Luft. Blom kommt dabei zu dem Ergebnis, daß die Filmbildungsgeschwindigkeit in jedem Augenblick proportional der noch vorhandenen Menge flüchtiger Bestandteile ist. Dagegen bleibt in Celluloseesterlösungen im Gegensatz zu den reinen Lösungsmitteln die je Zeiteinheit verdunstende Lösungsmittelmenge nicht konstant.

Für die Filmbildungsgeschwindigkeit stellt Blom folgende Formel auf

$$\beta = \frac{0{,}4343}{t} \log \frac{a}{a-y},$$

worin $y$ die zur Zeit $t$ verdunstende Menge Lösungsmittel, $a$ deren Gesamtmenge und $\beta$ eine Konstante bedeutet.

H. Wolff, G. Zeidler und W. Toeldte[1] haben hierfür experimentelles Material mitgeteilt. Sie brachten gewogene Mengen (100 mg) Lösungsmittel einmal für sich, dann auch in einer entsprechenden Menge Nitrocelluloselösung zur Verdunstung und bestimmten die anfängliche Verdunstungsgeschwindigkeit, die bei Lacken nur nahezu konstant bleibt, bis etwa 30% verdunstet sind, ferner die Gesamtverdunstungszeit in Zeiteinheiten (Sek.):

| | Anfangsgeschwindigkeit | | | Gesamtverdunstungszeit | | |
|---|---|---|---|---|---|---|
| | für sich | aus der Lösung | Verhältnis | für sich | aus der Lösung | Verhältnis |
| Methylglykol . . . . | 45 | 87 | 1,9 | 600 | 2360 | 3,8 |
| Äthylglykol . . . . . | 60 | 144 | 2,4 | 700 | 2200 | 3,1 |
| Methylglykolacetat . . | 36 | 153 | 4,5 | 440 | 2300 | 5,2 |
| Äthylglykolacetat . . | 62 | 114 | 1,8 | 810 | 1840 | 2,3 |
| Butylacetat . . . . . | 12,5 | 50 | 4,0 | 220 | 700 | 3,2 |
| Adronolacetat . . . . | 113 | 153 | 1,35 | 1330 | 2930 | 2,2 |

Aus diesen Zahlen geht hervor, daß die Reihenfolge der für die Verdunstungszeit der reinen Lösungsmittel ermittelten Zahlen sich beim Verdunsten aus Lösungen ändern kann.

## 1. Schnellflüchtige Lösungsmittel.

Schnellflüchtige Lösungsmittel zeigen bei Zimmertemperatur besonders hohen Dampfdruck und erzeugen beim Verdunsten eine starke Verdunstungskälte. Hierdurch wird, besonders bei feuchter Luft, der Sättigungspunkt der Luft für Wasserdampf über der Lackoberfläche überschritten, und es schlägt sich Wasser auf der Filmoberfläche nieder.

[1] Farben-Ztg. Bd. 33 S. 2301.

Wasser bildet mit manchen Gemischen leichtflüchtiger Lösungsmittel ternäre azeotropische Gemische, welche dann besonders leicht flüchtig sind und deshalb das Niederschlagen weiterer Wassermengen noch begünstigen. Aus Lösungen der Celluloseester in schnellflüchtigen Lösungsmitteln entsteht daher keine klare zähe Lackhaut, sondern ein milchiger oder weißer und vielfach rissiger Film.

Da die Verdunstungsgeschwindigkeit leichtflüchtiger Lösungsmittel aus Lösungen von Celluloseestern im allgemeinen nur recht wenig herabgesetzt wird, so können diese Lösungsmittel für sich allein meist nicht zur Herstellung klartrocknender Lacke dienen. Nur in einigen Fällen, beispielsweise bei besonders hochkonzentrierten und hochviscosen Lösungen von Celluloid, ist die Diffusionsgeschwindigkeit des Lösungsmittels durch die sich bildende Filmschicht so weit herabgesetzt, daß eine allzu große Verdunstungskälte vermieden wird. Deshalb kann man für Celluloidklebstoffe leichtflüchtige Lösungsmittel allein verwenden. Sie werden ferner dort gebraucht, wo die Verarbeitung in geschlossenen Apparaten in genügend trockener Luft geschieht und der Zutritt feuchter Luft aus der Umgebung ausgeschaltet werden kann. Das ist beispielsweise der Fall in Streichmaschinen, wie sie für Kunstlederzwecke viel gebraucht werden, ferner in Abstreifmaschinen, in denen die Gegenstände nach dem Tauchen bis auf einen kleinen Lackrest abgestreift und in Trockenkammern getrocknet werden, wie es in der Bleistiftindustrie geschieht. Auch bei der Herstellung von plastischen Massen und Filmen läßt sich der Einfluß der Luftfeuchtigkeit durch geeignete Einkapselung der Maschinen weitgehend ausschalten. In allen diesen Fällen ist gleichzeitig auch eine rentable Wiedergewinnung der Lösungsmittel möglich (s. Kapitel IX).

## 2. Mittelflüchtige Lösungsmittel.

Bei der Herstellung gewöhnlicher klartrocknender Lacke können leichtflüchtige Lösungsmittel nur in Verbindung mit mittel- oder schwerflüchtigen Lösungsmitteln verwendet werden. Mittelflüchtige Lösungsmittel verdunsten so langsam, daß nur eine geringe Verdunstungskälte entsteht und eine schädliche Kondensation von Wasserdampf aus der Luft im trocknenden Film unter normalen Bedingungen nicht erfolgt. Sie lassen deshalb die Cellulosederivate aus den Lösungen klar auftrocknen. Besonders werden die mittelflüchtigen Lösungsmittel geschätzt, weil sie die Störungen durch den Einfluß der Luftfeuchtigkeit ausschalten, eine gute Filmbildung gewährleisten und gleichwohl aus den Filmschichten ziemlich rasch praktisch vollständig verdunsten. Die Lackfilme erreichen dadurch schnell ihren Endzustand und arbeiten nicht mehr unter unkontrollierbaren Bedingungen nach, eine Eigenschaft, die immer mehr gewürdigt wird. J. D. Burte[1] bezeichnet deshalb mit Recht die mittelflüchtigen Lösungsmittel als das Rückgrat des modernen Spritzlackes.

Während Lösungsmittel von mittlerer Flüchtigkeit für Nitrocellulose in größerer Zahl zu billigem Preise im Handel sind, kennt man kein befriedigendes und billiges mittelflüchtiges Produkt für die Acetylcellulosen des Handels; Dioxan steht noch an der Grenze zwischen leicht- und mittelflüchtigen Lösungsmitteln, und das der Flüchtigkeit nach nächstliegende Produkt, Methylglykol, liegt bereits an deren oberer Grenze. Immerhin kann man mit Mischungen beider Lösungsmittel annähernd die für diese Gruppe charakteristischen Eigenschaften erzielen, wenn man nicht zu leichtflüchtige Verdünnngsmittel mitverwendet.

## 3. Schwerflüchtige Lösungsmittel.

Schwerflüchtige Lösungsmittel werden dagegen wesentlich länger in kleinen Mengen im Lackfilm zurückgehalten und die Filme arbeiten dementsprechend länger nach, bis sie ihren Endzustand erreichen. Schwerflüchtige Lösungsmittel werden deshalb gewöhnlich nur in kleinen Mengen neben anderen Lösungsmitteln in Lacken verwendet. Sie haben dann eine sehr günstige Wirkung auf die Ausbildung einer glatten Oberfläche und hohen Glanzes, weil sie nach der Verdunstung des größten Teiles der leichter flüchtigen Bestandteile noch ein genügendes Fließen der trocknenden Lackschicht (in Amerika „secondary flow“ genannt) herbeiführen. Soweit sie mit anderen Lösungsmitteln azeotropische Gemische bilden, sind in solchen immer die flüchtigeren Lösungsmittel im Überschuß vorhanden. Überschreitet man die in azeotropischen Mischungen möglichen Mengen von schwerflüchtigen Lösungsmitteln nicht, so ist eine ziemlich rasche Verdunstung aus dem trocknenden Film gewährleistet. Bei größeren Zusätzen dagegen geben schwerflüchtige Lösungsmittel mitunter Anlaß zum Nachsacken, Abplatzen der Lackschicht oder zu Reißerscheinungen. In größeren Mengen werden sie nur dort verwendet, wo wegen der Art der Weiterverarbeitung lackierter Gegenstände, beispielsweise durch Prägen oder Stanzen, für eine gewisse Zeit eine größere Zügigkeit verlangt wird. In solchen Fällen ist es aber empfehlenswert, nach der Weiterverarbeitung noch eine kurze Trocknung bei erhöhter Temperatur im Ofen anzuschließen.

Da die Filme schwerflüchtige Lösungsmittel in kleinen Mengen zeitweilig festhalten und deshalb vorübergehend eine größere Zügigkeit aufweisen, hat man vielfach zu Unrecht solche Lösungsmittel auch als Weichmachungsmittel bezeichnet. Ihre Verwendung birgt oft die

[1] The Oil and Colour Trades J., London Bd. 74 (1928) S. 1658.

Gefahr, daß man sich durch die zunächst befriedigende Geschmeidigkeit der Lackschichten verleiten läßt, an Weichmachungsmitteln zu sparen. Ist dann nach einiger Zeit das Lösungsmittel völlig verdunstet, so genügt die Geschmeidigkeit des Filmes nicht immer den Anforderungen, und es treten die obenerwähnten Schwierigkeiten auf.

## B. Lösevermögen.

Nächst der Flüchtigkeit ist das Lösevermögen für Cellulosederivate eine der wichtigsten Eigenschaften. Die Cellulosederivate gehören zu den lyophilen Kolloiden. Wie im ersten Kapitel gezeigt, gibt es beim Auflösen lyophiler Kolloide in Lösungsmitteln wahrscheinlich keine Sättigungsgrenzen wie beim Lösen von krystallisierten Substanzen und dementsprechend keine definierte Grenze zwischen flüssiger und fester Phase, vielmehr lassen sich beinahe alle Übergänge herstellen. Eine einfache exakte Bestimmung des Lösevermögens ist deshalb nicht möglich.

Man zieht als Maß für das Lösevermögen einige indirekte Prüfungsmethoden heran, nämlich die Lösegeschwindigkeit, die Viscosität der Lösungen und die Verdünnungsfähigkeit durch nichtlösende flüchtige Produkte.

Von diesen Methoden ist die Bestimmung der Lösegeschwindigkeit noch am wenigsten bearbeitet worden. Man kann sie messen, indem man gemäß einem Vorschlage von H. Wolff, G. Zeidler und F. Toeldte[1] auf getrocknete Filmschichten Tropfen des Lösungsmittels aufbringt und feststellt, in welchem Maße ein Aufweichen oder Lösen der Filmschichten stattfindet. Man kann diese Methode auch dahin ausbauen, daß man die aufgebrachten Tropfen nach bestimmten Einwirkungszeiten mit Löschpapier wegwischt, um den fortschreitenden Grad der Quellung zu beobachten. Nach einer anderen, für Gelatiniermittel vorgeschlagenen Methode überschichtet man die Celluloseester mit dem Lösungsmittel und beobachtet, nötigenfalls unter Rühren, die Dauer bis zur völligen Auflösung. Eine allgemein anerkannte Methode, die zu zahlenmäßiger Festlegung führen könnte, liegt indessen noch nicht vor.

Allgemein lösen die besonders verschnittfähigen Zweityplösungsmittel Celluloseester langsamer auf als Ketone und Alkylester; vor allem gilt das für die Glykolderivate und Diacetonalkohol. Die Lösegeschwindigkeit hängt somit keineswegs ab von der Flüchtigkeit; langsamer verdunstende Glykolmonoalkyläther lösen beträchtlich langsamer als das flüchtigere Butylacetat. In homologen Reihen von Estern und Ketonen scheint die Lösegeschwindigkeit ungefähr mit steigendem Molekulargewicht abzunehmen.

Da mit steigender Konzentration an gelöstem Cellulosederivat die Viscosität einer Lösung sehr stark ansteigt (siehe den folgenden

[1] Farben-Ztg. Bd. 33 S. 2301.

Abschnitt E) und man schließlich zu ganz zähflüssigen bis starren Lösungen gelangt, die sich praktisch nicht mehr gut verarbeiten lassen, so ist es berechtigt, wenn man aus praktischen Überlegungen heraus dasjenige Lösungsmittel als das besser lösende bezeichnet, das unter gleichen Bedingungen die Celluloseester mit der niedrigsten Viscosität löst. Nach McBain, Harvey und Smith[1] ist die Viscosität der Lösungen einer Nitrocellulose in verschiedenen Lösungsmitteln umgekehrt proportional dem Lösevermögen dieser Lösungsmittel. Auch E. Desparmet[2] benutzt die Viscosität als ein Maß für das Lösevermögen und bestimmt danach das Lösevermögen von Ketonen in Abhängigkeit vom Grade des polaren Charakters des Lösungsmittels.

In nachstehender Tabelle sind die Viscositätswerte, gemessen nach der Methode von Cochius, im 7-mm-Rohr bei 20° C für 10proz. Lösungen von Kollodiumwolle E 620 in einigen wichtigen Lösungsmitteln eingesetzt[3].

Messungen von 10proz. Lösungen einer Kollodiumwolle E 620 in folgenden Lösungsmitteln im Cochius-7-mm-Rohr[4].

| | Sekunden | Zentipoisen |
|---|---|---|
| Aceton | 12 | 35 |
| Methyläthylketon | 15 | 50 |
| Aceton-Benzol 3 : 2 | 16 | 52 |
| Aceton-Benzol-Alkohol 2 : 1 : 1 | 16 | 52 |
| Methylacetat | 35 | 125 |
| E 13 | 13 | 37 |
| Äthylacetat | 23 | 81 |
| Isopropylacetat | 25 | 87 |
| n-Butylacetat, 100proz. | 39 | 140 |
| Amylacetat, rein | 98 | 377 |
| Äthylglykolacetat | 208 | 830 |
| Methylglykolacetat | 276 | 1057 |
| Adronolacetat | 580 | 2340 |
| Benzylacetat | 1240 | — |
| Methylglykol | 225 | 890 |
| Äthylglykol | 235 | 910 |
| Milchsäureäthylester | 163 | 637 |
| Essigester-Benzol-Alkohol 1 : 1 : 1 | 19 | 68 |
| Butylacetat-Alkohol 1 : 1 | 35 | 125 |
| Äthylglykolacetat-Alkohol 1 : 1 | 53 | 198 |
| Äthylglykol-Alkohol 1 : 1 | 49 | 181 |
| Milchsäureäthylester-Alkohol 1 : 1 | 60 | 225 |

[1] Journ. Physical Chem. Bd. 30 (1926) S. 312; Ref. Farben-Ztg. Bd. 35 S. 236.

[2] Le Cuir Technique 1928 S. 56; Ref. Farben-Ztg. Bd. 36 S. 461.

[3] Nach Bianchi-Weihe: Celluloseesterlacke.

[4] Näheres über die Bezeichnung dieser Kollodiumwolle vgl. Broschüre „Die Kollodiumwolle und ihre Verarbeitung zum Lack" der I. G. Farbenindustrie Aktiengesellschaft.

Für 10proz. Lösungen von Acetylcellulose in den wichtigsten Lösungsmitteln geben Hofmann und Reid[1] nachstehende Werte an:

Viscosität 10proz. Acetylcelluloselösungen.

| Lösungsmittel | Viscosität 25° C absolute Einheiten | Lösungsmittel | Viscosität 25° C absolute Einheiten |
|---|---|---|---|
| Aceton . . . . . . . . . | 2,70 | 1,4 Dioxan . . . . . . . | 12,95 |
| Methyläthylketon . . . . | 5,03 | Methylglykol . . . . . . | 19,60 |
| Methylacetat . . . . . . | 5,40 | Methylglykolacetat . . . . | 23,10 |
| 70 % Methylenchlorid, 30 % Alkohol . . . | 8,93 | Äthyllactat . . . . . . . | 27,30 |
| | | Diacetonalkohol . . . . . | 40,95 |

Es ist vielfach in der Praxis die Ansicht vertreten, daß man aus dem Siedepunkt eines Lösungsmittels Schlüsse auf das Lösevermögen ziehen könne, doch ist diese Auffassung nicht ganz richtig. Die Viscosität, welche als Maß für das Lösevermögen angesehen wird, ist nicht abhängig vom Siedepunkt, sondern neben anderen Faktoren von der Zahl und der Größe der Molekeln des Lösungsmittels in einer Lösung. Da in einer gegebenen Gewichtsmenge Lösungsmittel eine größere Anzahl von Molekeln eines niedrigmolekularen nichtassoziierten Lösungsmittels vorhanden ist als von einem hochmolekularen Lösungsmittel, so kann in der Tat die Viscosität von Lösungen niedrigmolekularer Lösungsmittel kleiner sein als diejenigen von Lösungen in Lösungsmitteln von höherem Molekulargewicht. Indessen geht der Siedepunkt nicht allein mit der Molekelgröße und der Assoziation flüssiger Lösungsmittel bei Zimmertemperatur parallel, und es sind, wie später gezeigt wird, noch andere Faktoren von Bedeutung. Diese Regel trifft nicht einmal ganz für homologe Reihen zu. Es kann deshalb nur als Faustregel gelten, daß die Viscosität der Lösungen mit abnehmender Flüchtigkeit oder steigendem Siedepunkt des Lösungsmittels zunimmt.

Bei der Beurteilung des Lösevermögens aus der Viscosität ist ferner zu beachten, daß schon Spuren von Verunreinigungen oder willkürlichen Beimischungen die Viscosität stark beeinflussen können. Auch Gemische von an sich etwa gleich gut lösenden Lösungsmitteln zeigen eine weitgehend veränderte Viscosität. Von besonderem Interesse ist der Einfluß geringer Mengen von Wasser auf die Viscosität, weil in den meisten Nitrocelluloselacken durch die Anfeuchtungsmittel der Nitrocellulose, namentlich durch Alkohol und Butanol, kleine Wassermengen enthalten sind. Während sehr kleine Mengen Wasser die Viscosität vielfach erniedrigen[2], wirken größere Zusätze viscositäts-

[1] Ref. Farben-Ztg. Bd. 35 S. 604.

[2] Journ. Chem. Soc. 1913 S. 1653; Trans. chem. Soc. Bd. 107 (1920) S. 809.

| Wassergehalt % | Ausflußzeit im Engler-Apparat (50 ccm, 5 mm-Düse) | Fallkugelmethode Sekunden |
|---|---|---|
| 0,54 | 242 | 30,0 |
| 1,0 | 248 | 31,5 |
| 2,0 | 263 | 33,0 |
| 3,0 | 278 | 35,0 |
| 4,0 | 302 | 39,0 |

erhöhend. Für die Zunahme der Viscosität gibt O. Merz[1] nebenstehende Daten für 20 proz. Nitrocelluloselacke gleicher Zusammensetzung, in denen zunehmende Mengen an Alkohol durch Wasser ersetzt sind.

# C. Verdünnungsmittel und Verschnittfähigkeit.

## 1. Verdünnungsmittel.

Ein weiteres, ebenfalls den Bedürfnissen der Praxis angepaßtes Maß für das Lösevermögen ergibt sich aus der Tatsache, daß Lösungen von Celluloseestern innerhalb gewisser Grenzen solche Flüssigkeiten, die den Celluloseester nicht lösen, aufzunehmen vermögen, ohne daß das Cellulosederivat ausgefällt wird. Solche Mittel werden als Strecker, Verdünnungsmittel oder Verschnittmittel bezeichnet. Der Grad der Verschnittfähigkeit durch solche Mittel ist sehr verschieden und nicht allein abhängig vom Lösungsmittel, sondern auch von der Natur des Cellulosederivates und des Streckungsmittels, ferner von der Konzentration an gelöstem Stoff und von der Temperatur. Es ist deshalb, worauf schon H. Wolff hinweist[2], nicht statthaft, die Verschnittfähigkeit einfach als Maß für das Lösevermögen schlechthin zu bezeichnen, wie das vielfach üblich ist.

Solche Verdünnungsmittel haben praktisch die größte Bedeutung, weil sie meist sehr gute Löser für Harze sind, auf die Viscosität der Lösungen und deren lacktechnische Eigenschaften wie Glanz, die Ausbildung einer glatten Oberfläche und einer guten Filmfestigkeit einen beträchtlichen Einfluß ausüben und gleichzeitig billig sind. Ihre wichtigsten praktischen Vertreter sind die Benzolkohlenwasserstoffe, namentlich Toluol, ferner Benzine, Äthylalkohol und Butanol. Sie bilden oft mit den Lösungsmitteln binäre und mit diesen und Wasser zusammen ternäre azeotropische Gemische. Da sie anderen chemischen Gruppen angehören als die Lösungsmittel, so können sie die Polarität und damit die Lösefähigkeit des Lösungsmittelgemisches weitgehend verändern. Diese Änderung des polaren Charakters mag auch eine Ursache dafür sein, daß vielfach Gemische von Nichtlösern verschiedener chemischer Gruppen, z. B. Alkohol-Äther, zu brauchbaren Lösungsmitteln werden.

Die Verdünnungsmittel dürfen nicht verwechselt werden mit den sog. „Verdünnern“, die den Zweck haben, hochkonzentrierte Lacke auf

[1] Farben-Ztg. Bd. 34 S. 2570.
[2] Farben-Ztg. Bd. 33 S. 2228.

eine verarbeitungsfähige Konsistenz zu verdünnen. Sie bestehen gewöhnlich aus Gemischen von Lösungs- und Verdünnungsmitteln, in denen letztere überwiegen; Lackverdünner für Spritzlacke enthalten beispielsweise hauptsächlich Toluol im Gemisch mit etwas Butylacetat, Butanol und Äthylacetat.

## 2. Bestimmung der Verschnittfähigkeit.

Zur Bestimmung der Verschnittfähigkeit sind verschiedene Methoden angewandt worden. Sie haben bisher hauptsächlich dazu gedient, die Abhängigkeit von Lösungsmitteln und Streckern und von der Konzentration des Celluloseesters zu ermitteln. Es sei deshalb darauf hingewiesen, daß auch die chemische Zusammensetzung der einzelnen Celluloseester von beträchtlichem Einfluß ist.

J. G. Davidson und E. W. Reid[1] gehen aus von einer Standardlösung, beispielsweise einer solchen aus 10 Teilen einer niedrigviscosen Kollodiumwolle in 90 Teilen Lösungsmittel, und verdünnen mit dem Streckungsmittel, das aus einer Bürette bei 20° C zutropft, bis der Celluloseester in Form einer Gallerte oder eines feinen Pulvers ausgeschieden wird. Als Verdünnungsverhältnis wird die Anzahl von Kubikzentimeter Verdünnungsmittel bezeichnet, die erforderlich ist, um in 1 ccm Nitrocelluloselösung von bestimmter Konzentration (10%, evtl. 25%) eine bleibende Fällung hervorzurufen.

$$\text{Verdünnungsverhältnis} = \frac{\text{Volumen der Verdünnungsmittel}}{\text{Volumen der Lösung}}.$$

Gegen diese Methode ist eingewendet worden, daß mitunter übersättigte Lösungen entstehen und die Fällung oft kaum sichtbar sei. Das Verfahren ist deshalb nach verschiedenen Seiten hin variiert worden, beispielsweise indem man zu einer Mischung von Nitrocellulose und Verdünnungsmittel unter Rühren so viel Lösungsmittel zugibt, bis eben Lösung eintritt, oder indem man verschiedene Mischungen von Lösungsmitteln und Strecker herstellt und diejenige Mischung ermittelt, welche eben noch eine Lösung der Nitrocellulose herbeiführt. Wesentliche Abweichungen in den Versuchsergebnissen sind jedoch von den Verfassern nach diesen verschiedenen Methoden nicht festgestellt worden. Damit stehen die Angaben von B. M. Pam[2] in Einklang, der auch in der Viscosität der nach den verschiedenen Verfahren erhaltenen in der Zusammensetzung gleichen Lacke keine nennenswerten Unterschiede fand. Die

[1] Ind. and Engin. Chem. Bd. 19 (1927) S. 977; Ref. Farben-Ztg. Bd. 33 S. 1049.

[2] Journ. Soc. Chem. Ind., Transact, 1929 S. 223; Ref. Farben-Ztg. Bd. 34 S. 2893.

von Davidson und Reid gefundenen Verdünnungsverhältnisse sind folgende:

| Verdünnungsmittel | Benzol | Toluol | Xylol | Terpentinöl | Dampfgekracktes Gasolin 50°/221° | Kalifornisches Naphtha 63°/229° | Druckdestilliertes Gasolin 58°/237° | Destilliertes Gasolin 80°/120° |
|---|---|---|---|---|---|---|---|---|
| Methyläther | | | | | | | | |
| des Äthylenglykols | 4,3 | 3,8 | 2 4 | 0,4 | 0,6 | 0,2 | 0,2 | 0,2 |
| „ Propylenglykols | 3,7 | 4,4 | 3,5 | 1,5 | 1,0 | 0,4 | 0,5 | 0,6 |
| Äthyläther | | | | | | | | |
| des Äthylenglykols | 4,8 | 5,2 | 4,0 | 1,9 | 1,3 | 0,5 | 0,7 | 0,8 |
| „ Propylenglykols | 2,7 | 2,8 | 2,8 | 1,4 | 1,4 | 0,7 | 0,9 | 1,0 |
| Propyläther | | | | | | | | |
| des Äthylenglykols | 3,0 | 3,4 | 3,6 | 3,0 | 2,1 | | 1,3 | 1,6 |
| „ Propylenglykols | | | | | 1,0 | | 0,9 | 0,7 |
| Isopropyläther | | | | | | | | |
| des Äthylenglykols | 3,2 | 3,5 | 2,8 | 3,3 | 1,6 | | 1,0 | 1,1 |
| Butyläther | | | | | | | | |
| des Äthylenglykols | 2,6 | 3,0 | 2,8 | 2,8 | 1,9 | 1,3 | 1,6 | 1,5 |
| „ Propylenglykols | 1,2 | 1,4 | 1,5 | 1,1 | 0,8 | 0,6 | 0,6 | 0,6 |
| Isobutyläther | | | | | | | | |
| des Äthylenglykols | 1,5 | 2,0 | 2,0 | 1,4 | 0,9 | | 0,8 | 0,6 |
| „ Propylenglykols | 1,2 | 1,5 | 1,3 | 0,8 | 0,5 | | 0,4 | 0,3 |
| Isoamyläther | | | | | | | | |
| des Äthylenglykols | 2,2 | 2,4 | | 2,5 | 1,4 | | 1,2 | 1,2 |
| „ Propylenglykols | 2,4 | 1,4 | 1,4 | 0,9 | 0,5 | | 0,5 | 0,4 |
| Äthylglykolacetat . . | | 2,2 | | | | | | 0,8 |
| Butylacetat . . . . | 2,6 | 2,5 | 2,4 | 3,5 | 2,0 | 1,3 | 1,5 | 1,5 |
| Sekundäres Butylacetat . . . . . . | 1,5 | 1,6 | 1,5 | 2,2 | 1,3 | | 1,0 | 1,1 |
| Butylpropionat . . . | 1,3 | 1,5 | 1,4 | 1,0 | 1,4 | | 1,2 | 1,2 |

Die Untersuchungen zeigen, daß das Verdünnungsverhältnis aller untersuchten Lösungsmittel gegenüber aromatischen Kohlenwasserstoffen größer ist als gegenüber Benzinen. Wie aus weiter unten mitgeteilten Untersuchungen hervorgeht, ist die Verschnittfähigkeit auch für Alkohole wesentlich größer. Die Zusätze an Benzinen können je nach deren Herkunft und Siedepunkt recht verschiedene Werte haben.

Unter den Lösungsmitteln zeigen die Glykoläther eine wesentlich größere Streckfähigkeit für Benzolkohlenwasserstoffe als die aliphatischen Ester, gegenüber aliphatischen Kohlenwasserstoffen bestehen dagegen keine wesentlichen Unterschiede.

Diese Methode ist zwar sehr einfach auszuführen, die Endkonzentrationen der Lösungen bei der beginnenden Ausfällung der Kollodiumwollen sind jedoch sehr verschieden und in allen Fällen wesentlich geringer als bei der praktischen Verwendung von Cellulosederivaten. Da, wie weiter unten ausgeführt wird, das Verdünnungsverhältnis sehr stark von der Konzentration der Kollodiumwolle abhängig ist, so geben die nach dieser Methode ermittelten Werte dem Lackhersteller kein Bild, wie weit er für seine Lacke die Lösungsmittel mit Streckern verschneiden darf.

B. K. Brown und Ch. Bogin[1] haben deshalb konzentrierte Nitrocelluloselösungen in der Weise mit Verdünnungsmitteln versetzt, daß die Endkonzentration annähernd bei einer praktisch in Lacken üblichen, nämlich bei etwa 8%, lag; bei dieser Bestimmungsmethode läßt sich naturgemäß die Endkonzentration nicht absolut genau innehalten. Sie kommen dabei zu folgenden Werten:

| Lösungsmittel | Toluol | | Xylol | | VMP-Naphtha | |
|---|---|---|---|---|---|---|
| | Verdünnungsverhältnis | Endkonzentration der Wolle | Verdünnungsverhältnis | Endkonzentration der Wolle | Verdünnungsverhältnis | Endkonzentration der Wolle |
| Äthylacetat | 3,73 | 7,0 | 3,30 | 8,8 | 1,25 | 7,8 |
| Isopropylacetat | 3,27 | 7,0 | 3,27 | 8,0 | 1,25 | 7,8 |
| sek.-Butylacetat | 2,60 | 8,3 | 2,60 | 8,3 | 1,20 | 8,0 |
| n-Butylacetat | 2,93 | 8,1 | 2,73 | 8,6 | 1,75 | 8,0 |
| Amylacetat aus Fuselöl | 2,53 | 7,9 | 2,40 | 8,2 | 1,50 | 7,0 |
| n-Amylacetat | 2,20 | 8,6 | 2,20 | 8,7 | 1,40 | 7,3 |
| Äthylglykolacetat | 2,60 | 8,2 | 2,46 | 8,5 | 1,12 | 8,1 |
| n-Butylpropionat | 2,30 | 8,0 | 2,26 | 8,2 | 1,30 | 7,6 |
| Äthyllactat | 5,80 | 8,2 | 4,80 | 8,3 | 0,68 | 8,3 |
| Aceton | 4,90 | 8,1 | 4,00 | 7,2 | 0,68 | 8,3 |
| Diacetonalkohol | 3,53 | 9,0 | 2,86 | 8,0 | 0,53 | 7,6 |
| Mesityloxyd | 4,80 | 7,2 | 4,30 | 7,0 | 0,95 | 9,0 |
| Dibutylphtalat | 2,77 | 7,2 | 2,93 | 7,7 | 1,70 | 8,5 |
| Trikresylphosphat | 3,95 | 8,1 | 5,00 | 6,7 | 0,67 | 7,0 |
| Dibutyltartrat | 8,00 | 8,9 | 7,70 | 7,0 | 1,40 | 7,3 |
| Äthylglykol | 5,30 | 8,1 | 4,70 | 8,4 | 1,05 | 8,6 |
| Diäthylcarbonat | 0,76 | 10,0 | 0,70 | 8,2 | 0,27 | 9,2 |

Sie bringen ferner näheres Beweismaterial zu der schon bekannten Tatsache, daß das Verdünnungsverhältnis stark von der Konzentration der Kollodiumwolle abhängig ist.

Einfluß der Nitrocellulose-Endkonzentration auf das Verdünnungsverhältnis:

| | 1. Für Toluol | | 2. Für VMP-Naphtha | |
|---|---|---|---|---|
| | Endkonzentration der Wolle % | Verdünnungsverhältnis | Endkonzentration der Wolle % | Verdünnungsverhältnis |
| Äthylglykol | 2 | 7,0 | 3 | 1,3 |
| | 8 | 5,2 | 8 | 1,05 |
| | 12 | 4,2 | 12 | 0,9 |
| Diacetonalkohol | 2 | 4,5 | 3 | 0,62 |
| | 8 | 3,5 | 8 | 0,5 |
| | 12 | 3,2 | 12 | 0,45 |
| Butylacetat | 2 | 3,5 | 3 | 1,8 |
| | 8 | 2,9 | 8 | 1,7 |
| | 12 | 2,7 | 12 | 1,5 |

Auch diese Methode beschränkt sich darauf, die Aufnahmefähigkeit für Streckungsmittel bis zur Ausscheidung der Kollodiumwolle zu

[1] Ind. and Engin. Chem. Bd. 19 (1927) S. 968; Ref. Farben-Ztg. Bd. 33 S. 746; Ref. Farbe u. Lack 1928 S. 46.

ermitteln. Aus den Zahlen ist deshalb noch nicht ersichtlich, ob bei diesen Grenzverhältnissen noch klartrocknende, technologisch brauchbare Lösungen erhalten werden können. Brown und Bogin weisen bereits darauf hin, daß zur Beurteilung dieser Frage auch die Flüchtigkeit von Lösungsmitteln und Streckern berücksichtigt werden müsse.

Diesem für den Lackhersteller wichtigen Gesichtspunkt ist unter anderem in den Merkblättern der I. G. Farbenindustrie Aktiengesellschaft Rechnung getragen. In ihnen wird als Maß für die Verschnittfähigkeit angegeben, welche maximalen Mengen von Verschnittmitteln etwa in 5proz. klar trocknenden Lacken von Kollodiumwolle vorhanden sein können.

H. Wolff, G. Zeidler und F. Toeldte[1] haben diese Verhältnisse einer näheren Prüfung unterzogen. Sie bestimmen gleichfalls das Aufnahmevermögen für Streckungsmittel bei gleichbleibender Endkonzentration und bezeichnen das Verdünnungsverhältnis

$$\frac{\text{Menge des Verschnittmittels}}{\text{Menge des Lösungsmittels}} = \frac{v}{l},$$

bei welchem Ausscheidung des Celluloseesters erfolgt, als die „absolute" oder „scheinbare" Verschnittfähigkeit. Dieses Verdünnungsverhältnis unterscheidet sich von dem Verdünnungsfaktor der Amerikaner dadurch, daß es auf das vorhandene Lösungsmittel, nicht aber auf die Ausgangslösung bezogen wird. In beiden Fällen sind die gefundenen Daten abhängig von der Konzentration der Kollodiumwolle in der Lösung.

H. Wolff und Mitarbeiter machen auf die Tatsache aufmerksam, daß häufig Lösungen von Kollodiumwolle schon bei einem Zusatz an Verdünnungsmitteln, der nicht unerheblich kleiner ist als der nach dem Verdünnungsverhältnis mögliche, trübe oder weißlich trocknen. Sie bestimmen deshalb auch dasjenige Verhältnis von Verdünnungsmittel zu Lösungsmittel, bei welchem die verschnittene Lösung eben noch klare Filmschichten gibt, und bezeichnen es als „wahre" Verschnittfähigkeit.

Die Unterschiede zwischen wahrer und absoluter Verschnittfähigkeit sind bei den einzelnen Lösungsmitteln von sehr verschiedener Größe und außer von der Art des Celluloseesters auch abhängig von der Flüchtigkeit der Lösungsmittel und Strecker sowie von der Luftfeuchtigkeit. Nach den Verfassern ist der Unterschied um so kleiner, je geringer die Konzentration der Nitrocellulose im Lösungsmittel und je größer die Konzentration im Endpunkt wird.

Für die absolute und wahre Verschnittfähigkeit einiger Lösungsmittel für Benzin geben die genannten Autoren folgende Werte an:

[1] Farben-Ztg. Bd. 33 S. 2228, 2301, 2668.

| | Endgehalt an Nitrocellulose | | | | | |
|---|---|---|---|---|---|---|
| | 3 % | | | 10 % | | |
| | Verschnittfähigkeit | | | | | |
| | absolut | bezogen auf Butylacetat | | absolut | bezogen auf Butylacetat | |
| | | absolute | wahre | | absolute | wahre |
| | | Verschnittfähigkeit | | | Verschnittfähigkeit | |
| Methylglykol . . . . | 0,75 | 0,31 | 0,67 | 0,50 | 0,23 | 0,53 |
| Äthylglykol . . . . . | 2,10 | 0,88 | 1,75 | 1,90 | 0,81 | 2,00 |
| Methylglykolacetat . . | 0,95 | 0,40 | 0,79 | 0,70 | 0,32 | 0,74 |
| Äthylglykolacetat . . | 1,95 | 0,81 | 1,62 | 1,70 | 0,77 | 1,80 |
| Butylacetat . . . . . | 2,40 | 1,00 | 1,00 | 2,20 | 1,00 | 1,00 |

Die Verschnittfähigkeit der genannten Lösungsmittel gegenüber Benzol, Benzin und Alkohol wurde bei einem Verhältnis von Lösungsmittel zu Wasag-Wolle 8 von 8 : 1 mit nachstehenden Werten ermittelt:

| | Benzol | Benzin | Alkohol |
|---|---|---|---|
| Methylglykol . . . . . . | 5,6 (1,8) | 0,9 (0,5) | 19 (6,1) |
| Äthylglykol . . . . . . . | 6,5 (2,1) | 1,25 (0,7) | 11,5 (3,6) |
| Methylglykolacetat . . . . | 3,75 (1,2) | 0,75 (0,43) | 5,6 (1,8) |
| Äthylglykolacetat . . . . | 2,9 (0,95) | 0,6 (0,35) | 11,2 (3,6) |
| Butylacetat . . . . . . . | 3,1 (1) | 1,75 (1) | 3,1 (1) |

## 3. Kohlenwasserstoffe als Verschnittmittel.

Die bisher mitgeteilten Untersuchungen befassen sich vor allem mit der Frage der Verschnittfähigkeit von Lacken gegen Kohlenwasserstoffe. Sie zeigen, daß das Aufnahmevermögen der einzelnen Lösungsmittel für Kohlenwasserstoffe im Lack außerordentlich verschieden ist. Es steht anscheinend in einem zahlenmäßig noch nicht erfaßbaren Verhältnis zu dem polaren Charakter des Lösungsmittels. Schwach polare Lösungsmittel nehmen geringere Mengen von Kohlenwasserstoffen auf als stärker polare. So nimmt nach den von Brown und Bogin gegebenen Daten die Verschnittfähigkeit mit steigendem Molekulargewicht der Alkylacetate ab, und ungefähr die gleichen Änderungen finden sich in der von Davidson und Reid untersuchten Reihe der Glykoläther. Da die letzteren wesentlich stärker polar sind als die Alkylacetate, ist es nicht verwunderlich, daß nicht nur die scheinbare, sondern, wie Wolff, Zeidler und Toeldte gezeigt haben, auch die wahre Verschnittfähigkeit für Benzolkohlenwasserstoffe bei ihnen erheblich größer ist als bei den Alkylacetaten. Ähnliche Verhältnisse finden sich auch bei anderen Reihen von „Zweityp"lösungsmitteln, worüber in einem späteren Kapitel noch gesprochen wird.

Die mitgeteilten Daten zeigen ferner, daß isomere Lösungsmittel, deren polarer Charakter, ausgedrückt durch den Wert $M/A$ (vgl. S. 8), etwa übereinstimmen sollte, eine teilweise nicht unerhebliche Verschiedenheit in der Höhe der Verschnittfähigkeit aufweisen. Wenn sich auch kleine Unterschiede aus den Werten für die Molkohäsion herausrechnen lassen, so genügen diese bis jetzt keineswegs, vielmehr muß man annehmen, daß die Raumerfüllung der Lösungs- und Verschnittmittel ebenfalls von Einfluß ist. In allen Fällen aber ist die Verschnittfähigkeit ebenfalls abhängig von der Art der verwendeten Nitrocellulose.

Es ist versucht worden, die Änderungen in der Verschnittfähigkeit in Beziehung zum Sauerstoffgehalt der Lösungsmittel zu bringen. Da die Molkohäsion der Lösungsmittel indessen je nach der Art der Bindung des Sauerstoffs sehr verschiedene Werte besitzt, so ist diese Annahme nur für homologe Reihen gültig, wie nachstehende Angaben zeigen[1].

| Lösungsmittel | Sauerstoffgehalt % | Verdünnungsfaktor für Toluol |
|---|---|---|
| Äthylacetat | 36 | 3,7 |
| Äthylbutyrat | 28 | 2,2 |
| Äthylstearat | 10 | 0 |
| sek. Butylacetat | 28 | 2,0 |
| n-Butylacetat | 28 | 2,9 |
| n-Butylpropionat | 24 | 2,3 |
| n-Butylstearat | 9 | 0 |
| n-Amylacetat | 24 | 2,2 |
| Äthylglykol | 35 | 6,2 |
| Butylglykol | 27 | 4,0 |
| Amylglykol | 24 | 3,0 |

Es besteht ferner ein wesentlicher Unterschied in der Aufnahmefähigkeit der Lösungsmittel für einerseits Benzolkohlenwasserstoffe, deren wichtigster Vertreter das Toluol ist, und andererseits Benzine und Cyclohexanderivate[2]. So wurden an einigen der wichtigsten Lösungsmittel folgende Daten gefunden, die auf 20 ccm Ausgangslösung von $^1/_2$ Sek.-Wolle nach der Methode von Brown und Bogin bezogen sind[3]:

| Lösungsmittel | Toluol ccm | VMP-Naphtha ccm | Toluol / Naphtha |
|---|---|---|---|
| Äthylacetat | 46 | 23 | 2,0 |
| Butylacetat | 54 | 37 | 1,5 |
| Amylacetat | 49 | 28 | 1,8 |
| Äthylglykol | 110 | 35 | 3,1 |
| Äthylglykolacetat | 47 | 20 | 2,4 |
| Butylglykol | 94 | 64 | 1,5 |
| Aceton | 85 | 19 | 4,3 |
| Butylacetat/Butanol 1 : 1 | 32 | 19 | 1,8 |
| Butylacetat/Methanol 1 : 1 | 33 | 16 | 2,0 |

[1] Ind. and Engin. Chem. Bd. 21 (1929) S. 213; Ref. Farbe u. Lack 1929 S. 626.

[2] Vgl. O. R. Brunkow: Ind. and Engin. Chem. Bd. 22 (1930) S. 177; Ref. Farben-Ztg. Bd. 35 S. 1463.

[3] The Oil and Colour Trades Journ. Bd. 79 (1931) S. 1607; Ref. Farben-Ztg. Bd. 37 S. 623.

Diese Unterschiede müssen zweifellos zum größten Teil daraus erklärt werden, daß die Benzolkohlenwasserstoffe einen deutlich stärker ungesättigten Charakter zeigen als die Benzine, doch sind auch hierbei die Einflüsse der Raumerfüllung, des Molvolumens, von Bedeutung. So liegt die Verschnittfähigkeit des Cyclohexans zwischen der des Hexans und des Benzols, steht aber der des Hexans näher. Ferner hat bei sehr stark polaren Zweityplösungsmitteln die Mischbarkeit des Lösungsmittels mit den nichtpolaren Benzinen Bedeutung.

Für die praktische Verwendung besagt die geringere Verschnittfähigkeit für Benzine, die ausnahmslos für alle Lösungsmittel gilt, daß bei Verwendung von Benzinen an Stelle von Toluol ein größerer Prozentsatz an teureren sauerstoffhaltigen Lösungsmitteln, vor allem an Estern, erforderlich wird.

Benzine und Toluol zeigen als Verschnittmittel in Lacken noch weitere wichtige Unterschiede.

Toluol hat einen unmittelbaren günstigen Einfluß auf die Ausbildung einer glatten Oberfläche im trocknenden Lack; die Änderung der Oberflächenspannung erfolgt „harmonisch". Hierzu trägt die Tatsache bei, daß Toluol mit einem großen Teil der üblichen Lösungsmittel, vor allem mit Butanol, azeotropische Gemische liefert, während die Benzine hierzu weniger befähigt sind; dabei ist auch von Bedeutung, daß die Benzine kaum jemals chemisch einheitliche Produkte, sondern Gemische verschiedener Kohlenwasserstoffe sind, von denen allenfalls einzelne Bestandteile azeotropische Mischungen bilden.

Toluol ist ferner eines der besten Mittel, um Harze ohne Ausscheidung in den Lack hineinzubringen und Trübungen durch Entmischungen zu verhindern, da Toluol eines der besten Lösungsmittel für wenig polare Harze, vor allem für Esterharze und Polymerisationsprodukte ist. (Siehe die Tabelle in Kapitel XV und auch Kapitel IV.) Die Benzine sind hierzu nur in Ausnahmefällen befähigt. In der Regel befördern sie das Entmischen beim Trocknen, gestatten auch nicht, die Harze in üblicher Weise im Verdünnungsmittel aufzulösen und danach dem Nitrocelluloselack zuzumischen.

Von Ausnahmen wie gewissen Metallzaponen, in denen auf absolute Schwefelfreiheit gesehen wird, abgesehen, wird deshalb meist empfohlen, Benzine nur in Mischung mit aromatischen Kohlenwasserstoffen, namentlich mit Toluol oder Xylol, zu verwenden, wobei letztere einen Anteil von mindestens 50% ausmachen sollen.

## 4. Alkohole als Verschnittmittel.

Die einwertigen aliphatischen Alkohole werden zu den Verschnittmitteln gerechnet, weil nur das Methanol in der Lage ist, die verschiedenen Arten von Kollodiumwolle aufzulösen. Äthylalkohol löst nur noch die sog. alkohollöslichen Typen, die gewöhnlich einen niedrigen Stickstoffgehalt haben, also ziemlich stark polar sind. Die übrigen Kollodiumwollen werden von Äthylalkohol nicht mehr gelöst, und die höheren Alkohole vom Isopropylalkohol aufwärts zeigen überhaupt kein Lösevermögen mehr für technische Kollodiumwollen.

Alkohole haben aber die eigenartige Fähigkeit, bei Zusatz von nur kleinen Mengen an echten Lösungsmitteln die Kollodiumwollen aufzulösen; sie werden deshalb als „indirekte" oder „latente" Lösungsmittel bezeichnet.

Anders ausgedrückt, könnte man auch sagen, daß die echten Lösungsmittel besonders verschnittfähig für Alkohole sind. Indessen ist diese Betrachtungsweise weniger zutreffend. Stellt man beispielsweise eine Lösung von Nitrocellulose her, in der die größte Menge Toluol enthalten ist, welche ohne Ausscheidung des Celluloseesters zugesetzt werden kann, so erfolgt auf Zusatz von Benzin Ausfällung. Wählt man an Stelle von Toluol aber einen Alkohol, d. h. mischt man Alkohol mit so viel echtem Lösungsmittel als eben erforderlich ist, um die Kollodiumwolle aufzulösen, so kann man weiter erhebliche Mengen von Toluol oder Benzin zusetzen, ehe eine Ausscheidung der Nitrocellulose erfolgt. Der Alkohol ist also durch den Zusatz des echten Lösungsmittels „aktiviert" worden; er verhält sich in dieser Mischung wie echte Lösungsmittel und zeigt eine ähnliche Verschnittfähigkeit wie diese. Ch. Lichtenberg[1], der diese Verhältnisse näher untersucht hat, gibt über die Verschnittfähigkeit von Lösungsmittel-Alkoholmischungen im Vergleich mit den reinen Lösungsmitteln für Toluol nachstehende Werte:

| Lösungsmittel | Lösungsmittel allein | Sprit 1 : 1 | Butanol 1 : 1 |
|---|---|---|---|
| Äthylacetat | 3,75 | 3,55 | 3,00 |
| n-Butylacetat | 2,93 | 3,20 | 3,45 |
| Butylpropionat | 2,30 | — | 2,20 |
| Synthetisches Amylacetat | 2,20 | 2,50 | 2,20 |
| Äthylglykolacetat | 2,60 | 3,00 | 2,50 |
| Äthylglykol | 5,30 | 3,40 | 3,00 |
| Äthyllactat | 5,40 | 4,25 | 3,85 |
| Aceton | 4,60 | 4,60 | 4,60 |
| Diacetonalkohol | 3,15 | 2,75 | 3,10 |
| Dibutyltartrat | 8,00 | — | 5,94 |
| Dibutylphthalat | 2,80 | 2,95 | 2,70 |
| Trikresylphosphat | 3,20 | 2,70 | 2,05 |

Der Grad der Aktivierung ist bei den einzelnen echten Lösungsmitteln recht verschieden. Einfache Ester und Ketone aktivieren bis fast an die Grenze ihrer eigenen Verschnittfähigkeit. Bei einigen Zweityplösungsmitteln ist dagegen der Grad der Aktivierung teilweise geringer, weil in ihrer eigenen sehr hohen Verschnittfähigkeit bereits der Einfluß der Hydroxylgruppe zum Ausdruck kommt und die neben der Hydroxyl-

[1] Amer. Paint Journ., St. Louis Bd. 14 S. 68; Ref. Farbe u. Lack 1930 S. 313.

gruppe noch vorhandene zweite aktive Gruppe nur noch in geringerem Maße weitere hydroxylhaltige Lösungsmittel aktivieren kann.

Auch zwischen den einzelnen Alkoholen bestehen in der Aktivierbarkeit beträchtliche Unterschiede.

Nach Lichtenberg zeigen die wichtigeren Alkohole, im Verhältnis 1 : 1 mit Butylacetat gemischt, folgende Toleranzen für Toluol:

| | | | |
|---|---|---|---|
| Methanol . . . . . . . | 3,3 | n-Amylalkohol . . . . . | 2,2 |
| Äthylalkohol . . . . . | 3,2 | sek.-Butylalkohol . . . . | 2,3 |
| n-Butanol . . . . . . . | 2,5 | Isobutylalkohol. . . . . | 2,1 |

Man sieht hier eine kontinuierliche Abnahme wenigstens in der homologen Reihe der Alkohole mit unverzweigter Kohlenstoffkette. Bei Verwendung von Zweityplösungsmitteln kann sich die Reihenfolge indessen ändern.

Nach diesen Beobachtungen liegen in den Alkoholen Verschnittmittel von besonders wertvollen Eigenschaften vor. Den Vorteilen stehen aber auch einige Nachteile gegenüber.

Die Verdunstungsgeschwindigkeit der Alkohole ist wesentlich geringer als die von gleich hoch siedenden anderen Lösungsmitteln. Verwendet man daher zu große Mengen an Alkoholen, so kann während des Trocknens des Lackes die zur Aktivierung des Alkohols erforderliche Menge an echtem Lösungsmittel unterschritten werden, und es kommt zur Ausfällung der Kollodiumwolle. Diese Gefahr ist bei Verwendung von Butanol meist äußerst gering und beispielsweise bei einer Mischung aus 25 Teilen Butanol, 25 Teilen Butylacetat und 50 Teilen Toluol nicht zu befürchten. Gefährlicher dagegen sind große Mengen von Äthylalkohol als Verschnittmittel.

Fügt man zu Nitrocelluloselösungen Äthylalkohol zu, so tritt erst nach sehr großen Zusätzen eine Trübung und in vielen Fällen je nach Konzentration und Art des Lösungsmittels und der Kollodiumwolle überhaupt keine Ausfällung ein, die „scheinbare" Verschnittfähigkeit ist also sehr groß. Manchmal läßt sich die größtmögliche Alkoholmenge nicht bestimmen, weil die Lösungen zur Thixotropie neigen, d. h. sie erstarren beim Stehen gallertartig, verflüssigen sich aber wieder vorübergehend beim Schütteln. Infolge des Unterschiedes in der Verdunstungsgeschwindigkeit und der starken Neigung des Alkohols zur Wasseraufnahme ist indessen die „wahre" Verschnittfähigkeit wesentlich geringer. Wolff, Zeidler und Toeldte[1] fanden die größtmöglichen Mengen von Alkohol in Lacken wie folgt (in Prozenten):

| | Methylglykol | Äthylglykol | Methylglykolacetat | Äthylglykolacetat | Butylacetat |
|---|---|---|---|---|---|
| Nitrocellulose . . . . . . | 8,7 | 9,9 | 10,5 | 9,65 | 9,8 |
| Lösungsmittel . . . . . | 10,9 | 17,3 | 17,9 | 16,4 | 39,6 |
| Alkohol . . . . . . . . . | 80,4 | 72,8 | 71,6 | 73,95 | 51,6 |

[1] a. a. O.

Diese Zahlen beziehen sich auf normale Luftfeuchtigkeit; an sehr feuchter Luft wird die „wahre" Verschnittfähigkeit geringer.

Alkohol hat ferner den Nachteil, den Lacken oft einen weniger glatten Fluß während des Trocknens zu geben, wenn er in größeren Mengen vorhanden ist. Da er ferner für die meisten in Nitrocelluloselacken verwendeten Harze ein ausgesprochen schlechtes Lösevermögen zeigt, so wird er in solchen Lacken nur in ziemlich geringen Mengen mitverwendet, in denen seine Nachteile noch nicht zum Ausdruck kommen.

Wesentlich günstiger verhält sich nach beiden Richtungen hin Butanol; es hat im Gegenteil eine ausgesprochen günstige Wirkung auf die Entstehung einer glatten Filmoberfläche und hohen Glanzes, weil es den „zweiten Fluß" befördert.

Lösungen von Nitrocellulose in Mischungen von echten Lösungsmitteln mit größeren Mengen eines Alkohols haben oft eine höhere Viscosität als entsprechende Lösungen in den Lösungsmitteln allein. Dagegen ist die Viscosität von Lösungen, die außerdem noch Toluol oder Benzine enthalten, geringer. So ist nach Lichtenberg[1] die Viscosität der Lösungen aus einer Mischung von 65% Toluol und 35% Butylacetat-Butanol 1 : 1 geringer als die aus einer gleichartigen Mischung mit 35% Butylacetat allein oder aus dem toluolfreien Gemisch von gleichen Teilen Butylacetat und Butanol.

Diese viscositätserniedrigende Wirkung der Alkohole, die beim Methanol und Äthylalkohol am größten ist, wird technisch in den meisten Lacken ausgewertet, und zwar verwendet man hauptsächlich Butanol mit Rücksicht auf die besonderen diesem Produkt eigenen Wirkungen auf Glanz, Schutz gegen Weißanlaufen und gelegentliche Lackfehler.

## 5. Verschnittfähigkeit von Acetylcelluloselösungen.

In Acetylcelluloselacken ist die Verschnittfähigkeit der Lösungsmittel gegen Strecker wesentlich geringer als in Nitrocelluloselacken. Ganz allgemein können Benzinkohlenwasserstoffe nur in so geringen Mengen zugesetzt werden, daß sie praktisch gar nicht verwendbar sind.

Fast alle Lösungsmittel für Acetylcellulose (genauer gesagt Acetylhydrocellulosen) haben für Alkohol das größte Verdünnungsverhältnis; dieses ist größer als das für Toluol. Lediglich Methylglykol und Äthyllactat machen hierin eine Ausnahme, da sie größere Mengen an Toluol als an Alkohol vertragen. Während Alkohol zu Nitrocelluloselösungen meist weit über die wahre Verschnittfähigkeit hinaus zugegeben werden kann, ohne daß Ausfällung der Nitrocellulose erfolgt, bewirkt eine Über-

[1] a. a. O.

schreitung der meist niedrigen Verschnittgrenze bei Acetylcellulose-lösungen Ausscheidung des Celluloseesters.

A. Eichengrün[1] hat zuerst beobachtet, daß Mischungen von Alkoholen und Benzolkohlenwasserstoffen oder Chlorkohlenwasserstoffen ein bedeutend höheres Lösevermögen für Acetylcellulose aufweisen als die Einzelkomponenten. Für Benzine gilt diese Regel nicht. Schon bei Zusatz kleiner Mengen guter Lösungsmittel zu manchen Alkohol-Toluol-Gemischen erhält man klare Lösungen. Die wahre Verschnittfähigkeit von Lösungen der Acetylcellulosen in guten Lösungmitteln für Mischungen von Benzolkohlenwasserstoffen oder Chlorkohlenwasserstoffen mit Alkohol ist dementsprechend wesentlich höher als für die einzelnen Streckungsmittel allein. Ihre Höhe hängt ab von dem Mischungsverhältnis von Alkohol und Kohlenwasserstoff. Über die Beziehungen zwischen diesem Mischungsverhältnis und dem Lösevermögen haben H. E. Hofmann und E. W. Reid[2] eingehende Untersuchungen angestellt. Sie fanden beispielsweise für Acetonlösungen als beste Mischung

53 % Toluol und 47 % Sprit,

während für Dioxanlösungen die beste Mischung

38 % Toluol und 62 % Sprit

enthielt.

Besonders gut lösen nach A. Eichengrün[3] Mischungen aus Methylenchlorid und Alkohol.

Allgemein ist bei Acetylcelluloselösungen mit einer höheren Gefahr des Weißanlaufens beim Trocknen zu rechnen, weil die hochsiedenden Lösungsmittel dem stark polaren Charakter der Acetylcellulose entsprechend meist stärker hydrophil sind und wegen des Fehlens mittelsiedender Lösungsmittel große Mengen leichtflüchtiger Lösungsmittel mitverwendet werden. Da Toluol und Chlorkohlenwasserstoffe der Trübung durch niedergeschlagenes Wasser entgegenwirken, hat sich die Verwendung von Mischungen aus Alkohol und Toluol oder Chlorkohlenwasserstoffen besonders bewährt.

## D. Graphische Darstellungsmethoden in der Technologie der Lösungsmittel und Lacke.

Bei der Verarbeitung von Lösungsmitteln hat man es regelmäßig mit Systemen aus zwei oder häufig drei, vier oder noch mehr Stoffen zu tun, bei denen die Änderungen der Eigenschaften durch wechselnde

[1] DRP. 238348, 254385.

[2] Ind. and Engin. Chem. Bd. 21 (1929) S. 955; Ref. Farben-Ztg. Bd. 35 S. 602; Farbe u. Lack 1930 S. 39, 54, 66.

[3] E.P. 317408.

Zusammensetzung des Systems, z. B. eines Lackes, zum näheren Verständnis und zur Erleichterung der Kontrolle am zweckmäßigsten durch graphische Methoden veranschaulicht werden.

## 1. Das rechtwinklige Koordinatensystem.

Enthalten die Systeme nur zwei voneinander unabhängige variable Faktoren, so eignet sich für die Darstellung am besten das rechtwinklige Koordinatensystem, dessen wagerechte Achse die Abscisse, die senkrechte dagegen Ordinate heißt. Man trägt auf den Achsen die Zahlenwerte der Variablen ein und erhält Kurven, auf denen man die Änderung der Eigenschaften ablesen kann. Dieses System bietet dem allgemeinen Verständnis keine Schwierigkeiten und dient z. B. zur Veranschaulichung des Siede- oder Verdunstungsverlaufes (vgl. nebenstehende Abbildung), der Änderung der Dehnbarkeit eines Filmes bei steigender Belastung u. dgl. m.

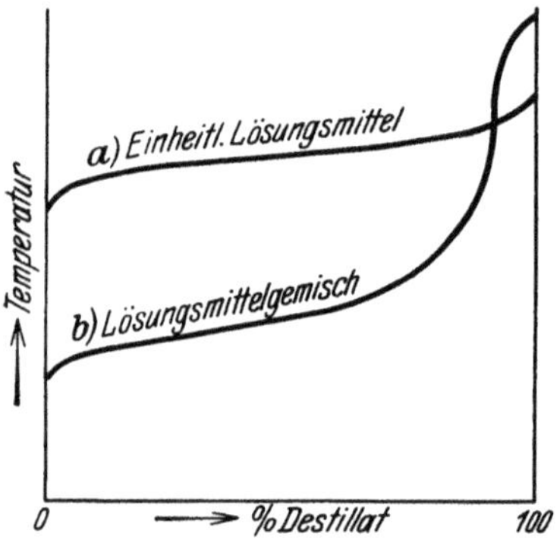


Abb. 8.

Obige Darstellung erläutert z. B. den typischen Unterschied im Siedeverhalten eines einheitlichen Lösungsmittels (gerade Kurve a) und eines nicht azeotropischen Gemisches (gebogene Kurve b).

Für die Darstellung der Verschnittfähigkeit, bei der die Änderungen im Dreistoffsystem, bestehend aus Nitrocellulose, Lösungsmittel und Strecker dargestellt werden, eignet sich das rechtwinklige Koordinatensystem, solange nur zwei Variable vorliegen, also zur Darstellung der Verschnittfähigkeit eines Lösungsmittels gegenüber verschiedenen Streckungsmitteln bei einer bestimmten nicht veränderten Konzentration der Kollodiumwolle, oder zur Darstellung der Verschnittfähigkeit eines Lösungsmittels gegenüber einem bestimmten Strecker bei wechselnder Wollekonzentration.

Es kann jedoch in diesem System nicht auf einmal in übersichtlicher Weise zum Ausdruck gebracht werden, wie sich die Verschnittfähigkeit für verschiedene Wollekonzentrationen und verschiedene Streckungsmittel oder verschiedene Lösungsmittel ändert. Ebenso läßt sich nicht darstellen, welche Verschnittgrenzen sich z. B. bei gegebener Wollekonzentration für ein Gemisch von drei flüchtigen Bestandteilen ergeben.

## 2. Das Dreiecksystem.

In solchen Fällen hat man es mit Systemen mit drei Variablen zu tun, deren Summe konstant ist. Für ihre graphische Darstellung eignet sich das Dreiecks-Koordinatensystem nach Gibbs. Es ist besonders in Amerika für die Darstellung von technologisch wichtigen Meßergebnissen auf dem Lackgebiet ausgebildet worden[1], da die Eintragung solcher Daten in Tabellen äußerst unübersichtlich ist.

Das Dreieckssystem nach Gibbs benutzt ein gleichseitiges Dreieck, dessen Seitenlinien gewöhnlich in 100 Teile eingeteilt sind. Seine Anwendung werde nebenstehend erläutert.

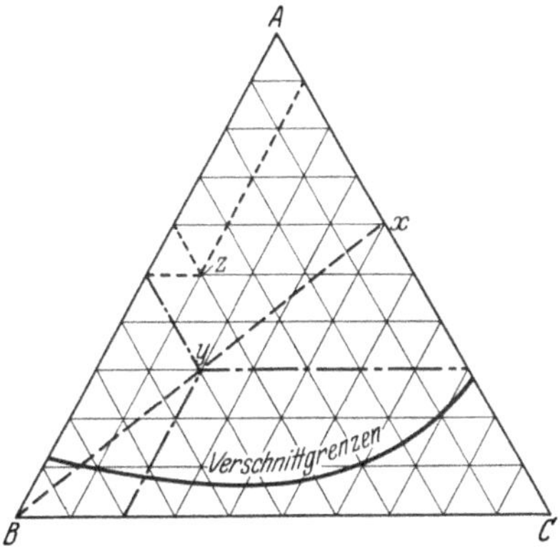


Abb. 9. Dreieckssystem nach Gibbs.

Durch Linien, die den 3 Seiten parallel laufen, wird die Dreiecksfläche in eine Reihe kleinerer Dreiecke geteilt. Die Punkte *A*, *B* und *C* stellen 100% der reinen Komponenten *A*, *B*, *C* dar, z. B. von zwei Lösungsmitteln *A* und *B* und einem Verschnittmittel *C*. Jeder Punkt auf der Linie *A*—*C* entspricht einer Mischung aus *A* und *C*, in der die Komponente *B* nicht enthalten ist. Beispielsweise stellt Punkt *X*, der näher an *A* als an *C* liegt, auch den höheren Gehalt an *A*, nämlich ein Gemisch aus 40% *C* und 60% *A* dar. Fügt man *B* zu dieser Mischung, so liegen alle Mischungen, in denen *A* und *C* im Verhältnis 60 : 40 vorhanden sind, auf der Verbindungslinie *BX*. Bei *Y* z. B. ermittelt man die Zusammensetzung in der Weise, daß man die Parallele zu *AC* durch *Y* zieht und auf der Linie *BA* oder *BC* deren Prozentgehalt an *B* abliest. Analog verfährt man zur Bestimmung des Gehaltes an *C*, indem man die Parallele zu *AB* zieht und zur Bestimmung von *A*, indem man die Parallele zu *BC* durch *Y* zieht. Punkt *Y* bezeichnet im gewählten Beispiel eine Mischung aus 50% *B*, 30% *A*, 20% *C*.

Hat man dagegen experimentell ein Gemisch *Z* von beispielsweise 50% *A* und 40% *B* neben 10% *C* ermittelt und will es in das Dreieckssystem eintragen, so zieht man auf der Linie *AB* oder *AC* durch den Punkt für 50% *A* die Parallele zu *BC*, durch den

[1] Hofmann, H. E., u. W. E. Reid: Ind. and Engin. Chem. Bd. 20 S. 431, 687; Journ. Chem. Ind. Bd. 46 (1927) T. 118; Farbe u. Lack 1928 Nr 32 S. 362, Nr 33 S. 350.

Punkt für 40% $B$ der Linie $BC$ oder $BA$ die Parallele zu $AC$, oder durch den Punkt für 10% $C$ der Linie $CA$ oder $CB$ die Parallele zu $AB$.

## 3. Anwendungsbeispiele.

Trägt man auf diese Weise in ein Dreieckssystem die Punkte für die verschiedenen Grenzkonzentrationen ein, bei denen eine Lö-

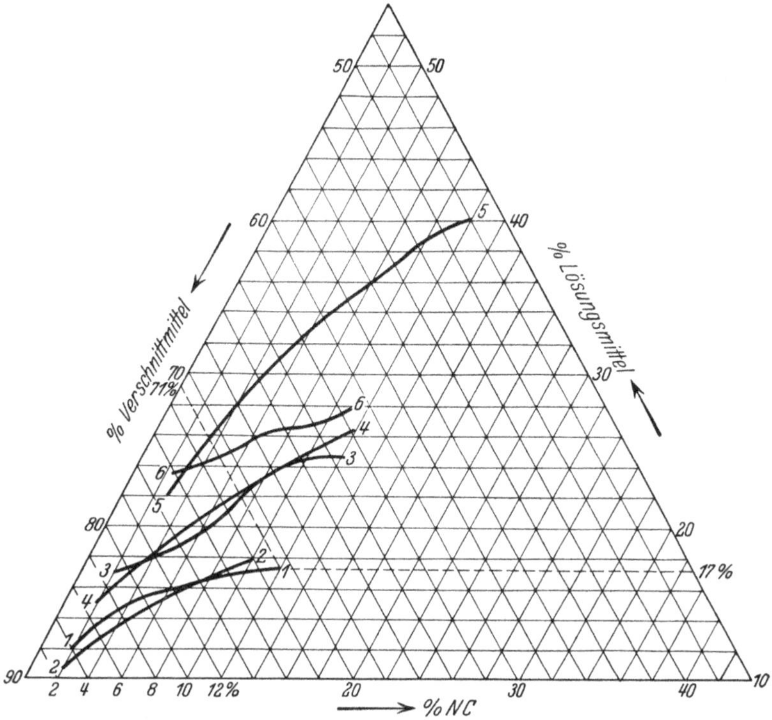


Abb. 10. Wahre Verschnittfähigkeit verschiedener Lösungsmittel.

1 Äthylglykol-Benzol
2 Methylglykol-Benzol
3 Methylglykolacetat-Benzol
4 Äthylglykolacetat Benzol
5 Butylacetat-Benzol
6 Äthylglykol-Benzin

sung der Nitrocellulose von bestimmter Konzentration noch klar trocknet, so erhält man eine Kurve, die die Verschnittgrenzen für eine gegebene Wollekonzentration in Abhängigkeit von der Zusammensetzung eines Lösungsmittelgemisches aus drei flüchtigen Bestandteilen darstellt (s. Abb. 9). Man kann ohne Schwierigkeiten entsprechende Kurven für andere Wollekonzentrationen einzeichnen und erhält so eine vollständige Charakteristik eines Systems aus Kollodiumwolle und einem dreiteiligen Lösungsmittelgemisch. In ähnlicher Weise sind natürlich zahlreiche andere Aufgaben darzustellen.

Die Dreiecksmethode eignet sich auch vorzüglich für die Darstellung der Verschnittgrenzen von Kollodiumwollen und einem Lösungsmittel bei verschiedenen Wollekonzentrationen gegenüber verschiedenen Verschnittmitteln oder von verschiedenen Lösungsmitteln gegenüber einem Streckmittel, wobei es häufig genügt, nur einen Ausschnitt aus dem Dreieckssystem darzustellen.

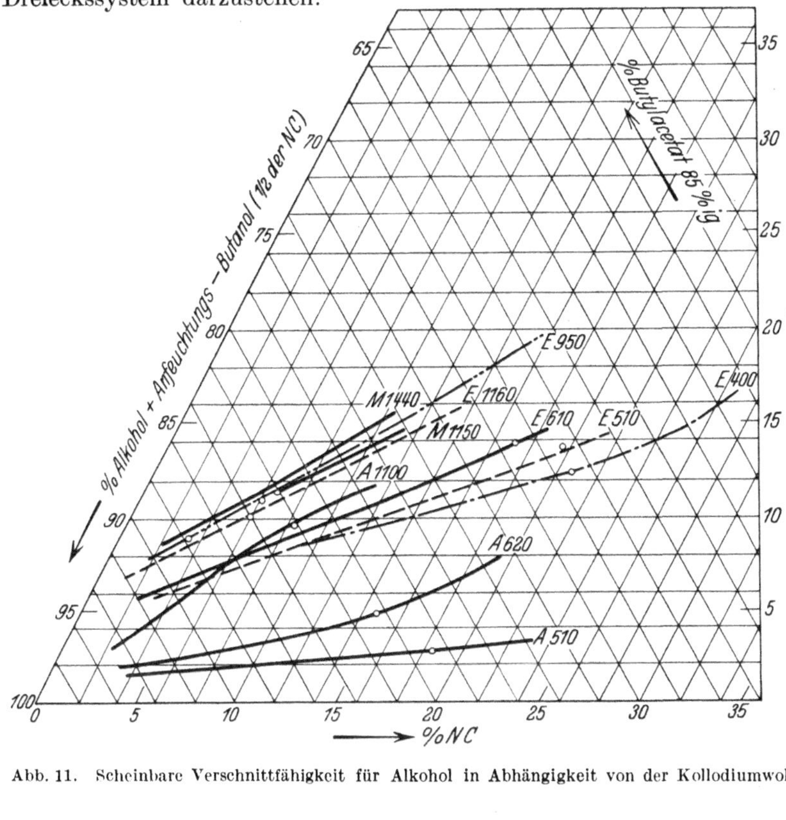


Abb. 11. Scheinbare Verschnittfähigkeit für Alkohol in Abhängigkeit von der Kollodiumwolle.

So werden in der Broschüre der I. G. Farbenindustrie Aktiengesellschaft[1] die wahren Verschnittgrenzen verschiedener Lösungsmittel für Benzol entsprechend den Versuchen von Wolff, Zeidler und Toeldte[2] wie nebenstehend dargestellt (Abb. 10).

Außerordentlich klar läßt sich nach dieser Methode ferner die Abhängigkeit der Verschnittgrenzen von der Art der Kollodiumwolle

[1] Die Kollodiumwolle und ihre Verarbeitung zum Lack, Ergänzungsheft 1932.

[2] Farben-Ztg. Bd. 33 S. 2228, 2301, 2668.

und der Unterschied zwischen wahrer und scheinbarer Verschnittfähigkeit darstellen. Es wird dem Lackfabrikanten dadurch leicht, diese für ihn äußerst wichtigen Zusammenhänge sofort zu übersehen (Abb. 11—13).

Eine andere Anwendung der Dreiecksmethode ist die der Dar-

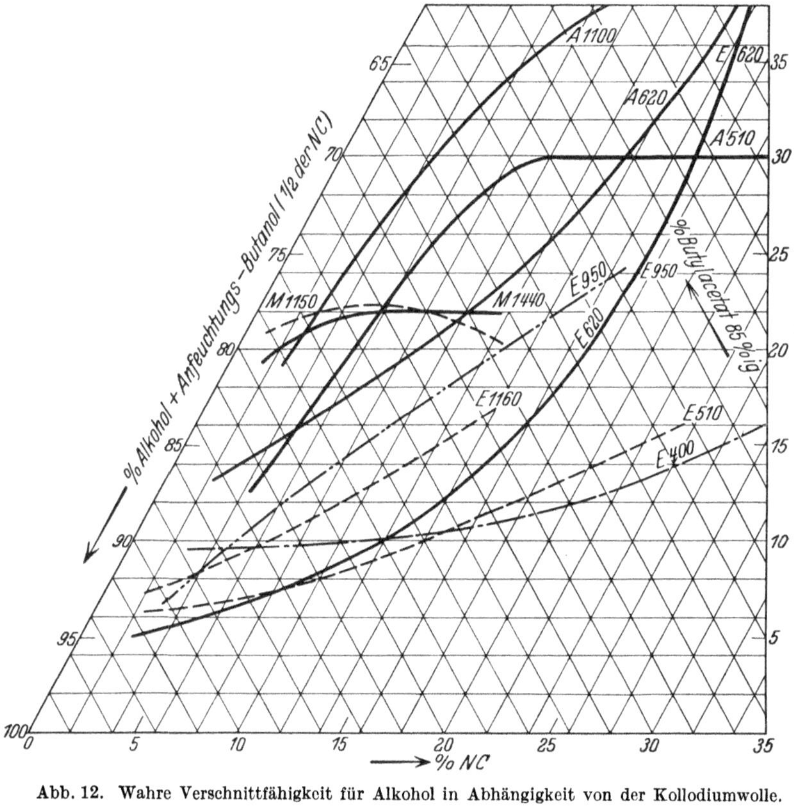


Abb. 12. Wahre Verschnittfähigkeit für Alkohol in Abhängigkeit von der Kollodiumwolle.

stellung der Viscosität von Lösungen. Lösungsmittelgemische, die keinen Alkohol enthalten, geben höher viscose Lacke als solche mit einem geringen Prozentgehalt an Alkohol. Man kann durch die Dreiecksmethode Lösungsmittelgemische verschiedener Zusammensetzung, aber gleicher Viscosität darstellen. Wählt man dafür die niedrigsten möglichen Viscositäten, so erhält man ein praktisches Maß für das Lösevermögen.

Eine weitere Anwendung findet die Methode durch Hofmann und Reid[1] für Darstellung von Elastizität, Zähigkeit und Sprödigkeit

[1] Ind. and Engin. Chem. Bd. 20 S. 687; Farbe u. Lack 1929 S. 14, 29.

oder anderer Eigenschaften von Systemen aus Nitrocellulose, Harz und Weichmachungsmittel. Auch für Preisvergleiche verschiedener Lösungsmittelmischungen ist sie verwendbar.

Für die zunehmende wissenschaftliche Behandlung der Probleme von Lösungen und Lacken ist die Methode nicht mehr zu entbehren.

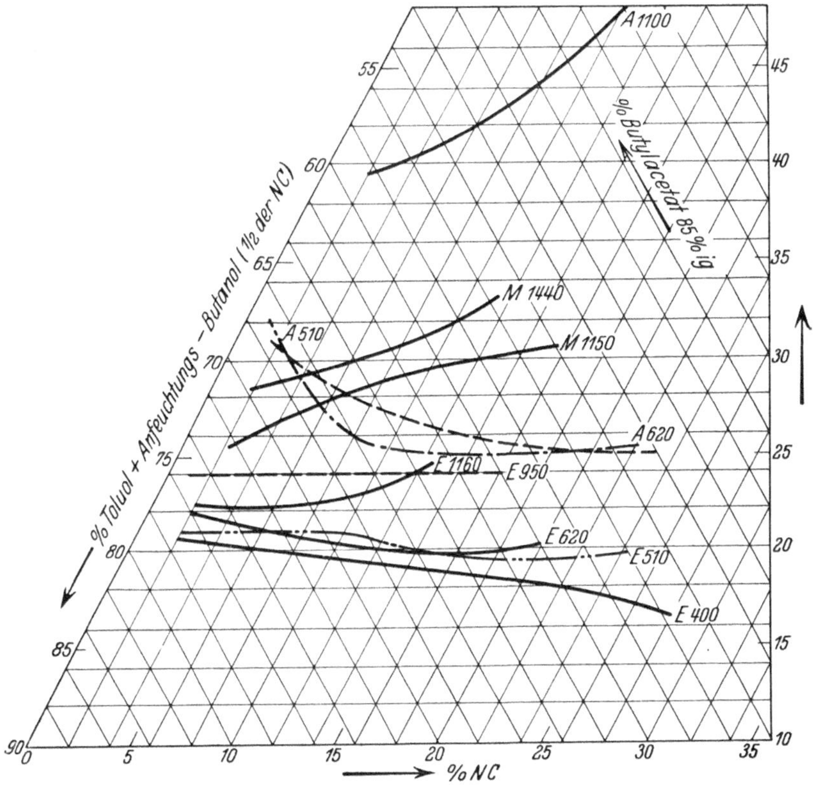


Abb. 13. Abhängigkeit der Verschnittfähigkeit für Toluol von der Kollodiumwolle.

# E. Viscosität.

## 1. Theoretische Vorstellungen.

Als Viscosität bezeichnet man die Zähflüssigkeit von Lösungen, oder anders ausgedrückt den Widerstand, den die Lösung einer Veränderung ihrer Form infolge ihrer inneren Reibung entgegensetzt. Die Viscosität der Cellulosederivatlösungen ist eine sehr komplexe Erscheinung und hauptsächlich abhängig von

der Art des Celluloseesters und des Lösungsmittels,
der Konzentration,

der mittleren Molekelgröße des Celluloseesters und der Temperatur.

Für die theoretische Betrachtung der Viscosität wird gern die Einsteinsche Gleichung

$$\frac{\eta_c}{\eta_0} = Z = 1 + a\frac{N \cdot \varphi}{v}$$

herangezogen, worin $\eta_c$ = Viscosität des Lösungsmittels, $\eta_0$ die der Lösung, $N$ = Teilchenzahl im Gesamtvolumen, $\varphi$ = Eigenvolumen der Teilchen, $a = 2{,}5$ (Konstante) und $v$ = das Gesamtvolumen der Lösung bedeutet. Mitunter benutzt man auch für theoretische Betrachtungen die Fluidität, welche den reziproken Wert der Viscosität darstellt.

Überschichtet man Cellulosederivate mit einem Lösungsmittel, so wird das vorher faserige oder körnige Produkt rasch in eine gelatinöse Masse übergeführt, die bei ruhiger Lagerung unbegrenzt lange am Boden des Gefäßes liegenbleiben kann. Schüttelt oder rührt man jedoch, so löst sich die gallertige Masse in dem Lösungsmittel bis zu völliger makroskopischer Homogenität auf (abgesehen von Verunreinigungen). Durch Zentrifugieren ist keine Trennung der Lösung mehr möglich. Die Viscosität des Lösungsmittels wird dabei erheblich erhöht; auf den Grad der Erhöhung ist die Natur des Celluloseesters von größtem Einfluß.

Die erhaltene Lösung ist eine kolloide und zählt zu den „Solen" im Sinne von Thomas Graham; sie vermag im Gegensatz zu den Lösungen krystallisierter Substanzen nicht durch semipermeable Scheidewände hindurch zu diffundieren, weil ihre Teilchen zu groß sind. Die Teilchengröße der Nitrocelluloselösungen liegt zwischen 1 $\mu\mu$ und 50 $\mu\mu$ (1 $\mu\mu$ = 1 Millionstel Millimeter), ist also noch um mindestens 1 Zehnerpotenz von der unteren Grenze mikroskopischer Sichtbarkeit (500 $\mu\mu$) entfernt.

Über den Zustand dieser Lösungen haben die Untersuchungen der letzten Jahre einige Klarheit gebracht.

Die Cellulosederivate werden, wie in Kapitel I gezeigt, zu den lyophilen Kolloiden gerechnet. Dadurch soll die Verwandtschaft, die zu den in Betracht kommenden Lösungsmitteln besteht, zum Ausdruck gebracht werden. Lösungen solcher Kolloide sind kenntlich durch ihre Beständigkeit gegen Zusätze von Elektrolyten und die im Vergleich mit den reinen Lösungsmitteln erhebliche Steigerung der Viscosität.

Die Cellulosederivate einschließlich Nitrocellulose werden im Lichte der neueren Arbeiten[1] als große Molekeln aufgefaßt, die in nur einer

[1] Meyer, K. H., u. H. Mark: B. Bd. 61 (1928) S. 607; Meyer, K. H.: Ztschr. f. angew. Ch. 1928 S. 34; Naturwiss. Bd. 16 (1928) S. 789; Biochem. Ztschr. Bd. 208 (1929) S. 18. — Staudinger u. Mitarbeiter: Ber. seit 1926; A. Bd. 468 (1929) S. 19. — Meyer, K. H., u. H. Mark: Der Aufbau der hochpolymeren organischen Naturstoffe. Leipzig 1930.

bevorzugten Richtung durch Hauptvalenzen zusammengehalten werden und nach Staudinger Makromoleküle, nach Meyer und Mark Hauptvalenzketten heißen. Mehrere davon treten in festem Zustand wahrscheinlich zu nebeneinanderliegenden Bündeln, den sog. „Micellen", zusammen. Der Cellulosemolekel und entsprechend derjenigen der Celluloseester kann man grundsätzlich etwa folgende Formel geben[1]:

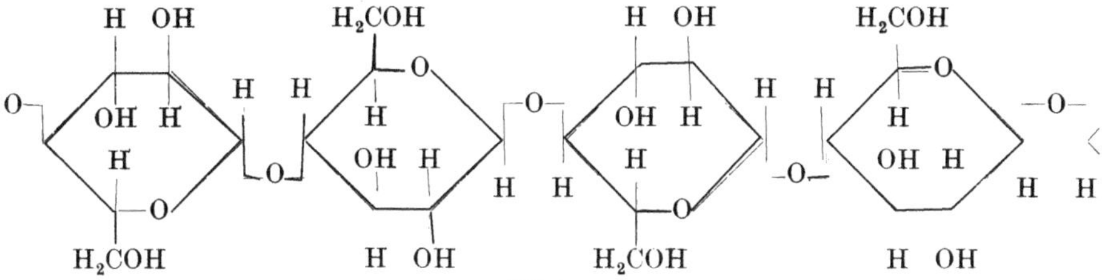


Cellulose

## Die Solvatation.

Beim Auflösen dieser Molekeln erfolgt eine Quellung, die auf die Betätigung von Anziehungskräften sehr wahrscheinlich polarer Natur zwischen den aktiven Atomgruppen der Lösungsmittel und der Cellulosederivate zurückgeführt wird und Solvatation heißt. Nach Wo. Ostwald[2] bilden sich bei der Quellung Solvathüllen, die sich immer mehr vergrößern und nach Freundlich[3] das Kolloid in mehreren Lagen bedecken, bis die Teilchen in völlige Lösung übergegangen sind. In den Solvathüllen sind die Lösungsmittelmolekeln ihrer freien Beweglichkeit ganz oder teilweise beraubt. Durch weiteres Verdünnen mit Lösungsmitteln kommt ein Punkt, an dem nicht mehr das gesamte Lösungsmittel zur Bildung von Solvathüllen verbraucht, sondern zum Teil frei beweglich wird. Das ist jedoch erst bei sehr niedrigen Konzentrationen der Fall, die technisch nie zur Anwendung kommen. Die Größe der Kolloidteilchen nimmt mit zunehmender Solvatation erheblich zu[4]. Es ist gemessen worden, daß das Solvatationsvolumen für 1 g Nitrocellulose bis zu 500 ccm betragen kann[5]. Die Zahl der Lösungsmittel, die durch den solvatisierten Celluloseester ihrer freien Beweglichkeit beraubt werden kann, ist somit sehr groß und in technisch üblichen Konzentrationen machen sich deshalb die einzelnen Cellulosemolekeln die Lösungsmittel gegenseitig streitig. Dabei treten häufig „Schwarmbildungen" auf.

Bei Beginn der Quellung beobachtet man eine erhebliche Wärmetönung, die darauf schließen läßt, daß zwischen Celluloseester und

---

[1] Meyer, K. H., u. H. Mark: a. a. O. [2] Kolloid-Ztschr. Bd. 23 S. 68.
[3] Kolloid-Ztschr. Bd. 46 S. 289.
[4] Vgl. E. Hatschek: Die Viscosität der Flüssigkeiten, 1929.
[5] H. Fikentscher u. H. Mark, Kolloid-Ztschr. Bd. 49 S. 137ff.

Lösungsmittel eine gewisse Affinität besteht. Die dabei frei werdende Energie, die sog. erste Quellungswärme, ist von etwa der Größenordnung der van der Waalsschen Kräfte. Von J. R. Katz[1] wurden dafür folgende Werte ermittelt:

| | Quellmittel | Erste Quellungswärme je Mol |
|---|---|---|
| Acetylcellulose . . . . . . . | Trichloräthylen | 13000 |
| | Benzylalkohol | 6000 |
| Nitrocellulose . . . . . . . . | Äthylalkohol | 1800 |
| | Ameisensäure | 2200 |

Auch beim weiteren Verdünnen tritt noch eine allerdings geringere Wärmetönung, die sog. Verdünnungswärme, auf.

Nach der sehr lesenswerten Arbeit von H. Fikentscher und H. Mark[2] ist die Oberfläche der Cellulosemolekeln nicht die einer Kugel, was für die Gültigkeit der oben angegebenen Gleichung von Einstein Voraussetzung ist, sondern wahrscheinlich die eines langen fadenähnlichen Zylinders von kleinem Radius. Die Solvathüllen geben dann der Molekel in der Lösung die Gestalt eines Ellipsoids.

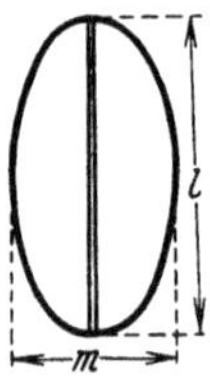

Abb. 14.

Diese Auffassung würde erklären, daß mit steigender Kettenlänge wohl die Viscosität steigt und die Geschwindigkeit der Auflösung, nicht aber die Löslichkeit selbst, merklich abnimmt. Ändert sich dagegen die Löslichkeit, so ist daraus auf eine wesentliche Änderung des Aufbaues der Molekel zu schließen. Die Größe der Solvatation, dargestellt durch das Verhältnis des langen zum kurzen Durchmesser des Ellipsoids $l/m$, kann daher als ein Maß für die spezifische Affinität des Lösungsmittels zum Cellulosederivat angesehen werden. Da die Lösungsmittelmolekeln im Vergleich zur Cellulosemolekel sehr klein sind, so ergibt sich, daß die Änderung des Lösungsmittels die Viscosität viel weniger ändert als die Änderung der Kettenlänge des Cellulosederivates.

Einen starken Einfluß übt aber auch die Temperatur aus. Da die spezifische Affinität, die mit den van der Waalsschen Kräften zusammenhängt, mit steigender Temperatur sinkt, wird die Viscosität entsprechend geringer.

Aus diesen Vorstellungen, die auch F. Wachholtz, F. Wilborn und C. Fink[3] übernommen haben, läßt sich nach Fikentscher und

[1] Ergebn. exakt. Naturw. Bd. 3 S. 316, Bd. 4 S. 154 (1925); vgl. auch K. H. Meyer u. H. Mark: a. a. O. S. 174.
[2] Kolloid-Ztschr. Bd. 49 S. 137ff. [3] Farben-Ztg. Bd. 37 S. 514.

Mark eine Abänderung der Einsteinschen Gleichung ableiten, in die das Solvatationsvolum $b$ für 1 g gelöste Substanz eingeführt ist:

$$Z = 1 + a\frac{c \cdot b}{100 - c \cdot b}.$$

Selbstverständlich ist die Form des Ellipsoids für die solvatisierte Molekel in der Lösung nur bedingt zutreffend. Sie würde in strengem Sinne voraussetzen, daß die Lösungsmittelmolekeln den Raum um die faden- oder streichholzartig gedachte Cellulosemolekel oder um die Micellen gleichmäßig ausfüllen. Nach den in Kapitel I entwickelten Vorstellungen über das Verhalten polarer Molekeln darf man annehmen, daß dies nicht der Fall ist und daß vor allem an den energiereichen aktiven Gruppen der Nitrocellulosemolekel sich die polaren Gruppen der Lösungsmittel anhäufen, so daß sich in der Lösung Strukturen bilden. Unsere exakten Kenntnisse allein schon des Zustandes der Gemische von Lösungsmitteln von verschieden stark polarem Charakter sind indessen noch so unvollkommen, daß man sich ein klares Bild dieser Vorgänge innerhalb der Solvathüllen vorerst nicht machen kann.

## 2. Praktische Folgerungen aus der Viscosität.

In Lösungen von praktisch üblicher Konzentration bleibt die Solvatation unvollständig. Die Viscosität steigt mit zunehmender Konzentration des Cellulosederivates wesentlich stärker an als die Konzentration[1]; man reguliert deshalb die Viscosität für den praktischen Gebrauch in erster Linie durch die Auswahl und die Konzentration des Celluloseesters.

Die Wirkung der verschiedenen Lösungsmittel auf die Viscosität des gleichen Celluloseesters ist eine sehr verschiedene und nicht nur abhängig von der Polarität, sondern auch von anderen konstitutiven Momenten, beispielsweise der Raumerfüllung. Wie bereits früher gezeigt, setzen vor allem Lösungsmittel mit kleiner Molekel die Viscosität herab, während von den Verdünnungsmitteln die Kohlenwasserstoffe sie erhöhen, die Alkohole dagegen meistens erniedrigen. Bei Verwendung von Mischungen aus Alkoholen und Kohlenwasserstoffen kann die Viscosität einer Lösung deshalb je nach dem Mengenverhältnis der einzelnen Bestandteile größer oder kleiner sein als die der Lösung im reinen Lösungsmittel. Diese Verhältnisse sind stark abhängig von der chemischen Natur des Celluloseesters, da die durch Kohlenwasserstoffe sinkende Polarität durch Hydroxyl wieder erhöht wird.

Die Änderungen der Viscosität von Lösungen eines Cellulosederivates mit dem Wechsel in der Zusammensetzung des aus den gleichen

[1] Ind. and Engin. Chem. 1928 S. 195. — Fikentscher u. Mark: a. a. O.

Bestandteilen aufgebauten Lösungsmittelgemisches zeigen, daß es optimale Lösungsmittelgemische von geringster Viscosität gibt, in denen die solvatisierte Molekel den kleinsten Durchmesser oder die geringste „Sperrigkeit" hat; Mardles[1] nimmt daher an, daß der Komplex aus Lösungsmittel und Celluloseester im optimalen Lösungsmittelgemisch molekelartigen Charakter besitzt. Je weiter sich die Zusammensetzung des Lösungsmittelgemisches von der optimalen entfernt, desto stärker steigt die Viscosität an.

Verdünnt man eine Lösung mit verschiedenen Lösungs- oder Verdünnungsmitteln, so besteht nach B. M. Pam[2] zwischen der prozentualen Abnahme der Viscosität und der Verdünnung keine einfache Proportionalität, vielmehr lassen die Änderungen sich durch eine logarithmische Gleichung darstellen. Die praktisch oft genannte Verdünnungsregel, daß ein Zusatz von 15% Verdünner die Viscosität um etwa 50% senken soll, hat kaum näherungsweise Gültigkeit.

Läßt man die Lösung eines Cellulosederivates in einheitlichen Lösungsmitteln eintrocknen, so steigt die Viscosität zuerst schnell, später immer langsamer an, bis sich allmählich ein Übergang aus dem halbfesten Zustand in den festen bildet. Ist das Lösungsmittel dabei leicht flüchtig, so erfolgt während des Trocknens leicht oberflächlich eine Hautbildung, da aus den tieferen Schichten die Lösungsmittelanteile zu langsam herausdiffundieren. Sie können dann an der Oberfläche eine zähe, hochviscose Schicht antreffen, die sie nicht mehr schnell genug zu durchdringen vermögen. Es kommt dann unter Umständen zur Bildung von Blasen und Kratern oder Wellen auf der Oberfläche.

Man kann diese Erscheinung leicht beseitigen, indem man Lösungsmittelgemische von abgestufter Flüchtigkeit der Einzelkomponenten herstellt, also solche, die auch mittel- und nötigenfalls auch schwerflüchtige Lösungsmittel enthalten. Derartige Gemische können so abgestimmt sein, daß die Viscosität des trocknenden Lackes während der Verdunstung des größten Teiles des Lösungsmittels nur langsam zunimmt oder sogar zunächst sinkt, wenn nämlich der Lack anfangs mehr leichtflüchtige Anteile enthält, als es dem Lösungsmitteloptimum entspricht. In diesem Falle bildet sich im trocknenden Lack nach Verdunsten eines Teiles der leichtestflüchtigen Bestandteile vorübergehend ein Lösungsmitteloptimum. Die Änderungen der Viscosität und der Oberflächenspannung im trocknenden Lack und vor allem im Spritzkegel beim Auftragen des Lackes sind für das Verlaufen und den Glanz der Oberfläche von großer Bedeutung. Exakte Messungen darüber liegen aber noch kaum vor. Es sind vielmehr empirisch gewisse Lösungsmittelzusammensetzungen ermittelt worden, die für die eine oder andere

[1] Kolloid-Ztschr. Bd. 49 (1929) S. 4; Ref. Farben-Ztg. Bd. 35 S. 237.
[2] Farben-Ztg. Bd. 34 S. 2895.

Art der Anwendung von Lacken sich bewährt haben. Man wird beispielsweise für Spritzlacke, die nicht von stehenden Oberflächen abfließen sollen, allzu niedrige Viscosität und zu leichten Fluß beim Trocknen vermeiden. Für streichfähige Lacke wird man einen guten Fluß im Stadium des Trocknens einstellen, so daß die Streichfähigkeit für einen gewissen Zeitraum erhalten bleibt. Hierauf wird im folgenden Abschnitt F noch eingegangen.

Über die Beziehungen zwischen Viscosität und Streichfähigkeit von Lacken, die keineswegs geklärt sind, sei unter anderem auf die Arbeiten von H. Wolff[1] verwiesen.

## 3. Abfall der Viscosität beim Lagern.

Läßt man Lösungen von Celluloseestern längere Zeit in verschlossenen Gefäßen lagern, so beobachtet man regelmäßig einen meßbaren Abfall der Viscosität, obwohl eine Verflüchtigung von Lösungsmitteln oder tiefergreifende Änderungen der sonstigen Eigenschaften nicht eingetreten sind. Das Absinken der Viscosität erfolgt anfänglich recht schnell, beispielsweise bei 50° C innerhalb von etwa 10 Tagen; danach tritt praktisch ein Stillstand der Viscositätsabnahme ein[2]. Die Erscheinung zeigen alle Kollodiumwollen, und zwar die hochviscosen in besonders deutlichem Maße. Die Ursachen hierfür sind noch nicht mit Sicherheit erkannt; es ist möglich, daß sie mit der unvollständigen Solvatation zusammenhängen.

Gänzlich verschieden von dieser Art des Abfalles der Viscosität ist deren Erniedrigung in Lösungen, in denen einzelne die Nitrocellulosemolekel abbauende Bestandteile vorhanden sind. In solchen Fällen tritt eine Verkleinerung der Kettenlänge der Molekel ein; damit ist dann ein Rückgang der Filmfestigkeit und anderer wichtiger Eigenschaften verbunden. Herbeigeführt wird ein solcher Abbau vor allem durch alkalische Stoffe wie Pyridin, basische Salze in Pigmenten, mitunter auch durch Säuren.

## 4. Die Messung der Viscosität.

Die Viscosität der Lösungsmittel und der Lösungen von lyophilen Kolloiden ist Gegenstand sehr verschiedener Untersuchungen gewesen. Es sei hierzu auf die Studie von E. Hatschek, „Die Viscosität der Flüssigkeiten", verwiesen. Für wissenschaftliche Untersuchungen an verschiedenen Arten von Cellulosederivaten ist es erschwerend, daß die

[1] Farben-Ztg. Bd. 36 S. 1088, 1131.

[2] I. G. Farbenindustie Aktiengesellschaft: Broschüre „Die Kollodiumwolle", Ergänzungsheft 1932.

nach den üblichen Methoden gemessene Viscosität von verschiedenen Faktoren abhängig ist, die nicht in allen Fällen die gleichen sind und deshalb Vergleiche erschweren. Nach H. Fikentscher[1] ist es möglich geworden, die Eigenviscosität des Cellulosederivates, die unabhängig von der Konzentration und der Art des Lösungsmittels ist, zu bestimmen.

Für den praktischen Gebrauch ist die Kenntnis der Viscosität in Abhängigkeit von den beiden genannten variablen Faktoren wichtiger. Um die Viscosität in absoluten Einheiten des Zentimeter-Gramm-Sekundensystems auszudrücken, dienen das Capillarviscosimeter nach Holde-Ubbelohde[2] und das Kugelfallviscosimeter.

Ersteres bestimmt bei konstantem bekanntem Druck $p$ die Zeit $t$, in welcher eine bestimmte Menge Flüssigkeit $Q$ eine Capillare durchfließt. Man mißt die Einheit der Viscosität $\eta$, welche Poise heißt, während deren hundertster Teil Centipoise genannt wird.

Für diese Viscosimeter gilt das Gesetz von Hagen-Poiseuille:

$$\eta = \frac{\pi \cdot r^4 \cdot p \cdot t}{8 \cdot l \cdot Q},$$

worin $\pi$, $r$ und $l$ Apparatekonstanten bedeuten.

Für das Kugelfallviscosimeter ist eine besondere Formel aufgestellt worden, die ebenfalls mehrere Apparatekonstanten enthält. Wegen Einzelheiten sei auf die Studie von Hatschek verwiesen.

Praktisch kann man nicht alle technisch vorkommenden Viscositäten in dem gleichen Viscosimeter messen, da die Unterschiede zu groß sind. Es ist auch meist nicht möglich, Angaben verschiedener Literaturstellen zu vergleichen, weil die Natur der technischen Cellulosederivate gewisse Schwankungen unvermeidlich macht.

## 5. Die wichtigsten praktischen Meßmethoden.

Für die Bestimmung der Viscosität der reinen Flüssigkeiten dient häufig das Engler-Viscosimeter.

Zur Messung der Viscosität von Lösungen verwendet man vor allem die Cochius- und die Kugelfallmethode.

**Die Viscositätsbestimmung nach Cochius.** Diese Methode mißt die Viscosität mit Hilfe der durch die Flüssigkeit aufsteigenden Luftblase. Man füllt Glasröhren von 7 und in selteneren Fällen bei sehr hochviscosen Flüssigkeiten solche von 10 oder 20 mm lichter Weite mit der zu messenden Lösung und stellt die Zeit fest, in der eine Luftblase von bestimmter Größe, die bei dem überwiegend verwendeten 7-mm-Rohr etwa 0,5 ccm

---

[1] Cellulosechemie Bd. 13 S. 58 (1932).

[2] Lieferant: Goeckel, Berlin.

beträgt, eine Strecke von 50 cm (beim 20-mm-Rohr 25 cm) Rohrlänge zurücklegt. Das Meßrohr wird durch einen Kühlmantel auf konstanter Temperatur, gewöhnlich auf 18° C, gehalten[1].

**Die deutsche Fallkugelmethode.** Man gießt nach dieser Methode die Lösung in einen Glaszylinder, dessen lichte Weite nicht unter 3 cm beträgt und der Markierungen trägt, deren oberste 1 cm vom oberen Rand, die nächste 2 cm tiefer und die dritte genau 25 cm von der zweiten entfernt ist. Man füllt den Glaszylinder mit der zu messenden Lösung auf bis zur obersten Marke und läßt dann eine Stahlkugel von 2 mm Durchmesser und etwa 0,032 g Gewicht dicht über der Mitte der Flüssigkeit fallen. Gemessen wird die zur Zurücklegung der Strecke zwischen der zweiten und dritten Marke benötigte Zeit bei einer Temperatur von 18° C.

**Die amerikanische Fallkugelmethode.** Diese Methode unterscheidet sich von der deutschen Fallkugelmethode dadurch, daß die Fallhöhe etwas größer, nämlich 35 cm ist. Die verwendete Kugel hat einen Durchmesser von 0,793—0,797 cm und wiegt im Mittel 2,050 g. Die Meßtemperatur ist 25° C. Mit Hilfe dieser Methode Werte von $^1/_2$ oder gar $^1/_4$ Sekunden zu messen, also diejenigen Werte, die für die amerikanische $^1/_2$-Sek.-Wolle in einer Lösung aus 20% trockener Kollodiumwolle, 20% Äthylalkohol denat., 16% Äthylacetat und 44% Benzol angegeben werden, ist mit einigermaßen genügender Zuverlässigkeit kaum möglich.

Außer diesen Methoden sind noch verschiedene andere in der Literatur beschrieben, beispielsweise werden bei der Fallkugelmethode Durchmesser der Kugel und Höhe der Flüssigkeitssäule variiert.

In Amerika wird teilweise auch das sog. Mobilometer von Gardner und Parks verwendet, in welchem der Fallkörper aus einer durchlochten Scheibe besteht, durch welche die Flüssigkeit beim Absinken des Körpers hindurchströmt[2]. Das Couette-Viscosimeter, genannt Torsionsviscosimeter, arbeitet in der Weise, daß die Flüssigkeit in Bewegung gesetzt wird und ein drehbar aufgehängter Körper infolge der Viscosität der Flüssigkeit mitgenommen wird[3]. In dem Viscosimeter von Kämpf[4] läßt man einen Drehkörper mit bekanntem Drehmoment rotieren und mißt die erreichte Geschwindigkeit.

---

[1] Cochius-Viscosimeter werden hergestellt von den Firmen Dr. H. Geißler Nachf. G. m. b. H., Bonn a. Rh. und der Rhein. Präzisionsglasfabrik Wuppertal-Barmen. Letztere liefert auch Präzisionsinstrumente.

[2] Scient Sect. Circular Nr 265.

[3] Hatschek: Kolloid-Ztschr. Bd. 13 (1913) S. 88. — Beck: Farben-Ztg. Bd. 34 S. 2515.

[4] Kolloid-Ztschr. Bd. 51 S. 165.

Verwendet werden ferner die Capillarviscosimeter, in denen man die Ausflußzeit aus einer Capillare mißt.

Ein einfach zu handhabendes billiges Viscosimeter ist ferner der Viscositäts- und Fließprüfer nach Mallisson-Vollmann[1], der den Vorzug hat, daß zur Messung schon kleine Substanzmengen ausreichen.

Für die Umrechnung der mit diesen Viscosimetern erhaltenen Werte in absolute Einheiten (Poisen bzw. Centipoisen) gibt A. Weihe[2] nachstehende Übersicht:

Lösung der Wollen (in Butylacetat bei 18°).

| Sekunden gemessen | Entsprechen Centipoisen | | | | |
|---|---|---|---|---|---|
| | im 7-mm-Rohr | im 10-mm-Rohr | im 20-mm-Rohr | bei deutscher Fallkugel | bei Hercules-Fallkugel |
| 15 | 50 | 175 | 1840 | 720 | 7200 |
| 20 | 70 | 240 | 2820 | 960 | 9600 |
| 30 | 105 | 360 | 4380 | 1440 | 14400 |
| 40 | 145 | 485 | 5840 | 1920 | 19200 |
| 50 | 185 | 605 | 7300 | 2400 | 24000 |
| 60 | 225 | 730 | 8760 | 2880 | 28800 |
| 70 | 265 | 850 | 10220 | 3360 | 33600 |
| 80 | 305 | 970 | 11680 | 3840 | 38400 |
| 90 | 345 | 1090 | 13140 | 4320 | 43200 |
| 100 | 385 | 1220 | 14700 | 4800 | 48000 |
| 120 | 460 | 1480 | 17640 | 5760 | 57600 |
| 140 | 550 | 1750 | 20720 | 6720 | 67200 |
| 160 | 625 | 2040 | 23840 | 7680 | — |
| 180 | 710 | 2330 | 27000 | 8640 | — |
| 200 | 790 | 2620 | 30200 | 9600 | — |
| 220 | 870 | 2930 | 33440 | 10560 | — |
| 240 | 950 | 3240 | 36720 | 11520 | — |
| 260 | 1030 | 3540 | 40040 | 12480 | — |
| 280 | 1110 | 3840 | 43400 | 13440 | — |
| 300 | 1190 | 4140 | 46500 | 14400 | — |
| 320 | 1265 | 4450 | 49600 | 15360 | — |
| 340 | 1345 | 4760 | 52700 | 16320 | — |
| 360 | 1425 | 5040 | 55800 | 17280 | — |
| 380 | 1510 | 5320 | 58900 | 18240 | — |
| 400 | 1595 | 5600 | 62000 | 19200 | — |
| 420 | 1680 | 5880 | 65100 | 20160 | — |
| 440 | 1760 | 6160 | — | 21120 | — |
| 460 | 1840 | 6440 | — | 22080 | — |
| 480 | 1920 | 6720 | — | 23040 | — |
| 500 | 2000 | 7000 | — | 24000 | — |
| 520 | 2080 | 7280 | — | 24960 | — |
| 540 | 2160 | 7560 | — | 25920 | — |
| 560 | 2240 | 7840 | — | 26880 | — |
| 580 | 2340 | 8140 | — | 27840 | — |
| 600 | 2400 | 8400 | — | 28800 | — |

[1] Farben-Ztg. Bd. 32 S. 138, Bd. 34 S. 3010. Lieferant: Hugo Keyl, Dresden.

[2] Bianchi-Weihe: Celluloseesterlacke. Berlin, Julius Springer 1931.

# F. Auswahl von Lösungsmitteln für spezielle Zwecke.

## 1. Vermeidung von Trocknungsfehlern bei Lacken.

Der hauptsächlichste Fehler, welcher in Nitrocelluloselacken aufzutreten pflegt, ist das Weißanlaufen oder Trübewerden der Filme während des Trocknens. Der an sich klare homogene Lack trübt sich während des Trocknens oder läuft nur oberflächlich milchig oder weiß an. Nach dem Verdunsten der Lösungsmittel hinterbleibt ein undurchsichtiger Film, der bald sehr zäh, bald leicht zerreiblich und manchmal glänzend, meist aber matt ist. Diese Erscheinung ist auf eine Ausscheidung des Celluloseesters oder des Harzes, mitunter auch des Weichmachungsmittels, zurückzuführen und kann, soweit nicht ein überhaupt mit Celluloseestern unverträgliches Harz oder Weichmachungsmittel verwendet worden war, durch Änderung in der Zusammensetzung des Lösungsmittelgemisches behoben werden.

Die Ursache für die Trübung ist in vielen Fällen darin zu suchen, daß das Lösungsmittel während des Trocknens eine Zusammensetzung erhält, die es nicht mehr gestattet, alle Bestandteile in Lösung zu halten. Liegen zu große Mengen von Verdünnungsmittel vor, so kann im trocknenden Lack ein Augenblick eintreten, in dem das Lösungsmittel in zu kleinen Mengen vorhanden ist und die Grenze der Verschnittfähigkeit überschritten wird, zumal sich in dem höher viscosen Lack, der während des Verdunstens vorliegt, das Verdünnungsverhältnis häufig ungünstiger gestaltet als im weniger viscosen Ausgangsprodukt. Durch Änderung der Zusammensetzung, vor allem durch Mitverwendung von Butanol, das durch Zusätze mittel- oder schwerflüchtiger echter Lösungsmittel aktiviert ist, kann dieser Fehler vermieden werden.

Ein ähnlicher Fehler kann vorliegen, wenn das Lösungsmittel eine größere Flüchtigkeit hat als die Verdünnungsmittel; dann verdunstet es rascher, und der Überschuß an Strecker fällt den Celluloseester aus. In solchen Fällen ist eine bessere Abstimmung der flüchtigen Bestandteile nach ihrem Lösevermögen und der Flüchtigkeit erforderlich. Vielfach genügt auch hier bereits ein Zusatz von Butanol.

Sind im Lack Harze vorhanden, so kann, zumal wenn Lösungsmittel oder Verdünnung nur ein begrenztes Harzlösevermögen haben, während des Trocknens das Harz ausgefällt werden. Da die Verdünnungsmittel oft das bessere Harzlösevermögen aufweisen, sollte immer am Schluß noch genügend Verdünnungsmittel im Lack sein, um die notwendige Homogenität zu bewirken. Es sei betont, daß

Anwesenheit von Gelatiniermitteln viele dieser Schwierigkeiten von vornherein mindert.

Um diese Fehler zu vermeiden und gleichzeitig die Bildung einer glatten Oberfläche des Lackes herbeizuführen, sollte ein guter Lack für normale Verarbeitung stets leicht-, mittel- und schwerflüchtige Lösungsmittel enthalten, deren Mengen harmonisch aufeinander abgestimmt sind. Daß dabei zweckmäßigerweise kein Glied fehlen soll, zeigt das Beispiel der Acetylcellulose, wo ein mittelflüchtiges Lösungsmittel fehlt und oft ziemlich erhebliche Überschüsse an schwerflüchtigen Produkten verwendet werden müssen, um der Trübung beim Trocknen entgegenzuwirken und eine glatte glänzende Oberfläche zu schaffen. Dadurch tritt neben einer Verteuerung der Lacke vor allem eine erhebliche Verzögerung der Trocknung ein.

Am häufigsten ist wohl die Trübung auf die Mitwirkung von Wasser aus der Atmosphäre zurückzuführen. Sie entsteht, indem der trocknende Lack so viel Wasser aufnimmt, daß die Verschnittfähigkeit der vorhandenen Lösungsmittel für Wasser überschritten wird. Das Eindringen genügend großer Wassermengen in den trocknenden Lack kann vor allem verursacht werden durch Verwendung zu großer Mengen von leichtflüchtigen Lösungsmitteln mit hoher Verdunstungskälte; es ist auch abhängig von der Luftfeuchtigkeit. Wo Alkohol als Verschnittmittel verwendet wird, enthält aber auch der Lack selbst bereits gewisse Mengen Wasser. Wenn nicht zu große Alkoholmengen vorhanden sind, verdunstet dieses Wasser mit dem Alkohol und anderen Bestandteilen, ohne daß Trübungen auftreten. Bei hoher Luftfeuchtigkeit aber und in Anwesenheit von Lösungsmitteln, die mit Wasser kein azeotropisches Gemisch bilden und nicht völlig wasserunlöslich sind, kann im trocknenden Lack die Verschnittgrenze für Wasser überschritten werden, und es kommt zur Ausfällung des Celluloseesters.

Abhilfe ist am sichersten zu erreichen, indem man Lösungsmittel verwendet, die eine geringe Verdunstungskälte aufweisen, wasserabstoßend sind oder mit Wasser azeotropische Gemische von günstiger Flüchtigkeit bilden. Zu den letzteren zählt beispielsweise Butanol.

## 2. Wasserlösliche Lösungsmittel.

Um den schädlichen Einflüssen des Wassers auf den trocknenden Lack mit Sicherheit zu begegnen, zieht man im allgemeinen vor, nur wasserabstoßende Lösungsmittel zu verwenden. Es soll dadurch vermieden werden, daß sich Wasser in dem trocknenden Lack überhaupt auflösen kann und zu Ausfällungen führt. In der Tat wird hierdurch ein sehr hoher Schutz gewährleistet, vor allem dann, wenn der Lack große Mengen Toluol oder Benzin enthält, denn diese Lösungsmittel sind wirklich wasserabstoßend. Die üblichen Ester aber vermögen immer geringe Mengen Wasser aufzunehmen, wobei die Löslichkeit für Wasser durch die fast stets aus der Wolle vorhandenen kleinen Mengen Sprit noch erhöht wird. Es kann deshalb unter extremen Bedingungen auch bei solchen Lösungsmitteln zum Weißanlaufen kommen. Diese Lösungsmittel haben ferner, soweit sie genügende Flüchtigkeit besitzen, durchweg einen mehr oder weniger lebhaften Geruch.

Wenn auch unzweifelhaft wasserabstoßende Lösungs- und Verdünnungsmittel vielseitiger anwendbar sind, so ist doch kein prinzipieller Grund vorhanden, weshalb sich nicht auch wasserlösliche Lösungsmittel bei entsprechender Zusammensetzung des Lösungsmittelgemisches durchaus einwandfrei verarbeiten lassen sollen. Sie haben meist für sich den Vorteil des milden Geruches. Solche Lösungsmittel können größere Mengen Wasser im Lack auflösen als wasserunlösliche Lösungsmittel, so daß die Toleranz des Lackes für Wasser leichter überschritten werden kann. Sie bilden aber vielfach mit Wasser azeotropische Gemische, so daß die Entfernung des Wassers zumindest in gewissen Grenzen auch durch solche Lösungsmittel befördert werden kann. Ein Beispiel hierfür ist Butanol. 63 % Butanol bilden mit Wasser (37 %) ein binäres Gemisch vom Siedepunkt etwa 92° C. Butanol ist als Zusatzmittel zu Lacken eines der sichersten Schutzmittel gegen Weißanlaufen, obwohl es flüchtiger als Wasser ist.

Es wird aber stets zu vermeiden sein, solche Lösungsmittel allein zu verwenden, selbst wenn sie mit Wasser azeotropische Gemische bilden; im Falle des Äthylglykols werden wohl größere Mengen Wasser aus dem trocknenden Lack mitverdunsten, doch tritt durch die Überschreitung der Verschnittgrenzen für Wasser gleichwohl Trübung ein. Die Verhältnisse ändern sich aber sofort, wenn man neben Äthylglykol weitere flüchtige Mittel, wie z. B. Alkohol, mitverwendet.

Man gebraucht in vielen Lacken kleine Mengen wasserlöslicher Lösungsmittel vor allem dann, wenn gleichzeitig spritlösliche Harze, wie Schellack oder Plastopale, neben Nitrocellulose anwesend sind. Die Prüfung auf Feuchtigkeitsempfindlichkeit muß hierbei naturgemäß besonders auf die klimatischen Verhältnisse Rücksicht nehmen, die namentlich an der Küste sehr ungünstig sein können.

## 3. Zweityplösungsmittel.

Zweityplösungsmittel sind eine Zeitlang stark beachtet worden. Man versteht darunter nach D. B. Keyes[1] solche Lösungsmittel, die gleichzeitig zwei sauerstoffhaltige Atomgruppen in der Molekel ent-

[1] Ind. and Engin. Chem. Bd. 17 (1925) S. 1120.

halten, in denen der Sauerstoff chemisch verschieden gebunden ist. Hierunter fallen folgende Typen:

| | | |
|---|---|---|
| Ester-Alkohol-Lösungsmittel. | Beispiel | Äthyllactat |
| Äther-Alkohol- „ | „ | Äthylglykol |
| Keton-Alkohol- „ | „ | Diacetonalkohol |
| Keton-Ester- „ | „ | Acetessigester |
| Keton-Äther- „ | „ | Acetoläthyläther |
| Ester-Äther- „ | „ | Äthylglykolacetat. |

Diese Lösungsmittel zeigen gegenüber einfachen, welche nur eine lösende Gruppe in der Molekel haben, einen wesentlich milderen Geruch, ferner ein gesteigertes Lösevermögen für Nitrocellulose vor allem insofern, als viele von ihnen gestatten, von Alkoholen und Benzolkohlenwasserstoffen größere Mengen ohne Überschreitung der Verschnittfähigkeit in den Lack aufzunehmen. Auch für Acetylcellulose weisen sie infolge ihres stärker polaren Charakters ein besseres Lösevermögen auf; die meisten schwerflüchtigen Lösungsmittel für die acetonlöslichen Acetylcellulosen des Handels sind Zweityplösungsmittel. Sie haben ferner ein besseres Lösevermögen für in polaren Lösungsmitteln lösliche Harze und gestatten meist auch gewisse Mengen Wasser als Verschnittmittel in den Lack aufzunehmen.

Diesen Vorteilen stehen aber auch erhebliche Nachteile gegenüber. Die Einführung der zweiten sauerstoffhaltigen Gruppe setzt vor allem die Flüchtigkeit sehr stark herab, wie sich aus folgender Gegenüberstellung ergibt:

| Lösungsmittel | Relative Verdunstungszeit |
|---|---|
| Äthylacetat . . . . . . . . . . . . . . . . . | 2,9 |
| Oxyäthylacetat (= Glykolmonoacetat) . . . . | 606 |
| Äthyllactat . . . . . . . . . . . . . . . . . | 80 |
| Äthyläther . . . . . . . . . . . . . . . . . | 1 |
| Äthylglykol (Äthyl-Oxyäthyläther) . . . . . . | 43 |

Damit ist der Verwendung der Zweityplösungsmittel trotz ihrer hohen Verschnittfähigkeit, von wenigen Produkten abgesehen, eine Grenze gezogen.

Der stark polare Charakter dieser Lösungsmittel setzt ferner das Lösevermögen für Öle und lipophile Harze stark herab; besonders störend ist das relativ schlechte Lösevermögen der meisten Produkte für den in sehr großen Mengen gebräuchlichen Harzester. Bei Verwendung des letzteren liegt deshalb auch eine erhöhte Gefahr der Trübung der trocknenden Lacke durch Harzabscheidung vor, die oft zu Unrecht als Feuchtigkeitsempfindlichkeit aufgefaßt worden ist.

Soweit die Zweityplösungsmittel Estergruppen enthalten, wird ferner die Verseifbarkeit bei Anwesenheit von Wasser, das in Spuren in fast jedem Lack enthalten ist, gesteigert, wie folgende Gegenüberstellung der Verseifungskonstanten zeigt[1].

| Lösungsmittel | K |
|---|---|
| Essigsäureäthylester . . . . . . . . . . . . . . | 6,5 |
| Oxyessigsäureäthylester (Glykolsäureester) . . . . | 75,0 |
| Propionsäureäthylester. . . . . . . . . . . . . . | 5,3 |
| Oxypropionsäureäthylester (Milchsäureester) . . . | 63,5 |

Hierfür wurden ferner folgende Belege ermittelt[2]:

Hydrolyse von Estern.

| Ester | Für Hydrolyse erforderliche Zeit Sekunden | Ionisationskonstante der Säure |
|---|---|---|
| Äthylacetat. . . . . . | 1200 | $1,8 \cdot 10^{-5}$ |
| Äthyllactat . . . . . . | 105 | $13,8 \cdot 10^{-5}$ |
| Äthylformiat . . . . . | 1—2 | $21,4 \cdot 10^{-5}$ |

Mit steigendem Molekulargewicht der Zweitylösungsmittel geht in homologen Reihen der Einfluß der aktiven sauerstoffhaltigen Gruppen und damit die Wasserlöslichkeit zurück, während das Lösevermögen für Harze und Öle steigt, aber die Flüchtigkeit ist bei solchen Lösungsmitteln so gering, daß sie nur noch als sehr kleine Zusätze zu Lacken verwendet werden können.

## 4. Die Abstimmung von Lösungsmittelgemischen auf den Anwendungszweck.

Wie in den vorhergehenden Kapiteln gezeigt wurde, ist die Art des Trocknungsverlaufes beim Verdunsten der Lösungsmittel von erheblichem Einfluß auf die technologische Bewertung eines Lackes. Es ist daher notwendig, das Lösungsmittelgemisch auf die Technik des Auftragens der Lösungen und auf die nach dem Auftrag vorliegenden Trocknungsbedingungen abzustimmen. Hierfür sind auf empirischem Wege wichtige Erfahrungen gesammelt worden.

Die wichtigsten vier Arten des Auftragens von Lacklösungen sind

1. Tauchen oder Überfluten mit dem Lack mit oder ohne nachträgliches Abstreifen des Lacküberschusses (Tauchlack).

2. Drucken durch Auftragen mittels Walzen auf Lackier- oder Druckmaschinen (Drucklacke oder -farben).

3. Spritzen mit Hilfe von Spritzpistolen (Spritzlacke).

4. Streichen mit Pinseln, Bürsten oder Streichmaschinen (Streichlacke).

---

[1] Findley u. Hickmanns: Journ. Chem. Soc. (London) Bd. 87 S. 747; Bd. 95 S. 1004.

[2] Ref. Farbe u. Lack 1929 S. 627.

Von diesen Arten der Auftragstechnik befriedigen am allermeisten diejenigen, bei welchen in mehr oder weniger geschlossenen Apparaten gearbeitet werden kann. Hierher gehören Streichmaschinen, wie sie beispielsweise in der Kunstlederindustrie üblich sind, ferner die Abstreif- oder Passierverfahren, bei denen der zu lackierende Gegenstand völlig in die Lacklösung getaucht und der Überschuß an Lack nachträglich abgestreift wird, ehe eine Trocknung in geschlossenem Raum vorgenommen wird. In Einzelfällen lassen sich auch auf Lackiermaschinen ähnliche Bedingungen schaffen.

Den genannten apparativen Verfahren ist gemeinsam, daß der Zutritt feuchter Luft ausgeschaltet und durch entsprechende Beheizung ein störender Einfluß der Verdunstungskälte vermieden werden kann.

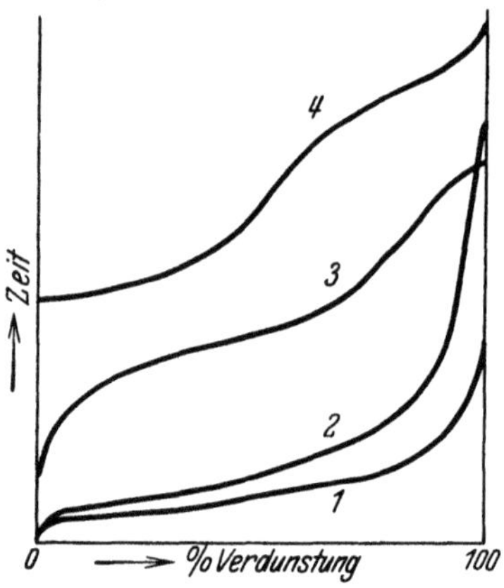


Abb. 15.

Man kommt in allen diesen Fällen mit leichtflüchtigen Lösungsmitteln allein aus, doch hat es sich zur Verhinderung von Blasen- und Kraterbildung oft als zweckmäßig erwiesen, Gemische von mehreren leichtflüchtigen Produkten zu verwenden. Dort, wo auf besonderen Glanz Wert gelegt wird, kann man den leichtflüchtigen Lösungsmitteln noch kleine Mengen, 5—10%, von mittel- oder schwerflüchtigen Lösungsmitteln zusetzen. Diese Arten der Auftragstechnik bieten meistens der Wiedergewinnung der Lösungsmittel keine Schwierigkeiten.

Ermittelt man mit Hilfe einer Torsionswaage die in der Zeiteinheit verdunstenden Lösungsmittelmengen eines solchen Lackes, so erhält man beim Auftragen dieser Mengen auf der Abscisse und der Zeit auf der Ordinate einen charakteristischen Kurvenverlauf. (Kurve 1 der vorstehenden Abbildung 15.

Entsprechende Kurven erhält man für den Siedeverlauf des Lösungsmittels.

Ähnlich kann man viele Arten von Tauchlacken zusammensetzen, zumal sie meist beim Trocknen nicht besonders feuchter oder kalter Luft ausgesetzt werden. Von ihnen wird verlangt, daß der Lack auf dem getauchten Gegenstand nicht zu stark abläuft, damit eine genügende Schicht hinterbleibt, aber rasch trocknet, eine glatte Oberfläche und Glanz besitzt. Man wählt dementsprechend vorwiegend leichtflüchtige Lösungsmittel, die auch entsprechend flüchtige Verdünnungsmittel enthalten können, im Gemisch mit etwa 10—15% schwerflüchtigen und einigen Prozenten mittelflüchtiger Lösungsmittel. Solche Lacke trocknen rasch an, wobei die Viscosität des trocknenden Lackes rasch stark ansteigt, so daß nicht zu viel davon abläuft; nach dem Verdunsten der leichtflüchtigen Anteile bewirken die schwerflüchtigen Lösungsmittel ein glattes Verfließen und hohen Glanz. Sie haben auch auf die Schichtdicke des Lackes einen beträchtlichen Einfluß. H. Wolff G. Zeidler und F. Toeldte[1] geben für die Schichtdicke von mit Benzol verschnittenen Lacken nachstehende Vergleichszahlen, die unter gleichen Bedingungen ermittelt wurden:

| | Schichtdicke |
|---|---|
| Äthylglykol | 0,07 mm |
| Methylglykol | 0,07 „ |
| Äthylglykolacetat | 0,05 „ |
| Methylglykolacetat | 0,04 „ |
| Butylacetat | 0,025 „ |

Die erhaltenen Werte scheinen in einer gewissen Beziehung zu der Viscosität der Lösungen in den reinen Lösungsmitteln zu stehen.

Der Verlauf der Verdunstungskurve eines Tauchlackes ähnelt weitgehend dem eines Abstreiflackes, doch dauert die Durchtrocknung entsprechend länger (Kurve 2).

Völlig anders muß das Lösungsmittelgemisch eines Spritzlackes zusammengesetzt sein. Ein solcher Lack ist in höchstem Maße allen Einflüssen der Luftfeuchtigkeit und der Temperatur des Arbeitsraumes ausgesetzt, und die Verdunstungskälte hat beachtliche Bedeutung. Gesteigert werden alle diese Einflüsse noch durch die sehr feine Vernebelung im Spritzkegel, bei der ein Teil der Lösungsmittel rasch verdampfen kann. Von einem solchen Lack muß eine besonders hohe Unempfindlichkeit gegen die Einflüsse der Luftfeuchtigkeit verlangt werden; Alkohol und wasserempfindliche Lösungsmittel dürfen darin nur in begrenzten Mengen enthalten sein. Im Spritzkegel dürfen keine zu großen Mengen Lösungsmittel verdunsten, damit die auf die Oberfläche des zu lackierenden Gegenstandes auftreffenden Lackkügelchen noch genügend niedrigviscos sind, um rasch zusammenzufließen. Große Mengen leichtflüchtiger Lösungsmittel wären daher in einem solchen Lack nicht angebracht, während kleine Mengen (10—25%) zur Erzielung einer niedrigen spritzfähigen Konsistenz zu empfehlen sind. Zur Hauptsache enthält ein solcher Lack mittelflüchtige Lösungs- und Verdünnungsmittel (zusammen etwa 60—80%). Sie bewirken, daß die Lackteilchen auf der Oberfläche gut zusammenfließen und erhöhen die Viscosität so weit, daß der Lack an senkrechten Flächen nicht abläuft. Zur Ausbildung einer möglichst glatten und hochglänzenden Oberfläche enthält ein Spritzlack zweckmäßig noch kleine Mengen (5—10%) schwerflüchtiger Lösungsmittel, von denen oft Butanol ausreicht. Diese Produkte müssen alle löslichen Lackbestandteile in Lösung halten,

[1] Farben-Ztg. Bd. 33 S. 2671.

dürfen aber nicht so schwer flüchtig sein, daß die Durchtrocknung mehr als eben nötig verzögert wird, weil sonst einer der wichtigsten Vorteile des Celluloselackes, nämlich seine rasche Trocknung, vermindert und die Schleifbarkeit beeinträchtigt wird.

Ein Spritzlack erfordert somit besonders sorgfältige, harmonische Abstimmung des Lösungsmittelgemisches. Kurve 3 zeigt etwa den Verdunstungsverlauf eines solchen Spritzlackes. Der gleichmäßige Anstieg dieser Kurve wird lediglich ermöglicht durch die Verwendung größerer Mengen an mittelflüchtigen Lösungsmitteln. Diese sind für Spritzlacke deshalb nicht ohne Nachteile durch Mischungen von leicht- und schwerflüchtigen Lösungsmitteln zu ersetzen. Weitgehende Ähnlichkeit mit diesem Kurvenverlauf zeigen Lösungsmittelgemische für manche Tauch- und Streichlacke, die unter ähnlichen atmosphärischen Bedingungen verarbeitet werden.

Etwas anders verläuft die Kurve von typischen Streichlacklösungsmitteln. Dort, wo größere Flächen mit Pinsel oder Bürste gestrichen werden sollen und der Lack tief in die Poren des Untergrundes eindringen muß, ist es erforderlich, daß der zunächst gut streichfähige Lack rasch etwas anzieht, um nicht mehr zu stark zu fließen, doch soll er dann für einen längeren Zeitraum streichfähig bleiben, um zum Schluß noch leidlich rasch durchzutrocknen. Man verwendet daher zur Hauptsache schwerflüchtige Lösungs- und Verdünnungsmittel neben kleinen Mengen an mittel- und allenfalls auch an leichtflüchtigen Produkten. Ganz schwerflüchtige Lösungsmittel sind wegen der zu langen Dauer der Durchtrocknung zu vermeiden. Kurve 4 zeigt einen typischen Verdunstungsverlauf für einen Streichlack.

Spezialzwecke erfordern andere Zusammensetzungen. Wo beispielsweise Stanzfähigkeit noch nach längerer Zeit verlangt wird, muß man sehr schwer flüchtige Lösungsmittel in größerer Menge verwenden; es ist dann empfehlenswert, hinterher im Ofen nachzutrocknen. Auch die üblichen Lacke für den Flach- und Tiefdruck, die sog. Druck- und Tiefdruckfarben, erfordern mitunter von obigen Regeln abweichende Lösungsmittel-Zusammensetzungen.

## 5. Einfluß der Lösungsmittel auf die Filmfestigkeit.

Es ist in den vorhergehenden Abschnitten gezeigt worden, daß die Lösungsmittel je nach ihrem polaren Charakter und der Affinität zum Celluloseester recht erhebliche Unterschiede zeigen, daß aber gleichwohl große Variationsmöglichkeiten in der Zusammensetzung der Lösungsmittelgemische für die verschiedenen Anwendungsgebiete bestehen können.

Es bleibt dabei noch die Frage offen, ob durch die Änderungen in der Zusammensetzung von Lösungsmitteln nicht auch die Filmfestigkeit wesentlich beeinflußt wird.

Man darf annehmen, daß beim Übergang des Celluloseesters aus dem solvatisierten Zustand der Lösung in die Form des festen Filmes sich die einzelnen Kettenmolekeln des Celluloseesters gegenseitig bis zu einem gewissen Grade beeinflussen. Unter der Wirkung der Molkohäsion treten wohl einige Molekeln zu Bündeln, Micellen genannt, zusammen, insgesamt werden aber die Micellen im fertigen Film regellos durcheinanderliegen, wenn nicht durch die Art der Herstellung des Filmes eine Orientierung stattgefunden hat. Für die Festigkeit ist also in überragendem Maße die Art und Größe der Cellulosemolekel maßgebend.

Da die Lösungsmittel in den Solvathüllen in Wechselwirkung mit den polaren Gruppen des Celluloseesters stehen, so werden sie je nach ihrer Flüchtigkeit und dem Grad der Affinitätskräfte zwischen Celluloseester und Lösungsmittel mit verschiedener Leichtigkeit freigegeben, und dementsprechend können die polaren Gruppen nebeneinanderliegender Cellulosemolekeln ihre Molkohäsion in verschiedener Weise aufeinander ausüben. Dazu kommt, daß manchmal Spuren Lösungsmittel außerordentlich lange festgehalten werden. Die einzelnen Lösungsmittel können deshalb auch die Filmfestigkeit beeinflussen.

In Filmen, welche durch die Einwirkung der Luftfeuchtigkeit oder durch Harzausscheidungen beim Trocknen getrübt sind, wird die Filmfestigkeit fast regelmäßig beträchtlich abgesenkt; doch haben Wolff, Zeidler und Toeldte[1] beim Methylglykol Ausnahmen beobachtet.

Die Filmfestigkeit ändert sich ferner in meßbarem Grade, wenn man Kollodiumwollen mit besonders hohem Stickstoffgehalt ausschließlich mit Lösungs- und Verdünnungsmitteln von stark polarem Charakter verarbeitet.

In der Regel bleiben indessen die Unterschiede ziemlich klein. So lange noch kleine Mengen Lösungsmittel vom Film zurückgehalten werden, sinkt die Reißfestigkeit und steigt die Dehnung. Größere Unterschiede treten aber dann auf, wenn die Lösungsmittel Bestandteile enthalten, welche die Celluloseestermolekel angreifen.

Unterschiede in der Filmfestigkeit machen sich beispielsweise auch in der Schleifbarkeit der Filmschichten geltend. Für die Zahl der Schliffe, die zum teilweisen bzw. völligen Mattschleifen von Filmen erforderlich sind, geben H. Wolff und Mitarbeiter nachstehendes Beispiel:

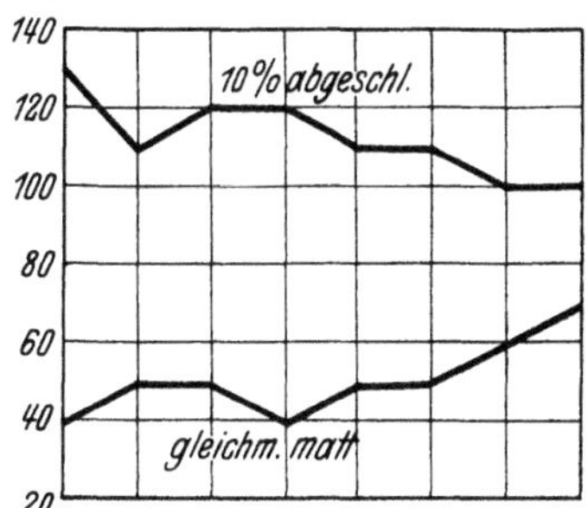

Abb. 16. Schleifbarkeit von Filmen.

[1] Farben-Ztg. Bd. 33 S. 2668.

# IV. Lösungsmittel für Harze, Kautschuk und ähnliche Bindemittel.

## A. Die Beziehungen zwischen Lösungsmittel und gelöstem Stoff.

Die für die technologische Verarbeitung mit Lösungsmitteln in Betracht kommenden, bei Zimmertemperatur festen Bindemittel gehören sämtlich zur Klasse der hochmolekularen lyophilen Kolloide; ein großer Teil von ihnen ist hochpolymer. Sie umfassen natürliche und künstliche Harze, synthetische Polymerisationsprodukte und kautschukartige Stoffe. Diese Bindemittel zeigen eine weitgehende Ähnlichkeit mit den Celluloseestern vor allem insofern, als ihre Lösungen eine erheblich höhere Viscosität aufweisen als die reinen Lösungsmittel. Wie früher gezeigt wurde, ist für die Viscosität von Celluloseesterlösungen in erster Linie die Molekelgröße, und zwar die Länge der Molekelkette des Bindemittels, maßgebend. Grundsätzlich gelten die gleichen Beziehungen auch für die anderen Bindemittel. So zeigen die Lösungen von Natur- und Kunstharzen von kleinem Molekulargewicht in Lösung eine niedrige Viscosität, während niedrig disperse Polymere mit großer Molekel hochviscose Lösungen ergeben. Beim Auflösen solcher Bindemittel beobachtet man wie bei Celluloseestern das Auftreten einer Wärmetönung. Die Löslichkeit hängt ebenfalls ab von der Größe der Molkohäsion. Die Lösungsmittel bilden Solvathüllen um das gelöste Kolloid.

Indessen sind die Beziehungen zwischen Bindemittel und Lösungsmittel hier weniger geklärt als bei den Celluloseestern. Von letzteren wissen wir, daß ihre Molekeln Ketten- oder Fadenform haben, also nur nach einer Richtung hin größere Ausdehnung besitzen. Man weiß ferner, wie man die Kettenlänge erkennen und beeinflussen kann. Bei den übrigen Bindemitteln mit Ausnahme des Kautschuks hat man dagegen über die Raumerfüllung der Molekel im einzelnen noch recht unsichere Vorstellungen. Es ist wahrscheinlich, daß ein großer Teil dieser Bindemittel ebenfalls kettenartige Molekeln besitzt, die sich aber im Gegensatz zur Cellulosemolekel gleichzeitig stärker in eine zweite Richtung des Raumes erstrecken, so daß die Möglichkeit der Netzbildung gegeben ist. Es liegt dann häufig keine Hauptvalenzkette, sondern ein Hauptvalenznetz vor[1].

Hieraus ergeben sich Unterschiede im Verhalten gegenüber Lösungsmitteln. Während aus Celluloseesterlösungen die Lösungsmittel verhältnismäßig leicht beinahe vollständig verdunsten, halten Harze und vor allem Polymerisationsprodukte die Lösungsmittel viel länger zurück.

---

[1] Vgl. K. H. Meyer u. H. Mark: a. a. O.

Diese Eigenschaft ist nicht nur abhängig von dem polaren Charakter der Lösungsmittel, findet sich also auch bei Kohlenwasserstoffen, hängt aber in hohem Maße von der Molekelgröße und -form des Bindemittels ab. Schon Harze, deren Molekel gegenüber der der Celluloseester klein ist, wie Kolophoniumester, Cyclohexanonharze oder niedrigpolymere Polyvinylacetate, halten die Lösungsmittel länger zurück. Solche Lösungen sind aber auch in hohen Konzentrationen noch ohne Schwierigkeiten spritzfähig. Mit steigender Molekelgröße des Bindemittels, die sich äußerlich durch Erhöhung des Filmbildevermögens und der Viscosität der Lösungen bemerkbar macht, verlieren die Lösungen ihre Spritzfähigkeit und neigen zum Fadenziehen. Sie haben mitunter mehr den Charakter einer Gallerte oder einer gequollenen Masse. Man darf wohl annehmen, daß bei diesen Erscheinungen die geometrische Behinderung der Lösungsmittel durch die großen Molekeln der Bindemittel von wesentlichem Einfluß ist. Genauere zahlenmäßig zu belegende Vorstellungen hierüber fehlen bis jetzt.

Technologisch folgt aus dem mitgeteilten Verhalten ganz allgemein, daß bei Verarbeitung von Harzen und Polymerisationsbindemitteln sowie von Kautschuk nach Möglichkeit nur leichtflüchtige Lösungsmittel verwendet werden sollen, um eine rasche Verdunstung zu erreichen. Die bei Celluloseesterlösungen bestehende Gefahr des Weißanlaufens beim Trocknen ist bei den meisten Lösungen dieser Bindemittel nicht gegeben; sie wird besonders beobachtet, wo Alkohol als alleiniges Lösungsmittel für stark polare Harze oder Polymere verwendet wird, ist aber leicht durch Zusatz kleiner Mengen von wasserabstoßenden Benzolkohlenwasserstoffen oder von Butanol zu vermeiden.

Auch für Lösungen der hier in Rede stehenden Bindemittel gilt die Regel, daß ihnen gewisse, von Fall zu Fall verschiedene Mengen an nichtlösenden Verdünnungsmitteln ohne Ausfällung des Kolloids zugesetzt werden können. Zu Lösungen von hochmolekularen Polymerisationsprodukten können oft nur sehr kleine Mengen solcher Streckungsmittel zugefügt werden. Für die ziemlich niedrigmolekularen Natur- und Kunstharze hat diese Frage keine größere praktische Bedeutung, da man zum größten Teil billige Kohlenwasserstoffe oder Äthylalkohol verwendet.

# B. Die einzelnen Bindemittel.

## 1. Kautschuk.

Kautschuk löst sich als hochmolekularer Kohlenwasserstoff nur gut in nichtpolaren und einigen schwach polaren Lösungsmitteln. Beim Übergießen des Kautschuks mit solchen erfolgt ein sehr starkes Aufquellen; dabei wird in vielen Fällen nur ein Teil gelöst, der von dem nur gequollenen Anteil zurückgehalten wird. Gut verarbeitbare Lösungen können deshalb nur wenige Prozente Kautschuk enthalten. Auf die bei der Solvatation des Kautschuks eintretenden Vorgänge kann hier nicht näher eingegangen werden.

Stark gewalzter Kautschuk löst sich beträchtlich besser als ungewalzter. In der Wärme erfolgt mit solchen Lösungsmitteln, die auch bei Zimmertemperatur quellend wirken, eine größere Dispergierung des Kautschuks.

Die für die Herstellung von technologisch brauchbaren Kautschuklösungen am besten geeigneten Lösungsmittel sind die Benzine, ferner Benzol und einige Chlorkohlenwasserstoffe wie Methylenchlorid, Lösungsmittel TAD, Trichloräthylen und Tetrachlorkohlenstoff. Von ihnen wird Benzol mit Rücksicht auf seine physiologische Wirkung immer weniger gebraucht und, obwohl es ein besseres Lösevermögen hat, meist durch Benzin ersetzt. Die chlorierten Kohlenwasserstoffe gewinnen auch zum Lösen von Kautschuk mit Rücksicht auf ihre Unbrennbarkeit an Boden.

Sauerstoffhaltige, also polare Lösungsmittel, zeigen ein beträchtlich geringeres Lösevermögen für Kautschuk, worüber W. B. Lee[1] eingehende Untersuchungen angestellt hat. Im allgemeinen wird nach der Regel von Whitby das Lösevermögen dieser Lösungsmittel für Kautschuk um so größer, je höher der Wert von $M/A$ des Lösungsmittels ist, während die Löslichkeit von Celluloseestern mit steigendem $M$ sinkt. Dementsprechend sind die Alkohole ausgesprochene Nichtlöser für Kautschuk. Unter den Estern und Ketonen dagegen finden sich einige Produkte, die sowohl Kautschuk als auch Celluloseester zu lösen vermögen, während die Mehrzahl dieser Produkte nur Celluloseester löst, für Kautschuk aber höchstens ein schwaches Quellvermögen besitzt. Für einige Lösungsmittel wird nachstehend das Verhalten gegenüber Kautschuk und Celluloseestern bei gewöhnlicher Temperatur nach Lee zusammengestellt.

| Lösungsmittel | Kautschuk | Acetylcellulose | Celluloid |
|---|---|---|---|
| Hexan | rasche Quellung | — | — |
| Tetrahydronaphthalin | starke Quellung | geringe Wirkung | — |
| Pinen | „ „ | Quellung | — |
| Äthylacetat | — | Quellung bis Lösung | Lösung |
| Amylformiat | eben Quellung | — | „ |
| Cyclohexylacetat | starke Quellung | — | „ |
| Butylstearat | deutliche Quellung | — | — |
| Methylbenzoat | starke Quellung | Lösung | Lösung |
| Dibutylphthalat | schwache Quellung | — | „ |
| Isoamylalkohol, Butanol | fast keine Quellung | — | — |
| Cyclohexanol | — | Spur Quellung | — |
| Äthylglykol | — | fast keine Quellung | Lösung |
| Diacetonalkohol | fast keine Quellung | Lösung | „ |
| Cyclohexanon | starke Quellung | „ | „ |
| Adipinsäurecyclohexylester | Quellung | — | Quellung |

[1] Journ. Soc. Chem. Ind. Bd. 49 S. 226 T.; Ref. Farben-Ztg. Bd. 36 S. 1178.

Infolge des niedrigen Kautschukpreises ist oft versucht worden, Celluloseester und Kautschuk gemeinsam in Lösung zu verarbeiten. In der Tat gibt es, wie oben gezeigt, Lösungsmittel, welche beide Typen von Bindemitteln für sich lösen. Man kann auch deren Lösevermögen für Kautschuk noch erhöhen, indem man Kohlenwasserstoffe zusetzt. Mischt man indessen getrennt angesetzte Lösungen von Kautschuk und Celluloseestern in derartigen Lösungsmitteln, so erfolgt meist schon beim Stehen Entmischung; regelmäßig beobachtet man eine solche, wenn man aus der Lösung die Lösungsmittel verdunsten läßt. Offenbar sind nicht genügend Affinitätskräfte zwischen den stark polaren Celluloseestern und der nichtpolaren Kautschukmolekel wirksam. Auch abgebaute Kautschuke, die nicht Sauerstoff aufgenommen haben, und Chlorkautschuke verhalten sich in der Regel gleichartig. Kautschuk verhält sich somit nicht anders als manche hochmolekularen Kohlenwasserstoffe öliger oder harzartiger Natur (vgl. Kapitel VI). Auch durch Mitverwendung hochsiedender Lösungsmittel ist es bisher nicht möglich gewesen, Kautschuk und Celluloseester in befriedigender Weise gemeinsam zu verarbeiten.

## 2. Chlorkautschuk.

Chlorkautschuk, der in neuester Zeit in Deutschland in den Handel kommt („Chlorkautschuk" der I. G. Farbenindustrie Aktiengesellschaft, „Tornesit" der Herold A. G.), ähnelt recht weitgehend den synthetischen Polymerisationsbindemitteln. Er löst sich am besten in Benzolkohlenwasserstoffen, während Benzine nicht lösen. Auch Chlorkohlenwasserstoffe und Ester sind als Lösungsmittel mitunter verwendbar, ebenso höhere Ketone, während die Alkohole und Zweityplösungsmittel als zu stark polar nicht lösen. Der aus den Lösungen erhaltene Chlorkautschukfilm hält geringe Mengen Lösungsmittel sehr lange fest, so daß Lösungsmittel, welche viel langsamer als etwa Xylol flüchtig sind, nur gut verwendbar sind, wenn rasche Durchtrocknung nicht erforderlich ist oder im Ofen nachgetrocknet werden kann. Es scheint, daß die Haftfestigkeit und die Beschaffenheit der Filme durch die Art der Lösungsmittel beeinflußt wird; die bisherigen Handelsprodukte werden am besten mit Toluol verarbeitet. Sie sind auch nur in niederen Konzentrationen (unter etwa 10—12%) spritzfähig und ähneln auch darin den Polymerisationsprodukten. Gut durchgetrocknete pigmenthaltige Chlorkautschukfilme zeigen eine außerordentliche Beständigkeit gegen Chemikalien, Wasser und Wetter. Chlorkautschuk scheint sich besonders für Streichemaillen zu eignen.

## 3. Harze.

Die natürlichen und künstlichen Harze zerfallen nach ihrer Löslichkeit in zwei Gruppen. Solche von ausgesprochen stark polarem Charakter sind in Alkoholen glatt löslich. Zu ihnen zählen Schellack, einige Kopalsorten, härtbare Phenol-Formaldehydharze der A-Stufe, während die gehärteten Produkte infolge zu starker Netzbildung der Molekeln nicht mehr löslich sind, ferner Harnstoff-Formaldehydharze. Diese Harze sind gleichzeitig auch, soweit sie nicht eine nachträgliche Härtung erleiden, etwas wasserempfindlich. In Kohlenwasserstoffen sind sie unlöslich, während einige von Estern und Ketonen etwas gelöst werden.

Die zweite Gruppe bilden Harze, die sauerstofffrei sind oder nur einen geringen Sauerstoffgehalt besitzen. Zu ihnen zählen die Kolophoniumester, Cumaronharze, Cyclohexanonharze u. dgl. Sie sind in Sprit wenig oder gar nicht löslich und dann kaum wasserempfindlich, werden aber vorzüglich vor allem von Benzolkohlenwasserstoffen und Estern gelöst. Benzine haben gewöhnlich ein geringeres Lösevermögen.

Eine Übersicht über die Löslichkeit der wichtigeren natürlichen und künstlichen Harze findet sich in Kapitel XV. Eine sehr eingehende Zusammenstellung der Löslichkeit auch weniger verbreiteter Bindemittel gibt E. I. Fischer: Organische Lösungsmittel zur Analyse organisch-technischer Rohstoffe. Halle 1932.

## 4. Synthetische Polymerisate.

Diese Produkte werden häufig zu den Harzen gerechnet, weil ihre niedrigmolekularen hochdispersen Vertreter noch ausgesprochen harzartigen Charakter besitzen (Mowilith NN), also vor allem ziemlich spröde sind und relativ niedrigviscose und noch in höheren Konzentrationen spritzfähige Lösungen ergeben. In den letzten Jahren sind aber Polymerisationsprodukte aufgetaucht, welche eine größere kettenartige Molekel besitzen und sich von den gewöhnlichen Harzen durch wesentlich höhere, der der Cellulosederivate ähnliche Filmfestigkeit sowie durch die höhere Viscosität ihrer Lösungen auszeichnen. Sie halten geringe Lösungsmittelreste ähnlich wie Chlorkautschuk sehr lange fest und sind nur in relativ niedrigen Konzentrationen spritzfähig. Da sie auch eine gesteigerte Widerstandsfähigkeit gegen Atmosphärilien und mechanische Beanspruchung aufweisen, ist es berechtigt, sie nicht unter die Harze einzureihen, sondern als „Polymere" getrennt zu betrachten.

Zu diesen synthetischen Polymerisaten zählen zahlreiche Vinylverbindungen, vor allem die Polyvinylacetate (Mowilith H und N der I. G. Farbenindustrie Aktiengesellschaft, Vinnapas von Dr. A. Wacker) sowie Polystyrol (I. G. Farbenindustrie Aktiengesellschaft). Für letzteres haben K. H. Meyer und H. Mark[1] nachstehende Übersicht gegeben, welche deutlich zeigt, daß man je nach der Art der Poly-

[1] Aufbau der hochpolymeren Naturstoffe.

merisation entweder typische Harze oder den Cellulosederivaten ähnlichere und sogar fast unlösliche Bindemittel erhalten kann:

Polystyrole.

| | | | | | | | |
|---|---|---|---|---|---|---|---|
| Temperatur der Herstellung . . . . . | $240^0$ | $190^0$ | $160^0$ | $130^0$ | $75^0$ | $15^0$ | $15^0$ |
| Durchschnittsteilchengröße durch F. P.-Depression bestimmt . . . . | 3500 | 6000 | 6500 | 10000 | 16000 | 20000 | ca. 100000 |
| Verflüssigungstemperatur . . . | $120—160^0$ | $130—180^0$ | $130—180^0$ | $145—190^0$ | $170—250^0$ | $200—270^0$ | $250—300^0$ |
| Ausfluß einer $^1/_2$ n-Benzollösung, Benzol = 38,4 Sek. . | 59 | 73 | 81 | 114 | 356 | 1000 | nicht bestimmbar |
| In 0,2 n-Lösung (Benzol = 1) . . | 1,22 | 1,32 | 1,32 | 1,65 | 3,19 | 7 | 50—60 |
| Löslichkeit in Äther . . . . . . | leicht löslich | | teilweise löslich | | schwer löslich | | fast unlöslich, |
| Verhalten in Benzol . . . . . | löslich ohne Quellung | | | etwas quellbar | | | stark quellbar, |
| Aussehen . . . . . | leicht zerreißbares Pulver | | | zähere Pulver | | | außerordentlich zähe. |

Die Löslichkeit dieser Polymerisate hängt stark von ihrer chemischen Natur ab. Sie lösen sich generell am besten in aromatischen Kohlenwasserstoffen, während Alkohole nur auf sauerstoffhaltige Produkte lösend oder quellend wirken und Benzine überhaupt nicht lösen, vielmehr zum Ausfällen dieser Bindemittel aus Lösungen geeignet sind. Die technologische Bedeutung der Lösungen dieser interessanten Bindemittel, die meist mit Celluloseestern wenig verträglich sind, läßt sich bis jetzt keineswegs übersehen. Sie scheinen sich unter anderem für streichfähige Industrielacke gewisse Spezialgebiete zu erobern.

## 5. Phthalsäureharze.

Ebenfalls eine gewisse Sonderstellung nehmen die Phthalsäure-„harze" ein. Der einfachste Vertreter dieser Klasse entsteht aus Phthalsäure oder anderen zweibasischen Säuren und Glycerin und ist in Alkohol oder besonders Aceton leicht löslich. Durch längeres Erhitzen auf Temperaturen von etwa $140—220^0$ wird dieses Harz ähnlich wie Phenol-Formaldehydharze unlöslich, doch bleibt es meist etwas empfindlich gegen Aceton oder Wasser. In der noch löslichen A-Stufe ist es ein typisches Harz; es hat praktisch keine größere Bedeutung gefunden.

Völlig andere Produkte erhält man, wenn Phthalsäure mit Glycerin und einer einbasischen Fettsäure umgesetzt wird. Bei Verwendung von nichttrocknenden Fettsäuren, wie Stearinsäure, Öl äure, Ricinolsäure u. dgl. erhält man dann halbfeste Harze, welche nicht mehr alkohollöslich sind, sich aber gut in Benzolkohlenwasserstoffen und Estern lösen. Sie bilden weiche klebende Filme und werden teilweise bei Temperaturen über etwa 110° C verändert. Manche von ihnen haben schwach trocknende Eigenschaften. Sie finden ihre Hauptverwendung in Nitrocelluloselacken, weil sie ein schwaches Gelatiniervermögen für Nitrocellulose besitzen und auch in großen Mengen zugesetzt die Lacke und Emaillen äußerst wetterbeständig machen. Vor allem gilt das für die Typen mit trocknenden Eigenschaften (Alkydal ST der I. G. Farbenindustrie Aktiengesellschaft). Derartige Nitrocellulose-Alkydallösungen vertragen besonders von Toluol recht erhebliche Zusätze.

Verwendet man bei der Herstellung dieser Harze die einbasischen Säuren der trocknenden Öle, so erhält man ebenfalls in Alkohol unlösliche, aber leicht in Benzolkohlenwasserstoffen und Estern, bei kleinem Gehalt an Phthalsäure auch in Benzinen lösliche halbfeste Harze. Sie trocknen ähnlich wie trocknende Öle schon bei Zimmertemperatur und lassen sich am besten vergleichen mit dem Lackkörper, welcher durch Verkochen aus trocknenden Ölen und Kopalen oder Kunstkopalen hergestellt wird; sie vereinigen gleichsam die Harz- und Ölkomponente derartiger Lackkörper in einer einzigen Molekel und ihre Filme sind deshalb von ganz ungewöhnlich hoher Widerstandsfähigkeit. Sie sind in Deutschland bekannt unter dem Namen „Alkydal T und TT" (I. G. Farbenindustrie Aktiengesellschaft), in Amerika als „Dulux" (Dupont). Zu ihrer Verarbeitung verwendet man teils Benzine allein, teils Mischungen aus Benzinen oder Terpentinöl und Toluol oder Xylol.

## C. Das „Hochziehen" von Ölfilmen durch Lösungsmittel.

Während trocknende Öle und die trocknenden Phthalsäureharze leicht in verschiedenen Lösungsmitteln löslich sind, zeigen die durch den Trocknungsprozeß entstehenden Filme aus diesen Bindemitteln keine Löslichkeit mehr. Sie behalten aber eine gewisse Quellbarkeit in einigen Lösungsmitteln, die um so geringer wird, je stärker oxydiert oder polymerisiert der Film ist[1]. Sehr alte und bei höherer Temperatur gut getrocknete Ölfilme sind deshalb nur noch sehr wenig quellbar. Die Quellbarkeit hängt ferner von dem Gehalt des Ölfilmes an trocknendem Öl ab; magere Öllacke quellen weniger stark als fette; auch ein größerer Pigmentgehalt setzt die Quellbarkeit herab.

[1] Hofmann, H. E., u. E. W. Reid: Ind. and Engin. Chem. Bd. 21 S. 247; Ref. Farben-Ztg. Bd. 34 S. 2723.

Dieses Verhalten von Filmen aus trocknenden Bindemitteln ist einesteils erwünscht, weil es die Möglichkeit bietet, mit geeigneten Lösungsmitteln, von denen sich besonders Methylenchlorid bewährt hat, sofern man seine rasche Verdunstung verhindert, alte Ölfilme von Unterlagen zu entfernen („abzubeizen“), andererseits bedeutet es eine beachtenswerte Gefahrenquelle, wenn man einen bereits getrockneten Ölfilm mit einem weiteren Lacküberzug versehen will, weil der aufgeweichte Ölfilm infolge der eintretenden Volumvergrößerung eine starke Runzelbildung zeigt, welche meist als „Hochziehen“ bezeichnet wird.

Die einzelnen Lösungsmittel wirken in sehr verschiedenem Maße quellend auf Ölfilme. Die geringste Einwirkung zeigen die Benzine; sie sind deshalb für das Überstreichen von Ölfilmen am besten geeignet. Nicht wesentlich stärker wirken die Terpentinöle. Benzolkohlenwasserstoffe quellen etwas stärker und werden deshalb meist nur in Mischung mit Benzinen zum Überstreichen verwendet. Auch trockene Filme aus den Alkydalen T und TT werden durch solche Mischungen nicht mehr in störendem Maße gequollen. Wesentlich stärker ist dagegen das Lösevermögen der Alkohole, Äther und Ester für alle Ölfilme. Namentlich Ester ziehen rasch und sehr stark hoch, während viele Alkohole und Glykoläther vor allem holzölhaltige Filme nur ziemlich langsam anquellen.

Für Lösungsmittelgemische fanden Hofmann und Reid folgende Reihen von steigender Neigung zum Hochziehen:

Zweistoffgemische: Benzin + Alkohol
Benzin + Glykoläther
Benzolkohlenwasserstoff + Ester
Ester + Alkohol
Benzolkohlenwasserstoff + Alkohol.

Dreistoffgemische: Benzin + Alkohol + Glykoläther
Benzin + Ester + Glykoläther
Benzin + Ester + Alkohol
Benzolkohlenwasserstoff + Alkohol + Glykoläther
Benzolkohlenwasserstoff + Alkohol + Ester.

Da Celluloseesterlacke stets Lösungsmittel enthalten, welche das Hochziehen begünstigen, ist es nicht möglich, ohne besondere Schutzmaßnahmen wie sorgfältiges Einbrennen der Ölgrundierung, isolierende Zwischenschichten u. dgl. Ölfilme mit Celluloseesterlacken zu überziehen.

Das „Hochziehen“ erfordert auch Beachtung bei Lacken, welche neben Nitrocellulose noch trocknende Öle oder trocknende Phthalsäureharze enthalten. Filme aus derartigen Lacken können mitunter nur in den ersten Tagen ohne Gefahr des Hochziehens mit einer zweiten Celluloseesterlackschicht überzogen werden, so lange die Polymerisation bzw. Oxydation noch nicht genügend weit fortgeschritten ist. Solche

Filme erreichen dann meist erst nach mehreren Monaten wieder ein Stadium, in dem sie überlackiert werden können, während sie in der Zwischenzeit gegen Lösungsmittel empfindlich sind.

# Anhang.

## Lösungsmittelseifen.

Auf den bisher betrachteten Gebieten hatten wir Verwendungsarten von Lösungsmitteln behandelt, bei denen aus Lösungsmittel und zu lösendem Stoff homogene Lösungen hergestellt werden, sich also Lösungsmittel und gelöster Stoff gegenseitig fast beliebig zu lösen vermögen und lediglich herkömmlicherweise die flüchtigere Komponente als das Lösungsmittel bezeichnet wird.

In den Lösungsmittelseifen liegt ein anderes System vor. In ihnen wird zunächst aus Lösungsmittel und Seife oder seifenartigen Stoffen, also Kolloiden von Salzcharakter, eine Lösung geschaffen, die ihrerseits als Einheit betrachtet werden kann und als Lösungsmittel für bestimmte Stoffe, vor allem für Fette, Öle und Bitumina dienen soll. Man hat daher zu unterscheiden zwischen der Herstellung der Lösungsmittelseifen und den für deren Anwendung maßgebenden Gesichtspunkten.

Seifen sind polare Stoffe, welche eine lange hydrophobe Kohlenwasserstoffkette und die hydrophile Carboxylgruppe enthalten. Sie lösen sich in Wasser, indem sich Wassermolekeln um die Carboxylgruppe herumlagern:

$$\begin{array}{lc} & H_2O \\ \underline{CH_3 - (CH_2)_n - COONa} & H_2O\,. \\ & H_2O \end{array}$$

Manche schwachpolaren organischen Lösungsmittel haben nun die Eigenschaft, Seifen aufzulösen, indem sie sich hauptsächlich um die Kohlenwasserstoffkette gruppieren:

$$\begin{array}{cl} & C_7H_8O \\ C_7H_8O & \boxed{CH_3 - (CH_2)_n - COONa}\,. \\ & C_7H_8O \end{array}$$

Stellt man nun eine derartige Lösung von Seife in einem in Wasser n i c h t oder nur wenig löslichen Lösungsmittel her und fügt Wasser hinzu, so geht innerhalb gewisser Mengenverhältnisse die mit organischen Lösungsmitteln beladene Seifenmolekel durch Solvatisierung an der Carboxylgruppe in Lösung, d. h. gewisse Mengen der organischen Lösungsmittel werden wasserlöslich gemacht. Lösungsmittel, welche dieses Verhalten zeigen, nennt man h y d r o t r o p i s c h. Derartige wässerige Lösungen haben ein erhöhtes Löse- und Reinigungsvermögen für Öle,

Fette und Schmutzstoffe und vermögen auch gewisse Mengen von Kohlenwasserstoffen und Chlorkohlenwasserstoffen teils klar zu lösen, teils zu emulgieren.

Umgekehrt kann man auch Seifen, welche kleine Mengen Wasser enthalten, in organischen Lösungsmitteln auflösen oder emulgieren, wodurch die Reinigungswirkung der Lösungsmittel in der „chemischen Wäscherei" beträchtlich gesteigert und zugleich die Gefahr der elektrostatischen Aufladung der Kohlenwasserstoffe durch Reibung zurückgedrängt wird.

Auf diese teilweise sehr komplizierten Vorgänge und die technologische Anwendung derartiger Kombinationen von organischen Lösungsmitteln und Seifen oder seifenartigen Stoffen kann hier nicht näher eingegangen werden. Sie werden ausführlich behandelt von O. Lange, Technik der Emulsionen, 1929.

# V. Die Verwendung von Lösungsmitteln für Extraktionszwecke.

## A. Allgemeiner Gang der Extraktion.

Die Extraktion mittels Lösungsmitteln wird ausgeübt in der Öl- und Fettindustrie sowie in der Riechstoffindustrie. Die zu extrahierenden Rohstoffe sind gewöhnlich pflanzlicher Natur; in einzelnen Fällen werden auch tierische Rohstoffe (Knochen) extrahiert. Teilweise werden diese Rohstoffe nach erfolgter Extraktion als hochwertige Produkte anderen Verwendungen zugeführt (Ölfrüchte). Knochen und die Rückstände von der Extraktion ätherischer Öle werden im allgemeinen als Abfallstoffe behandelt.

Besonders in der Industrie der Öle und Fette hat die Extraktion zu konkurrieren mit der mechanischen Aufbereitung der Rohstoffe durch Pressen; sie hat vor diesem Verfahren den Vorteil der höheren Ölausbeute (Verlust weniger als 2% gegenüber etwas 5—12% beim Pressen), aus der sich die höheren Kosten des Verfahrens bezahlt machen müssen. In manchen Fällen ist das Preßverfahren nicht durchführbar, und es lassen sich Fette, ätherische Öle u. dgl. nur durch Extraktion mit Lösungsmitteln gewinnen.

Die an ein solches Lösungsmittel für Extraktionszwecke gestellten Anforderungen ergeben sich teilweise aus der verwendeten Apparatur. Die meisten Apparate beruhen auf dem Prinzip, das Öl- oder Fettprodukt durch Lösungsmittel aus dem Extraktionsgut auszulaugen. Man gibt dem Lösungsmittel Gelegenheit bis in die kleinsten Zellen des Extraktionsgutes einzudringen und dort das Öl aufzulösen. Da dieser Vorgang ein Eindringen der Lösungsmittel oder der Öle in die Zellen erfordert, bedarf er einer gewissen Zeit. Um eine möglichst rasche Entfernung der Lösungsmittel, des Öles oder Fettes zu bewirken, läßt man das Lösungsmittel strömen; dadurch kann stets neues, noch nicht mit Fettstoff beladenes Lösungsmittel dem Gut zugeführt werden, und die Entfernung des Öles wird in kürzerer Zeit vollständig. Am wirksamsten sind deshalb die Apparate, bei denen nach dem Prinzip des Gegenstromes zunächst das frische Extraktionsgut mit einer schon ziemlich konzentrierten Lösung von Fettstoff im Lösungsmittel in Berührung kommt und die letzten Ölreste dann durch frisches Lösungsmittel ausgezogen werden.

Für die Konstruktion der Apparate ist wichtig, ob das spezifische Gewicht des zu lösenden Fettstoffes größer oder kleiner ist als das des Lösungsmittels, besonders wenn die Extraktion in senkrechten Zylindern durch Eintritt des Lösungsmittels von oben oder unten erfolgen soll. Die Konstruktion hängt ferner davon ab, ob die Extraktion bei Zimmertemperatur oder in der Wärme und unter höherem Druck erfolgen soll und welches Metall mit Rücksicht auf die Korrosion durch trockenes oder feuchtes Lösemittel zu wählen ist.

Für rasche und vollständige Extraktion ist ferner die Beschaffenheit des Extraktionsgutes von größtem Einfluß. Können sich Kanäle bilden, durch die das Lösungsmittel besonders leicht hindurchfließt, oder ist die Zerkleinerung des Gutes so fein (Sandkorngröße, Pulver), daß ein Zusammenbacken auftreten kann, so bleibt die Extraktionswirkung ungenügend. Am günstigsten sind deshalb Schnitzel, Flocken, Schrot u. dgl. Sehr feinem oder breiigem Extraktionsgut gibt man zweckmäßig durch Mischen mit einem indifferenten Material wie Bimsstein oder Holzmehl eine geeignetere Beschaffenheit.

Nach beendigter Extraktion wird die Lösung des Fettstoffes in eine Destillierblase gedrückt. Aus dem Extraktionsrückstand wird durch Erhitzen mit indirektem oder direktem Dampf der noch festgehaltene Anteil an Lösungsmittel vollständig entfernt. Möglichst vollständige Entfernung ist erforderlich, um die Lösungsmittelverluste klein zu halten, ferner um die Weiterverwendung des Extraktionsrückstandes für Futterzwecke nicht zu behindern.

Aus der Lösung des Fettstoffes im Lösungsmittel wird in der Destillierblase durch Beheizen mit indirektem und zum Schluß nötigenfalls mit direktem Dampf das Lösungsmittel vollständig abdestilliert; es kann dann wiederholt verwendet werden.

Bei der Extraktion von ätherischen Ölen liegen die Verhältnisse wesentlich schwieriger, da die Öle selbst flüchtiger sind und häufig mit den Extraktionsmitteln azeotropische Gemische bilden. Eine völlige

Trennung erfordert daher oft Spezialmethoden. Für die Destillation solcher Lösungen gibt von Rechenberg in seinem Buche „Einfache und fraktionierte Destillation in Theorie und Praxis“ wertvolle Hinweise.

Lösungsmittel können außerdem verwendet werden zum Trennen der Fette und Öle von den darin enthaltenen Fettsäuren. Solche Verfahren benutzen die verschiedene Löslichkeit der Öle und Fette im Vergleich mit Fettsäuren oder deren Salzen.

Nach Fauth[1] kann die Entfernung der Fettsäuren in Form der Seifen unmittelbar an den Extraktionsprozeß angeschlossen werden. Ähnlich ist der Gedanke, die Alkaliseifen in unlöslicher Form aus der Benzollösung der Öle abzuscheiden[2].

Nach Bollmann[3] oder Wilhelm[4] zieht man die Fettsäuren bzw. ihre Ammoniumsalze mit Alkohol aus, der die Fette oder Öle nicht löst.

Alle diese Verfahren dürften sich nur in Einzelfällen wirtschaftlich gestalten lassen[5].

## B. Anforderungen an das Lösungsmittel.

Die an das Lösungsmittel gestellten Anforderungen sind verschieden. Ein ideales Extraktionsmittel gibt es nicht, und die heute gebräuchlichen Produkte erfüllen nur einen Teil der nachstehenden, an ein solches zu stellenden Anforderungen:

**1. Chemisch einheitliche Zusammensetzung und große Reinheit.** Sie ist erforderlich, weil bei dem wiederholten Destillieren Entmischungserscheinungen oder Änderungen in der Zusammensetzung und im spezifischen Gewicht des Extraktionsmittels vermieden werden müssen. Diese Anforderung wird von den meisten heute verwendeten Produkten in hohem Maße erfüllt.

**2. Hohes Lösevermögen** für Fettstoffe, aber möglichst geringe Lösefähigkeit für Farbstoffe, Harze und Schleimstoffe, um möglichst helle reine Öle zu erhalten, wie sie das Preßverfahren liefert.

Fast sämtliche Lösungsmittel lösen außer Fetten und Ölen auch gleichzeitig geringe Mengen von Harzen und Farbstoffen, doch ist die Löslichkeit der in den verschiedenen Rohstoffen für die Extraktion enthaltenen Harze und Farbstoffe sehr verschieden. Das Lösevermögen steigt bei erhöhter Temperatur, die bei der Extraktion nur seltener angewandt wird. Schleimstoffe werden meist nicht gelöst, während sie beim Preßverfahren leicht in den Ölen verbleiben. Am günstigsten ver-

[1] DRP. 441362. [2] Gleitz: DRP. 306361. [3] DRP. 345350.
[4] DRP. 425124, 451360.
[5] Über Einzelheiten der Fettsäuregewinnung vgl. Egon Böhm: Die Fabrikation der Fettsäuren. Stuttgart 1932.

hält sich gegenüber manchen Ölen Benzin sowie Cyclohexan; diese Lösungsmittel liefern deshalb die hellsten Öle. Bei vielen Rohstoffen ergeben aber auch chlorierte Kohlenwasserstoffe wie Tetrachlorkohlenstoff, ferner Äther sehr helle Öle. Erstere erfordern aber ihrem höheren spezifischen Gewicht entsprechend besonders konstruierte Apparaturen.

3. **Keine chemische Reaktion** mit Fettstoffen oder Rückständen und völlige Abtreibbarkeit, soweit die behandelten Materialien als Nahrungs-, Genuß- und Futtermittel Verwendung finden.

Diese Forderung wird von den meisten Extraktionsmitteln gut erfüllt. Von chlorierten Kohlenwasserstoffen genügt Methylenchlorid dieser Forderung; auch Tetra ist gegenüber dem Extraktionsgut indifferent, dagegen erfordert es Spezialapparaturen unter anderem mit Rücksicht auf seine Korrosionswirkung auf manche Metalle.

4. **Indifferenz gegen Metalle** der Apparatur und gegen direkten Dampf, um Korrosionen oder Einwirkung von Zersetzungsprodukten auf das Extraktionsgut zu vermeiden.

Eine schädliche Einwirkung könnte nur von chlorierten Kohlenwasserstoffen erwartet werden. Deren Indifferenz ist aber so groß, daß sie in entsprechend gebauten Apparaturen aus geeigneten Metallen sich einwandfrei verwenden lassen. Über die Beständigkeit gegenüber den verschiedenen Metallen werden in Kapitel XIII nähere Angaben gemacht.

5. **Unschädlichkeit** des Lösungsmittels und seiner Dämpfe, um bei den unvermeidlichen Verlusten Schädigungen des Bedienungspersonals zu vermeiden.

Wie in Kapitel VIII gezeigt wird, gibt es kein organisches Lösungsmittel, das physiologisch völlig indifferent ist. Es muß deshalb dort, wo Lösungsmitteldämpfe in die Luft des Arbeitsraumes gelangen können, für genügende Entlüftung gesorgt werden. Dies gilt vor allem dort, wo der sehr giftige Schwefelkohlenstoff noch verwendet wird. Die physiologischen Wirkungen der übrigen für die Extraktion in Betracht kommenden Lösungsmittel sind so gering, daß bei leidlich guter Lüftung irgendwelche Schädigungen nicht zu erwarten sind.

6. **Unbrennbarkeit** oder mindestens enger Bereich der Explosionsgrenzen.

Dieser Forderung genügen am besten die völlig unbrennbaren Chlorkohlenwasserstoffe, bei deren Verwendung die Ausgaben für Feuerversicherung und Feuerschutz sinken. Die in den letzten Jahren weit fortgeschrittene Verbesserung der Apparaturen für die Verwendung dieser Lösungsmittel läßt erwarten, daß sie immer mehr die überaus gefährlichen Benzine ersetzen werden.

7. **Wirtschaftlichkeit** im Betrieb. Für die Wirtschaftlichkeit ist neben dem Verhältnis von Anschaffungspreis je Kilogramm zu spezi-

fischem Gewicht vor allem der Verlust im Betriebe maßgebend. Lösungsmittel von hohem Dampfdruck und rascher Flüchtigkeit geben größere Verluste; wichtiger ist aber die zweckmäßige Konstruktion und Überwachung der Apparatur.

Von Einfluß ist ferner der Verbrauch an Dampf, der außer von der Konstruktion der Apparatur von der latenten Verdampfungswärme und der spezifischen Wärme der Lösungsmittel abhängt (s. Kap. XV).

# VI. Weichmachungsmittel.

## A. Aufgaben der Weichmachungsmittel.

Beim Trocknen von Lösungen reiner Cellulosederivate oder der üblichen spröden Harze und anderer filmbildender Bindemittel hinterbleibt ein Film, der nur aus dem Bindemittel besteht und je nach der inneren Festigkeit des Produktes elastisch oder spröde, in fast allen Fällen aber ziemlich hart ist. Je nach der Art der verwendeten Lösungsmittel hält der Film besonders in dicker Schicht geringe Mengen Lösungsmittel für einige Zeit fest und erhält daher zeitweilig eine größere Zügigkeit. Sind aber die letzten Reste des Lösungsmittels verdunstet, so macht sich die Sprödigkeit und mangelnde Zügigkeit häufig sehr störend bemerkbar.

Solche Filme können daher allenfalls auf Metall oder ähnliche völlig starre Unterlagen aufgebracht werden, aber auch dann zeigt sich oft die unangenehme Eigenschaft besonders von Filmen aus Cellulosederivaten allein, nur schlecht auf glatten Unterlagen zu haften.

Völlig unzulänglich werden die Eigenschaften aber, wenn Überzüge auf Holz, Leder, Textilien, ferner plastische Massen oder Kunststoffe verschiedener Art hergestellt werden sollen, oder wenn man auf Metall eine komplizierte Lackierung aus mehreren verschiedenartig zusammengesetzten Schichten aufbringen will.

In diesen Fällen die Haftfestigkeit zu verbessern und die Geschmeidigkeit dem Verwendungszweck anzupassen, ist in erster Linie Aufgabe der Weichmachungsmittel. Sie haben gleichzeitig eine starke Wirkung auf den Glanz der Filme.

Es ist auch in der Literatur üblich, davon zu sprechen, daß die Weichmachungsmittel die „Elastizität" von Harz- oder Cellulosederivatfilmen erhöhen sollen. Bei den meisten Bindemitteln handelt es sich indessen nicht darum, eine Elastizität im physikalischen Sinne zu erzeugen oder zu erhöhen, vielmehr soll die Zügigkeit und Dehnbarkeit oder Biegsamkeit beeinflußt werden. Diese Eigenschaften werden nicht ganz mit Recht unter der Bezeichnung „Elastizität" im praktischen Gebrauche verstanden. In diesem Sinne wird das Wort auch in diesem Buche gebraucht.

Die praktisch verwendeten Weichmachungsmittel sind ihrer chemischen Natur nach vorwiegend Ester, Säureamide und Ketone; nur in seltenen Fällen werden Alkohole, Äther oder Kohlenwasserstoffe für Spezialzwecke verwendet.

## B. Abgrenzung gegen flüchtige Lösungsmittel.

In der Patentliteratur wird vielfach versucht, die Lösungsmittel gegen die Weichmachungsmittel durch den Siedepunkt abzugrenzen. Eine scharfe Grenze läßt sich jedoch nicht ziehen, zumal die Lage des Siedepunktes, wie gezeigt wurde, auf die Höhe der Verdunstungsgeschwindigkeit nicht ohne weiteres Rückschlüsse zu ziehen gestattet. Im allgemeinen hat sich praktisch gezeigt, daß flüchtige Lösungsmittel für Lacke eine relative Flüchtigkeit von weniger als etwa 100 bezogen auf Äther = 1, in besonderen Fällen bis etwa 200 haben sollen; solche Lösungsmittel sieden meist unter etwa 180° C. Schwerer, aber in kurzen Zeiträumen noch zum größten Teile verdunstende Lösungsmittel werden nur in ganz besonderen Fällen Verwendung finden, um sonst nicht erreichbare Wirkungen zu erzielen, beispielsweise, um das Verarbeiten von Nitrocelluloselacken von besonderen Trockenzeiten in entsprechenden Druck- oder Stanzmaschinen zu ermöglichen. Solche Lösungsmittel machen den Film vorübergehend weich und werden zu Unrecht als Weichmachungsmittel bezeichnet; der Weichmachungseffekt verschwindet schon nach kurzer Zeit wieder. Sie machen es meistens erforderlich, daß die fertige Lackierung im Ofen nachgetrocknet wird.

Von Ausnahmen abgesehen, sind Produkte, deren Siedepunkt zwischen etwa 180—250° C liegt, für ein flüchtiges Lösungsmittel zu schwer, für ein Weichmachungsmittel, das dauernd im Film bleiben soll, noch zu leicht flüchtig. Das gilt vor allem für Lacke, denn diese werden in dünner Schicht mit sehr großer Oberfläche auf Unterlagen aufgebracht und flüchtige Mittel können leicht daraus in meßbaren Mengen verdunsten. Dadurch vermindert sich gewöhnlich sehr bald die Elastizität und Zügigkeit des Filmes in einer für den jeweiligen Zweck oft gefährlichen Weise. In besonderen Fällen kann es gleichzeitig zu Schrumpfungen und Nachsackungserscheinungen kommen. Ein Weichmachungsmittel für Lackzwecke soll deshalb aus dem Lackfilm möglichst wenig flüchtig sein. Die bewährten Produkte sieden bei Atmosphärendruck über 250° C.

Wesentlich weniger schädlich ist häufig eine gewisse Flüchtigkeit von Weichmachungsmitteln in plastischen Massen und Kunststoffen, weil diese meist dicker sind und daher die Oberfläche kleiner ist als in Lackfilmen. Es ist beobachtet worden, daß sich auf solchen Produkten mitunter oberflächlich durch Verdunsten gewisser Gelatiniermittelmengen eine härtere Schicht ausbildet, welche die darunterliegenden dicken Massen vor zu rascher weiterer Verdunstung des Weichmachungsmittels schützt, so daß die Elastizität erhalten bleibt.

# C. Eigenschaften der Weichmachungsmittel.

## 1. Dampfdruck und Flüchtigkeit.

Um über die Verdunstungsgeschwindigkeit von Weichmachungsmitteln einen genaueren Überblick zu erhalten, hat man vor allem in früheren Jahren geglaubt, ähnlich wie bei den flüchtigen Lösungsmitteln Dampfdruck und relative Flüchtigkeit der reinen Weichmachungsmittel zur Beurteilung heranziehen zu sollen. So hat M. B. Trimmer[1] den Dampfdruck von einigen wichtigen Weichmachungsmitteln gemessen und dafür folgende Werte ermittelt:

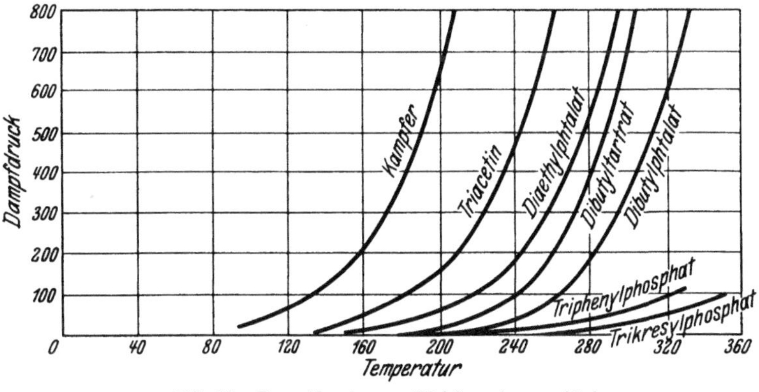


Abb. 17. Dampfdrucke von Weichmachungsmitteln.

Zur Bestimmung der Flüchtigkeit von Weichmachungsmitteln hat man eine ähnliche Methode wie bei den Lösungsmitteln angewandt, indem man 10 g Weichmachungsmittel in einer offenen Schale von 7,5 cm Durchmesser mehrere Tage bei erhöhter Temperatur, etwa $100^0$ C, einem Luftstrom aussetzte und den Gewichtsverlust je Zeiteinheit bestimmte[2]. Man erhält auf diese Weise Werte über die Flüchtigkeit der reinen Weichmachungsmittel. Für sie gelten die von A. Blom[3] ermittelten in Kapitel II mitgeteilten Gesetzmäßigkeiten.

[1] Farben-Ztg. Bd. 32 S. 29.
[2] Von Mühlendahl u. Schultz: Ztschr. f. angew. Ch. 1927 S. 1185.
[3] Farben-Ztg. Bd. 36 S. 873.

Einen Überblick über die Flüchtigkeit einiger Weichmachungsmittel gibt nachstehende Übersicht[1].

| Produkt | Flammpunkt °C | Verlust in 6 Stunden bei 100° C % | Verdampfung in 56 Tagen bei 51,7° C % | Säuregehalt berechnet als Essigsäure | Löslichkeit von Wasser in Weichmachungsmittel bei 25° C % | Löslichkeit von Weichmachungsmittel in Wasser bei 25° C % |
|---|---|---|---|---|---|---|
| Trikresylphosphat . | 233 | 0,15 | 0 | 0,0003 | 0,2 | 0,02 |
| Triphenylphosphat | 235 | 1,15 | 0 | 0,0018 | 0,3 | — |
| Diäthylphthalat . | 141 | 6,59 | 62,1 | 0,0164 | 1,5 | 0,15 |
| Dibutylphthalat . | 185 | 3,74 | 5,1 | 0,053[2] | 0,6 | 0,05 |
| Diamylphthalat . . | 159 | 2,04 | 2,0 | 0,0014 | 0,7 | 0,05 |
| Triacetin . . . . . | 145 | 15,00 | — | 0,0203 | 5,3 | 8,50 |
| Dibutyltartrat . . | 157 | 2,58 | 7,3 | 1,84 | 4,7 | 1,20 |
| Campher . . . . . | 70 | 99,6 | 100 | 0,0005 | — | 0,17 |
| Ricinusöl . . . . . | 285 | 0,04 | 0 | 0,0016 | 0,5 | 0,02 |

Die Bestimmung der relativen Flüchtigkeit der reinen Weichmachungsmittel hat indessen nur den Wert einer ersten Orientierung, weil die Weichmachungsmittel stets in Kombination mit Bindemitteln verwendet werden. Wie in Kapitel III für die flüchtigen Lösungsmittel gezeigt wurde, haben die Bindemittel auf die Verdunstungsgeschwindigkeit einen sehr starken Einfluß. Es ist deshalb erklärlich, daß sie auch die Flüchtigkeit der an sich schon äußerst langsam flüchtigen Weichmachungsmittel wesentlich und in verschiedener Weise beeinflussen können. Soweit bisher bekannt, geschieht dies in dem Sinne, daß die Verdunstungsgeschwindigkeit der Weichmachungsmittel aus Filmen geringer ist als die der reinen Weichmacher, was praktisch ja nur erwünscht ist.

Der Einfluß der einzelnen Bindemittel auf die Flüchtigkeit der Weichmachungsmittel ist sehr verschieden. Besonders stark ist oft, wie früher bereits besprochen, der Einfluß von Harzen. Die für den Einfluß der Bindemittel auf flüchtige Lösungsmittel mitgeteilten Gesichtspunkte gelten auch für die Beziehungen zwischen Bindemitteln und Weichmachungsmitteln. Es ist deshalb in den letzten Jahren immer mehr üblich geworden, die Flüchtigkeit von Weichmachungsmitteln nur noch an fertigen Filmen, also in der Kombination mit den Bindemitteln zu bestimmen, um Fehlschlüsse zu vermeiden.

Besonderes Interesse hat die Frage, ob und in welchem Umfange die Geschmeidigkeit von Filmschichten durch Verdunsten eines Teiles des Weichmachungsmittels beeinflußt wird. In rohen Zügen gilt hierfür die Regel, daß durch das Verdunsten eines erheblichen Teiles des Weich-

[1] Nach M. B. Trimmer: Paint, Oil and Chem. Rev. Bd. 82 Nr. 3; Ref. Farben-Ztg. Bd. 32 S. 29.

[2] Deutsches Dibutylphthalat hat einen wesentlich geringeren Säuregehalt.

machungsmittels die Geschmeidigkeit der Filmschichten vermindert wird. Weichmachungsmittel, welche sich unter den gegebenen Beanspruchungen in erheblichen Mengen aus den Filmen verflüchtigen, wird man deshalb ausschalten müssen. Andererseits ist wiederholt festgestellt worden, daß sich die Geschmeidigkeit eines Filmes keineswegs proportional der verdunsteten Menge des Weichmachungsmittels ändert, eine Tatsache, die bei Betrachtung der spezifischen Anziehung zwischen Weichmachungsmittel und Bindemittel verständlich wird. Es kann daher nach längerer Lagerung ein Film aus einem noch etwas flüchtigen Weichmachungsmittel durchaus elastischer und geschmeidiger bleiben als ein solcher, welcher ein weniger flüchtiges Weichmachungsmittel enthält. Diese Verhältnisse haben unter anderen H. Wolff und J. Rabinowicz[1] am Beipsiel der Acetylcellulose zahlenmäßig belegt.

## 2. Löslichkeit.

Gute Weichmachungsmittel sind mit den üblichen Lösungsmitteln für die verschiedenen filmbildenden Bindemittel mischbar; dies ist nötig, um Ausscheidungen und Entmischungen in trocknenden Filmschichten zu vermeiden. In manchen Fällen ist es indessen erwünscht, Weichmachungsmittel zu haben, die in bestimmten Lösungsmitteln, in denen sich auch die Bindemittel nicht lösen, unlöslich sind, damit die Beständigkeit der Filmschichten gegen den Angriff solcher Lösungsmittel nicht dadurch herabsinkt, daß das Weichmachungsmittel aus dem Film herausgelöst wird. Unter den Weichmachungsmitteln für Celluloseester sind einige bekannt, die sich in Benzinen überhaupt nicht lösen, dagegen gibt es keine derartigen Produkte, die in Benzolkohlenwasserstoffen ganz unlöslich sind. Auch in Äthylalkohol sind beinahe alle Weichmachungsmittel für Celluloseester mehr oder weniger leicht löslich.

Besondere Beachtung verdient das Verhalten der Weichmachungsmittel gegenüber Wasser. Weichmachungsmittel für Eiweißstoffe wie Gelatine und Casein oder für Schellack-Boraxlösungen sind überhaupt nur verwendbar, wenn sie genügend wasserlöslich sind. Solche Weichmachungsmittel sind aber gewöhnlich so hygroskopisch, daß sie auch in Folien im Gemisch mit Bindemitteln leicht gewisse Mengen Feuchtigkeit aus der Atmosphäre aufnehmen. Dadurch wird beispielsweise die Gefahr des Aneinanderklebens von Eiweißfolien in feuchter Tropenluft erhöht.

Bei der Verwendung solcher Weichmachungsmittel in Kombination mit Eiweißstoffen muß berücksichtigt werden, daß letztere die hygro-

[1] Farben-Ztg. Bd. 37 S. 585.

skopischen Eigenschaften ähnlich wie die Flüchtigkeit herabsetzen können.

Wasserlöslichkeit ist dagegen eine durchaus unerwünschte Eigenschaft, sofern Weichmachungsmittel mit wasserunlöslichen Bindemitteln, vor allem mit Cellulosederivaten, Harzen oder Polymerisationsbindemitteln zu Massen oder Filmschichten verarbeitet werden sollen, die der Einwirkung des Wassers oder des Wetters ausgesetzt werden. Es ist zwar festgestellt worden, daß diese Bindemittel die Wasserlöslichkeit des Weichmachungsmittels herabsetzen, indessen nur in meist unzureichendem Maße, so daß das Erweichen der Filmschichten im Regen nicht ganz verhindert wird und gewisse Mengen an Weichmachungsmitteln ausgelaugt werden können. Durch solche Vorgänge wird nicht nur die Wetterbeständigkeit und Schleifbarkeit ungünstig beeinflußt, sondern auch die Neigung zum Abblättern von der Unterlage erhöht. Für Innenlacke spielt dagegen die Wasserlöslichkeit des Weichmachungsmittels eine wesentlich geringere Rolle, soweit nicht die Lackschichten in Gegenwart von Wasser geschliffen werden.

Andererseits können aber wasserabstoßende Weichmachungsmittel mitunter erfolgreich verwendet werden, um wasserquellbare Bindemittel wie Acetylcellulose oder Polyvinylacetat (Mowilith, Vinnapas) für verschiedene Verwendungsgebiete genügend unempfindlich gegen Feuchtigkeit und die Einflüsse der Witterung zu machen.

## 3. Lichtbeständigkeit.

Von den verschiedenen Strahlen des Sonnenlichtes und der künstlichen Lichtquellen wirken erfahrungsgemäß nur einige wenige auf organische Verbindungen stärker ein. Ihre Einflüsse zeigen sich teils in einer vornehmlich durch Oxydationsprozesse verursachten Verfärbung, teils in einer Zersetzung unter Bildung meist saurer Bestandteile. Allgemein sind diejenigen Strahlen am wirksamsten, welche von der organischen Substanz absorbiert werden. Dieser Tatsache muß man Rechnung tragen, wenn man, wie das häufig geschieht, künstliche Lichtquellen zur Prüfung der Lichtbeständigkeit heranzieht.

Weichmachungsmittel absorbieren vielfach andere Lichtstrahlen als die Bindemittel, mit denen man sie verarbeitet; daraus ergibt sich, daß die Veränderungen, die ein Weichmachungsmittel unter dem Einfluß des Lichtes erleidet, sehr verschieden sein können je nachdem, ob das Produkt für sich allein oder in Kombination mit dem Bindemittel dem Lichte ausgesetzt wird. Da die Lichtechtheit nur dort eine Bedeutung hat, wo die Weichmachungsmittel mit Bindemitteln verarbeitet werden, so ergibt sich die Notwendigkeit, die Lichtbeständigkeit nur in der jeweiligen Kombination mit den

Bindemitteln zu prüfen. Diese Fragen werden im nächsten Kapitel noch näher besprochen.

## 4. Farbe.

Von Weichmachungsmitteln wird im allgemeinen Klarheit und Farblosigkeit verlangt. Erstere ist vor allem bei Naturprodukten zu fordern, da etwa vorhandene Trübungen, welche auf Schleimstoffe zurückzuführen sind, mitunter recht störend wirken.

Naturprodukte zeigen auch in der Regel eine ausgesprochene Gelbfärbung, die sich nicht ganz beseitigen läßt, aber bei der Verarbeitung nur selten schadet. Synthetische Produkte sind meist klar und farblos, in seltenen Fällen etwas gelblich. Sie neigen manchmal beim Stehen dazu, eine schwache Färbung anzunehmen, eine Erscheinung, die gewöhnlich nicht als störend angesehen wird.

## 5. Geruch.

Während bei flüchtigen Lösungsmitteln ein stärkerer Geruch meist in Kauf genommen wird, sofern er nur genügend rasch verfliegt, würde er bei Weichmachungsmitteln sehr unangenehm sein, da er dem fertiglackierten Gegenstand oder Kunststoff anhaften würde. So wird selbst der angenehm erfrischende Camphergeruch mitunter beanstandet, während er bei Celluloid nicht immer zu Recht als ein Kennzeichen für Qualität gewertet wird. Völlige Geruchlosigkeit von Weichmachungsmitteln ist aber nur in besonderen Fällen erforderlich.

Vielfach wird bei der Beurteilung des Geruches von Weichmachungsmitteln übersehen, daß plastische Massen und Lackfilme oft minimale Spuren von flüchtigen, stärker riechenden Lösungsmitteln monatelang festhalten, deren Geruch sich dann natürlich dem Film mitteilt und zu Unrecht dem Weichmachungsmittel zugeschoben wird. Ferner zeigt sich oft ein schwacher Geruch, wenn Filme heiß getrocknet werden. Hierfür sind häufig zu hohe Trockentemperaturen verantwortlich zu machen, die zu Zersetzungen irgendwelcher Filmbestandteile geführt haben.

In manchen Zweigen der Metallbearbeitung ist es üblich, daß die Metalle vor dem Auftrag von Lacken eine schützende Ölschicht erhalten, die teils durch Abwaschen mit Lösungsmitteln, teils durch Erhitzen entfernt wird, ehe die Lackierung erfolgt. Soweit diese meist sehr billigen Öle selbst riechen oder beim Erwärmen Zersetzungsprodukte von deutlichem Geruch bilden, wird man erwarten können, daß dieser Geruch die Lackschicht durchdringt, ohne daß das Weichmachungsmittel dafür verantwortlich gemacht werden kann.

### 6. Beständigkeit und Säuregehalt.

Die heute im Handel anzutreffenden Weichmachungsmittel sind fast durchweg unter den für ihre Verarbeitung in Betracht kommenden Bedingungen beständig. Beachtung verdient ihr Säuregehalt, weil größere Säuremengen bei starker Beanspruchung auf die Bindemittel zerstörend wirken können.

Man bestimmt den Säuregehalt, indem man eine gewogene Menge Weichmachungsmittel in Alkohol löst und nach Zusatz von Phenolphthalein mit n/10 oder n/100 KOH titriert. Man kann diese Bestimmung nach mehrstündigem Erwärmen der reinen Weichmachungsmittel auf 50° C oder nach Kochen mit Wasser wiederholen. Die dabei gefundenen Werte sollen von etwa der gleichen Größenordnung sein, wie die bei Zimmertemperatur ermittelten. Über den Säuregehalt einiger Weichmachungsmittel wurden oben bereits Angaben gemacht.

# VII. Das System Weichmachungsmittel + Bindemittel.

## A. Weichmachungsmittel für Cellulosederivate.

### 1. Einteilung.

Unter Weichmachungsmitteln für Cellulosederivate werden im Sprachgebrauch zwei verschiedene Klassen von Produkten zusammengefaßt, die sich durch ihr Lösevermögen für das Cellulosederivat unterscheiden.

Die eine Gruppe bilden Weichmachungsmittel, die den Celluloseester lösen oder gelatinieren. Sie werden vielfach als „Gelatiniermittel" bezeichnet (englisch auch „plasticizer" genannt). Diese Bezeichnung ist allerdings in der Literatur, zumal in der älteren Zeit, nicht einheitlich durchgeführt, da man sich über die Zusammenhänge noch nicht klar war.

In der Zeit der ersten technischen Verwendung von Cellulosederivaten, die sich speziell auf das Gebiet der plastischen Massen erstreckte, war der Begriff des Weichmachungsmittels unbekannt; man sprach von Gelatinier- oder Campherersatzmitteln, da es darauf ankam, in plastischen Massen den Campher durch billigere Produkte zu ersetzen. Hierbei versuchte man, sich der verschiedensten den Celluloseester lösenden oder nichtlösenden schwerflüchtigen Stoffe zu bedienen. Erst mit der Verwendung der Celluloseester für Lackzwecke ist der Begriff Weichmachungsmittel üblicher geworden.

Die zweite Gruppe umfaßt diejenigen Weichmachungsmittel, die für den Celluloseester kein Lösevermögen haben, ihn also auch in der Wärme nicht gelatinieren. Sie sind die eigentlichen Weichmachungsmittel im engeren Sinne (englisch „softener“ genannt), da sie nur weich und geschmeidig machen sollen.

## a) Gelatiniermittel.

Die Gelatiniermittel sind hochsiedende und nur sehr wenig oder nicht flüchtige Lösungsmittel für den Celluloseester. Sie haben die Fähigkeit, für sich oder in Mischung mit nicht oder nur wenig lösenden flüchtigen Verdünnungsmitteln den Celluloseester bei gewöhnlicher oder erhöhter Temperatur in den gelösten oder gelatinierten Zustand überzuführen, bedürfen also zur Herstellung homogener Mischungen mit dem Celluloseester nicht unbedingt des Zusatzes flüchtiger Lösungsmittel. Sie sind demnach in Wahrheit nichts anderes als nichtflüchtige Lösungsmittel.

Über die zwischen Celluloseester und Gelatiniermittel sich abspielenden Vorgänge können wir uns heute auf Grund der neueren Arbeiten, die in den vorhergehenden Kapiteln besprochen worden sind, bereits gewisse qualitative Vorstellungen machen, die sich zahlenmäßig indessen noch nicht belegen lassen. Einen Versuch, diese Vorgänge zu deuten, haben kürzlich F. Wachholtz, F. Wilborn und C. Fink[1] unternommen, worauf nachstehend näher eingegangen wird.

Auf Grund der vor allem von K. H. Meyer und H. Mark entwickelten Anschauungen nimmt man an, daß sich im gewöhnlichen Celluloseesterfilm die Molekelketten oder Bündel von durch die Molkohäsion zusammengehaltenen Molekeln, die Mizellen, regellos lagern und keine bevorzugte Richtung besteht. Übt man auf einen solchen Film eine Dehnung aus, so suchen sich die Kettenmolekeln in der Richtung des ausgeübten Zuges auszurichten. Je nach der Länge der Ketten und der dadurch bedingten Molkohäsion, die eine additive Eigenschaft ist, tritt bei geringerem oder stärkerem Zug ein Reißen des Filmes ein.

Bei Zusatz eines Gelatiniermittels zum Celluloseester erfolgt unvollständige Solvatation; die polaren Gruppen beider Bestandteile treten in Wechselbeziehungen zueinander. Das Gelatiniermittel nimmt dabei je nach seiner Menge und der Stärke seiner aktiven Gruppen einen mehr oder weniger großen Teil der Kohäsionskräfte des Celluloseesters in Anspruch. Hierdurch und durch die räumlich sehr nahe Lagerung des Gelatiniermittels um die Kettenmolekeln oder um die Mizellen des Celluloseesters herum tritt eine Milderung der Starrheit der Molekel ein, sei es, daß dabei, wie Wachholtz, Wilborn und

[1] Farben-Ztg. Bd. 37 S. 514.

Fink annehmen, Krümmungen der Kette erfolgen, sei es, daß das solvatisierte Ellipsoid eine erhöhte Formelastizität erhält, sich also den Einwirkungen äußerer Kräfte leichter anpassen kann als der Celluloseester ohne Gelatiniermittelzusatz. In jedem Falle führt der Zusatz des Gelatiniermittels zu einer Lockerung des Zusammenhanges zwischen den einzelnen Molekelketten oder Mizellen und damit zu einer Herabsetzung der Reißfestigkeit, während die Gleitfähigkeit parallel zu den Molekelketten erhöht wird, was durch eine Erhöhung der Dehnbarkeit und Knitterfestigkeit zum Ausdruck kommt.

Bei den normalerweise üblichen Zusätzen von Gelatiniermitteln zum Celluloseester sind die nach Verdunsten der flüchtigen Lösungsmittel hinterbleibenden „Lösungen" bei Zimmertemperatur fest. Infolge der Affinitätskräfte zwischen Celluloseester und Gelatiniermittel ist es auch nicht möglich, letzteres durch erhöhten Druck aus dem Film herauszupressen oder durch Anwendung von Wärme zum Ausschwitzen zu bringen.

Da indessen bei erhöhter Temperatur die van der Waalsschen Kräfte zwischen den Molekeln kleiner werden und die Viscosität von Lösungen sinkt, so werden die bei Zimmertemperatur festen Lösungen in der Wärme weicher und plastisch. In diesem Zustand lassen sie sich blasen, pressen, formen oder biegen; bei noch höheren Temperaturen beginnen sie zu kleben und zeigen dann den Charakter einer halbtrockenen Lösung. Durch Abkühlen wird der frühere feste Zustand wieder erreicht, ohne daß Trübungen oder Entmischungen auftreten. Erhöht man den Zusatz von Gelatiniermitteln über das normalerweise zur Erzielung genügender Geschmeidigkeit notwendige Maß hinaus, so kann auch schon bei Zimmertemperatur ein Kleben auftreten. Der durch bestimmte Zusätze an Gelatiniermittel erreichte Grad der Plastizität oder Klebrigkeit ist abhängig von dem polaren Charakter von Gelatiniermittel und Celluloseester und deshalb in jedem einzelnen Falle verschieden. Aus diesem Grunde können auch Erfahrungen, welche an für plastische Massen geeigneten Celluloseestern gesammelt worden sind, nicht auf die Lackherstellung übertragen werden.

Von besonderer Wichtigkeit sind die von H. Wolff und F. Toeldte[1] zahlenmäßig belegten Beobachtungen, daß die Änderung der Filmfestigkeit durch steigende Zusätze an Weichmachungsmitteln nicht proportional zu deren Menge, vielmehr unregelmäßig und oft sprunghaft erfolgt.

Ihr ältestes und wichtigstes Anwendungsgebiet haben die Gelatiniermittel in der Industrie des Celluloids und der plastischen Massen. Sie gestatten schon durch Zusatz von nur kleinen Mengen nicht oder

[1] Vergleichende Untersuchungen über Nitrocellulose- und Öllacke. Berlin 1929.

nur wenig lösender flüchtiger, billiger Lösungsmittel die Celluloseester in den plastischen Zustand überzuführen und ihnen zugleich den gewünschten Grad von Plastizität zu geben. Sie verbürgen ferner die Blasbarkeit und die so überaus vielseitige Verarbeitungsmöglichkeit von Celluloid und ähnlichen Stoffen, Eigenschaften, welche bisher mit Kunststoffen und Kunstharzen in ähnlich hohem Maße kaum erzielt werden konnten.

Gelatiniermittel haben wegen der guten Homogenität und der dadurch verbürgten Dauerhaftigkeit der Filme auch in Lacken eine sehr verbreitete Verwendung gefunden, obwohl in diesen die Nitrocellulose durch flüchtige Lösungsmittel in Lösung gebracht wird. Die Gelatiniermittel gewährleisten Homogenität der Filme und Dauerhaftigkeit auch bei gleichzeitiger Gegenwart von Harzen und von nichtlösenden Ölen in höherem Maße als irgendwelche anderen Zusätze. Ihre Verwendung ermöglicht in manchen Fällen sogar einen größeren Zusatz von nichtlöslichen Streckungsmitteln in Lacken oder aber gibt einen größeren Schutz gegen das Weißanlaufen durch den Mangel an geeigneten Lösungsmitteln in einem vorhandenen Lack, worauf später noch eingegangen wird.

Zu den Gelatiniermitteln zählt der Campher, der trotz seiner merklichen Flüchtigkeit und nicht besonders hohen Lichtechtheit sowie des hohen Preises noch heute für Celluloid als unersetzlich gilt. Hierher gehören ferner zahlreiche Campherersatzprodukte, die zunächst in plastischen Massen gebraucht werden sollten, dort aber den Campher nur in Einzelfällen haben ersetzen können. Sie sind dagegen die wichtigsten Weichmachungsmittel für Celluloseesterlacke. Chemisch gehören fast alle der Gruppe der synthetischen Ester an; besonders bewährt sind die Ester der Phosphorsäure und der Phthalsäure, aber auch Ester von einigen aliphatischen Dicarbonsäuren, beispielsweise der Adipinsäure.

Da das Verhältnis der aktiven Atomgruppen zur Gesamtmolekel, also der polare Charakter, bei den einzelnen Produkten verschieden groß ist, läßt sich der Grad des Gelatiniervermögens nicht allgemein angeben. Man pflegt es beispielsweise zu prüfen, indem man feststellt, welcher Prozentsatz an Gelatiniermittel zu Alkohol oder anderen nichtlösenden Verdünnungsmitteln zugesetzt werden muß, um eine vollständige Gelatinierung oder Lösung des betreffenden Celluloseesters herbeizuführen. Hierbei mißt man indessen nicht das Gelatiniervermögen als solches, sondern die Verschnittfähigkeit gegenüber nichtlösenden flüchtigen Verdünnungsmitteln. Ebensowenig wie das Lösevermögen flüchtiger Lösungsmittel direkt bestimmt werden kann, ist es heute möglich, das Gelatiniervermögen durch andere als derartige indirekte Methoden zahlenmäßig zu kennzeichnen.

## b) Nichtlösende Weichmachungsmittel.

Diese Verbindungen zeigen nur ein äußerst geringes oder gar kein Löse- bzw. Gelatiniervermögen für Cellulosederivate. Sie vermögen auch in Mischung mit nicht oder kaum lösenden flüchtigen Verdünnungsmitteln die Celluloseester nicht in den plastischen oder gelösten Zustand überzuführen, sind also auch keine Campherersatzprodukte, obgleich manche von ihnen als solche in der Patentliteratur beschrieben sind. Sie können deshalb für sich allein nur in Ausnahmefällen bei der Herstellung von plastischen Massen Verwendung finden, bedürfen vielmehr stets der Mitverwendung von flüchtigen Lösungsmitteln oder von Gelatiniermitteln.

Der Unterschied zwischen gelatinierenden und nichtgelatinierenden Weichmachungsmitteln läßt sich beispielsweise durch folgenden Versuch zeigen:

Man übergießt 100 Teile Kollodiumwolle mit 20 Teilen Sprit und 375 Teilen Äther und fügt 150 Teile Ricinusöl bzw. Campher oder Trikresylphosphat zu. Bei kräftigem Rühren bleibt bei Verwendung von Ricinusöl die Kollodiumwolle ungelöst, während bei Gegenwart von Campher oder Trikresylphosphat vollständige Auflösung erfolgt.

Nichtlösende Weichmachungsmittel kann man bis zu einem gewissen Grade mit nichtlösenden flüchtigen Verdünnungsmitteln vergleichen. Strenggenommen würde dies bedeuten, daß zwischen Celluloseester und Weichmachungsmittel keinerlei Wechselwirkungen polarer Natur eintreten. In einem solchen Falle würde der Celluloseester allein den Film bilden und das Weichmachungsmittel würde sich zwischen die einzelnen Mizellen eben so einlagern, wie dies deren räumliche Entfernung zuläßt, ähnlich etwa wie Wasser von einem Schwamm aufgenommen wird.

Derartige Verhältnisse treten auf, wenn man die recht stark polaren Celluloseester mit nichtpolaren Kohlenwasserstoffen (Mineralölen) verarbeitet. Das Aufnahmevermögen der Filme für letztere ist regelmäßig außerordentlich gering, da die Mizelle des Celluloseesters dem Weichmachungsmittel nennenswerte Möglichkeiten, sich anzulagern, ebensowenig bietet wie beispielsweise Wasser den Kohlenwasserstoffen. Es erfolgt deshalb aus derartigen Filmen, sobald die flüchtigen Lösungsmittel verdunstet sind, rasch eine weitgehende Absonderung des Kohlenwasserstoffes, indem die Filmoberfläche ölig wird oder bläulich oder weiß anläuft, eine bei Polierlacken, welche auf mit Mineralöl getränktes Holz gespritzt oder unter ungünstigen Bedingungen mit Polieröl nachbehandelt werden, hinreichend bekannte Erscheinung.

Das geschilderte Verhalten beobachtet man bei Nitrocellulose hauptsächlich gegenüber Kohlenwasserstoffen, Chlorkohlenwasserstoffen und mehrwertigen Alkoholen, dagegen zeigt es sich bei der ziemlich stark polaren Acetylcellulose gegenüber fast allen Weichmachungsmitteln, die nicht ausgesprochen stark polar sind. Solche Celluloseäther dagegen, die selbst nur schwach polar sind, zeigen auch mit vielen hochsiedenden aromatischen Kohlenwasserstoffen keine der beschriebenen Ausscheidungen.

Neben Produkten der geschilderten Art, die man kaum noch als Weichmachungsmittel betrachten kann, gibt es andere, die nur schwach polar sind und bei denen die polare Gruppe in gewisse lose Wechselbeziehungen zu den aktiven Gruppen der Celluloseester tritt, ohne daß die Stärke der vorhandenen Energie ausreichen würde, den Celluloseester zu gelatinieren, also Solvathüllen zu bilden. In diesem Falle kann ein Film entstehen, in dem die Kettenmolekel des Celluloseesters wohl räumlich in einem vielleicht größeren Abstand als bei Gelatiniermitteln von Weichmachungsmittelmolekeln umgeben ist, deren freie Beweglichkeit durch die Anziehungskräfte des Celluloseesters aber nur teilweise vermindert oder aufgehoben wird. In solchen Filmen ist die Molkohäsion zwischen den einzelnen Mizellen vermindert und durch die Zwischenlagerung der Weichmachungsmittelmolekeln tritt eine Auflockerung des Filmgefüges ein. Sie kann sich auch äußerlich durch größere Filmdicke bemerkbar machen. Der Film stellt dann keine feste Lösung dar, wird also auch beim Erwärmen nicht flüssig.

In solchen Filmen ist die Reißfestigkeit bedeutend herabgesetzt, während Dehnung und Knitterzahl beträchtlich ansteigen. Zum Unterschied von Gelatiniermitteln bleiben solche Weichmachungsmittel im Film noch so weit frei beweglich, daß sie mitunter durch Druck teilweise herausgepreßt werden und beim Erwärmen der Filme ausschwitzen, ohne daß der Film selbst sich verflüssigt. A. W. van Heuckeroth[1] hat nachgewiesen, daß aber wenigstens ein Teil des Weichmachungsmittels bei Zimmertemperatur von der Mizelle der Nitrocellulose irgendwie festgehalten wird, so daß er nachträglich nicht mit Toluol herausgelöst werden kann. Die Gefahr des Ausschwitzens wächst mit steigenden Zusätzen an Weichmachungsmitteln. Man erhält dann äußerst weiche zügige Filme, die aber auch bei einem sehr hohen Gehalt an Weichmachungsmitteln kaum kleben, wie es bei großen Gelatiniermittelzusätzen der Fall ist. Für die Eigenschaften solcher Filme ist die physikalische Beschaffenheit des Weichmachungsmittels von großer Bedeutung; zähe schmierfähige Produkte wie Ricinusöl geben besonders zügige Filme.

Da in Lacken und Kunstlederlösungen stets flüchtige, echte Lösungsmittel für den Celluloseester verwendet werden, ist hier die Mög-

---

[1] Scientific Section Circular Bd. 383 (1931); Ref. Farben-Ztg. Bd. 37 S. 659.

lichkeit gegeben, auch nichtgelatinierende Weichmachungsmittel mit zu verwenden. Man verarbeitet sie dort, wo besonders weiche, zügige Filmschichten verlangt werden, also vor allem in Lederlacken und Kunstleder; aber auch in Lacken für andere Zwecke sind sie brauchbar.

In diese Gruppe von Weichmachungsmitteln gehören für Nitrocelluloselacke vorzugsweise die billigen und deshalb sehr beliebten pflanzlichen und tierischen Öle, deren bekanntester und am weitesten verbreiteter Vertreter das Ricinusöl ist, ferner zählen hierzu künstlich aufgebaute Ester der hochmolekularen gesättigten und ungesättigten einbasischen Fettsäuren wie Butylstearat, Cyclohexylpalmitat, Cetyloleat, Ester der Leinölsäuren u. dgl. Für Acetylcelluloselacke sind alle diese Produkte zu schwach polar, so daß sie nur in sehr kleinen Mengen ohne Trübung und Ausscheidung aufgenommen werden; zu den Weichmachungsmitteln für Acetylcellulose zählen in dieser Klasse vor allem viele Alkylester synthetischer Carbonsäuren, die für die Nitrocellulose ein gutes Gelatiniervermögen besitzen. Für Cellulosetriacetat sind überhaupt keine Weichmachungsmittel bekannt, die bei Zimmertemperatur gut gelatinieren.

Da die ungenügende Verbindung dieser Gruppe von Weichmachungsmitteln mit dem Cellulosederivat die Dauerhaftigkeit der Filme und Überzüge häufig insofern erheblich beeinflußt, als Wärme oder Anwendung von Druck die Zusammensetzung und die Eigenschaften der Filme durch Abscheidung des Weichmachungsmittels verändert, hat man frühzeitig versucht, durch Zusätze diese Nachteile zu beseitigen, um die Verwendung dieser billigen Produkte zu ermöglichen. Hierfür erwiesen sich gut lösende Gelatiniermittel als geeignet. Sie ermöglichen eine Solvathüllenbildung und eine größere Herabsetzung der freien Beweglichkeit der Weichmachungsmittelmolekeln. Dadurch wird das Ausschwitzen in der Wärme und das Herauspressen verhindert und damit die Widerstandsfähigkeit der Filme gesteigert. Der stärkere Einfluß der Solvathüllen macht sich auch dadurch geltend, daß bereits kleinere Mengen der Mischung zur Erzielung einer gegebenen und nur mit großen Mengen Weichmachungsmittel zu erzielenden Zügigkeit ausreichen. Die Gefahr des Klebens bei großen Zusätzen ist bei solchen Mischungen geringer als bei gleich großen Zusätzen von guten Gelatiniermitteln allein.

Die Wechselwirkungen zwischen Cellulosederivaten und Weichmachungsmitteln beider Klassen werden, wie wir gesehen haben, weitgehend beherrscht durch das Verhältnis der Molkohäsion des Cellulosederivates ($M_c$) zu der des Weichmachungsmittels ($M_w$) $M_c/M_w$. Offenbar treten günstige Verhältnisse nur zwischen einem unteren und einem oberen Grenzwert auf. Es ist heute noch nicht möglich, diese

Verhältnisse zahlenmäßig zu erfassen. Die angestellten Betrachtungen zeigen aber, daß es eine ganz scharfe Grenze zwischen Gelatiniermitteln und Weichmachungsmitteln im engeren Sinne nicht geben kann. Man kennt in der Tat alle Übergänge zwischen beiden Klassen. Vor allem für die Verarbeitung der Acetylcellulose, wofür die Zahl der gut gelatinierenden, technisch zugänglichen Mittel klein ist, haben schwach gelatinierende Produkte, die zwischen beiden Gruppen von Weichmachungsmitteln · stehen, größere technische Bedeutung erlangt.

Allgemein sind die technologischen Unterschiede bei der Verwendung von Gelatiniermitteln und Weichmachungsmitteln in engerem Sinne recht gering, solange die Zusätze weniger als etwa 20 % vom Gewicht des Cellulosederivates betragen. Je höher die Zusätze dagegen ansteigen, desto stärker wird der Einfluß auf Filmfestigkeit und Dauerhaftigkeit. Damit wird die richtige Auslese der besten Weichmachungsmittel für einen gegebenen Verwendungszweck zu einer Aufgabe, welche gründliches Studium und lang anhaltende Dauerprüfungen erfordert. Die Erfahrung, die vor allem auch von zahlreichen amerikanischen Arbeiten bestätigt wird, hat gelehrt, daß gerade unter den gut gelatinierenden Mitteln solche sind, die gegebenenfalls in Mischungen in den allermeisten Fällen alle Anforderungen zu erfüllen vermögen. Hierher gehören beispielsweise Campher für das Celluloid, Trikresylphosphat oder Dibutylphthalat für Nitrocelluloselacke, einzelne Phthalsäureester und Triphenylphosphat für die Verarbeitung der Acetylcellulose. Ein besonderer Vorzug dieser Produkte ist die vielseitige Kombinationsfähigkeit mit wenig oder nicht gelatinierenden Produkten wie Ricinusöl bei der Verarbeitung in Nitrocelluloselacken.

Nachstehend wird eine Anzahl von Gesichtspunkten besprochen, die für die Bearbeitung beider Klassen von Weichmachungsmitteln mit Cellulosederivaten Gültigkeit haben.

## 2. Das System Cellulosederivat + Weichmachungsmittel.

### a) Einfluß der Weichmachungsmittel auf Viscosität und Verschnittfähigkeit der Lösungen.

Wir haben in den früheren Kapiteln gesehen, daß der Zusatz von flüchtigen Lösungs- oder Streckungsmitteln auf die Viscosität von Celluloseesterlösungen einen erheblichen Einfluß hat. Eine ähnliche Wirkung kann man auch beim Zusatz von Weichmachungsmitteln feststellen, doch ist sie meist nur bei Gelatiniermitteln von einer mitunter zu beachtenden Größenordnung.

H. Wolff und B. Rosen[1] haben diese Verhältnisse einer eingehenden Prüfung unterzogen. Sie setzten zu Nitrocelluloselacken steigende Mengen von Weichmachungsmitteln zu und brachen entsprechend an Streckungsmitteln (Toluol) ab. Dabei erhielten sie folgende Werte für die Viscosität der Lösungen (Abb. 18).

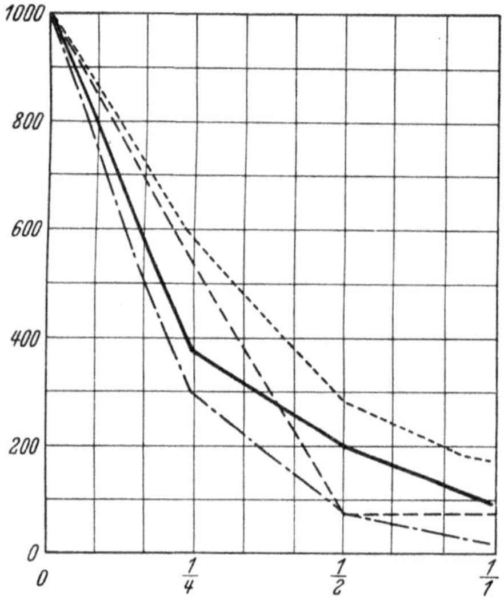


Abb. 18.

Dibutylphthalat.
Trikresylphosphat.
Adipinsäuremethylcyclohexylester.
Methyladipinsäuremethylcyclohexylester.

Nach diesen Versuchen ist der Einfluß des Weichmachungsmittels auf die Viscosität abhängig von der Art und dem Mengenverhältnis des Weichmachungsmittels und in der Größenordnung ähnlich hoch wie der der Lösungsmittel.

Auch auf die Verschnittfähigkeit übt der Zusatz an Gelatiniermitteln einen Einfluß aus. Nach Wolff und Rosen ändert sich mit steigendem Zusatz an Gelatiniermitteln das Verdünnungsverhältnis zwischen Verschnittmittel und Lösungsmittel in immerhin merklichem Maße. Die wahre Verschnittfähigkeit dagegen wird kaum von der chemischen Natur, wohl aber in geringem Maße von der Menge der Weichmacher beeinflußt. Dies zeigt Abbildung 19.

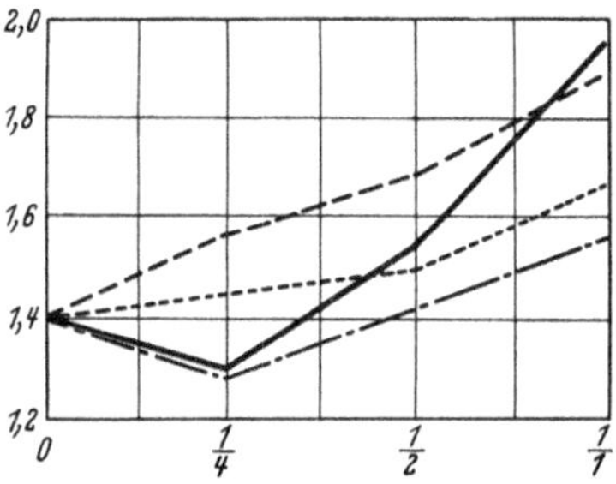


Abb. 19.

Dibutylphthalat.
Trikresylphosphat.
Adipinsäuremethylcyclohexylester.
Methyladipinsäuremethylcyclohexylester.

Für den praktischen Gebrauch wird es sich empfehlen, die geringe Verbesserung in der Verschnittfähigkeit lediglich als Sicherheitsfaktor zu werten, dagegen nicht entsprechend an Lösungsmittel abzubrechen, zumal die Ersparnis maximal etwa 3 % an mittelsiedendem Lösungsmittel beträgt.

Durch den Zusatz der Weichmachungsmittel wird noch eine andere Eigenschaft verbessert, nämlich der Schutz gegen Weißanlaufen an feuchter Luft. Die Gelatiniermittel

[1] Farben-Ztg. Bd. 34 S. 2564.

wirken in dieser Hinsicht ähnlich wie hochsiedende Lösungsmittel. Hierbei muß besonders auf die Phthalsäureester verwiesen werden mit Rücksicht auf deren Fähigkeit zur Bildung von azeotropischen Gemischen, beispielsweise mit Alkohol, Wasser und Äthylacetat[1].

## b) Lichtbeständigkeit.

Wie bereits gezeigt wurde, ist für die praktische Beurteilung die Prüfung des Weichmachungsmittels in Kombination mit den Bindemitteln unerläßlich. Dabei ist zu berücksichtigen, daß die Celluloseester selbst, vor allem Nitrocellulose, nicht ganz lichtbeständig sind.

Nicht alle Strahlenarten üben auf die Weichmachungsmittel und Celluloseester die gleiche Wirkung aus[2]. Von den Strahlen des Sonnenlichtes werden nur einige wenige absorbiert und deshalb wirksam. Hierzu zählen vor allem die ultravioletten Strahlen; sie sind nicht immer in der gleichen Menge und Stärke im Sonnenlicht vorhanden, vielmehr wechselt ihre Intensität je nach der Jahreszeit und der geographischen Lage des Prüfungsortes. Aus diesem Grunde und wegen der langen Dauer der Belichtung am natürlichen Sonnenlicht zieht man zur Prüfung der Lichtechtheit künstliche Lichtquellen und zwar am meisten die Quecksilberlampe heran. Solche Lichtquellen enthalten aber auch Strahlenarten von beachtlicher Wirksamkeit, die dem natürlichen Sonnenlicht fehlen, wie dies nebenstehende, einer Arbeit von O. Merz[3] entnommene Zeichnung veranschaulicht:

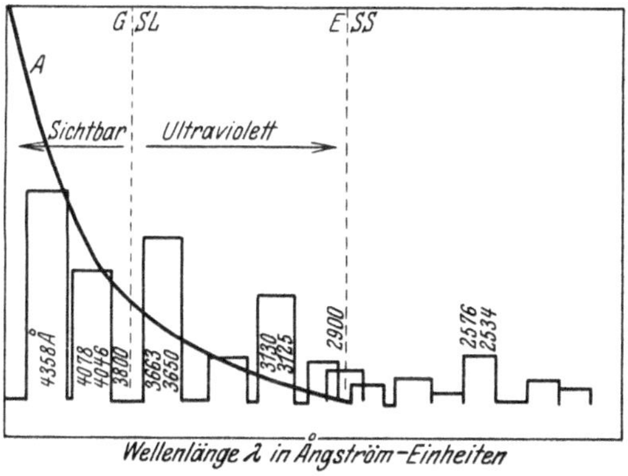


Abb. 20. Spektrum der Sonne und des Quecksilberlichtes.
*GSL* = Grenze des sichtbaren Lichtes.
*ESS* = Ende des Sonnenspektrums an der Erdoberfläche.
*A* = Verteilung des Sonnenspektrums.
Kolonnen = Hauptsächlichstes Spektrum des Quecksilberlichtes.

Aus diesen Verschiedenheiten erklären sich die zahlreichen Abweichungen, die sich zwischen der Lichtechtheit am Tageslicht und gegenüber künstlichen Lichtquellen ergeben und die vor allem bei nur kurzer Belichtung mitunter erheblich sind. Infolgedessen wird

---

[1] Amer. P. 1449156.
[2] v. Heuckeroth, Scientific Section Circular No. 411 (1932).
[3] Farben-Ztg. Bd. 36 S. 318.

man zunächst immer außer an der Quarzlampe auch am Tageslicht belichten; sind für bestimmte Kombinationen von Celluloseester und Weichmachungsmittel die Abweichungen zwischen beiden Belichtungsarten einmal festgelegt, dann bedeutet die Quarzlampe ein ausgezeichnetes Mittel zur laufenden Kontrolle des Betriebes und der Rohstoffe.

Die exakte Überwachung wird an fertigen, unter stets gleichen Verhältnissen hergestellten Filmen ausgeführt, die alle Bestandteile des Lackes oder der plastischen Massen bereits enthalten.

Die Wirkung des Lichtes auf das System Celluloseester + Weichmachungsmittel äußert sich nach zwei Richtungen hin: Vergilbung und Verschlechterung der Filmfestigkeit, also Versprödung.

Allgemein läßt sich sagen, daß diejenigen Nitrocellulosen, welche für sich allein am stärksten zur Gilbung oder Versprödung neigen, dies auch in Mischung mit Weichmachungsmitteln tun. Eine nennenswerte Verbesserung der Lichtechtheit der reinen Nitrocellulose durch Zusätze von Weichmachungsmitteln ist bisher nicht erreicht worden. Bei Verwendung der verschiedenen Weichmachungsmittel zeigen sich dagegen sehr große Unterschiede in bezug auf Vergilbung und Versprödung der Filme.

Welche erheblichen Abweichungen in der Lichtechtheit, gemessen an der Vergilbung der Weichmachungsmittel für sich allein gegenüber derjenigen in der Kombination mit Nitrocellulose bestehen, geht aus Untersuchungen von A. Kraus[1] hervor.

Es wurden dabei unter Anwendung der Quarzlampe als Lichtquelle folgende Ergebnisse erhalten:

Bestrahlung reiner Weichmachungsmittel.
(15 Stunden an der Quarzlampe.)

| Weichmachungsmittel | Vor der Bestrahlung | Nach der Bestrahlung |
|---|---|---|
| Trikresylphosphat . . . . . . . . . . | farblos, violette Fluorescenz | stark gelblich, keine Fluorescenz |
| Diamylphthalat . . . . . . . . . . . | fast farblos | schwach gelblich |
| Dibutylphthalat . . . . . . . . . . . | ,, ,, | ,, ,, |
| Ricinusöl med. . . . . . . . . . . . | stark gelblich | stark orangegelb |
| Methyladipinsäuremethylcyclohexylester (Sipalin MOM) . . . . . . | blaß gelblich | ,, ,, |

Prüfte man dagegen Filme von Kollodiumwolle mit ihrem halben Gewicht an Weichmachungsmittel, so zeigten sich folgende Ergebnisse:

[1] Farbe u. Lack 1930 S. 206, 221.

Bestrahlung von Filmen.

| Weichmachungsmittel | Belichtungsstunden | | |
|---|---|---|---|
| | 3 | 5 | 10 |
| Trikresylphosphat | sp | sch | st |
| Dibutylphthalat (Palatinol C) | o | o | sch |
| Diamylphthalat | o | sp | sch |
| Ricinusöl med. | o | o | o |
| Casterol | o | o | sp |
| Methyladipinsäuremethylcyclohexylester (Sipalin MOM) | o | o | o |

o = fast keine Vergilbung, sp = spurenweise vergilbt, sch = schwache Gilbung, st = starke Gilbung.

Die Beurteilung der Lichtbeständigkeit von Filmen allein nach dem Grade der Vergilbung würde indessen zu erheblichen Fehlschlüssen führen, weil mit einer Vergilbung keineswegs zwangsläufig auch ein starkes Nachlassen der Filmfestigkeit verbunden ist. Einige wenige Weichmachungsmittel, vor allem die Toluolsulfamidderivate, befördern bei größeren Zusätzen zur Nitrocellulose neben der Vergilbung auch das Sprödewerden der Filme, eine Eigenschaft, die sie in Acetylcellulosefilmen nicht besitzen. Andererseits sind zahlreiche Weichmachungsmittel bekannt, welche die Vergilbung der Filme nicht begünstigen, aber eine ungünstige Wirkung auf die Filmfestigkeit haben.

Bei Betrachtung der unter dem Einflusse des Lichtes verlaufenden chemischen Reaktionen ist dies nicht verwunderlich. Bei der Belichtung erfolgt vor allem an der Filmoberfläche eine Denitrierung der Nitrocellulose unter Bildung geringer Spuren von Stickoxyden[1]. Werden diese von dem vorhandenen Weichmachungsmittel leicht chemisch gebunden, so üben sie keine die Molekelkette der Nitrocellulose angreifende Wirkung aus und die Filmfestigkeit bleibt hoch; solche Weichmachungsmittel wirken deshalb gewissermaßen stabilisierend, bilden aber mit dem Stickoxyd je nach ihrer chemischen Konstitution mehr oder weniger gefärbte Verbindungen. Sie befördern deshalb eine gewisse Vergilbung, schützen aber vor starker Versprödung. Diese Eigenschaft besitzen nur Weichmachungsmittel, die chemisch noch eine gewisse Reaktionsfähigkeit besitzen, aber am Licht nicht selbst unter Bildung von die Nitrocellulose angreifenden Spaltstücken zersetzt werden. Zu ihnen zählen die Triarylphosphate und die Phthalsäureester, von denen letztere die Vergilbung nicht einmal stark befördern. Bis zu einem gewissen Grade lassen sich diese Weichmachungsmittel vergleichen mit den in der Sprengstoffindustrie üblichen Stabilisatoren, die meist in hohem Maße am Lichte zur Vergilbung neigen.

Werden dagegen die Stickoxyde nicht leicht genug vom Weichmachungsmittel gebunden, so können sie weiter auf die Nitrocellulose

[1] Gloor, W. E.: Ind. and Engin. Chem. Bd. 23 S. 980.

und eventuell auch auf vorhandene Harze einwirken und durch Zerkleinerung der Molekelkette eine Versprödung bewirken, ohne daß gleichzeitig eine nennenswerte Verfärbung auftritt. Man erhält deshalb häufig bei Verwendung von chemisch vollkommen gesättigten Weichmachungsmitteln, welche keine Stickoxyde aufnehmen können, sehr helle, sich nicht verfärbende Filme, die nach kurzer Zeit brüchig werden. Zu ihnen zählen vor allem die aliphatischen Dicarbonsäureester, beispielsweise die Ester der Bernstein-, Diglykol- und Adipinsäuren, wobei die Länge der Kohlenstoffkette von Einfluß zu sein scheint.

So wurden vom Verfasser beispielsweise für Filme aus 100 Teilen Kollodiumwolle E 620 und 50 Teilen Weichmachungsmittel nach Quarzlampenbelichtung von verschiedener Dauer folgende Filmfestigkeitszahlen im Schopperapparat gemessen:

| 100 Teile E 620 + 50 Teile Weichmachungsmittel | Festigkeit kg/mm² | | | | Dehnung % | | | | Knitterzahl | | | | Filmstärke mm |
|---|---|---|---|---|---|---|---|---|---|---|---|---|---|
| | a | b | c | d | a | b | c | d | a | b | c | d | |
| Dibutylphthalat | 3,1 | 3,4 | 3,7 | 3,5 | 25 | 22 | 12 | 11 | 126 | 62 | 57 | 32 | 0,11 |
| Trikresylphosphat | 5,3 | 5,2 | 5,1 | 4,7 | 13 | 10 | 8 | 5 | 68 | 52 | 29 | 21 | 0,10 |
| Tributylphosphat | 2,9 | 2,4 | 2,5 | 1,7 | 33 | 17 | 10 | 4 | 84 | 25 | 15 | br | 0,11 |
| Methyladipinsäuremethylcyclohexylester | 4,7 | 4,6 | 2,3 | 1,1 | 18 | 7 | 3 | 1 | 61 | 15 | br | br | 0,11 |
| Adipinsäuremethylcyclohexylester | 4,4 | 3,5 | 2,7 | 1,2 | 16 | 7 | 3 | 2 | 68 | br | br | br | 0,11 |
| Diglykolsäurecycohexylester | 4,6 | 3,2 | 1,7 | br | 21 | 3 | 2 | br | 48 | br | br | br | 0,11 |
| Bernsteinsäurecyclohexylester | 3,6 | 4,1 | 3,0 | 1,7 | 22 | 17 | 8 | 3 | 72 | br | br | br | 0,11 |
| Techn. Dekamethylendicarbonsäuredibutylester | 2,2 | 2,4 | 1,8 | 1,7 | 26 | 12 | 12 | 8 | 58 | 25 | 18 | 10 | 0,11 |

a = unbelichtet; b = 10, c = 20, d = 40 Stunden Quarzlampe. br = brüchig.

Derartige Unterschiede sind auch in der Literatur beobachtet worden[1]. Von H. Wolff ist dabei die Möglichkeit diskutiert worden, daß außer dem Aufnahmevermögen für Stickoxyde, das von der Konstitution des Weichmachungsmittels abhängt, auch ein vielleicht gesteigertes Absorptionsvermögen des Systems Nitrocellulose + Weichmachungsmittel für schädliche Strahlen auf die beobachteten Einwirkungen des Lichtes von Einfluß ist. Exakte Messungen darüber liegen indessen noch kaum vor.

Wenn für den Abfall der Filmfestigkeit eine Einwirkung von Stickoxyden auf die Nitrocellulose mitverantwortlich ist, so müssen sich ähnliche Unterschiede auch bei der Warmlagerung von Filmen zeigen, da längere Einwirkung der Wärme ebenfalls die Abspaltung von Stickoxyden befördert. In der Tat konnten dabei ähnliche Beobachtungen

[1] Wolff, H., u. B. Rosen: Farben-Ztg. Bd. 34 S. 2565 am Schluß. — Wolff, H., u. F. Toeldte: Vergleichende Untersuchungen über Nitrocellulose- und Öllacke.

gemacht werden. Nachstehende Werte für die Filmfestigkeit wurden an Filmen aus 100 Teilen Kollodiumwolle E 620 und in Reihe A 25 Teilen, in Reihe B 50 Teilen Weichmachungsmittel gemessen.

| | Auf 100 Teile Kollodiumwolle E 620 | Reißkraft kg/mm² | | Dehnung % | | Knitterzahl | | Filmstärke mm |
|---|---|---|---|---|---|---|---|---|
| | | 1 | 2 | 1 | 2 | 1 | 2 | |
| A. 25 Teile | Trikresylphosphat | 5,1 | 7,9 | 7 | 5 | 180 | 39 | 0,10 |
| | Dibutylphthalat | 6,0 | 7,2 | 14 | 11 | 176 | 97 | 0,10 |
| | Methyladipinsäuremethylcyclohexylester | 4,8 | 3,6 | 8 | 3 | 185 | br | 0,11 |
| | Ricinusöl, Säurezahl 1,6 | 4,7 | br | 9 | br | 143 | br | 0,11 |
| | Dekamethylendicarbonsäuredibutylester, technisch | 3,4 | 4,3 | 5 | 6 | 179 | 165 | 0,11 |
| B. 50 Teile | Trikresylphosphat | 3,7 | 4,8 | 10 | 11 | 83 | 45 | 0,11 |
| | Dibutylphthalat | 3,1 | 4,6 | 15 | 12 | 150 | 137 | 0,12 |
| | Methyladipinsäuremethylcyclohexylester | 2,0 | 5,9 | 25 | 13 | 81 | 32 | 0,12 |
| | Ricinusöl, Säurezahl 1,6 | 3,6 | br | 38 | br | 262 | br | 0,12 |
| | Dekamethylendicarbonsäuredibutylester, technisch | 2,0 | 2,5 | 21 | 13 | 68 | 93 | 0,11 |

1 = nach 3 Tagen bei Zimmertemperatur. 2 = nach 30 Tagen bei 50—60° C. br = brüchig.

Stabilisierend wirkende Gelatiniermittel, die gleichzeitig vollkommen die Verfärbung und den Abfall der Filmfestigkeit verhindern, sind bisher nicht im Handel.

Es muß Aufgabe der weiteren wissenschaftlichen Forschung sein, die geschilderten Zusammenhänge im einzelnen aufzuklären und die Ausarbeitung eines allen genannten Ansprüchen genügenden Gelatiniermittels zu ermöglichen.

## c) Kältebeständigkeit.

Unter Kältebeständigkeit verstand man ursprünglich die Eigenschaft von Filmen, auch bei Temperaturen unter 0° C gegen Biegung und vor allem gegen Stoß und Schlag eine genügende Widerstandsfähigkeit und Elastizität zu behalten. Man prüft die Kältebeständigkeit, indem man die auf tiefer Temperatur gehaltenen Filme plötzlich einreißt. Gut kältebeständige Filme zeigen dann einen glatten Riß, während bei schlechten die Rißlinie Zickzackform zeigt oder der Film überhaupt in viele Einzelteile zersplittert.

Diese Kältebeständigkeit ist besonders für plastische Massen wie Celluloid und für manche Kunststoffe von großer Bedeutung. Es ist viel Zeit und Arbeit darauf verwendet worden, den Campher, der dem Celluloid eine hervorragende Kältebeständigkeit verleiht, in dieser Eigenschaft nachzustellen. Diese Versuche sind bis auf ganz wenige Ausnahmen vergeblich gewesen. Die Kältebeständigkeit ist eine der wichtigsten Eigenschaften, an der sonst sehr gut brauchbare Campherersatzprodukte gescheitert sind.

Überall dort, wo Filme auf starre oder elastische Unterlagen aufgetragen werden, ist die Kältebeständigkeit im angegebenen Sinne von geringerer Bedeutung, weil der Film durch die Unterlage einen starken Halt bekommt und ein großer Teil der Energie bei Stoß oder Schlag von der Unterlage aufgenommen wird. Außer dem Schwinden der Elastizität bringt die Kältelagerung von Filmen aber noch weitere Veränderungen mit sich. Wir haben früher das System aus Celluloseester und Gelatiniermittel als eine feste Lösung definiert, deren Viscosität beim Erwärmen unter Verminderung der Härte und Zunahme der Zügigkeit abnimmt. Umgekehrt nimmt beim Abkühlen die Härte zu, während die Elastizität sinkt. Dabei tritt nicht nur Sprödigkeit ein, solange der Film kalt ist, sondern es erfolgen tiefer greifende Veränderungen, da sich offenbar die zwischen Cellulosederivat und Weichmachungsmittel wirksamen Kräfte wandeln können. Nach dem Erwärmen auf gewöhnliche Temperatur sind dann die Festigkeitseigenschaften der Filme geändert. Man wird fordern müssen, daß gute Filme nach vorübergehender Abkühlung auf tiefe Temperaturen ihre Elastizität und Festigkeit bei Zimmertemperatur möglichst weitgehend behalten.

Der starke Einfluß vorübergehender Kühllagerung von Filmen, die verschiedene Weichmachungsmittel enthalten, auf die Festigkeit ist von H. Wolff und F. Toeldte[1] an zahlreichen Beispielen belegt worden. In den allermeisten Fällen tritt nach diesen Versuchen durch vorübergehende Abkühlung eine Senkung der Dehnungsfähigkeit, also eine Steigerung der Sprödigkeit ein. Die Unterschiede werden überaus stark durch die Natur etwa vorhandener Harze beeinflußt.

Es wird häufig angenommen, daß die Kältebeständigkeit mit der Viscosität des Weichmachungsmittels bei Zimmertemperatur oder mit einer tiefen Lage des Erstarrungspunktes des reinen Weichmachungsmittels zusammenhängt. Derartige Zusammenhänge sind aber bis jetzt für Gelatiniermittel nicht zu erkennen. Beispielsweise schmilzt Campher erst bei 160° C, trotzdem liefert er innerhalb gewisser Mischungsverhältnisse mit einer Celluloid-Kollodiumwolle ein sehr kältebeständiges Celluloid, während Trikresylphosphat, das selbst bei —20° noch flüssig ist, mit der gleichen Menge Kollodiumwolle ein ganz sprödes Celluloid, mit Lackwollen dagegen ziemlich befriedigende Filme gibt. Somit bestehen auch gegen die Verwendung fester Gelatiniermittel keine grundsätzlichen Bedenken, sofern man ihre Menge der Verträglichkeit mit dem Celluloseester anpaßt.

[1] Vergleichende Untersuchungen über Nitrocellulose- und Öllacke. Berlin: VDI-Verlag 1929.

Nichtgelatinierende Weichmachungsmittel haben auf die Kältebeständigkeit oft einen viel geringeren Einfluß; beispielsweise sind Filme aus Nitrocellulose und Ricinusöl bei $-20^0$ noch recht elastisch. Die Zähigkeit der reinen Weichmachungsmittel scheint auf die Kältebeständigkeit einen gewissen Einfluß zu haben.

## d) Einfluß von Harzen.

Besonderes Interesse beansprucht die Kombination von Harzen mit Nitrocellulose und Weichmachungsmitteln, weil sie in den meisten Lacken vorliegt. Dementsprechend befassen sich sehr viele Arbeiten mit diesem System.

Harze erhöhen Glanz und Körpergehalt der Lacke ohne Erhöhung der Viscosität und sie verbessern gleichzeitig das Haftvermögen, zeigen aber im allgemeinen nur ein sehr geringes oder gar kein Lösevermögen für Cellulosederivate. Bei sehr kleinen Harzzusätzen, etwa unter 10% vom Celluloseestergewicht, haben sie im allgemeinen nur eine geringe Wirkung auf die Trocknung und die Haftfestigkeit, während bei höheren Zusätzen eine starke Versprödung auftritt, die von der Kettenlänge der Celluloseestermolekel abhängt.

Die Harze lagern sich, sofern sie kein Lösevermögen für die Nitrocellulose haben, ähnlich den nichtgelatinierenden Weichmachungsmitteln in das Filmskelett ein und unterscheiden sich von diesen vor allem durch ihre physikalische Beschaffenheit. Da sie selbst ziemlich spröde sind, erhöhen sie nicht wie die Weichmachungsmittel die Zügigkeit, sondern in erster Linie die Sprödigkeit. Soweit sie dagegen eine höhere Affinität, also ein gewisses Quellvermögen für Nitrocellulose haben, ist die Versprödung der Filme geringer und deren Dauerhaftigkeit und Wetterbeständigkeit steigt. Derartige Harze können meist der Nitrocellulose in größeren Mengen zugesetzt werden als ganz schwach polare Harze. Der Einfluß der Molkohäsion und Raumerfüllung der Harze auf ihre Eigenschaften im Nitrocellulosefilm ist bisher noch nicht näher untersucht worden.

Die Versprödung, die in mehr oder weniger ausgeprägtem Maße alle Harze bewirken, wird aufgehoben durch den Zusatz von Weichmachungsmitteln. Die weitaus stärkste Wirkung zeigen hierbei die Gelatiniermittel, weil sie lösungsvermittelnd wirken. Nichtgelatinierende Weichmachungsmittel können eine solche Homogenisierung nicht herbeiführen. Immerhin bewirken sie durch Erhöhung der Gleitfähigkeit des in den Nitrocellulosefilm eingelagerten Harzes eine Verminderung der Sprödigkeit.

Die für das System Nitrocellulose + Weichmachungsmittel einmal gefundenen Änderungen der Eigenschaften durch steigende Mengen von Weichmachungsmitteln können ganz andere Werte erhalten, wenn als weitere Komponente ein Harz hinzutritt. Hierfür haben H. Wolff und G. Zeidler[1] verschiedene Beispiele gebracht. Danach ändern sich die optimalen Verhältnisse mit steigendem Zusatz von Harz oder Weichmachungsmittel nicht kontinuierlich, sondern sprunghaft. Regelmäßig wird durch Harzzusätze die Kältebeständigkeit verschlechtert. Auch der Einfluß auf die Lichtechtheit ist in den allermeisten Fällen ungünstig. Inwieweit hierbei die Einwirkung von Säuren der Harze eine Rolle spielt, ist nicht sicher entschieden, zumal auch durch Aufnahme von Stickoxyden die Harze selbst stärker gefärbte Verbindungen bilden können.

Insgesamt kommt H. Wolff zu dem Ergebnis, daß die Verhältnisse zu kompliziert sind, um allgemeine Richtlinien aufzustellen. Die an einer Versuchsreihe erhaltenen Gliederungen nach der Qualität können sich durch kleine Änderungen in der Zusammensetzung umkehren. Soweit hierfür experimentelles Material vorliegt, gilt dies auch für die sog. „Gütezahlen", die nach der Formel von Wachholtz[2] durch Kombination der Reißfestigkeit und Dehnung vor und nach der Bestrahlung von Filmen auf Grund nachstehender Formel errechnet werden:

$$\frac{f_2 - f_1}{f_1^2} \cdot 100 = \text{Gütezahl},$$

worin

$$f = \sqrt[3]{\frac{\text{Reißfestigkeit}}{\text{Dehnbarkeit}}}$$

bedeutet, und zwar $f_1$ vor, $f_2$ nach der Bestrahlung.

## 3. Pigmentverträglichkeit der Weichmachungsmittel.

Es ist vielfach üblich geworden, Pigmente mit Weichmachungsmitteln auf Walzenstühlen anzureiben, um ein gleichmäßiges Korn und leichte Verteilung im Celluloseesterlack zu erreichen. Hierbei wird ein hohes Aufnahmevermögen des Weichmachungsmittels für Pigmente verlangt, weil sonst bei stark deckenden Lacken zu große Mengen Weichmachungsmittel in den Lack eingerührt werden müßten und dadurch die Härte zu sehr herabgesetzt würde. Besonders ist dies dort zu beachten, wo nicht angefeuchtete Kollodiumwollen, sondern celluloidartige Massen aus etwa 82% Wolle und 18% Weichmachungsmittel zur Herstellung der Lacke verwendet werden, der farblose Lack also schon Gelatiniermittel enthält.

[1] Farben-Ztg. Bd. 35 S. 750.

[2] Anhang zu Wolff: Vergleichende Untersuchungen.

Das Aufnahmevermögen der normalen Gelatiniermittel, wie Dibutylphthalat, Trikresylphosphat oder Cyclohexyladipat für Farbpigmente, ist sehr groß, aber für die einzelnen Pigmente verschieden.

Man bezeichnet das Pigmentbindevermögen desjenigen Weichmachungsmittels als das bessere, das bei gegebener, noch auf dem Walzenstuhl verarbeitbarer Zähigkeit die größere Pigmentmenge zu binden vermag. Grundsätzlich liegen hier ähnliche Wechselbeziehungen zwischen Pigment und Weichmachungsmittel vor, wie bei dem aus der Ölanstrichtechnik bekannten und viel diskutierten Ölbedarf von Pigmenten. Auch hier ist es möglich, schon durch kleine Zusätze anderer Öle oder Weichmachungsmittel das Aufnahmevermögen weitgehend zu beeinflussen. Auf diese Beziehungen kann hier nicht näher eingegangen werden. Die Oberflächenkräfte, welche in dem System Weichmachungsmittel + Pigment von ausschlaggebender Bedeutung sind, sind erst am Beispiel der trocknenden Öle eingehend untersucht worden.

Das Pigmentbindevermögen geht aber nicht parallel mit der Eigenschaft, die Erzielung eines möglichst gleichmäßig feinen Kornes auf dem Walzenstuhl zu erleichtern. Das Pigment liegt meist in der Form von Aggregaten kleiner Pigmentteilchen vor, die durch Oberflächenkräfte zusammengehalten sind. Durch das Anreiben sollen diese Aggregate wieder zerstört werden. Nur selten wird man darüber hinaus durch den Anreibeprozeß eine Zerkleinerung der einzelnen Pigmentteilchen erreichen. Um die Aufteilung von Aggregaten zu erleichtern, ist eine gewisse Zähigkeit des Weichmachungsmittels neben einem guten Netzvermögen erforderlich. Für das Anreiben werden besonders Mischungen von Gelatiniermitteln mit dem zäheren, aber weniger pigmentbindenden Ricinusöl verwendet.

Viele Teerfarbstoffpigmente zeigen eine gewisse Löslichkeit in Lösungs- und Weichmachungsmitteln[1]. Die Löslichkeit ist mitunter bei Zimmertemperatur gering und erst bei höherer Temperatur größer. Dadurch können in plastischen Massen, Kunstledern und Lacken recht unangenehme Entmischungserscheinungen, Bronzeeffekte oder Ausblutungen verursacht werden.

## B. Weichmachungsmittel für andere Bindemittel.

Die Beziehungen, welche zwischen anderen lyophilen Kolloiden und Weichmachungsmitteln bestehen, sind bis jetzt weit weniger erforscht als diejenigen des Systems Celluloseester + Weichmachungs-

[1] Vgl. Wagner: Die Körperfarben. 1928. — H. Rasquin: Farben-Ztg. Bd. 35 S. 386.

mittel. Da in neuester Zeit gewisse harzähnliche Bindemittel steigendes Interesse gewinnen, so soll auf die damit gemachten Erfahrungen kurz eingegangen werden.

## 1. Harze.

Harze unterscheiden sich von den Celluloseestern vor allem durch ihre viel größere Sprödigkeit, den tieferen Erweichungspunkt und die geringere Größe der Molekeln. Der Zusatz von Weichmachungsmitteln soll vor allem die Sprödigkeit vermindern. Hierzu eignen sich, von wenigen Ausnahmen abgesehen, nur solche Produkte, die das Harz zu lösen vermögen. Entsprechend der geringeren Größe der Harzmolekeln geht die Solvatation schon bei sehr kleinen Mengen von Weichmachungsmitteln so weit, daß die Mischungen bei Zimmertemperatur kleben. Man darf deshalb den Harzen nur wenige Prozente an Weichmachungsmitteln zufügen.

Besonderes Interesse beansprucht von den Harzen der Schellack, weil er eine ziemlich hohe Filmfestigkeit aufweist. Die Geschmeidigkeit des Schellackfilmes läßt sich namentlich durch Zusätze von Trikresylphosphat verbessern, indessen ist es beim Schellack ebensowenig wie bei anderen Harzen möglich, durch Zusatz von Weichmachungsmitteln eine ähnliche Filmfestigkeit zu erreichen, wie sie den Celluloseestern eigen ist.

## 2. Polymerisate.

Die Polymerisate von geringer Molekelgröße zeigen noch ausgesprochen harzartige Eigenschaften und vertragen deshalb nur kleine Zusätze an Weichmachungsmitteln. Sie sind auch oft gut mit Nitrocellulose mischbar (Mowilith NN).

Höhermolekulare Polymerisationsprodukte dagegen weisen selbst eine ziemlich erhebliche Filmfestigkeit auf. Sie binden etwas größere Mengen an Weichmachungsmitteln, ohne stärker zu kleben. Man erhält dann außerordentlich weiche, lappige Filme. Weichmachungsmittel für solche Polymerisationsprodukte sollen wasserunlöslich sein; da diese Bindemittel die Verdunstungsgeschwindigkeit wesentlich herabsetzen, brauchen die Weichmachungsmittel nicht allen hohen Anforderungen zu genügen wie im Celluloseesterfilm. Solche Polymerisationsprodukte, welche wie die Polyvinylacetate (Mowilith der I. G. Farbenindustrie, Vinnapas von Dr. A. Wacker) noch deutlich wasserquellbar sind, werden durch den Zusatz wasserabstoßender Weichmachungsmittel wasserbeständiger und sogar wetterfester, da durch die Solvatation die aktiven hydrophilen Gruppen des Bindemittels teilweise von den aktiven Gruppen der Weichmachungsmittel gebunden werden. Geeignet für diese Bindemittel sind vor allen die Ester der Phthalsäure und Phosphorsäure, während die viel zu schwach polaren trocknenden Öle ganz ungeeignet sind und selbst Ricinusöl nur in kleinen Mengen am besten neben den genannten besser lösenden Weichmachungsmitteln verwendet werden kann. Vergilbungen, wie sie beispielsweise bei Trikresylphosphat im Nitrocellulosefilm beobachtet werden, sind in Filmen aus Polymerisationsprodukten und Weichmachungsmitteln bisher nicht bekannt geworden.

Die genannten Ester der Phosphorsäure und Phthalsäure zählen auch zu den besten und lichtechten Weichmachungsmitteln für Polystyrol. Inwieweit solche Kombinationen praktische Bedeutung erlangen werden, läßt sich bis jetzt noch nicht übersehen.

## 3. Kautschuk.

Kautschuk als nicht polares, sehr hochmolekulares Kolloid läßt sich mit den ziemlich stark polaren Celluloseestern nicht zu homogenen Massen verarbeiten, wird vielmehr aus trocknenden Celluloseesterlösungen ähnlich wie Mineralöle vollständig ausgeschieden. Es ist deshalb versucht worden, durch Verwendung von solchen Weichmachungsmitteln, die ein gutes Gelatiniervermögen für Celluloseester besitzen und zugleich auch Kautschuk gut lösen, so daß sie lösungsvermittelnd wirken können, eine gemeinsame Verarbeitung dieser beiden Arten von Bindemitteln zu ermöglichen und damit den Celluloseesterfilmen die hohe Elastizität und chemische Widerstandsfähigkeit des Kautschuks ohne dessen Nachteile zu verleihen. Weichmachungsmittel mit einem guten Lösevermögen für beide Kolloide sind wiederholt beschrieben worden, am bekanntesten sind wohl Tetrahydronaphtholacetat, die schwerflüchtigen Ester der Akrylsäuren[1] und die Ester der Adipinsäuren (Sipaline). Es hat sich aber bisher gezeigt, daß durch den Zusatz von Kautschuk Glanz, Härte und Klarheit der Filme sinken. Ob durch derartige Weichmachungsmittel Mischungen aus Celluloseestern und Kautschuk oder dessen Umwandlungsprodukten einmal technisch in größerem Umfange verwendbar gemacht werden können, bleibt abzuwarten.

Weichmachungsmittel von einem deutlichen Quellvermögen für Kautschuk werden in neuester Zeit auch als Zusatz zu Kautschuk und seinen Mischungsbestandteilen verwendet, um auf der Walze vor dem Vulkanisieren die Homogenisierung der Kautschukmischungen zu erleichtern. Hierfür werden empfohlen die Adipinsäureester (Sipaline), ferner Dimethyl- und Diäthylphthalat (Palatinol M und A).

---

[1] DRP. 483002.

## 4. Chlorkautschuk.

Chlorkautschuk bedarf des Zusatzes von Weichmachungsmitteln, um seine Haftfestigkeit auf Metall und die Geschmeidigkeit zu erhöhen. Für diese Zwecke sind bisher vorgeschlagen worden vor allem die trocknenden Öle und die Ester der Phosphorsäure und der Phthalsäure, von denen vor allem erstere die Haftfestigkeit erhöhen. Der erzielte Grad der Elastizität und Haftfestigkeit fällt mitunter nach kurzer Zeit erheblich ab, und es hat den Anschein, als ob die Stabilität des Chlorkautschuks hierbei eine wesentliche Rolle spielt.

Da Chlorkautschuk erst in jüngster Zeit Handelsprodukt[1] geworden ist, läßt sich ein abschließendes Urteil über dafür besonders geeignete Weichmachungsmittel noch nicht fällen.

## 5. Trocknende Öle.

Auf Grund der günstigen Ergebnisse, die der Zusatz von Weichmachungsmitteln in Celluloselacken bringt, ist versucht worden, auch Ölfarben und Öllacken Weichmachungsmittel zuzusetzen, um deren Elastizität und Wetterbeständigkeit zu erhöhen. Eingehende Versuche über den Einfluß von Weichmachungsmitteln auf Ölanstrichmittel sind in Amerika durchgeführt worden[2].

Der Zusatz von Weichmachungsmitteln wie Dibutylphthalat oder Trikresylphosphat wird bei beiden als zwecklos betrachtet. In Lackfarben kann die Lebensdauer durch solche Zusätze wohl etwas gesteigert werden, aber die Erhöhung der Haltbarkeit geht auf Kosten der Trocknungsfähigkeit und des Durchtrocknens. Wahrscheinlich beruht dies darauf, daß Weichmachungsmittel den Zerfall des Anstrichfilms verhindern, indem sie die Oxydation verzögern. Damit wäre auch ihr Einfluß auf die Trocknungszeit erklärt. Die Verzögerung der Durchtrocknung ist indessen so erheblich, daß der Zusatz von Weichmachungsmitteln allenfalls dort in Betracht kommt, wo Lackfarben besonders stark zum Kreiden neigen. Im übrigen wird eine Erhöhung der Wetterbeständigkeit von Ölanstrichstoffen besser durch Verwendung oder Zusatz von trocknenden Phthalsäureharzen geeigneter Zusammensetzung, beispielsweise durch Alkydal T (I. G. Farbenindustrie, Aktiengesellschaft) erreicht, wobei die Trocknung nicht verzögert wird.

---

[1] Chlorkautschuk der I. G. Farbenindustrie Aktiengesellschaft, Tornesit der Herold A. G., Hamburg.

[2] Paint, Oil and Chem. Rev. Bd. 86 S. 116, Bd. 88 S. 120; Farben-Ztg. Bd. 35 S. 898, Bd. 35 S. 605.

# VIII. Physiologische Wirkung von Lösungsmitteln.

## A. Arten der Einwirkung von Lösungsmitteln.

Alle flüchtigen organischen Lösungsmittel, darunter noch so harmlos erscheinende Produkte wie Sprit oder Aceton, vermögen irgendwelche Wirkung auf den menschlichen Organismus auszuüben, und es ist keine Übertreibung, wenn man sagt, daß das einzige wirklich harmlose Lösungsmittel das Wasser ist.

Diese Wirkung hängt vor allem mit dem hohen Fettlösevermögen zusammen, das die organischen Lösungsmittel besitzen und das sie auch ausüben können, wenn sie in die Zellgewebe und Körperflüssigkeiten eindringen.

Es muß vorweg bemerkt werden, daß die einzelnen Menschen auf die Einwirkung von Lösungsmitteln verschieden stark reagieren, ähnlich wie auch Lärm, Großstadtluft usw. manche Menschen abnorm stark beeinflussen. Es gibt immer einzelne besonders empfindliche Menschen, deren Wohlbefinden durch Gerüche von Lösungsmitteln erheblich gestört wird, während die allermeisten Menschen darauf kaum reagieren. Solche Leute muß man dann anderen Arbeiten zuführen.

Der Grad der physiologischen Wirksamkeit ist bei den einzelnen Lösungsmitteln sehr verschieden; er hängt in erster Linie ab von der chemischen Natur.

Für die praktische Beurteilung der Giftwirkung vom Standpunkt der Gewerbehygiene ist indessen zu berücksichtigen, auf welche Weise Lösungsmittel in den Körper gelangen können. Die gefährlichste Art der Einführung in den Körper ist die Aufnahme durch den Mund. Sieht man vom Äthylalkohol und einzelnen Spezialfällen ab, so ist die Befürchtung, daß technisch verwendete Lösungsmittel getrunken werden, nur sehr gering; auch im Falle der Verwendung von Methanol kann nur ganz grober Leichtsinn zum Genuß dieses giftigen Produktes führen.

Häufiger kann Resorption durch die Haut eintreten, vor allem wenn die Hände nach dem Hantieren mit schmutzenden Substanzen mit organischen Lösungsmitteln abgewaschen werden. Bei der Berührung der Lösungsmittel mit der Haut ist zu unterscheiden zwischen der Wirkung, welche durch die bloße Entfettung der Haut eintritt, und der Wirkung, die im Körper durch Eindringen der resorbierten Lösungsmittel in die Blutbahn entsteht. Im ersteren Falle ist die Entfettung, welche infolge des Fettlösevermögens bei Berührung der Haut mit beinahe allen Lösungsmitteln erfolgt, relativ harmlos. Sie bewirkt jedoch eine Öffnung der Hautporen und eventuell Rissebildung in der spröde gewordenen Haut. Es können dann Schmutz und Bakterien in die Hautporen eindringen, sich von dort aus weiter ausbreiten und zu Rötung, Entzündungen, Ekzemen u. dgl. führen. Solchen Erscheinungen kann man leicht vorbeugen, indem man die Hände öfters, z. B. nach Arbeitsschluß oder über Nacht, mit einer indifferenten Fettsalbe wie Lanolin einfettet. Neben der Entfettung üben einzelne Lösungsmittel gleichzeitig eine gewisse hautreizende Wirkung aus, die zur Ausbildung leichter oder schwerer Hautentzündungen oder Ekzeme führen kann. Wenn auch bei solchen Produkten ein häufiges Einfetten der Haut sehr gut vorbeugend wirkt, so sollte doch die häufige Berührung der Haut mit solchen Lösungsmitteln besser vermieden werden.

Weitaus die häufigste Einwirkung von Lösungsmitteln auf den menschlichen Organismus ist aber die Einatmung von Lösungsmitteldämpfen durch die Atemluft. Der Grad der Einwirkung ist in diesem Falle abhängig von der Flüchtigkeit und dem Dampfdruck des Lösungsmittels, ferner von der Zeit, innerhalb deren größere Dampfkonzentrationen erreicht werden. Der Grad der Absorption durch die Lunge ist der Konzentration des Lösungsmitteldampfes in der Luft, bezogen auf Körpertemperatur und Sättigung der Luft mit Wasserdampf, direkt proportional, indessen ist die Geschwindigkeit, mit der die Lösungsmittel von der Lunge aufgenommen werden, verschieden und unter anderem abhängig von deren Wasserlöslichkeit. Bei Lösungsmitteln mit hohem Dampfdruck können leicht hohe Konzentrationen entstehen und dementsprechend große Mengen Lösungsmittel in den Körper gelangen, während bei schwerflüchtigen Lösungsmitteln die Gefahr der Aufnahme in großen Mengen durch die Lunge wesentlich geringer ist. Die vom Körper aufgenommenen Lösungsmittel werden vom Organismus teilweise zu Kohlensäure und Wasser verbrannt, teilweise auch in unschädliche Verbindungen verwandelt. Häufig erfolgt auch eine Ausscheidung durch die Lunge oder durch die Nieren und die Haut.

## 1. Ermittlung der Giftwirkung.

Für die Einwirkung der Dämpfe auf den Organismus unterscheidet Lehmann[1] zwischen der einphasischen (theoretischen) und der zweiphasischen (absoluten) Giftigkeit. Erstere wird ermittelt durch die Zeit, nach der bei verschiedenen Giftkonzentrationen in der Atmungsluft an den Versuchstieren die ersten Vergiftungserscheinungen beobachtet werden. Sie ist abhängig von den Dampfkonzentrationen, welche weitgehend willkürlich eingestellt werden können. Die zwei-

[1] Arch. f. Hyg. Bd. 74 S. 1; s. auch Lehmann: Lehrbuch der Arbeits- und Gewerbehygiene. 1919.

phasische Giftigkeit dagegen wird rechnerisch ermittelt, indem man die Sättigungskonzentration des Lösungsmitteldampfes in Luft von Zimmertemperatur ermittelt und sie in Beziehung setzt zu den Dampfkonzentrationen, bei welchen eine Vergiftungswirkung beobachtet wurde.

Nach dieser Methode werden lediglich die „akuten" Giftwirkungen und die Schädigungen ermittelt, welche sich als Folge der akuten Giftwirkung unter Umständen erst nach einigen Stunden oder Tagen herausstellen. Hierauf sind auch die meisten bisher veröffentlichten Angaben abgestellt. Für die Beurteilung eines Lösungsmittels ist die Kenntnis der akuten Giftwirkung zweifellos von großem Wert, da in unglücklichen Grenzfällen doch hier und da damit gerechnet werden muß, daß mit Lösungsmitteldampf gesättigte Luft für kurze Zeit eingeatmet wird. Die Methode gestattet, stärker giftige Substanzen von vornherein von der praktischen Verwendung auszuschließen. Darüber hinaus ist es aber auch wichtig zu wissen, wie der menschliche bzw. tierische Organismus auf eine für längere Zeit fortgesetzte Einwirkung von relativ geringen Konzentrationen an Lösungsmitteldämpfen reagiert. Derartige Untersuchungen liegen zwar in geringerem Maße vor, immerhin gestattet aber die Zusammenfassung der längeren Beobachtungsreihen an Tieren in Verbindung mit der Kontrolle von Arbeitern, die seit Jahren mit dem gleichen Lösungsmittel regelmäßig in Berührung kommen, ein durchaus befriedigendes Bild zu gewinnen. Eine ausführliche wissenschaftliche Untersuchung der chronischen Einwirkung verschiedener organischer Lösungsmittel wird zur Zeit von der Deutschen Gesellschaft für Gewerbehygiene veranstaltet. Ihre Ergebnisse liegen noch nicht vor.

## 2. Art der Giftwirkung.

Die Art der Wirkung von Lösungsmitteln im Organismus ist sehr verschieden. Immerhin kann man drei verschiedene Arten der Einwirkung feststellen:

**a) Reizerscheinungen.** Die Lösungsmitteldämpfe greifen die Schleimhäute der Augen, der Nase und der oberen Luftwege mehr oder weniger stark an und führen zu erhöhter Schleimabsonderung, Tränenlaufen, Hustenreiz, in schweren Fällen auch zu Atemnot und Erstickungsanfällen. Diese Erscheinungen klingen in der Regel ohne Hinterlassung eines Schadens nach Aufhören der Einwirkung des Lösungsmittels rasch ab. Solange solche Reizwirkungen schwach sind, pflegt sich der Körper überdies sehr oft daran zu gewöhnen. Die Schleimhäute stark reizende Lösungsmittel werden heute fast gar nicht mehr in den Handel gebracht. Manche Lösungsmittel wirken ferner reizend auf die Körperhaut und verursachen Hautekzeme. Diese Wirkung kann von der Reizung der Schleimhäute unabhängig sein.

**b) Narkotische Wirkungen.** Sie werden ausgelöst durch Lähmung des Zentralnervensystems, neben der häufig Einwirkungen auf bestimmte Nervenstränge zu beobachten sind. Die Wirkung zeigt sich in der Praxis bei mäßiger Einatmung durch leichte Benommenheit im Kopfe, Magenbeschwerden, Appetitlosigkeit, Ohrensausen, rauschartige Gefühle u. dgl., bei stärkerer Einatmung durch Erregung, Schwindelgefühle, Erbrechen oder völlige Ohnmacht, die bei zu langer und zu intensiver Einwirkung schließlich zum Tode führen kann. Bei den meisten Lösungsmitteln verschwinden diese Wirkungen rasch und ohne nachteilige Folgen, sobald frische Luft eingeatmet wird; hierauf beruht unter anderem die Möglichkeit, in der Medizin Narkosemittel zu verwenden. Manche Produkte lösen aber weitergehende, länger dauernde Schädigungen im Körper aus, auch wenn die narkotischen Erscheinungen verflogen sind. Die narkotische Wirkung ist stark abhängig von der Konzentration der Lösungsmitteldämpfe und findet sich vor allem bei leichtflüchtigen Mitteln. Bei mittel- und schwerflüchtigen Produkten bleibt dagegen meist die Konzentration der Dämpfe so gering, daß höchstens leichte Kopfschmerzen auftreten und stärkere narkotische Wirkungen nicht beobachtet werden.

**c) Funktionelle Störungen des Nervensystems.** Die dritte Klasse von Schädigungen umfaßt funktionelle Störungen des Nervensystems oder der inneren Organe, wie Herz, Leber, Niere, Milz. Solche Erscheinungen können neben Reizwirkungen und narkotischen Beschwerden auftreten, finden sich aber auch bei Produkten, die wenig hautreizend oder narkotisch wirken. Sie treten auch bei schwerer flüchtigen Lösungsmitteln auf, und zwar selbst dann, wenn das giftige Produkt nicht durch die Lunge, sondern durch Haut oder Magen in den Körper gelangt ist.

Die Schäden sind häufig sehr tiefgehend und in schweren Fällen nicht mehr zu beseitigen. Zu den Lösungsmitteln, die solche Giftwirkungen aufweisen, zählen vor allem chemisch reaktionsfähige Stoffe und einige Chlorverbindungen. Die wissenschaftlichen Arbeiten der letzten Jahre haben unsere Kenntnisse über diese Art von Wirkungen einiger Lösungsmittel wesentlich erweitert und zur Ausschaltung der gefährlichen Produkte geführt.

Alle diese Erscheinungen stehen in keinem Falle in einem Zusammenhang mit dem Geruch der Lösungsmittel. Die häufig verbreitete Ansicht, daß nur stark oder unangenehm riechende oder nur leichtflüchtige Lösungsmittel Störungen der Gesundheit ausüben können, ist keineswegs berechtigt, und es kann nicht dringend genug davor gewarnt werden, bei Verwendung irgendwelcher Lösungsmittel die nötigen Vorsichtsmaßregeln außer acht zu lassen.

Da sich unter den heute verwendeten Lösungsmitteln, von wenigen Ausnahmen abgesehen, keine mehr befinden, deren Verarbeitung bei

Innehaltung entsprechender Vorbeugungsmaßnahmen zu irgendwelchen Bedenken Anlaß geben könnte, so muß als wichtigste Aufgabe des Schutzes der Arbeiter weitgehende Aufklärung über die Eigenschaften der Lösungsmittel sowie die vernünftige Innehaltung entsprechender Entlüftungsmaßnahmen bezeichnet werden (s. Kapitel X).

Bei Betrachtung der physiologischen Wirkungen von Lösungsmitteln sollte ein Umstand nicht übersehen werden. Sehr viele Lösungsmittel, die auf die Atmungsorgane eine schwach reizende Wirkung ausüben, stärken, wenn sie in kleinen Mengen eingeatmet werden, die Abwehrkräfte des Körpers gegen das Eindringen von Bakterien und verhindern dadurch die Ausbreitung von Infektionen. Es ist wiederholt in Lösungsmittel herstellenden und verarbeitenden Betrieben die Beobachtung gemacht worden, daß bei Grippeepidemien die darin beschäftigten Personen nicht oder nur leicht erkrankten.

## B. Die physiologische Wirkung der einzelnen Klassen von Lösungsmitteln.

Nachstehend werden die wichtigsten physiologischen Eigenschaften der Lösungsmittel zusammengestellt. Sie sind größtenteils der Literatur entnommen. In diesem Zusammenhang sei auf das sehr ausführliche Werk von Flury und Zernik: Schädliche Gase, Berlin: Julius Springer 1931, verwiesen. Einige Angaben entstammen Privatmitteilungen des Herrn Prof. Dr. Groß vom Gewerbehygienischen I.-G.-Laboratorium, Wuppertal-Elberfeld. Sie werden durch (G) im Text gekennzeichnet. Die Untersuchungen beziehen sich meist auf chemisch reine oder technisch übliche Qualität von Lösungsmitteln. Die einzelnen Lösungsmittel, vor allem solche für Lack- und Anstrichzwecke, werden aber in den meisten Fällen nicht allein, sondern in Kombination mit mehreren anderen verwendet. Die Frage, ob in solchen Mischungen eine gegenseitige Beeinflussung der Lösungsmittel stattfindet, die zu einer Steigerung oder Verminderung der physiologischen Wirksamkeit führt, ist noch nicht eindeutig entschieden. Die Prüfung von einigen technisch wichtigen Mischlösungsmitteln hat zumindest keine Steigerung der Wirkung gegenüber der der Einzelbestandteile ergeben; andererseits ist bekannt, daß Alkoholgenuß die Wirkung von Schwefelkohlenstoffdämpfen steigern kann.

### 1. Aliphatische Kohlenwasserstoffe.

Die Benzine sind keine einheitlich zusammengesetzten Stoffe. Zur Hauptsache bestehen sie aus den gesättigten aliphatischen Kohlenwasserstoffen, doch enthalten sie häufig kleine Mengen von ungesättigten

Kohlenwasserstoffen und Naphthenen (Polymethylenverbindungen). Die gesättigten Paraffin-Kohlenwasserstoffe sind am harmlosesten, während die Naphthene am stärksten wirken.

Die Einatmung kleiner Mengen von Benzinen ist relativ unbedenklich. Die Einatmung etwas größerer Mengen führt auf die Dauer zu leichten Kopfschmerzen, Schwindelgefühl, Übelkeit und mitunter zu rauschartigen Zuständen; bei starker Einatmung tritt Bewußtlosigkeit, eventuell verbunden mit Krämpfen, Darmentleerungen u. dgl. auf. An frischer Luft verschwinden die Beschwerden gewöhnlich sehr rasch. Die meisten Menschen gewöhnen sich an die häufige Einatmung kleiner Benzinmengen.

Die hautreizende Wirkung der Benzine ist gering. Sie begünstigen nicht die Bildung von Hautekzemen. Ein Gehalt an Naphthenen erhöht etwas die Wirksamkeit.

Insgesamt kann man die Benzine als ziemlich harmlose Lösungsmittel betrachten.

## 2. Hydroaromatische Kohlenwasserstoffe (Naphthene).

Von ihnen ist besonders bekannt das Cyclohexan. Es wirkt ähnlich den Benzinen lähmend auf das Zentralnervensystem und führt bei genügend starker Einatmung zur Betäubung. Cyclohexan wirkt nach Flury auf Tiere höchstens halb so giftig wie Benzol.

Die hautreizenden Wirkungen der Naphthene sind stärker als die der Benzine (G).

## 3. Aromatische Kohlenwasserstoffe.

Die Benzolkohlenwasserstoffe (Benzol, Toluol, Xylol, Solventnaphtha) haben eine etwas stärkere narkotische Wirkung als Benzine. Darüber hinaus ist aber das Benzol ein ausgesprochenes Blutgift, das die Zahl der roten und weißen Blutkörperchen herabsetzt, zu allgemeinen Blutungen der Schleimhäute führen kann und die Empfänglichkeit für Infektionen erhöht, namentlich bei chronischer Einatmung. Besonders gefährlich sind die Rohbenzole und Benzolvorläufe, die noch Cyclopentadien und schwefelhaltige Verbindungen enthalten.

Über die Frage, ob Benzol giftiger ist als Toluol und Xylol, liegen zwar in der Literatur verschiedene Ansichten vor, doch stimmen die neueren gründlichen Arbeiten darin überein, daß die blutzersetzende Wirkung des Benzols dem Toluol und Xylol auch bei chronischer Einatmung fehlt (G). Damit besteht ein großer Unterschied in der praktischen Bewertung der Gefährlichkeit von Benzol einerseits und Toluol und Xylol andererseits, und man muß, wie dies die Amerikaner auf Grund eingehender Studien schon lange tun, dem Benzol infolge seines viel höheren Dampfdruckes und seiner Wirkung auf das Blut die größere

Giftigkeit zuschreiben. Selbst bei längerer Einatmung verhältnismäßig kleiner Benzolmengen sind wiederholt sehr ernste Störungen der Gesundheit und sogar Todesfälle beobachtet worden, so daß entsprechende Vorsicht am Platze ist.

Die ausgedehnte Verwendung von benzolfreiem Toluol und Xylol in Spritzlacken, die vor allem auch in Amerika sehr eingehend studiert worden ist, hat dagegen ergeben, daß bei genügender Entlüftung ernsthafte Schädigungen der Gesundheit nicht vorkommen.

Die ersten Anzeichen von chronischen Benzolvergiftungen sind Müdigkeit, Kopfschmerzen, Augenbrennen, Schwindel, Magenbeschwerden und Abmagerung. Hierzu kommen als Warnungszeichen Blutungen der Mundschleimhäute und der Nase. Alkoholgenuß scheint die Empfindlichkeit zu steigern. Auch bei Verwendung von Toluol und Xylol wird man auf Müdigkeit und Kopfschmerzen acht haben müssen, wo deren Dämpfe ohne genügende Entlüftung frei in den Arbeitsraum eintreten können.

Bei den hydrierten Naphthalinen (Tetrahydronaphthalin und Dekahydronaphthalin) sind lediglich leichte Kopfschmerzen und Reizungen der Schleimhäute, mitunter auch Magenbeschwerden, beobachtet worden. Die Produkte, die sehr schwer flüchtig sind, gelten als verhältnismäßig harmlos.

## 4. Terpentinöl.

Terpentinöl ist kein einheitlicher Stoff; es erleidet beim Stehen unter Luftzutritt Veränderungen durch die Aufnahme von Sauerstoff, die zur Bildung von Peroxyden und harzartigen Substanzen führt. Hierdurch sind kleine Unterschiede zu erklären. Terpentinöl wirkt reizend auf die Schleimhäute und zunächst erregend, bei weiterer Einatmung lähmend auf das Zentralnervensystem. In besonders schweren Fällen können Nierenschädigungen auftreten. Nach dem Einatmen von Terpentinöl nimmt der Urin den Geruch nach Veilchen an. Terpentinöl befördert, vor allem wenn es länger gelagert hat, nach H. Wolff[1] die Bildung von Hautekzemen.

Die Kienöle sollen stärker wirken als Terpentinöl.

Insgesamt muß Terpentinöl bei vorsichtiger Verarbeitung als ziemlich harmlos gelten.

## 5. Chlorkohlenwasserstoffe.

### a) Chlorderivate des Methans und Äthans.

Durch den Eintritt von Chlor in die Molekel der aliphatischen Kohlenwasserstoffe wird deren physiologische Wirkung wesentlich erhöht. Alle Chlorkohlenwasserstoffe wirken mehr oder weniger reizend

[1] Farbe u. Lack, 1925 S. 422.

auf die Schleimhäute; hierzu kommen nervöse Unruhe und Betäubungserscheinungen. Als Folge der Einatmung können sich ferner, aber nur bei einzelnen Produkten, schwere Veränderungen im Zentralnervensystem und in den inneren Organen zeigen. Bei längerer Einatmung werden besonders angegriffen der Herzmuskel, Leber und Nieren.

Zwischen den einzelnen Chlorkohlenwasserstoffen bestehen allerdings in der Stärke der Giftwirkung sehr erhebliche Unterschiede, über die teilweise die Angaben der einzelnen Forscher auseinandergehen. Die Unbrennbarkeit der Chlorkohlenwasserstoffe darf jedenfalls keineswegs dazu verleiten, bei ihrer Verwendung etwa auf Entlüftungsmaßnahmen zu verzichten, wenn größere Mengen Lösungsmittel in die Luft verdampfen. Werden solche eingehalten, so bestehen gegen die Verwendung von einigen Chlorkohlenwasserstoffen keine Bedenken.

Nach Joachimoglu[1], der allerdings nur Versuche an niederen Tieren und an isolierten Organen vorgenommen hat und dessen Ergebnisse deshalb für die praktische Gewerbehygiene nur sehr bedingten Wert haben, ordnen sich die Produkte nach ihrer narkotischen Wirkungsstärke, bezogen auf Chloroform = 1 wie folgt:

Narkotische Wirkungsstärke.

| | | | |
|---|---|---|---|
| 1. Methylenchlorid | 0,31 | 6. Tetrachloräthylen | 6,2 |
| 2. Dichloräthylen | 0,37 | 7. Tetrachloräthan | 13,1 |
| 3. Chloroform | 1,0 | Trichloräthylen | 13,1 |
| Äthylenchlorid | 1,0 | 8. Pentachloräthan | 20,0 |
| 4. Tetrachlorkohlenstoff | 1,5 | 9. Hexachloräthan | 59,1 |
| 5. Äthylidenchlorid | 2,7 | | |

Nach Lehmann[2] dagegen, der seine Studien an höheren, besser vergleichbaren Tieren angestellt hat, ergibt sich für die ein- und zweiphasische Giftigkeit folgende Reihenfolge:

| | Giftigkeit | | Relative Flüchtigkeit |
|---|---|---|---|
| | einphasische | zweiphasische | |
| Tetrachlorkohlenstoff | 1,0 | 4,1 | 4,1 |
| Perchloräthylen | 1,6 | 1,0 | 1,0 |
| Trichloräthylen | 1,7 | 3,8 | 2,2 |
| Dichloräthylen | 1,7 | 12,5 | 5,8 |
| Chloroform | 2,2 | 10,8 | 6,3 |
| Pentachloräthan | 6,2 | 1,0 | 0,17 |
| Tetrachloräthan | 9,1 | 1,9 | 0,2 |

Außer der narkotischen und einer mehr oder weniger stark hämolytischen Wirkung sind aber die Einflüsse auf die inneren Organe bei chronischer Einatmung bei einigen Chlorkohlenwasserstoffen von besonderer Bedeutung. Auch hierüber gehen vielfach die Angaben der Literatur auseinander.

[1] Biochem. Ztschr. Bd. 120 S. 263.

[2] Arch. f. Hyg. Bd. 74 (1911) S. 1.

Methanderivate.

**Methylenchlorid.** Ausgeprägt ist nur die narkotische Wirkung, die mit nur geringer Reizung der Schleimhäute verbunden ist. Giftwirkungen auf die inneren Organe, wie Leber und Nieren, scheinen nicht vorhanden zu sein; auch fehlt der blutzersetzende Einfluß, der dem Benzol eigen ist. Da die narkotischen Erscheinungen (Kopfschmerzen) rasch und ohne Nachwirkung vorübergehen, wird Methylenchlorid als relativ harmlos und jedenfalls beträchtlich weniger giftig als Benzol betrachtet. Reinstes Methylenchlorid findet unter dem Namen „Solaesthin" als Inhalationsanaestheticum Verwendung.

**Chloroform** zeigt die bekannte narkotische Wirkung und wirkt schwach reizend auf die Schleimhäute. Es kann unter besonders ungünstigen Umständen auf innere Organe, vor allem auf die Leber, einwirken. Da reines Chloroform zu einer gewissen Zersetzung neigt, die mit stärkeren Wirkungen auf den Organismus verbunden ist, werden ihm geringe Mengen Alkohol zugesetzt, die stabilisierend wirken. Chloroform wird nicht zu den giftigeren Chlorkohlenwasserstoffen gezählt.

**Tetrachlorkohlenstoff.** Seine Dämpfe wirken narkotisch und etwas reizend auf die Schleimhäute. Gelegentlich sind Sehstörungen und Gelbsucht beobachtet worden. Insgesamt muß Tetrachlorkohlenwasserstoff neben Methylenchlorid und Chloroform als ein verhältnismäßig harmloses Glied der Chlorkohlenwasserstoffreihe betrachtet werden.

Bei Zersetzung in der Wärme kann Tetrachlorkohlenstoff geringe Mengen von Phosgen bilden, das bekanntlich ein sehr starkes Gift ist. Hierüber ist in der Literatur viel gestritten worden, doch hält K. D. Lehmann[1] die Verwendung von Tetrachlorkohlenstoff als Feuerlöschmittel für spezielle Zwecke bei vorschriftsgemäßer vernünftiger Verwendung für unbedenklich.

Äthanderivate.

**Äthylenchlorid** ist bekannt als Narkoticum von geringer Reizwirkung, die ungefähr ebenso stark ist wie beim Chloroform, beeinflußt aber auch ziemlich stark die Magennerven. Seine Wirksamkeit ist somit stärker als die des Methylenchlorids und erfordert dementsprechend stärkere Absaugung aus der Arbeitsluft.

**Tetrachloräthan** (Acetylentetrachlorid). Es wirkt langsamer narkotisch als Chloroform, reizt aber die Schleimhäute wesentlich stärker. Besonders gefährlich ist die außerordentlich starke Wirkung des Tetrachloräthans auf Herz, Nieren und vor allem auf die Leber. In schweren Fällen kann es zur gelben Leberatrophie mit tödlichem Ausgang kommen. Daneben treten schwere nervöse Störungen, wie Zittern,

[1] Zentralblatt f. Hyg. N. F. 7 Bd. 123 (1930).

Lähmungen u. dgl., und Veränderungen in der Zusammensetzung des Blutes auf.

Tetrachloräthan ist somit einer der giftigsten Chlorkohlenwasserstoffe. Vor seiner Verwendung muß allgemein gewarnt werden, sofern nicht entsprechend wirkungsvolle Vorsichtsmaßregeln getroffen werden. In mehreren Ländern ist die Verwendung als Lösungsmittel bereits verboten. In der Verfügung des Preußischen Ministers für Handel und Gewerbe vom 12. März 1930 wird vor dem Produkt gewarnt und der Gewerbeaufsicht die Erwirkung eines polizeilichen Verbotes überlassen.

**Pentachloräthan** gleicht in seiner Giftwirkung weitgehend dem Tetrachloräthan und ist für die inneren Organe sogar noch etwas gefährlicher, so daß auch vor seiner Verwendung als Lösungsmittel zu warnen ist.

**Dichloräthylen** ist ein nur mäßig starkes Narkoticum, dessen Wirkung an frischer Luft rasch wieder verfliegt. Schädigungen an Menschen sind bisher nicht bekannt geworden.

**Trichloräthylen** erzeugt bei Menschen bei kurzer Einatmung nur Benommenheit im Kopfe und Schwindelgefühl, Augenbrennen, ferner auch Reizungen der Haut. In höheren Konzentrationen eingeatmet, führt es zur Narkose und Sehstörungen. Letztere sind besonders nach dem Einatmen warmer Dämpfe von Trichloräthylen beobachtet worden.

Technisches Trichloräthylen zeigt eine eigenartig lähmende Wirkung auf den Trigeminusnerv, eine Erscheinung, die man bei Kopfneuralgie medizinisch zu verwerten gesucht hat. Beachtenswert ist, daß häufiges Einatmung von Trichloräthylen zu angenehm rauschartigen Zuständen führt. Einzelne Personen atmen deshalb Dämpfe dieses Lösungsmittels wiederholt absichtlich ein („Trisucht"), ohne über die dabei möglichen Schädigungen des Nervensystems unterrichtet zu sein.

Insgesamt scheinen dem Trichloräthylen auch bei längerer Einatmung geringer Mengen ausgesprochen gefährliche Wirkungen zu fehlen.

**Perchloräthylen** zeigt vor allem narkotische Wirkung. Über den Grad seiner Giftigkeit besteht nur insofern Einigkeit, als schwere Einwirkungen auf den Organismus nicht bekannt geworden sind.

**Äthylenchlorhydrin** ist ein nur schwaches Narkoticum, aber gleichzeitig ein sehr schweres Nerven- und Stoffwechselgift, dessen gefährliche Wirkungen mitunter erst nach mehreren Tagen erscheinen. In leichten Fällen treten Schwindel und Erbrechen auf, die ohne Nachwirkungen bleiben, während bei stärkerer Vergiftung Schädigungen der Leber, Nieren und des Herzens erfolgen können. Manche Personen zeigen eine sehr stark gesteigerte Empfindlichkeit gegen Äthylenchlorhydrin. Vor seiner Verwendung als Lösungsmittel muß deshalb gewarnt werden.

**β-β'-Dichlordiäthyläther** besitzt eine starke, oft erst nach einer gewissen Zeit eintretende Wirkung auf das Zentralnervensystem. Trotz seines geringen Dampfdruckes sollte er nicht ohne sehr gute Vorsichtsmaßnahmen gebraucht werden (G).

### b) Aromatische Chlorkohlenwasserstoffe.

**Monochlorbenzol** zeigt die Giftwirkungen des Benzols in verstärktem Maße. Auf die Haut gebracht, übt es einen ziemlich starken Reiz aus und begünstigt die Bildung von Hautekzemen. Ähnlich wirkt o-Dichlorbenzol.

## 6. Alkohole.

Die aliphatischen Alkohole sind Narkotica, deren Wirkung, abgesehen vom Methanol, mit steigendem Molekulargewicht wächst; da dabei gleichzeitig die Flüchtigkeit abnimmt, so kommt eine Narkose durch Einatmung für den praktischen Gebrauch als Lösungsmittel nicht in Betracht, zumal der menschliche Körper sich an die Einatmung gewisser Mengen meist leicht gewöhnt.

Von den Alkoholen ist weitaus am giftigsten das Methanol. Es stellt ein schweres Nervengift dar, dessen Wirkung kumulativ ist, da die Ausscheidung des in den Körper eingedrungenen Methanols nur sehr langsam erfolgt, und auch die Sehnerven erfaßt. Zwischen rohem Methanol und der synthetischen reinen Ware bestehen in der Giftigkeit nur ganz unerhebliche Unterschiede. Methanol führt im Körper zu Sehstörungen, oft auch zur Erblindung, ferner zu Schwindel, Herzbeschwerden und in schweren Fällen zum Tode. Diese Wirkungen treten besonders ein, wenn Methanol getrunken oder in größeren Mengen regelmäßig durch die Haut aufgenommen wird. Auch in krassen Fällen der Einatmung von sehr großen Mengen Methanol sollen schwere Erkrankungen vorgekommen sein, während die Einatmung geringer Mengen nach Ansicht verschiedener Autoren und den praktischen Erfahrungen keine Vergiftungen verursacht.

Die höheren Alkohole zeigen nicht diese gefährlichen Wirkungen des Methanols. Äthylalkohol übt bei Einatmung nur eine geringe Reizwirkung auf die Schleimhäute aus; die beim Genuß auftretenden Erscheinungen sind bekannt. Die Alkohole vom Propylalkohol und Butanol aufwärts zeigen diese Reizwirkungen in etwas verstärktem Maße, am stärksten der Amylalkohol, bei dem auch Schwindel, Erbrechen und Durchfall beobachtet worden sind und viele Personen einen starken Hustenreiz empfinden. Gegen die Reizung der Schleimhäute durch diese Alkohole stumpft der menschliche Körper sehr häufig in erstaunlichem Maße durch Gewöhnung ab.

Die hydroaromatischen Alkohole werden als recht harmlos betrachtet, sind auch sehr langsam flüchtig. Irgendwelche Vergiftungen an Menschen sind bisher nicht beobachtet worden. Die ungesättigten Alkohole wie Allylalkohol und vor allem Methylbutinol sind stärker wirksam als die gesättigten Alkohole.

## 7. Äther.

Die flüchtigen aliphatischen Äther wirken ausgesprochen stark lähmend auf das Zentralnervensystem und sind deshalb rasch wirkende Narkotica. Ihre Wirkung sinkt bei abnehmender Flüchtigkeit, während die an sich schwache Reizwirkung auf die Schleimhäute zunimmt. Ernstere Wirkungen auf den Organismus sind bei diesen Äthern bisher nicht beobachtet worden.

Ebenso wie die Äther sind die leichtflüchtigen Acetale rasch wirkende Narkotica. Auch bei diesen Produkten sind weitergehende Schädigungen bisher nicht beobachtet worden.

Von den cyclischen Äthern ist das Dioxan besonders in Amerika, wo es schon in größeren Mengen verbraucht wird als in Deutschland, näher untersucht worden. Es besitzt eine sehr schwache narkotische Wirkung, die rasch vergeht. Schädigungen des Organismus sind bisher nicht aufgetreten.

## 8. Ketone.

Die Ketone, wie z. B. Aceton, haben eine schwache, als kratzend empfundene Reizwirkung auf die Schleimhäute, wirken auch schwach narkotisch und erregen das Atemzentrum. Aceton verursacht, in größeren Mengen eingeatmet, Reizung der Bronchien, Kopfschmerz u. dgl. Manche Menschen sind gegen Aceton besonders empfindlich. Viele Homologe des Acetons gelten als relativ harmlos, doch sind auch recht gefährliche Ketone bekannt.

Ein wesentlich stärkeres Gift ist beispielsweise Mesityloxyd (G), das praktisch noch nicht verwendet, aber immer wieder in der Literatur als Lösungsmittel empfohlen wird, so daß vor seiner Verarbeitung gewarnt werden muß. Dagegen ist Diacetonalkohol ohne stärkere Einwirkungen auf den Organismus (G).

Campher wirkt in kleinen Mengen erregend, in größeren lähmend auf Herz, Atmung und Zentralnervensystem. Unter den üblichen Vorsichtsmaßregeln ist seine Verarbeitung unbedenklich.

## 9. Ester.

Die physiologische Wirkung der Ester hängt hauptsächlich von der Art der darin vorhandenen Säuren ab. Am stärksten wirken die Ameisensäureester (Formiate). Alle flüchtigen Formiate wirken stark lähmend auf das Zentralnervensystem und reizen die Schleimhäute. Mit steigender Molekelgröße nimmt die Giftigkeit zu, während die Flüchtigkeit und damit die Gefahr von Erkrankungen durch Einatmung sinkt. Die Acetate zeigen grundsätzlich gleichartige Wirkungen, jedoch in beträchtlich geringerem Grade. Beispielsweise wirkt das Amylformiat bereits in dreimal schwächerer Konzentration als Amylacetat narkotisch. Da die Ameisensäureester infolge der Natur der Ameisensäure ferner im Zellgewebe in verschiedener Hinsicht schädigend wirken können, sollten die leichtflüchtigen Formiate im praktischen Gebrauch durch die entsprechenden harmloseren Acetate ersetzt werden.

Von den Acetaten verursachen Methyl- und Äthylacetat und die zahlreichen, hauptsächlich aus diesen Produkten aufgebauten leichtsiedenden Speziallösungsmittel des Handels bei stärkerer Einatmung leicht vorübergehende Benommenheit im Kopfe, leichten Schwindel u. dgl.; bei Einatmung nur kleiner Mengen sind irgendwelche Schädigungen der Gesundheit bisher nicht bekannt geworden.

Durch die Acetate der Butylalkohole werden bei stärkerer Einatmung rasch vorübergehende Kopfschmerzen, Hustenreiz und leichter Schwindel verursacht; bei den Amylacetaten tritt dazu noch eine verstärkte Reizwirkung auf die Schleimhäute der Nase und der Bronchien sowie Blutandrang zum Kopfe. Bei wiederholter Einatmung dieser Acetate tritt häufig sehr schnell Gewöhnung ein. Andererseits empfinden manche Menschen den typischen Bonbongeruch als unangenehm. Vergiftungen durch diese Acetate sind bisher trotz der ausgedehnten Verwendung nicht bekanntgeworden.

Die schwerer flüchtigen Acetate, wie z. B. Cyclohexylacetat, sind infolge ihrer geringen Flüchtigkeit im praktischen Gebrauch weniger wirksam.

Die Ester der Milchsäure sind aus dem gleichen Grunde als recht harmlos zu betrachten.

Die flüchtigen chlorhaltigen Ester, beispielsweise die Ester der Chloressigsäure oder die Chloräthylester der Fettsäuren, sind starke Reizstoffe und werden als Lösungsmittel nicht mehr verwendet. Eine gegenüber den gewöhnlichen Fettsäurealkylestern gesteigerte physiologische Wirkung üben ferner einige Ester der Alkoxyessigsäuren aus.

Die Ester der schwefligen Säure, wie Dimethyl- und Diäthylsulfit, sind nicht nur Narkotica, sondern zugleich schwere Nerven- und Zellgifte, so daß sie nicht praktisch verwendet werden können (G).

Bei den als Weichmachungsmittel verwendeten hochsiedenden Estern kommt nur eine Aufnahme durch die Haut in Betracht. In besonderen Fällen können aus lackiertem Packmaterial u. dgl. von Genußmitteln stammende Spuren in den Magen gelangen; deren Mengen sind aber durchweg außerordentlich gering.

Die Phthalsäureester besitzen eine nur ganz schwach hautreizende Wirkung, die für den praktischen Gebrauch vollkommen vernachlässigt werden kann. Von den Phosphorsäureestern des Kresols zeigt nur das Orthotrikresylphosphat, wenn es durch den Magen oder durch die Haut aufgenommen wird, eine gewisse lähmende Wirkung; es darf daher niemals zu Einreibungsmitteln oder kosmetischen Zwecken verwendet werden (G). Die verbreiteten Phosphate des Meta- und Parakresols dagegen müssen als völlig harmlos bezeichnet werden.

Über die Ester der Adipinsäure und ähnlicher aliphatischer Dicarbonsäuren liegen Untersuchungen nicht vor.

Das nicht als Weichmachungsmittel, aber oft als Hilfsprodukt im Laboratorium verwendete Dimethylsulfat ist ein starkes Ätzgift für die Schleimhäute und zugleich ein zentral angreifendes Nervengift. Seine Verwendung muß so vorsichtig erfolgen, daß die Verdunstung größerer Mengen und das Herumspritzen des Produktes vermieden wird.

## 10. Glykolprodukte.

Die Glykolverbindungen sind so langsam flüchtig, daß Einatmung nur bei einigen Glykoläthern in Betracht kommt. Dagegen besteht die Möglichkeit, daß einige Produkte, zum Beispiel als Glycerinersatz, in den Magen gelangen.

Glykol (Äthylenglykol) selbst verbrennt im Organismus wenigstens teilweise zu Oxalsäure und kann deshalb zu Nierenschädigungen führen (G). Von seiner Verwendung in Nahrungsmitteln ist deshalb abzuraten. Die Propylen- und Butylenglykole haben diese Wirkungen nicht.

Die Ester des Glykols, wie Glykolmonoacetat, zeigen eine geringere Giftwirkung als Äthylalkohol; sofern sie nur in sehr kleinen Mengen in den Magen gelangen, ist ihre Verwendung unbedenklich.

Die Glykolmonoalkyläther zeigen eine gewisse narkotische Wirkung, die aber entsprechend ihrer ziemlich geringen Flüchtigkeit in der Regel verhältnismäßig klein bleibt. Immerhin sollte der schwache Geruch dieser Lösungsmittel nicht dazu verleiten, bei ihrer Verwendung auf Entlüftung der Arbeitsräume zu verzichten. Irgendwelche Schädigungen von Menschen sind bisher nicht bekanntgeworden.

Polyglykolmonoalkyläther sind als harmloser zu bezeichnen als die Glykolmonoalkyläther und auch nicht wirksamer als Äthylalkohol. Die Aufnahme sehr kleiner Mengen der Polyglykoläther durch den Magen, beispielsweise in Limonade, Essenzen oder Mundwässern, ist unbedenklich, dagegen sind größere Mengen zu vermeiden.

## 11. Schwefelkohlenstoff.

Schwefelkohlenstoff wirkt bei Einatmung größerer Mengen narkotisch und lähmend auf das Zentralnervensystem; bei längerer Einatmung kleinerer Mengen ist Schwefelkohlenstoff ein schweres Gift für das gesamte Nervensystem, weil er die Zusammensetzung der Nervensubstanz in den verschiedensten Körperteilen verändert. Die ersten Anzeichen sind Müdigkeit, Schwindel, Kopfschmerzen, Geruchsstörungen, Abmagerung u. dgl., später kommt es zu Zittern, Lähmung und anderen Vergiftungsbildern. In leichteren Fällen ist völlige Heilung möglich.

Der Gefährlichkeit des Schwefelkohlenstoffs entsprechend bestehen für seine Verarbeitung besondere Vorschriften (s. Kapitel X). Wo seine Verwendung nicht unbedingt nötig ist, sollte sie vermieden werden.

## C. Klasseneinteilung nach der physiologischen Wirkung.

Es ist naheliegend und wird von den verschiedensten Seiten angestrebt, die Lösungsmittel ihrer physiologischen Wirkung entsprechend in verschiedene Gefahrenklassen einzuteilen, ähnlich wie der Grad der Feuergefährlichkeit nach der Höhe des Flammpunktes zu einer Klassifizierung geführt hat.

Solche Versuche sind bisher aus mehreren Gründen gescheitert. Wir haben gesehen, daß die Wirkung der Lösungsmittel auf den Organismus nach drei Richtungen hin verschieden ist, und daß sich in jeder Wirkung sehr beträchtliche Unterschiede ergeben, die sich nicht gut vergleichen lassen. Beispielsweise läßt sich ein hauptsächlich hautreizendes Produkt nicht mit einem Narkoticum in die gleiche Klasse einreihen. Wollte man nach der Art der Wirkung auf den Organismus einteilen, so würde man das gleiche Produkt in mehreren Klassen von verschiedener Gefährlichkeit aufführen müssen.

Hierzu kommt, daß die Verwendungsarten sehr mannigfach sind. In geschlossenen, gut kontrollierten Apparaten kann man recht wirksame Stoffe verarbeiten, die beispielsweise in Spritzlacken völlig unverwendbar wären. Andererseits kann in Spritz- und Tauchlacken ein etwas hautreizend wirkendes Produkt gebraucht werden, dessen Verwendung in Bohnermassen undenkbar wäre. Man würde daher für jedes Anwendungsgebiet eine besondere Einteilung finden müssen.

Schafft man dann Verarbeitungsvorschriften, die dem Grade der Wirksamkeit angepaßt sind, so dürfte mancher Verarbeiter bei Verwendung von Lösungsmitteln aus einer geringeren Gefahrenklasse die auch dann notwendigen Vorsichtsmaßnahmen außer acht lassen. Man wird sich deshalb darauf beschränken müssen zu fordern, daß wirklich giftige Produkte ausgeschaltet werden, wo sie Schaden stiften können. Dies ist in Deutschland schon weitgehend geschehen.

## D. Verhalten bei Vergiftungen durch Lösungsmittel.

Für die Verhütung nachhaltiger Schädigungen der Gesundheit durch Lösungsmittel ist frühzeitiges Erkennen der ersten Störungen von großer Bedeutung. Hierzu gehört freilich nicht nur ärztliches Fachwissen, sondern auch nähere Kenntnis auf technischem Gebiet. Vielfach sind ferner die ersten Störungen wie Kopfschmerzen, Appetitlosigkeit, Erbrechen die gleichen, die auch andere, mit dem Umgang mit Lösungsmitteln in keiner Weise zusammenhängende Erkrankungen einzuleiten pflegen.

Die betreffenden Personen sollten deshalb stets möglichst schnell an frische Luft gebracht und dem Arzt zugeführt werden. Es wird sich in solchen Fällen, in dem der Verdacht besteht, daß nicht gewöhnliche Krankheiten, sondern Lösungsmittel die Ursache der Beschwerde sind, empfehlen, die Entlüftung der Arbeitsräume zu erhöhen oder nachzuprüfen, ob nicht an irgendwelchen Stellen die Lösungsmitteldämpfe im Arbeitsraum in Richtung auf den Arbeiter hin abziehen, so daß durch einfachste Manipulationen die Gefahrenquelle beseitigt werden kann. Besonders empfindliche Personen wird man anderweitig unterbringen.

Die Reinigung der Hände, die häufig mit Lösungsmitteln erfolgt, sollte nicht beendet sein, ehe nicht nach dem Waschen die Hände mit Fettsalben wie Lanolin dünn eingerieben sind. Hierdurch können oftmals kleine Hautreizungen über Nacht beseitigt werden.

# IX. Wiedergewinnung von Lösungsmitteln.

## A. Allgemeine Voraussetzungen für die Wiedergewinnung.

Bei der Extraktion und chemischen Reinigung verdampfen in der Regel die verwendeten Lösungsmittel nicht in die Luft, sondern werden in geschlossenen Apparaten abdestilliert. Es sind daher nur kleine Mengen, die aus den Apparaten entweichen können, als Verlust zu buchen. Erhebliche Verluste treten aber überall dort auf, wo die Trennung des Lösungsmittels vom gelösten Stoff nicht durch Destillation in geschlossener Apparatur, sondern durch Verdunstung der Lösungsmittel in die Luft erfolgt. Dies ist vor allem bei Anstrichstoffen aller Art, bei der Verarbeitung von Gummilösungen, ferner in der Industrie des Kunstleders, der Filme, Kunststoffe, plastischen Massen und bei der Herstellung von rauchlosem Pulver und Sprengstoffen der Fall.

Die verdunstenden Lösungsmittel machen meist mehr als 50% der verwendeten Lösung aus und bedeuten deshalb einen Verlustposten von großer wirtschaftlicher Bedeutung für jeden Fabrikanten. Man kann den Verlust an Lösungsmitteln nicht durch wesentliche Steigerung des Anteiles von gelösten nichtflüchtigen Stoffen in der Lösung verhindern, weil aus technologischen Gründen bestimmte Verdünnungsgrade eingehalten werden müssen. Deshalb ist man darauf angewiesen, die Lösungsmittel so weit als möglich zurückzugewinnen.

Leider ist eine solche Wiedergewinnung nicht in allen Fällen möglich, vielmehr müssen bestimmte Voraussetzungen erfüllt sein. Es können nur genügend leichtflüchtige Lösungsmittel wiedergewonnen werden, weil zur Erzielung wirtschaftlichen Arbeitens gewisse Mindestkonzentrationen an Lösungsmitteldampf in der die Wiedergewinnungsanlage durchstreichenden Luft notwendig sind und schwerflüchtige Lösungsmittel infolge ihres niedrigen Dampfdruckes nur geringe Dampfkonzentrationen erreichen. Der Wiedergewinnung am besten zugänglich sind Lösungsmittel, deren Siedepunkt unter etwa 100—110° liegt. Die erforderlichen Mindestkonzentrationen an Lösungsmitteldampf in der Luft sind je nach dem angewandten Wiedergewinnungsverfahren verschieden.

Die Lösungsmittel dürfen ferner nicht aus zu vielen Bestandteilen von erheblich auseinanderliegender Flüchtigkeit bestehen. Am einfachsten ist die Wiedergewinnung einheitlicher und unverseifbarer Lösungsmittel, während bei Lösungsmittelgemischen die Zusammensetzung nach der Wiedergewinnung in manchen Fällen verändert sein kann und dementsprechend zur Korrektur weitere Operationen vorgenommen werden müssen. Befinden sich im Gemisch ferner verseifbare oder stark ungesättigte Verbindungen, so können während der Wiedergewinnung chemische Reaktionen, z. B. Verharzungen eintreten, welche die Ausbeute vermindern oder die Umarbeitungskosten erhöhen.

Die Wiedergewinnung läßt sich vor allem dann wirtschaftlich gestalten, wenn während der Arbeitszeit einigermaßen gleichbleibende Mengen Lösungsmittel verdampfen und die Anlage passieren und wenn die Zusammensetzung der Lösungsmitteldämpfe konstant bleibt. Das ist beispielsweise nicht der Fall, wenn Lacke von verschiedener Zusammensetzung verdampfen und die gleiche Anlage zu deren Wiedergewinnung dienen soll. Die untere Grenze der Rentabilität ist je nach dem Preis des Lösungsmittels und der Art der Anlage, die sich ganz nach den örtlichen Verhältnissen richtet, verschieden. Mitteilungen der Literatur hierüber[1] haben deshalb nur einen bedingten Wert.

Die besten Voraussetzungen sind überall da gegeben, wo ohne Behinderung des Hantierens in geschlossenen oder halboffenen Appara-

---

[1] Farben-Ztg. Bd. 32 S. 1502; Chem.-Ztg. 1931 S. 615.

turen gearbeitet werden kann, wie dies beispielsweise bei Gieß- und Streichmaschinen, Tauch- und Abstreifapparaten und in manchen Trockenkammern der Fall ist. Für diese Einrichtungen, bei denen eine Einkapselung derjenigen Teile erfolgt, in denen das Lösungsmittel verdampft, ist die Wiedergewinnungsfrage befriedigend gelöst.

Für das so überaus wichtige Gebiet der Verarbeitung von Celluloselacken, beispielsweise der Spritzlacke in der Auto- und Möbelindustrie, aber auch auf den vielen anderen Anwendungsgebieten von Lacken, bei denen die Dämpfe in den Arbeitsraum oder in Spritzkammern entweichen und dann in starker Verdünnung mit Luft irgendwie abgesaugt werden, liegen die Verhältnisse wesentlich ungünstiger. Auch dort, wo regelmäßig große und gleichbleibende Mengen Lack verspritzt werden, bleibt die Konzentration der Dämpfe stets gering, weil dauernd eine starke Absaugung im Interesse der Gesundheit der Arbeiter und mit Rücksicht auf die Feuersgefahr vorgenommen werden muß. Überdies enthalten die verdunstenden Lösungsmittel meist drei oder vier verschiedene Einzelbestandteile von teilweise zu hohem Siedepunkt und niedrigem Dampfdruck. Dadurch treten alle oben geschilderten Schwierigkeiten auf. Die wirtschaftliche Wiedergewinnung der aus solchen Lacken verdunstenden Lösungsmittel ist deshalb bis jetzt ein noch nicht befriedigend gelöstes Problem.

## B. Die Wiedergewinnungsverfahren.

Für die Wiedergewinnung werden technisch zwei verschiedene Prinzipien angewandt:

1. Kondensation der Lösungsmitteldämpfe durch Abkühlung oder Kompression.

2. Absorption der Lösungsmitteldämpfe durch Flüssigkeiten oder poröse feste Stoffe.

Alle diese Verfahren haben sich bisher mehr oder weniger erfolgreich nebeneinander behaupten können, weil die örtlichen Voraussetzungen sehr verschieden sind, immerhin scheint für manche Zwecke, bei denen Großanlagen in Betracht kommen, die Entwicklung sich etwas nach der Seite der Absorption durch poröse Stoffe zu verschieben.

### 1. Kondensationsverfahren.

Die einfachste und in der Apparatur billigste Art der Wiedergewinnung ist diejenige, bei der die in der Luft enthaltenen Lösungsmitteldämpfe wieder kondensiert werden. Eine solche Kondensation tritt ein, wenn bei einer gegebenen Temperatur die Sättigungsgrenze des betreffenden Lösungsmitteldampfes in der Luft überschritten wird. Zur Erreichung dieses Zieles und um ein wirtschaftliches Arbeiten der Anlage zu ermöglichen, muß die Konzentration der Lösungsmitteldämpfe in der Luft so hoch wie nur möglich sein. Sie fällt dann oft in die explosionsgefährlichen Grenzen oder liegt sogar oberhalb der oberen Explosionsgrenze.

Am einfachsten ist die Wiedergewinnung zu erzielen, wenn man die mit Lösungsmitteldampf beladene Luft tief kühlt, weil mit sinkender Temperatur die Konzentration, bei welcher die Luft mit Lösungsmitteldampf gesättigt ist, steigt, wie dies nebenstehende Tabelle zeigt[1].

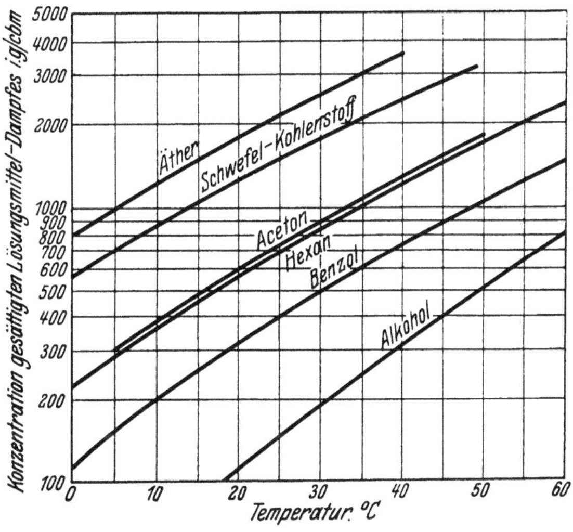

Abb. 21.

Die Tabelle lehrt, daß bei einer Temperatur der abgesaugten Luft beispielsweise von 15° C mindestens 84 g Sprit oder 255 g Benzol, 480 g Aceton oder 1500 g Äther im Kubikmeter Luft vorhanden sein müssen, um überhaupt eine Kondensation zu erzielen. Wird die Kühltemperatur nicht weiter herabgesetzt, so können diese Mengen Lösungsmitteldampf beim Kondensationsverfahren nicht wiedergewonnen werden.

Um die Konzentration der Lösungsmitteldämpfe hoch zu halten, verzichtet man manchmal ganz auf Absaugung, kapselt die Maschinen tunlichst dicht ein, heizt am Trocknungsort so hoch wie nur möglich und kühlt Wände und Boden des Apparates, so daß an diesen Stellen sich das Lösungsmittel kondensieren kann. Häufig führt man auch die mit dem Lösungsmittel beladene Luft nach dem Passieren der Kondensationsanlage wieder in den Kreislauf zurück[2], um die Verluste an nicht kondensierbaren Lösungsmitteldämpfen zu vermindern und das Zudringen weiterer Luftfeuchtigkeit, die gegebenenfalls zu Wasserabscheidungen im Kondensationsapparat führt, zu verhindern.

Außer durch Abkühlung kann die Sättigungsgrenze für Lösungsmitteldampf in der Luft auch durch Erhöhung des Druckes überschritten werden, weil Drucksteigerung die Konzentration an Lösungs-

[1] Vgl. W. Herbert: Chem.-Ztg. 1931 S. 577, 595, 615, woraus auch diese Tabelle entnommen ist.

[2] Rubbermann, Chem. App. Bd. 17 (1930) S. 246.

mitteldampf erhöht. Kühlt man das Gas nach der Kompression noch ab, so wird die Ausbeute an kondensiertem Lösungsmittel erheblich gesteigert, doch sind die Kosten für diese Kombination höher.

Alle Kondensationsverfahren leiden an der Schwierigkeit, einigermaßen dicht geschlossene Apparate zu verwenden. Da überdies kleine Mengen Lösungsmittel noch in dem lackierten Gut enthalten sind, wenn es die Trocknungsapparatur verläßt, und erst nachträglich verdunsten, so werden mit Kondensationsanlagen nicht immer wesentlich über 50% des angewendeten Lösungsmittels zurückgewonnen. Häufig und erfolgreich verwendet werden Kondensationsanlagen an gut geschlossenen Streichmaschinen. Der billige Preis der Anlagen macht sie vor allem geeignet für kleine und mittlere Apparaturen, die keine hohen Investierungskosten vertragen. Hier arbeiten solche Anlagen sehr befriedigend. Derartige Apparaturen (System Boecler) liefert die Firma Martini & Hünecke, Berlin; bekannt ist ferner das Linde-System.

## 2. Die Absorptionsverfahren.

Die Absorptionsverfahren benutzen zum Auswaschen der Lösungsmittel aus der Luft entweder hochsiedende Waschflüssigkeiten oder poröse feste Stoffe wie Kohle oder Silikatgele. Die Grundlagen dieser Verfahren sind in der Literatur eingehend besprochen worden. Vor allem beschäftigen sich damit Veröffentlichungen von W. Herbert[1] und Weißenberger und Mitarbeitern[2], deren Angaben nachstehenden Ausführungen hauptsächlich zugrunde gelegt sind.

### a) Waschölverfahren.

Diese Verfahren verwenden die leichte Löslichkeit von Dämpfen in manchen Flüssigkeiten. Hierfür gilt das Henrysche Gesetz

$$m = c \cdot p\,,$$

worin $m$ = die absorbierte Menge, $p$ = den Partialdruck des Lösungsmitteldampfes in der Luft und $c$ eine Konstante bedeutet. Die absorbierte Menge ist also proportional der Konzentration des Lösungsmitteldampfes in der Luft und abhängig vom Dampfdruck und Siedepunkt des Lösungsmittels. Diese Verhältnisse gelten aber nur dann, wenn zwischen den Molekeln des Lösungsmittels und der Waschflüssigkeit keine Umsetzungen eintreten, die zu neuen chemischen Körpern oder zu Additionsverbindungen irgendwelcher Art führen. Treten solche auf, so ist die Aufnahmefähigkeit der Waschflüssigkeit für das Lösungsmittel beträchtlich größer, weil die Dampfspannung der entstehenden Lösung eine geringere ist.

---

[1] Chem.-Ztg. 1931 S. 577, 595, 615.

[2] Ztschr. f. angew. Chem. 1925 S. 359, 6626, 1010, 1161; Monatshefte f. Chemie Bd. 45 (1925) S. 187, 281, 413, 425.

Wirtschaftliche Bedeutung haben diese Verfahren erst erhalten durch die Arbeiten von Bregeat[1].

Die Phenole, von denen schon lange bekannt war, daß sie Nebenvalenzkräfte betätigen können, vermögen mit verschiedenen sauerstoffhaltigen Lösungsmitteln, vor allem mit Alkoholen, Ketonen, Äthern und Estern, lockere Additionsverbindungen zu bilden, die durch Erwärmen leicht wieder zerlegt werden. Infolgedessen nehmen die Phenole leicht größere Mengen dieser Lösungsmittel aus der Luft auf. Mit anderen, wenig polaren Lösungsmitteln wie Kohlenwasserstoffen, Chlorkohlenwasserstoffen, Schwefelkohlenstoff u. dgl. bilden die Phenole keine derartigen Additionsverbindungen. Sie lassen sich deshalb als Waschflüssigkeiten mit diesen Lösungsmitteln nur in geringerem Maße beladen, doch werden sie auch für deren Wiedergewinnung empfohlen.

Die theoretischen Grundlagen der Verwendung solcher Waschöle sind von Weißenberger[2] ausführlich behandelt worden.

Als Waschflüssigkeiten haben sich besonders Kresole und Xylenole bewährt; auch für Tetralin und Hexalin, die weniger stark mit Lösungsmitteln beladbar sind, aber ihre Viscosität im Gebrauch weniger ändern sollen, sind Rückgewinnungsverfahren ausgearbeitet worden. Auch Trikresylphosphat ist als Waschöl vorgeschlagen worden[3].

Das Waschölverfahren arbeitet in der Weise, daß in Wäschern verschiedener Konstruktion die lösungsmittelhaltige Luft mit dem Waschöl in innige Berührung gebracht wird. Neben Hordenwäschern und Waschtürmen, in denen das Waschöl unter Anwendung des Gegenstromprinzips über Füllkörper rieselt, bevorzugt man neuerdings Schleuderwäscher. Dabei hängt die Konstruktion im einzelnen davon ab, mit welcher Geschwindigkeit das Lösungsmittel sich im Waschöl löst und dementsprechend aus der Luft entfernt wird. Die Schleuderwäscher enthalten eine rotierende Welle mit Verteilerkörpern. Durch die Rotation wird die Flüssigkeit im Innern des Mantels in feinster Tröpfchenform zerstäubt, so daß sie mit dem aus entgegengesetzter Richtung kommenden Gas mit sehr großer Oberfläche in Berührung kommt.

Die Absorptionsgeschwindigkeit ist unter anderem abhängig von der Löslichkeit des Lösungsmittels im Waschöl und von dessen Viscosität, da die Oberflächenspannung des Öles und die Grenzflächenspannungen zwischen Öl und Lösungsmitteldampf (s. Kapitel I) eine wesentliche Rolle spielen. Tritt, was vorkommen kann, im Laufe des Betriebes eine Erhöhung der Viscosität der Waschöle durch Verharzungen oder Oxydation ein, so werden dadurch die Absorptionsverhältnisse und die Betriebskosten wesentlich beeinflußt. Man ist deshalb unter Umständen gezwungen, das Waschöl von Zeit zu Zeit zu destillieren.

[1] Chem.-Ztg. 1925 S. 835, 1021; 1926 S. 459; 1927 S. 101.

[2] a. a. O. [3] Franz. P. 624450.

Das mit Lösungsmittel angereicherte Waschöl wird dann im sog. Spaltapparat, einer Abtreibkolonne, erwärmt. Dabei destillieren die Lösungsmittel ab. Infolge der Erniedrigung des Dampfdruckes, den das absorbierte Lösungsmittel durch den Absorptionseffekt erleidet, ist es nötig, etwa 25—50° über den Siedepunkt des Lösungsmittels zu heizen. Da die Kresole schon von Temperaturen von etwa 185° C aufwärts sieden, muß dafür gesorgt werden, daß die Destillationstemperatur genügend weit unterhalb dieser Temperatur bleibt, um starke Verluste an überdestillierendem Waschöl zu verhindern.

Es läßt sich oft nicht ganz vermeiden, daß etwas Waschöl vom Lösungsmittel mitgerissen wird und eine nochmalige Destillation erforderlich ist. Da das Waschöl ferner selbst einen merklichen Dampfdruck hat, so verdampfen kleine Mengen davon in die den Wäscher durchstreichende lösungsmittelhaltige Luft. Bei Tetralin und Dekalin können diese Mengen immerhin so groß werden, daß sie ins Gewicht fallen.

Nachstehende Abbildung zeigt das Schema einer Waschölwiedergewinnungsanlage.

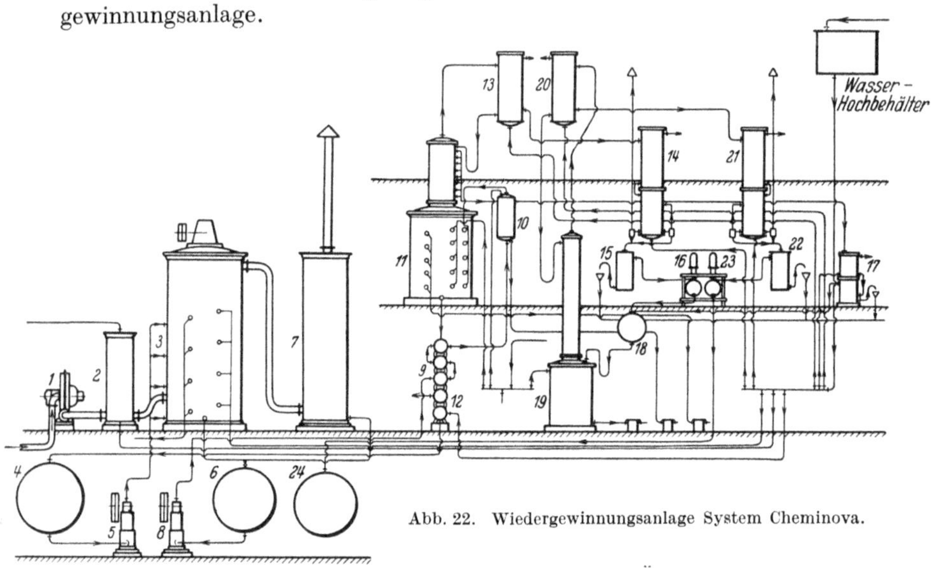


Abb. 22. Wiedergewinnungsanlage System Cheminova.

**Waschanlage.**

*1* Ventilator
*2* Gaskühler
*3* Wascher
*4* Behälter für frisches Absorptionsmittel
*5* Pumpe für frisches Absorptionsmittel
*6* Behälter für beladenes Absorptionsmittel
*7* Absorptionsmittelausscheider

**Spaltanlage.**

*8* Pumpe } für beladene Absorptionsmittel
*9* Vorwärmer } für beladene Absorptionsmittel
*10* Erhitzer
*11* Verdampfer
*12* Kühler für frisches Absorptionsmittel
*13* Dephlegmator
*14* Kondensator
*15* Abscheider
*16* Überlaufglocke
*17* Kühler und Abscheider
*18* Behälter für gespaltenes Produkt

**Rektifizier-Anlage.**

*19* Rektifizier-Apparat
*20* Dephlegmator
*21* Kondensator und Kühler
*22* Abscheider
*23* Überlaufglocke und Meßuhr
*24* Behälter für Reinprodukt.

Waschölanlagen haben vor den Kondensationsverfahren den Vorteil, daß sie auch bei nicht besonders hohen Konzentrationen wirtschaftlich sind. Am günstigsten arbeiten sie bei gleichmäßiger Belastung und nicht zu geringen Konzentrationen. Die besten Ergebnisse werden bei sauerstoffhaltigen Lösungsmitteln erzielt.

Wiedergewinnungsanlagen, die nach dem Waschölverfahren arbeiten, werden von der Cheminova, Berlin, in den Handel gebracht.

## b) Die Absorption an feste poröse Körper.

Dieses Verfahren verwendet entweder die hydrophobe Aktivkohle, welche die Absorption von Lösungsmitteldämpfen auch bei Anwesenheit von Wasserdampf gestattet, oder das Kieselsäuregel[1]. Dieses besteht aus hydrolysierter Kieselsäure und zeigt eine hohe Absorptionskraft für Wasserdampf. Es ist deshalb für die Trocknung von Luft und Gasen besonders geeignet. Ähnliche Eigenschaften zeigen Aluminiumhydroxydgele.

Die hohe Absorptionskraft dieser Stoffe ergibt sich aus ihrer ungeheuren Oberflächengröße.

Oberflächengröße einiger poröser fester Stoffe.

| | | |
|---|---|---|
| Techn. Aktivkohle (Bayer) | rund | 650 qm/g |
| Laboratoriumsaktivkohle[2] | „ | 1250 „ |
| Monomolekulare Kohlenstoffschicht | „ | 3330 „ |
| Kieselsäuregel | „ | 450 „ |

Die Absorptionswirkung der Aktivkohle erklärt sich weiter daraus, daß sie aus winzigen Capillaren besteht. Da Capillaren eine den Dampfdruck erniedrigende Wirkung ausüben, so wird der Absorptionseffekt für Lösungsmitteldampf wesentlich gesteigert.

Das Verfahren arbeitet deshalb auch bei kleinen Konzentrationen von Lösungsmitteldampf in der Luft noch wirtschaftlich, so daß man auch unterhalb der unteren Explosionsgrenze des Lösungsmitteldampf-Luftgemisches arbeiten kann und die Feuersgefahr vermindert wird.

Während bei Waschflüssigkeiten die absorbierte Menge proportional der Konzentration des Lösungsmitteldampfes ansteigt, solange keine Bildung von Molekelverbindungen eintritt, steigt sie bei der Aktivkohle nach der Freundlichschen Absorptionsisotherme

$$m = c \cdot p^n,$$

worin $m$ = die absorbierte Menge, $p$ = den Dampfdruck des Lösungsmittels im Gleichgewicht mit dem Absorbens, $c$ und $n$ Konstanten bedeuten.

---

[1] Herbert, W.: a. a. O.

[2] Berl u. Herbert: Ztschr. f. angew. Chem. Bd. 43 (1930) 904.

Nachstehende Abbildung zeigt die Absorptionskurven von Aktivkohle, Kresol und Paraffinöl. Sie sind erhalten, indem das Absorptionsmittel mit benzolhaltiger Luft von verschiedener Konzentration bis zur Sättigung beladen wurde. Die erreichte Beladungshöhe ist zu der jeweiligen Konzentration in Beziehung gesetzt.

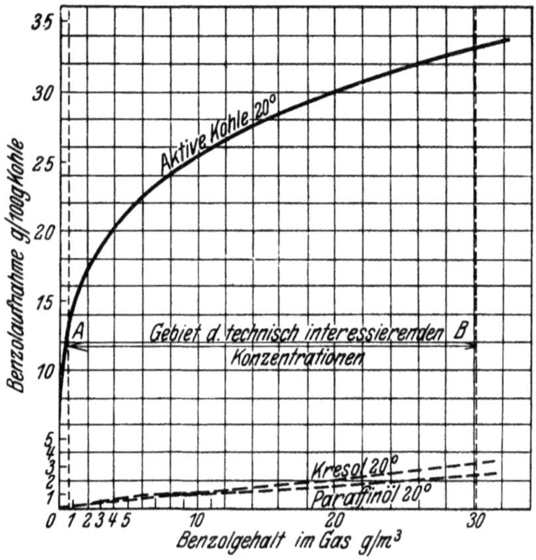


Abb. 23. Absorptionskurven von Benzol bei 20° C.

Das Verfahren arbeitet mit ähnlich hoher Adsorption nicht nur bei Kohlenwasserstoffen, sondern auch bei sauerstoffhaltigen Lösungsmitteln, macht also in bezug auf seine Wirtschaftlichkeit keinen Unterschied nach der polaren Natur der Lösungsmittel.

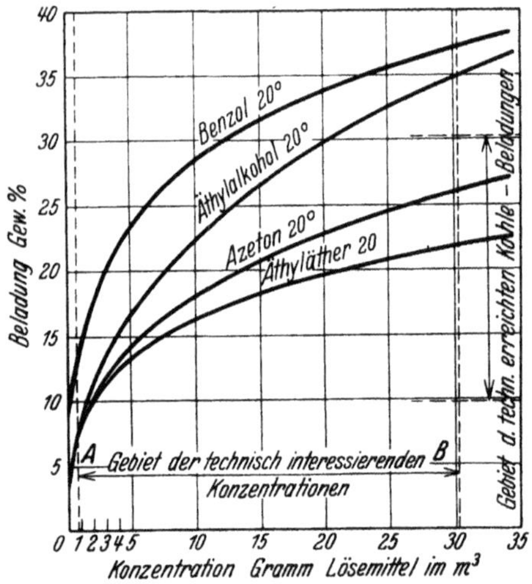


Abb. 24.
Absorption verschiedener Lösungsmittel bei 20° C.

Die mit Lösungsmitteldämpfen gesättigte Kohle wird mit Wasserdampf behandelt, wobei die Lösungsmittel ausgetrieben werden und, soweit sie wasserunlöslich sind, direkt in reiner gebrauchsfertiger Form anfallen. Wasserlösliche Produkte müssen gegebenenfalls nochmals destilliert werden, um sie vom Wasser zu trennen. Bei ihnen ist es wertvoll, wenn sie sich aus der Lösung in Wasser trocken herausdestillieren lassen; dies ist nicht bei allen Produkten der Fall. Nach Trocknung mit Warmluft ist die Kohle wieder gebrauchsfertig. Die Lebensdauer einer Kohlefüllung ist sehr hoch; es sind bis zu 10000 Ausdämpfungen mit einer einzigen Füllung vorgenommen worden. Das Verfahren arbeitet meist diskontinuierlich und benötigt dann 2 Absorptionstürme.

Nachstehendes Schema zeigt die Wirkungsweise des Aktivkohleverfahrens, wobei der eine Absorber (A 1) auf Absorption, der zweite (A 2) auf Ausblasen mit Wasserdampf gestellt ist.

Der Dampfverbrauch beträgt je nach Größe der Anlage etwa 3—4 kg je Kilo Lösungsmittel; der Kraftbedarf ist 0,1—0,2 kWh/kg Lösungsmittel.

Das Verfahren wurde zuerst von den Farbenfabriken vorm. Bayer, Leverkusen[1] ausgearbeitet. Die mit Aktivkohle arbeitenden Anlagen werden von der Lurgi-Gesellschaft für Wärmetechnik, Abtlg. Carbo-Norit-Union, Frankfurt a. Main, geliefert.

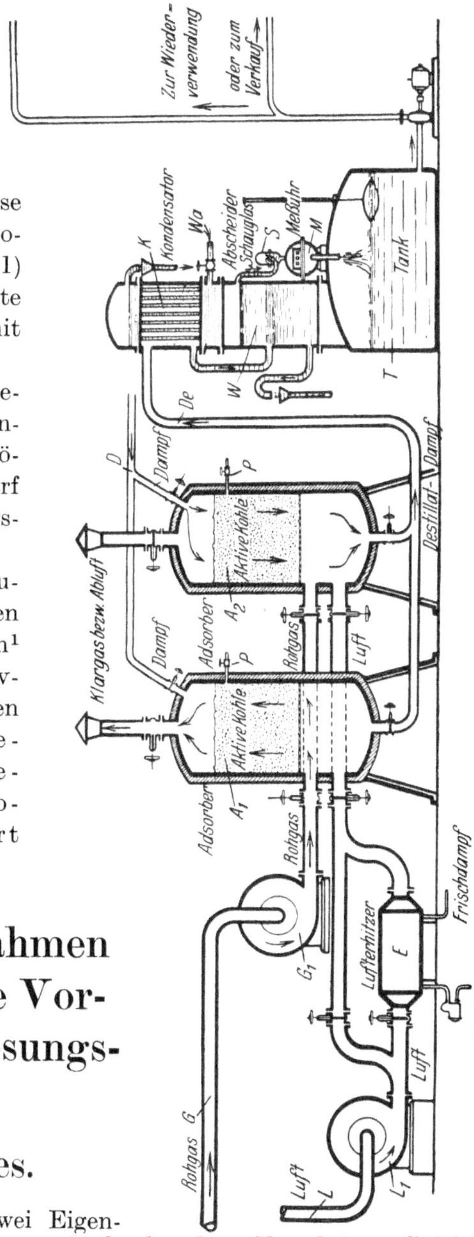


Abb. 25. Wiedergewinnung nach dem Aktivkohle-Verfahren.

# X. Schutzmaßnahmen und behördliche Vorschriften über Lösungsmittel.

## A. Allgemeines.

Es sind vornehmlich zwei Eigenschaften organischer Lösungsmittel, die dem Verarbeiter Gefahren bringen und vor denen er sich deshalb schützen muß:

[1] DRP. 310094.

1. Die Brennbarkeit der Lösungsmittel selbst und die leichte Entzündlichkeit der Dämpfe, vor allem in Mischung mit Luft.

2. Die physiologische Wirkung der Lösungsmittel.

Beide Gefahrenquellen sind bei den einzelnen Produkten je nach der chemischen Zusammensetzung und Flüchtigkeit sehr verschieden, aber in den allermeisten Fällen der Verarbeitung von Lösungsmitteln immerhin von einer Größenordnung, die gewisse Vorsichtsmaßregeln erforderlich macht.

Die Brennbarkeit ist besonders auf die leicht- und mittelflüchtigen Lösungsmittel beschränkt; sehr schwer flüchtige Lösungsmittel sind kaum noch als brandgefährlich zu bezeichnen, solange sie nicht mit leichter flüchtigen Produkten gemischt werden. Eine Ausnahme bilden einige Chlorkohlenwasserstoffe, die überhaupt nicht brennbar sind.

Die physiologische Wirkung ist dagegen allen Lösungsmitteln in höherem oder geringerem Maße eigen, gleich viel, ob sie brennbar sind oder nicht. Freilich sind auch hier meist die flüchtigeren Lösungsmittel die gefährlicheren, weil die Hauptgefahr weniger aus der Berührung der Haut mit den flüssigen Lösungsmitteln als auch der Einatmung der Lösungsmitteldämpfe entspringt.

Für die meisten Arten von Lacken gehören die Lösungsmittel den gleichen Klassen an, und sie bringen deshalb auch die gleichen Gefahren. Es ist nicht berechtigt, die Nitrocelluloselacke als besonders feuergefährlich oder die als unbrennbar gelobten Acetylcelluloselacke als überhaupt nicht gefährlich zu bezeichnen. Sieht man von der Lagerung der mit Anfeuchtungsmitteln gemischten Nitrocellulosen, auf die besondere Sorgfalt zu verwenden ist, in Lackfabriken vor der Verarbeitung ab, so entspringt für den Versand und den Verbrauch von Nitrocelluloselacken die Gefahr aus der Anwesenheit brennbarer Lösungsmittel, während der daraus nach dem Verdunsten erhaltene Nitrocellulosefilm auf den allermeisten Unterlagen kaum brennbarer ist als beispielsweise viele Ölfilme. Auch bei Acetylcellulose, deren Filme weniger brennbar sind, werden größtenteils die gleichen brennbaren Lösungsmittel verwendet wie in Nitrocelluloselacken.

Unter dem Gesichtspunkt der Feuergefährlichkeit müssen beide Arten von Lacken deshalb etwa gleich behandelt werden, es sei denn, daß sie so große Mengen an den nicht brennbaren Chlorkohlenwasserstoffen enthalten, daß ihre Brennbarkeit auch während des Trocknungsprozesses aufgehoben ist. In solchen Fällen bedingt die Rücksicht auf die physiologische Wirkung wiederum gleichartige Vorsichtsmaßregeln. Lösungsmittel von gleicher Brennbarkeit und Feuergefährlichkeit sowie gleichartiger physiologischer Wirkung finden sich ferner in vielen Harz-, Asphalt- und Bitumenlacken und in manchen ölhaltigen Anstrichmitteln, so daß es zweckmäßig ist, diese verschiedenen Arten von Lacken unter den gleichen Gesichtspunkten zu betrachten, und die vielfach für Nitrocelluloselacke übliche Sonderbehandlung als keineswegs sehr tief begründet abzulehnen ist.

Die einzige gegenüber einigen anderen Bindemitteln erhöhte Gefahr, die sich aus der Verarbeitung von Nitrocelluloselacken ergibt, beruht darauf, daß beim Spritzen sich Lackstaub bildet, der sich an verschiedenen Stellen festsetzen kann und dort bei Verkettung unglücklicher Umstände zur Entzündung gebracht wird. Hiergegen sind weitgehend zweckentsprechende Einrichtungen vor allem auch apparativer Natur getroffen worden. Derartige Gefahren durch Staubexplosion bestehen auch bei anderen Materialien. Es sei ferner auf die Gefahr der Selbstentzündung von Leinöl beispielsweise in damit getränktem Papier oder in Putzwolle hingewiesen.

Fast alle Gefahrenquellen lassen sich durch wenige, mit Vernunft gehandhabte Vorsichtsmaßregeln weitgehend vermeiden, indem man nämlich die Anreicherung von Dämpfen der Lösungsmittel vermeidet und möglichst die Bildung von gefährlich hohen Temperaturen durch Feuer, Licht, elektrische Funken oder Heizungen, ferner das Auftreten statischer Elektrizität durch zu hohe Strömungsgeschwindigkeit der Lösungsmittel in Rohrleitungen verhindert. Es kommt dabei vor allem darauf an, daß bei der Verarbeitung von Lösungsmitteln die nötige allgemeine Aufklärung der damit beschäftigten Personen erfolgt und grundlegende Vorsichtsmaßnahmen wirklich einigermaßen eingehalten werden. Das gilt in gleichem Maße wie für die Lack- und Anstrichstoffindustrie auch für die Extraktions-, Reinigungs- und Lösungsmittelseifenindustrie. Immerhin verdient festgehalten zu werden, daß bei Verwendung von Lösungsmitteln in geschlossenen Apparaten wesentlich weniger scharfe Vorsichtsmaßregeln genügen.

## B. Behördliche Vorschriften.

Über Verkehr, Verwendung, Lagerung, Aufbewahrung und Transport von Lösungsmitteln sowie die Reinigung von Gebinden bestehen bisher keine einheitlichen Vorschriften für das Reich, vielmehr nur Verordnungen der Länder. Einen generellen Schutz gibt indessen die Reichsgewerbeordnung. Nach ihr sind anzeigepflichtig alle Erkrankungen durch Schwefelkohlenstoff und Benzolkohlenwasserstoffe in Betrieben und bei Tätigkeiten, welche der Unfallversicherung unterliegen.

Von deutschen einschlägigen Verordnungen mögen hier für einzelne Produkte bzw. Anwendungsgebiete folgende genannt werden:

Erlaß des Preußischen Ministeriums vom 2. August 1903 betreffend Sicherheitsvorschriften für Reinigungsanstalten, in denen Benzin oder ähnliche leicht entzündliche Reinigungsmittel verwandt werden, und für Betriebe, in denen die in diesen Anstalten verwendeten Reinigungsmittel zu erneuter Verwendung gereinigt werden.

Hiernach soll jeder Raum tunlichst zwei sich nach außen öffnende Ausgänge haben. Die Luft des Arbeitsraumes muß dicht über dem Fußboden in ausreichendem Maße abgesaugt werden. Bei Neuanlagen dürfen sich solche Räume unter Wohn- oder Arbeitsräumen überhaupt nicht und in bestehenden Anlagen nur dann befinden, wenn sie eine feuersichere Decke haben.

Merkblatt des Württembergischen Gewerbe- und Handels-Aufsichtsamtes vom März 1925 betreffend Gefahren bei Reinigung und Instandsetzungsarbeiten an Tanks und eisernen Fässern, die zur Aufbewahrung leicht entzündlicher Flüssigkeiten dienen.

Danach müssen oberirdisch angelegte Tanks zwecks Verhinderung der Einwirkung der Sonnenstrahlen auf die Flüchtigkeit mit Wasserberieselungsanlagen ausgestattet oder in besonderen Hallen untergebracht sein. Besondere Vorsichtsmaßregeln werden für das Schweißen eiserner Fässer mit Rücksicht auf die Wärme der Schweißkolben vorgesehen.

Verordnung des Deutschen Reichsarbeitsministers vom 2. Februar 1921 (Reichsgesetzblatt, S. 142) über die Ausführung von Anstreicherarbeiten in Schiffsräumen.

Polizeiverordnung des Preußischen Polizeipräsidiums, Berlin, vom 30. April 1891 betreffend die Lagerung und Aufbewahrung von Äther, Kollodium, Schwefelkohlenstoff und anderen feuergefährlichen Stoffen.

Hiernach ist unter anderem der Transport von Glasballons mit flüchtigen Lösungsmitteln nur unter Innehaltung besonderer Vorsichtsmaßnahmen gestattet.

Nach der Verordnung des Preußischen Ministers für Handel und Gewerbe vom 24. März 1908 betreffend Grundsätze für die Herstellung, Lagerung und fabrikatorische Verwendung von Schwefeläther (Äthyläther) wird unter anderem gefordert, daß die Gebäude nur leicht abzudecken sind.

Ferner sei auf den Inhalt der Polizeiverordnung des Preußischen Ministers für Handel und Gewerbe vom 26. November 1930 über den Verkehr mit brennbaren Flüssigkeiten verwiesen[1].

Über die Vorsichtsmaßregeln bei der Verarbeitung von Tiefdruckfarben bestehen keine besonderen Vorschriften. Die zweckmäßigsten Maßnahmen zur Vermeidung von Gefahren werden besprochen in der

[1] Die Verordnung ist in Carl Heymanns Verlag, Berlin, erschienen. — Vgl. auch Farben-Ztg. Bd. 36 S. 733; ferner Brandes-Wasmuth: Der Verkehr mit brennbaren Flüssigkeiten.

Schrift von Krug, Rothe, Wenzel: Das Tiefdruckverfahren, Schriften aus dem Gesamtgebiet der Gewerbehygiene, N. F., H. 23. Berlin 1930. Für die Gefahrenbekämpfung bei Anstricharbeiten hat Stiller[1] eingehende Vorschläge gemacht.

## C. Schutzmaßnahmen.

Die zweckmäßigsten Schutzmaßnahmen werden in übersichtlicher Weise zusammengestellt in den neuen Sicherheitsvorschriften der deutschen Feuerversicherungsgesellschaften für Tauch- und Spritzlackierbetriebe. Wegen der allgemeinen Bedeutung seien diese Vorschriften nachstehend mitgeteilt[2].

### 1. Neue Sicherheitsvorschriften der deutschen Feuerversicherungsgesellschaften für Tauch- und Spritzlackierbetriebe.

In der Arbeitsgemeinschaft des Verbandes der öffentlichen und privaten Feuerversicherungsgesellschaften in Deutschland sind Sicherheitsvorschriften für Spritzlackierbetriebe aufgestellt worden. Unter Berücksichtigung der besonderen Verhältnisse der Betriebe sollen diese an die Stelle der noch fehlenden einheitlichen behördlichen Vorschriften treten. Die neuen Bestimmungen lauten:

1. Die Betriebsräume müssen gegen angrenzende Räume feuerbeständige (Ziegel, Beton, Eisenbeton) Wände und Decken haben; bei Decken genügt auch eine Bekleidung mit feuerbeständigem Drahtputz von 3 cm Stärke, die Fußböden sind aus unverbrennlichem Material, glatt, fugenfrei und leicht abwaschbar herzustellen. Fenster nach angrenzenden Räumen müssen feuerbeständige Drahtglasscheiben haben, Türen feuerbeständig sein. Nach Räumen, in denen sich Feuerungsanlagen befinden oder in denen Feuerarbeiten (Schweißen, Löten, Schmieden usw.) stattfinden, sind Verbindungsöffnungen, die nicht dauernd verschlossen bleiben, unzulässig.

2. Transmissionen, Riemenläufe, Motoren u. dgl. müssen innerhalb der Betriebsräume auf das Unerläßliche beschränkt bleiben.

Hölzerne Riemenscheiben sind unzulässig. Wenn ein Kompressor innerhalb eines Lackierraumes aufgestellt werden muß, dann darf er nicht in unmittelbarer Nähe der Spritz- oder Tauchstände stehen und die Luft nicht aus dem Lackierraum selbst ansaugen.

3. Die gesamte elektrische Einrichtung, sei es zu Heizungs-, Beleuchtungs- oder Kraftzwecken, muß den Vorschriften für explosionsgefährliche Räume entsprechen.

4. Die beim Tauchen und Spritzen entstehenden Dünste und Nebel sind an den Arbeitsständen derart abzusaugen, daß ihr Austreten in den Arbeitsraum vermieden wird.

---

[1] Farben-Ztg. Bd. 37 S. 124, 164, 199. [2] Farben-Ztg. Bd. 37 S. 454.

Die zu entfernenden Dünste und Nebel sind ins Freie und nicht in die Nähe von Wärmequellen zu leiten.

Die Exhaustoren und zugehörigen Rohrleitungen und Gehäuse müssen von den Antrieben feuersicher getrennt sein, zuverlässige Dauerschmierung der außerhalb der Gehäuse liegenden Lager besitzen und in solchem Zustande erhalten werden, daß Anschlagen der Flügel am Gehäuse infolge Verbiegens vermieden bleibt.

Für eine rasche zuverlässige Anlassung und Abstellung der Exhaustoren bzw. des Luftzuges von den Arbeitsstellen aus soll gesorgt sein. Damit das Innere der Ventilationsrohrleitungen leicht zugänglich ist, sollen in langen Leitungen herausnehmbare Stücke mit Flanschenverbindungen vorgesehen werden.

5. Tauchbehälter müssen dicht sich auflegende Deckel besitzen, deren Schluß bei Feuersgefahr unbehindert muß erfolgen können.

Über den Tauchbehälter sind Absaugevorrichtungen anzuordnen; entbehrlich sind solche, wenn die zu tauchenden Sachen in geschlossene und zu evakuierende Behälter gebracht werden.

6. Trockenanlagen mit anderer als Dampf- oder Warmwasserheizung dürfen sich nicht in dem Lackier- usw. Raum befinden. Sie müssen mit Belüftungseinrichtungen versehen sein, die einen guten Abzug der Heizgase und der Lackdünste gewährleisten. Die aus ihnen abziehenden Gase dürfen nicht in Schornsteine geleitet werden, die mit Feuerungsanlagen oder anderen Betriebsräumen in Verbindung stehen.

Gegen das Abtropfen von Lack auf erhitzte Flächen müssen Vorkehrungen getroffen werden. Jede Trockenanlage bzw. jeder Lackierofen muß mit einem von außen ablesbaren Wärmemesser versehen sein. Dieser ist im Betrieb laufend zu beobachten. Die Trockenanlagen bzw. Lackieröfen müssen innen und außen frei von Putzwolle, Papier u. dgl. gehalten werden. Das Anwärmen von Lacken in den Lackieröfen ist untersagt.

7. Die Beheizung der Tauch- und Spritzräume darf nur auf zentralem Wege durch Dampf oder Wasser oder durch Kachelöfen, die innerhalb der Räume von metallenen Außenteilen frei sind, nur von außen geheizt werden können, erfolgen. An Öfen jeder Art müssen Vorkehrungen getroffen sein, die es unmöglich machen, Lackgefäße darauf anzuwärmen.

8. Zur künstlichen Beleuchtung sind nur elektrische Glühlampen zulässig, deren Leuchtkörper luftdicht abgeschlossen ist. Sie müssen mit starken Überglocken, die auch die Fassung dicht einschließen, verschlossen sein.

9. Reparaturen und Arbeiten, bei denen durch Funken, Reibung, Gebrauch elektrisch angetriebener Werkzeuge oder auf sonstige Weise Entzündungsmöglichkeiten gegeben sind, dürfen während des Betriebes in den Tauch- und Spritzräumen nicht ausgeführt werden.

Vor der Vornahme von umfänglichen Reparaturen, insbesondere bei Zuziehung von Handwerkern, müssen die Arbeitsräume gründlich gereinigt werden, Preßluft und Lösungsmittel mit niedrigem Flammpunkt sind dabei nicht anzuwenden, empfehlenswert sind zu gewissen Zwecken ungefährliche Lösungsmittel bzw. mäßig erwärmtes Wasser.

10. Das Reinigen der Arbeitsstände, Absaugevorrichtungen, Apparate und Räume selbst von Lackniederschlägen und Lackrückständen hat oft und regelmäßig, möglichst täglich zu geschehen. Es ist überhaupt, besonders bei Nitrocelluloselacken, darauf zu achten, daß keine Gelegenheit zu Niederschlägen und Krusten an Stellen geboten wird, die für die Reinigung schwer zugänglich sind und der Beobachtung entgehen können.

Das Abkratzen von Lackresten hat nur mit nicht funkenbildenden Werkzeugen (Messing, Kupfer, Holz) zu erfolgen. Stahl neigt zur Funkenbildung.

Die Fußböden der Arbeitsräume sollen öfter gut abgewaschen und im allgemeinen möglichst etwas feucht gehalten werden.

11. Lackrückstände, wie auch alle anfallenden beschmutzten Faserstoffe und Abfälle anderer Art, sind in verschließbaren, metallenen Gefäßen zu sammeln und mehrmals täglich aus den Arbeitsräumen zu entfernen. Sofern sie nicht zwecks Rückgewinnung anderweitig verwendet werden, sind sie in gefahrloser Weise zu vernichten. Verbrennung in Feuerungsanlagen ist wegen der großen Explosionsgefahr verboten. Dagegen ist das mit Vorsicht bei ruhigem Wetter ausgeführte Verbrennen in abseits aller Gebäude und brennbaren Sachen anzulegenden Gruben empfehlenswert.

12. Die Zubereitung von Lacken und das Herstellen von Verdünnungen in größeren Mengen über den unmittelbaren Verbrauch hinaus innerhalb der Spritz- bzw. Tauchräume ist untersagt. Dazu sind besondere, geeignete Räume erforforderlich.

13. Fertige Waren sind mehrmals täglich aus den Arbeitsräumen zu entfernen. Lackvorräte und Verdünnungsmittel dürfen im Arbeitsraum nur in Mengen des halben Tagesbedarfs in metallenen, gut verschlossenen Gefäßen aufbewahrt werden. Kleinere Vorratsflaschen bis zu 2 Liter Inhalt zum Auffüllen der Spritzpistolen müssen zum Schutze gegen Verdunsten mit dichthaltenden metallenen Verschlüssen versehen und gegen Umfallen gesichert sein. Alle Vorratsgefäße haben den Aufdruck „feuergefährlich“ zu tragen.

14. Das Rauchen in den Betriebs- und einschlägigen Lagerräumen usw. ist verboten, ebenso das Betreten der Räume mit offenem Licht oder glühenden bzw. brennenden Stoffen sowie das Mitbringen von Zündhölzern und Feuerzeugen. Entsprechende Verbote sind in leicht lesbarer Weise anzubringen.

15. Für den Fall eines Brandes sind innerhalb der Arbeitsräume und auch außerhalb derselben Löschgeräte für den ersten Notfall in ausreichender Zahl bereitzuhalten. Innerhalb der Arbeitsräume müssen solche Löschgeräte so untergebracht werden, daß sie ohne Zurücklegung längerer Laufstrecken von dem Arbeitspersonal erreicht werden können.

16. In den Spritz- und Tauchlackierereien und bei den Trockenöfen ist nur unbedingt zuverlässiges und geübtes Personal zu verwenden.

Für die Lagerung feuergefährlicher Flüssigkeiten hat sich die Verdrängung der Luft in den in Lagerbehältern und Rohrleitungen verbleibenden Hohlräumen durch Schutzgase, welche die Verbrennung nicht unterhalten und eventuell auch unter erhöhtem Druck stehen (System Martini und Hünecke), sehr bewährt, besonders dann, wenn die Lagerung, wie nach der Polizeiverordnung vom 26. November 1930 unter gewissen Umständen zulässig, oberirdisch erfolgt. Vielfach werden auch Anlagen verwendet, die durch entsprechende Ventile gegen Flammeneinschlag gesichert sind. Derartige Apparate liefert die Fabrik explosionssicherer Gefäße Salzkotten G. m. b. H., Berlin.

Beim Umfüllen müssen Vorrats- und Abfüllgefäß leitend miteinander verbunden sein und die Strömungsgeschwindigkeit niedrig gehalten werden, um das Auftreten von Funken durch Bildung statischer Elektrizität zu verhindern. Die Lösungsmittel, vor allem Äther, Benzin und Benzol, laden sich leicht beim Durchfließen durch Röhren auf. Nach

Dolezalek[1] können bei einer Strömungsgeschwindigkeit von 1 m/sec bereits Potentiale von 1000 Volt auftreten, während zur Zündung durch Funken das Mindestpotential nur 300 Volt beträgt.

## 2. Behandlung von Umschließungen.

Besondere Sorgfalt erfordert die Behandlung von Umschließungen, die sich schwer öffnen lassen oder repariert werden sollen. Hierfür gibt die I. G. Farbenindustrie Aktiengesellschaft[2] nachstehende Vorschriften:

Es sei besonders betont, daß weder an vollen noch an leeren Umschließungen mit der Lötlampe, mit dem Schweißapparat oder in anderer Weise, bei der mit Feuer gearbeitet wird, oder durch die Funken entstehen, hantiert werden darf, falls derartige Gefäße undicht geworden sind. Auch das Arbeiten mit dem Hammer muß unterbleiben, da damit stets die Gefahr der Funkenbildung verbunden ist, vielmehr sind Holz- oder Bronzewerkzeuge zu verwenden.

Sollten sich irgendwelche Reparaturen (Schweißarbeiten) an vollen Kannen oder Fässern als notwendig erweisen, so sind die Behälter zuerst vollständig zu entleeren. Die dann in den Gefäßen noch vorhandenen, im Gemisch mit Luft explosiblen Dünste müssen hierauf dadurch vollständig beseitigt werden, daß man die Verpackung mit Wasser ganz anfüllt, entleert und dies 2—3mal wiederholt. Wo Dampf zur Verfügung steht, bläst man den betreffenden Behälter nach dem Ausspülen mit Wasser noch gründlich mit Dampf aus.

Der auf die eine oder andere Weise gereinigte Behälter wird nun wieder mit Wasser ganz angefüllt, wobei dafür zu sorgen ist, daß sich entwickelnder Dampf nicht spannen kann. Ein Faß z. B. ist also bei Wasserfüllung zur Vornahme einer Schweißarbeit mit der Öffnung nach oben zu lagern oder es ist, falls in dieser Lage nicht gearbeitet werden kann, mit einem in das Zapfloch eingeschraubten, nach außen genügend langen Knierohr zu versehen, das als kommunizierendes Rohr zum Faß wirkend eine spannungsfreie Wasserfüllung gestattet.

Wenn bei genieteten Fässern die Überlappungsstelle oder die Nieten undicht sind, so ist jegliche Schweißarbeit daran zu unterlassen.

Die betreffenden Behälter sind in diesem Falle an das Lieferwerk unter Kennzeichnung der undichten Stelle (am besten durch ein mit Ölfarbe angebrachtes Zeichen) zur Reparatur einzusenden.

In gleicher Weise ist bei den bereits entleerten Umschließungen zu verfahren. Gerade bei leeren Verpackungen ist wegen der darin meist enthaltenen Luft-Gas-Gemische, die sich aus Lösungsmittel-

---

[1] Chem. Ind. 1913 S. 33; vgl. Farbe u. Lack 1928 S. 427.

[2] Broschüre Lösungsmittel und Weichmachungsmittel.

resten gebildet haben, ganz besondere Vorsicht nötig. Es sollte deshalb keinesfalls an ihnen irgendeine Reparatur vorgenommen werden, ehe sie nicht in der vorstehend beschriebenen Weise behandelt worden sind.

## D. Feuerlöschmittel.

Bei der Löschung von Lösungsmittel- und Lackbränden kann Wasser allein nicht verwendet werden, weil die meisten Lösungsmittel leichter als Wasser sind und sich damit nicht mischen. Zum Löschen kleiner Brände, vor allem in Laboratorien, eignen sich Handfeuerlöscher, welche mit Tetrachlorkohlenstoff gefüllt sind. Derartige Handfeuerlöscher, die in keinem Laboratorium fehlen sollten, dürfen nach den Richtlinien des Tetra-Ausschusses des Reichsverbandes deutscher Feuerwehrausschüsse nur 2 Liter Inhalt haben und müssen eine Gebrauchsanweisung tragen.

Für größere Brände verwendet man entweder Trockenlöscher oder Schaumlöscher. Erstere bedienen sich der flüssigen Kohlensäure, die sich in Stahlflaschen befindet. Sie wird aus einer Düse expandiert und in Form von Kohlensäureschnee ausgeschleudert. Nach diesem Prinzip arbeitet der Trockenlöscher „Polartotal“ der Polar G. m. b. H. Auch ortsfeste Anlagen mit flüssiger Kohlensäure, die bei Überschreitung einer bestimmten Temperatur automatisch in Kraft treten, sind im Gebrauch (Lieferant Walther & Co., Köln-Dellbrück). Bei allen Kohlensäurelöschern ist insofern Vorsicht geboten, als dem Ersticken der Löschmannschaft durch die Kohlensäuredämpfe durch entsprechende Belüftungsmöglichkeiten vorgebeugt werden muß. Die Anwendung dieser Löscher ist daher begrenzt.

Am besten dürften sich zur Zeit die Schaumlöscher eignen. Sie erzeugen aus Lösungen von Saponinen oder seifenartigen Stoffen von hohem Schaumbildevermögen, z. B. Erkalen der I. G. Farbenindustrie Aktiengesellschaft, mit Luft oder Kohlensäure einen dichten Schaum, der sehr voluminös ist und den brennenden Gegenstand, auch wenn er leichter als Wasser ist, umhüllt und von dem Zutritt der Luft abschließt. Solche Schaumlöscher sind ortsfest oder beweglich. Hersteller sind unter anderen die Minimax A.-G., Berlin, und Wintrich, Bensheim.

## E. Atemschutz.

Für die Verarbeitung von Lösungsmitteln, besonders in manchen Spritzkammern, ist mitunter trotz guter Absaugung die Berührung des Arbeiters mit Lösungsmitteldämpfen in höheren Konzentrationen nicht vollkommen zu vermeiden. Man ist dann zur Verwendung eines Atemschutzgerätes gezwungen. Hierzu dienen Gasmasken, welche Nase und Mund überdecken und mit entsprechenden Filtereinsätzen versehen sind.

Die in Deutschland üblichen Einsatzfilter sind weitgehend genormt. Für den Schutz gegen Lösungsmittel eignet sich besonders das Schutzfilter A (braun), das mit Aktivkohle gefüllt ist. Weniger wirksam sind die Filter B (grau) und F (rot). Die Aufnahmefähigkeit dieser Filter für Lösungsmitteldämpfe ist sehr hoch und beträgt beim Filter A bis zu etwa 37 g, doch hängt sie stark von der Luftfeuchtigkeit und anderen Faktoren ab. Hersteller derartiger Atemschutzgeräte sind das Draeger-Werk, Lübeck, und die Deutsche Gasglühlicht-Auer-Gesellschaft, Berlin.

# XI. Die Analyse von Lösungsmitteln und Lacken.

Die Ausarbeitung von Analysenmethoden, welche eine rasche und sichere Erkennung der Zusammensetzung von Lösungsmittelgemischen und Lacken gestatten, ist von den verschiedensten Seiten wiederholt versucht worden. Die Literaturangaben betreffen indessen hauptsächlich die Abtrennung einzelner Bestandteile; ein allgemein gültiges Analysenschema ist dagegen bisher noch nicht aufgestellt worden.

Einheitliche Lösungsmittel lassen sich ziemlich leicht durch Siedepunkt, spezifisches Gewicht, Brechungsindex und chemische Konstanten, wie Hydroxylzahl und Esterzahl, identifizieren; häufig ist auch der Geruch charakteristisch. Auch Mischungen von zwei oder drei verschiedenen Lösungsmitteln lassen sich oft qualitativ am Geruch erkennen, besonders, wenn man einige Tropfen davon zwischen den Händen verreibt.

Celluloselacke indessen und deren Verdünnungsmittel enthalten meist eine größere Anzahl von Lösungsmitteln, von denen einige nur in kleinen Mengen vorhanden sind, obwohl sie die Eigenschaften der Lacke weitgehend beeinflussen. Die Mischungsmöglichkeit dieser Lösungsmittel und die Zahl der möglichen Bestandteile in den Mischungen ist gewöhnlich sehr groß. Ein allgemein gültiger Analysengang kann dafür nicht aufgestellt werden; es gehört oft ein gutes chemisches Gefühl und eine größere Erfahrung dazu, um die Zusammensetzung von Lacken und Lösungsmittelgemischen mit wenigen Versuchen zu ermitteln. Bei Mischungen aus einer größeren Zahl von Komponenten ist es immer ratsam, auf Grund der erhaltenen Daten eine Nachstellung zu machen und deren Eigenschaften zu prüfen. Ergeben sich dabei Unterschiede, so wird der erfahrene Praktiker meist leicht sehen, worauf diese beruhen.

In Lösungen ermittelt man zunächst den Gehalt an flüchtigen und nichtflüchtigen Produkten, indem man eine gewogene Menge Lösung bis zur Gewichtskonstanz trocknet. Dabei soll die verdunstende Lösung eine möglichst große Oberfläche haben und der Trockenrückstand eine nur dünne Schicht bilden, damit nicht zu große Mengen schwerflüchtiger Lösungsmittel zurückbleiben.

## A. Trennung der nichtflüchtigen und flüchtigen Bestandteile.

Um die Zusammensetzung der flüchtigen Bestandteile einer Lösung zu ermitteln, müssen diese zunächst von den nichtflüchtigen Anteilen getrennt werden. Hierzu kann eine Normaldestilliereinrichtung dienen. In den Kolben wird eine gewogene Menge der Lösung eingefüllt und aus einem Warmluft- oder Ölbad vorsichtig destilliert. Um für den Fall des Platzens des Kolbens die Brandgefahr niedrig zu halten, wird als Ölbadflüssigkeit zweckmäßig Trikresylphosphat verwendet, das auch den Vorteil hat, sehr hell zu sein, und bei den hier vorkommenden Temperaturen durchaus beständig ist.

Die Temperatur wird in dem Maße gesteigert, in dem die Lösungsmittel abdestillieren; durch Kontrolle der Temperatur des übergehenden Lösungsmitteldampfes läßt sich manchmal schon ein konstant siedendes azeotropisches Gemisch abfangen, dessen Analyse dann leichter ist. Meist wird man aber zunächst die ganze Lösungsmittelmenge gesammelt auffangen und gegebenenfalls nachträglich nochmals in Fraktionen zerlegen. Wegen der Zersetzlichkeit der Nitrocellulose darf die Temperatur des Ölbades beim Destillieren von Nitrocelluloselacken höchstens auf etwa 150° C gesteigert werden. Zeigt es sich, daß bis zu dieser Temperatur nicht mindestens 90—95% des vorher ermittelten Lösungsmittelgehaltes abdestillieren, so ist unter Anwendung von Vakuum weiterzudestillieren, wobei für gute Kühlung möglichst mit Eiswasser zu sorgen ist, damit Verdunstungsverluste vermieden werden. Aus dem gleichen Grunde ist vor Anlegen des Vakuums die Vorlage zu wechseln. Um eine Zersetzung der Nitrocellulose bei Temperaturen über 100° C zu vermeiden, ist auch vorgeschlagen worden, den Lack mit etwa der $1^1/_2$fachen Menge an Dibutylphthalat zu mischen, die Mischung zunächst bis 110° C und nach Zugabe von Wasser erneut bis 100° zu destillieren[1]. Auch diese Art der Bestimmung, die den Nach-

[1] Oil and Col. Trades Journ. Bd. 78 Nr 1662 (1930) S. 559; Ref. Farben-Ztg. Bd. 36 S. 829.

teil hat, störende Wassermengen in das zu untersuchende Gemisch einzuschleppen, mag in einzelnen Fällen geeignet sein.

Enthält der Lack hochsiedende Lösungsmittel, so kann es zweckmäßig sein, zunächst die Nitrocellulose und eventuell Teile des Harzes durch eine gemessene Menge Benzin oder Benzol unter Schütteln auszufällen. Hierfür eignet sich vor allem Benzin, weil es die Nitrocellulose in feiner, leicht abzutrennender Form ausfällt, sofern keine benzinunlöslichen Harze oder Weichmachungsmittel zugegen sind, während Benzol die Nitrocellulose leicht in gequollener, gelartiger Beschaffenheit fällt, doch findet auch Benzol Verwendung. Die Lösung wird dann nach Abtrennung der Nitrocellulose, die eventuell noch die Pigmente des Lackes enthält und anschließend gereinigt und gewogen werden kann, destilliert. Man kann in diesem Falle mit der Temperatur auch höher als 150° gehen, weil ja keine Zersetzungsgefahr mehr besteht. Nach Abtreiben der Lösungsmittel hinterbleiben etwa vorhandene Harze, Weichmachungsmittel, Öle und lösliche Farbstoffe. Man kann bei der Destillation so verfahren, daß man die Gesamtmenge auffängt, doch kann man auch sogleich durch getrenntes Auffangen in mehrere Fraktionen zerlegen, beispielsweise solche von je 25 ccm (bei 100 ccm Lösungsmittel) oder solche, die bei annähernd der gleichen Temperatur übergehen.

## B. Zerlegung von Lösungsmittelgemischen.

Das Destillat oder ein zur Untersuchung vorliegender rückstandfreier Verdünner wird zunächst mit Hilfe von Phosphorschwefelsäure oder 84proz. Schwefelsäure auf einen Gehalt an Kohlenwasserstoffen geprüft (Phosphorschwefelsäure wird erhalten, indem man zu 170 ccm technischer Phosphorsäure 100 ccm konzentrierte Schwefelsäure vorsichtig unter gutem Schütteln zufügt). In ihr sind Alkohole, Glykoläther, Ester und Ketone beim Schütteln vollkommen löslich, während Kohlenwasserstoffe und Chlorkohlenwasserstoffe ungelöst bleiben und sich meist an der Oberfläche abscheiden. In einem Meßröhrchen kann man leicht feststellen, wieviel Raumteile Unlösliches aus einer abgemessenen Volumenmenge Lösungsmittel erhalten werden. Ohne Berücksichtigung der Volumenkontraktion beim Mischen erhält man so annähernd deren Gehalt.

### 1. Bestimmung der Kohlenwasserstoffe.

Von den im unlöslichen Teil vorhandenen Benzin- und Benzolkohlenwasserstoffen lassen sich letztere, meist Toluol oder Xylol, oft schon am Geruch erkennen. Die Anwesenheit von Chlorkohlenwasserstoffen ist selten. Die Bestimmung des spezifischen Gewichtes, das für Benzin bei rund 0,75, bei Benzolkohlenwasserstoffen im Mittel bei 0,86 liegt, gibt weiteren Aufschluß. Die Anwendung des Brechungsindex wurde bereits in Kapitel II F erwähnt.

Die Trennung der Kohlenwasserstoffe kann durch Behandeln mit rauchender Schwefelsäure erfolgen; bei diesem Verfahren wird das Gemisch mit etwa der dreifachen Menge rauchender Schwefelsäure mit 20% $SO_3$-Gehalt vorsichtig unter guter Kühlung geschüttelt (Schutzbrille!) und stehen gelassen. Bei solcher Behandlung werden die aromatischen Kohlenwasserstoffe sulfiert, während die gesättigten Benzine unverändert bleiben und sich abscheiden vor allem, wenn man mit konzentrierter Schwefelsäure noch verdünnt. Sind nur kleine Benzinmengen vorhanden, so muß die Schwefelsäurelösung auf Eis gegossen und aus der Lösung das Benzin abgeschieden werden, doch ist dies selten nötig.

Eine andere Trennungsmethode, die jedoch nicht zur Bestimmung geringer Mengen Benzinkohlenwasserstoffe neben großen Mengen Benzolkohlenwasserstoffen geeignet ist, benutzt Dimethylsulfat, das aromatische Kohlenwasserstoffe auflöst, während die Benzine sich abscheiden, so daß ihre Menge direkt gemessen werden kann. Beim Arbeiten mit Dimethylsulfat muß große Vorsicht walten, weil es ein starkes Ätzgift ist. Daher Vorsicht vor Spritzern, namentlich auf Kleidern, auch keine Dämpfe des glücklicherweise schwerflüchtigen Produktes einatmen, z. B. an Spültrögen!

Zahlreiche andere bekannte Methoden zur Abtrennung der Benzine sind weniger einfach.

Qualitativ wird auch mit Dracorubinpapier nach K. Dietrich-Helfenberg[1] geprüft. Man wirft 3—4 Streifen des Papieres in ein Reagenzglas mit Lösungsmittel und läßt 1 bzw. 12 Stunden stehen, worauf das Papier herausgenommen und getrocknet wird. Benzine bleiben in Berührung mit Dracorubinpapier mehrere Stunden vollkommen farblos, während sich die Flüssigkeit bei Anwesenheit von Benzolkohlenwasserstoffen rosa bis rot färbt, weil letztere den Farbstoff aus dem Papier herauslösen, sofern sie in genügender Konzentration vorhanden sind. Die Dracorubinprobe ist auch für die Erkennung einiger anderer Lösungsmittel nicht ungeeignet; über das Verhalten einiger Lösungsmittel bei der Dracorubinprobe gibt die Tabelle auf S. 309 Aufschluß[2].

Die weitere Identifizierung der Benzinkohlenwasserstoffe erfolgt durch Destillation. Die Art des Benzolkohlenwasserstoffes wird meist durch Destillationsvergleich vor und nach der Trennung ermittelt.

[1] Hersteller Helfenberg A. G., Helfenberg bei Dresden.
[2] Frank u. Marckwald: Farben-Ztg. Bd. 21 S. 629.

## 2. Bestimmung der Alkohole.

Von im zu prüfenden Lösungsmittelgemisch vorhandenen Alkoholen lassen sich nur Methanol und Sprit direkt abtrennen, weil sie in konzentrierter Chlorcalciumlösung löslich sind. Die höheren Alkohole vom Isopropylalkohol aufwärts lösen sich nicht oder nur wenig in Salzlösungen; sie können aus wässerigen Lösungen durch Zusatz von Salzen ausgeschieden werden. Aus der Chlorcalciumlösung werden Methyl- und Äthylalkohol durch Verdünnen und Destillieren aufgearbeitet und beispielsweise in Form der p-Nitrobenzoesäureester identifiziert.

Schmelzpunkt des Methyl-p-Nitrobenzoates 95°
„ „ Äthyl-p-Nitrobenzoates 57°.

Zur quantitativen Bestimmung kann die Veresterung mit Acetanhydrid oder mit Ameisensäure[1] angewandt werden, soweit nicht aus dem Siedepunkt schon genügende Schlüsse zu ziehen sind.

Die Propyl- und Butylalkohole gewinnt man mitunter, indem man das Lösungsmittelgemisch nach der Abtrennung von Methanol und Äthylalkohol mit Wasser entsprechend ausschüttelt und dann aussalzt. Die Trennung der verschiedenen Alkohole verläuft aber nicht quantitativ. Man hat dann eventuell Gemische von Estern wie Methyl-, Äthylacetat und den Alkoholen, über deren Zusammensetzung qualitativ der Geruch, quantitativ häufig die Destillation einen Überblick gibt. Über die Bestimmung von Butyl- und Amylalkohol s. unten. Da die höheren Alkohole in organischen Lösungsmitteln besser löslich sind als in Wasser, so versagt das Ausschütteln mit Wasser in vielen Fällen.

Glykoläther lassen sich nicht leicht fassen, und eine typische Identitätsreaktion für sie, die eine qualitative oder quantitative Bestimmung gestatten würde, ist nicht bekannt. Man wird beim getrennten Auffangen verschiedener Destillationsfraktionen auf sie prüfen, muß dabei aber die Möglichkeit der Bildung azeotropischer Gemische beachten. Liegt ein Gemisch von Äthylglykol und Wasser vor, so kann letzteres durch den Zusatz von Kohlenwasserstoffen, z. B. von Xylol, bei der Destillation abgetrennt werden.

Vielfach wird die Analyse der Alkohole durch Bestimmung der Acetylierungszahl[2], auch Hydroxylzahl genannt, erleichtert. Diese gibt die Anzahl Milligramm KOH an, die verbraucht wird, um die von einem Gramm des Alkohols bindungsfähige Säure zu neutralisieren. Man erhitzt zu dieser Bestimmung 0,5 g der alkoholhaltigen Substanz mit etwa 1 ccm Essigsäureanhydrid unter einem Capillarsteigrohr auf 90—100°, verdünnt nach dem Erkalten mit Wasser, erwärmt einige Zeit auf etwa 50°, neutralisiert gegen Phenolphthalein und verseift

---

[1] Wimmer: Ztschr. f. angew. Ch. 1925 S. 721.

[2] Chem. Umschau a. d. Geb. d. Fette, Öle, Wachse u. Harze 1922 S. 2.

dann nach Zugabe einer abgemessenen Menge alkoholischer n-Kalilauge unter Zusatz von Alkohol. Nach beendeter Verseifung wird titriert. Bei gleichzeitiger Anwesenheit von Estern neben den zu bestimmenden Alkoholen muß man vorher die Verseifungszahl bestimmen und von der hier ermittelten Zahl abziehen. Die Acetylierungszahlen der wichtigsten aliphatischen Alkohole sind folgende:

| | | | |
|---|---|---|---|
| Methanol | 1753 | Amylalkohole | 636 |
| Äthylalkohol | 1219 | Cyclohexanol | 561 |
| Propylalkohol | 935 | Methylcyclohexanole | 492 |
| Butylalkohole | 758 | | |

Cyclohexanol, das häufig schon durch den Geruch kenntlich ist, wird nach Markusson[1] in Textilölen bestimmt, indem man mit Wasserdampf destilliert und mit Benzoylchlorid in das Benzoat, $n_D^{20} = 1{,}5103$, überführt. In Seifenmischungen wird es nach Jakes[2] bestimmt, indem man nach Zusatz von Schwefelsäure mit Wasserdampf destilliert, den Siedepunkt des Produktes ermittelt und eventuell acetyliert.

## 3. Bestimmung der Ester.

Der Estergehalt ergibt sich annähernd aus der Differenz der Abscheidungen mit Chlorcalciumlösung und mit Phosphorschwefelsäure. Häufig läßt sich die Natur des Esters aus dem Geruch und dem Vergleich der Siedegrenzen erkennen. Man kann auch die Ester in der Lösungsmittelmischung durch Kochen mit alkoholischer Kalilauge verseifen und den Überschuß an Lauge zurücktitrieren. Wenn der Gehalt an Kohlenwasserstoffen und Alkoholen bekannt ist, hat man oft genügend Anhaltspunkte für die Natur des Esters.

Nachstehend werden die Verseifungszahlen der wichtigsten Ester angegeben:

| | Molekulargewicht | Verseifungszahl |
|---|---|---|
| Methylacetat | 74 | 757 |
| Äthylacetat | 88 | 636 |
| Propylacetat<br>Isopropylacetat | 102 | 549 |
| Isobutylacetat<br>Butylacetat 100proz. | 116 | 483 |
| Butylacetat 85proz. | — | ca. 410 |
| Amylacetat rein | 130 | 431 |
| Techn. Amylacetat | — | ca. 400 |
| Äthylglykolacetat | 132 | 424 |
| Cyclohexylacetat | 142 | 395 |
| Methylcyclohexylacetat | 156 | 360 |

[1] Chem.-Ztg. Bd. 49 S. 656. [2] Seifensieder-Ztg. Bd. 51 S. 859, 877.

Man kann aber auch mit Phosphorschwefelsäure oder, wie H. Wolff[1] vorschlägt, mit Schwefelsäure vom spezifischen Gewicht 1,78 unter Kühlung zunächst die Ester, eventuell nach vorheriger Abtrennung der Alkohole, von den Kohlenwasserstoffen trennen. Darauf wird mit Wasser verdünnt und mit Dampf destilliert. Das Destillat wird konzentriert und die sich abscheidenden wasserunlöslichen Ester werden abgetrennt und mit Glaubersalz getrocknet. Den über 90° siedenden Anteil, den man als Summe der höheren Alkohole und Ester betrachtet, verseift man und bestimmt eventuell den Alkohol mit Hilfe von Chlorcalciumlösung, Siedepunkt, p-Nitrobenzoesäureester od. dgl.

Kennt man so den Anteil an Butyl- + Amylverbindungen, so verdünnt man zur Bestimmung des Gehaltes an den einzelnen Bestandteilen nach H. Wolff einen Teil soweit mit 70proz. Sprit, bis eine Lösung von 0,04 ccm in 100 ccm Sprit entsteht. 5 ccm davon werden mit 2,5 ccm Wasser und einer 1proz. Lösung von Salicylaldehyd in 70proz. Sprit vermischt. Nach Zugabe von 20 ccm konzentrierter Schwefelsäure läßt man $^3/_4$ Stunden stehen und fügt 50 ccm einer 1 : 1 mit Wasser verdünnten Schwefelsäure zu.

Diese Lösung hat die Farbe von Tokayerwein, wenn nur Butylverbindungen zugegen sind, bei Anwesenheit von Amylverbindungen wird sie tiefrot (Fellenbergsche Reaktion). Durch Vergleich mit Typlösungen kann man den Gehalt an Butyl- und Amylverbindungen ermitteln.

Ein anderer Nachweis von Butyl- und Amylalkohol bzw. deren Estern stammt von H. Weber[2]. Er beruht auf der Eigenschaft von Kobaltrhodanid, sich in Alkoholen mit blauer Farbe zu lösen. Als Reagens wird eine Mischung von 2 ccm 5proz. Kobaltnitratlösung, 24 ccm Wasser und 10 ccm einer aus 12,5 Teilen Ammonrhodanid und 10 Teilen Wasser verwendet. Die zu untersuchende Probe wird mit diesem Reagens im Verhältnis 1 : 2 gemischt und durchgeschüttelt. Es treten dann folgende Farberscheinungen auf:

| | Obere Schicht | Untere Schicht |
|---|---|---|
| Isoamylalkohol | blau | farblos |
| Isobutylalkohol | blau | grünblau, bei Verdünnen mit Reagens einheitlich blau, bei Wasserzusatz bis Farbenumschlag in Rosa keine Entmischung |
| n-Butanol | blau | blau |
| „ mit Wasser verdünnt (Entmischung) | blau | rosa |
| Amyl- und Butylacetat | blau | rosa |
| „ kurz erhitzt | farblos | blau |

Es ist dabei notwendig, Alkohole von etwa vorhandenen Kohlenwasserstoffen zu trennen, was durch Ausschütteln mit 25proz. Salzsäure,

[1] Farbe u. Lack 1929 S. 454. [2] Chem.-Ztg. Bd. 54 S. 61.

Nachwaschen mit flüssigem Paraffinöl und Neutralisieren geschehen kann. Ester werden vorher zweckmäßig verseift.

### 4. Bestimmung der Ketone.

Ketone können mit wässeriger Natriumbisulfitlösung als Komplexverbindung ausgeschüttelt und nach deren Zerlegung durch Siedepunkt und Geruch erkannt werden. Sie lassen sich ferner bequem bestimmen, weil sie mit Hydroxylaminchlorhydrat leicht in Oxime übergeführt werden. Am einfachsten oximiert man das Lösungsmittelgemisch bei Zimmertemperatur oder mäßiger Wärme. Beispielsweise behandelt man zur Bestimmung von Cyclohexanon 20 Teile Substanz gelöst in 100 Teilen Alkohol mit 100 ccm Hydroxylamin-Chlorhydratlösung 70 : 1000 und läßt $^1/_2$ Stunde stehen. Die dabei gemäß der Gleichung

$$C_5H_{10}CO + H_2NOH \cdot HCl = C_5H_{10}C = NOH + H_2O + HCl$$

frei werdende Salzsäure wird nach Noll[1] mit n-Lauge gegen Methylorange zurücktitriert und ergibt den Gehalt an Keton. 1 ccm n-NaOH = 0,098 g Cyclohexanon.

Wenn von Ketonen lediglich Aceton vorhanden ist, wird es auch leicht qualitativ und quantitativ mit Hilfe der Jodoformreaktion (nach Messinger) bestimmt. Man versetzt dazu einen kleinen Teil des Lösungsmittels zunächst mit Normal-Natronlauge und fügt einen reichlichen Überschuß an n/10 Jodlösung zu. Nach kurzem Stehen wird mit verdünnter Schwefelsäure eben angesäuert und das überschüssige Jod mit n/10 Thiosulfat gegen Stärkelösung zurücktitriert. 100 ccm verbrauchter n/10 Jodlösung entsprechen 0,0966 g Aceton.

### 5. Bestimmung der Äther.

Von Äthern trifft man meist nur den Diäthyläther an. Er siedet so niedrig, daß er dadurch leicht erkannt und durch Destillation abgetrennt wird. Sein eigenartiger Geruch verrät gewöhnlich schon die Anwesenheit selbst von kleinen Mengen. Dioxan kann daran erkannt werden, daß es mit Tetranitromethan eine lebhafte Gelbfärbung gibt[2].

## C. Bestimmung nichtflüchtiger Weichmachungsmittel und Öle.

Hierzu ist vor allem völlige Abtrennung der vorhandenen Celluloseester erforderlich. Wie eingangs erwähnt, läßt sich der Celluloseester am bequemsten mit Benzin ausfällen. Manche Weichmachungsmittel

[1] Ztsch. Dtsch. Öl- u. Fettind. Bd. 46 S. 689. Vgl. ferner Krajčinovič, Chem.-Ztg. Bd. 55 S. 894.

[2] Reid u. Hofmann: Ind. and Engin. Chem. Bd. 21 S. 695.

sind indessen in Benzin wenig löslich und fallen hierbei mit aus, vor allem, wenn in Benzin unlösliche Harze in der Lösung vorhanden sind, die einen Teil des Weichmachers mitreißen. Es ist deshalb häufig empfehlenswerter, die Lösung in etwa die zehnfache Menge Benzol oder Toluol unter gutem Schütteln einlaufen zu lassen. Der ausgeschiedene Celluloseester, der gewöhnlich auch das Pigment vollständig enthält, wird abgetrennt und mit Benzol nachgewaschen. Aus den vereinigten Lösungen hinterbleibt nach dem Abdestillieren der Lösungsmittel das Weichmachungsmittel, eventuell gemischt mit Harzen und löslichen Teerfarbstoffen. Durch das Harz können die weiteren Untersuchungen erschwert werden, doch ist eine Trennung wegen der meist sehr weitgehend übereinstimmenden Löslichkeit von Weichmachungsmittel und Harz in der Regel schwierig.

In der Mischung läßt sich Campher schon durch den Geruch nachweisen. Bei Anwesenheit von Ricinusöl oder trocknenden Ölen behandelt man den Rückstand mit Alkohol; Ricinusöl geht ebenso wie viele synthetische Weichmachungsmittel in Lösung, während die trocknenden Öle in Alkohol nicht löslich sind.

Toluolsulfamidprodukte werden durch Prüfung auf Stickstoff und Schwefel nachgewiesen.

Besonders leicht ist der Nachweis der sog. Phthalsäure„harze". Während die neutralen Alkylester der Phthalsäure (Palatinole) beim Erhitzen fast alle unzersetzt destillieren, erleiden die Phthalsäure„harze" eine Umlagerung, bei der Phthalsäureanhydrid entweicht und sich im Reagensglas an den kälteren Teilen abscheidet.

Man zerlegt zweckmäßig den Rückstand der Benzolauszüge durch Erwärmen mit Alkali in einen verseifbaren und einen unverseifbaren Anteil. Letzterer besteht aus Mineralölen und gewissen Harzprodukten. Wichtiger ist der verseifbare Anteil. Er enthält die in den Weichmachungsmitteln enthaltenen Säuren. Von diesen läßt sich Phthalsäure am sichersten durch vorsichtiges Erwärmen mit Resorcin und konzentrierter Schwefelsäure nachweisen. Man gießt die kurze Zeit auf ca. 160° erwärmte Mischung in Wasser und übersättigt mit Ammoniak. Bei Anwesenheit von Phthalsäure tritt grüne Fluorescenz durch das gebildete Fluorescein ein. Nach Holde, Bleyberg und Aziz[1] ist die Reaktion nur dann eindeutig, wenn man ohne Schwefelsäure auf 205—210° erhitzt, weil Ölsäure, Eläostearinsäure, Stearinsäure und Naphthensäuren mit Schwefelsäure-Resorcin ähnliche Fluorescenzerscheinungen geben. Phthalsäure wird auch daran erkannt, daß sie beim Erwärmen im Reagensglas sublimiert und sich an den kälteren Teilen in Form langer weißer Spieße und Nadeln krystallinisch niederschlägt.

[1] Z. f. angew. Chem. Bd. 42 S. 283.

Phosphorsäure wird am besten nach Oxydation des Weichmachungsmittels mit konzentrierter Salpetersäure (Vorsicht wegen der Bildung von Pikrinsäure!!) in üblicher Weise durch Zusatz von Ammonmolybdat als gelber Niederschlag von Molybdänammoniumphosphat $(NH_4)_3PO_4 \cdot 12MoO_3$ nachgewiesen.

Bei Anwesenheit von Säuren der fetten Öle wird zweckmäßig die Jodzahl u. dgl. bestimmt. Zur Erkennung kann das Verhalten der unverseiften Weichmachungsmittel mit herangezogen werden.

# XII. Die Herstellung von Lösungsmitteln.

## A. Die Ausgangsmaterialien.

Obgleich die Zahl der Lösungs- und Weichmachungsmittel außerordentlich groß ist und die Produkte chemisch zu den verschiedensten Klassen von Verbindungen gehören, lassen sich doch beinahe alle aus ganz wenigen Grundstoffen herstellen, welche die Natur uns bietet und auf welche sich ein großer Teil der übrigen Produkte der chemischen Industrie aufbaut. Diese Grundstoffe sind:

Erdöl und Erdgas,

Kohle (Stein- und Braunkohle),

Kohlehydrate (Lignin, Cellulose, Stärke, Zucker) enthaltende Naturstoffe.

Bei der Umarbeitung dieser Grundstoffe bedeutet die Gewinnung von Lösungsmitteln fast immer nur ein Teilgebiet; in der Regel entstehen gleichzeitig Produkte, die für andere Gebiete chemisch verarbeitet werden. Für die Lösungsmittelindustrie sind ferner verschiedene Hilfsstoffe (z. B. Wasserstoff) notwendig, die in den meisten Fällen nicht in wirtschaftlicher Weise für sich allein erzeugt werden können. Die Frage der Wirtschaftlichkeit eines Verfahrens hängt daher sehr stark von den örtlichen Verhältnissen und der Verflechtung mit anderen chemischen Betrieben und der dadurch gewährleisteten Ausnutzung aller Nebenprodukte und Spesenverteilung ab.

Nur in einzelnen, allerdings nicht unwichtigen Ausnahmefällen, z. B. bei Gärungsverfahren, war bisher ein rationelles Arbeiten ohne Bindung an andere Betriebe möglich. Die wachsende Konkurrenz und die in der ganzen Welt drückende Überproduktion an Lösungsmitteln zwingt aber auch hier dazu, die Nebenprodukte möglichst weitgehend auszunutzen, eine Entwicklung, die sich besonders in Amerika bereits deutlich zeigt und in Zukunft noch zunehmen wird.

Viele Lösungsmittel können nicht nur aus einem, sondern aus mehreren der genannten Grundstoffe hergestellt werden. Die Wirtschaftlichkeit ist dabei vollständig von den örtlichen Faktoren abhängig.

# B. Die Gewinnung von Zwischenprodukten und Lösungsmitteln aus Erdgas und Erdöl.

Erdöl und Erdgas entströmen in verschiedenen Gegenden der Erde, vor allem in Amerika, Mexiko, Südamerika, Rußland, Persien, dem Irak, Polen und Rumänien. Auch in Deutschland sind in den letzten Jahren sehr große Vorkommen festgestellt worden, deren Ausbeutung begonnen hat. Die Frage, ob die Erdöle tierischer oder pflanzlicher Herkunft sind, ist bis heute noch nicht eindeutig geklärt. Man unterscheidet Quellen, welche nur Erdgas oder flüssiges Erdöl oder beides nebeneinander enthalten. Eine ausführliche Beschreibung gibt Kissling: Chemische Technologie des Erdöls. 1924.

## 1. Erdgas.

Erdgasquellen, welche nur Gasbestandteile enthalten, sind in Nordamerika und einigen anderen Erdölländern, vereinzelt auch in Deutschland bekannt. Sie enthalten meist ein ziemlich reines und nur durch Stickstoff verunreinigtes Methan (Sumpfgas) $CH_4$, den niedersten Kohlenwasserstoff, den die organische Chemie kennt. Methan wird zwar zum allergrößten Teil für andere Zwecke verwendet, ist indessen auch ein wichtiges Ausgangsmaterial für Lösungsmittel. In diesen Quellen kommen Äthan, Propan und höhere Kohlenwasserstoffe nicht immer und nur in kleinen Mengen vor.

In anderen Quellen tritt Erdgas nur in Verbindung mit flüssigen Kohlenwasserstoffen, also mit Erdölen auf, wobei die Zusammensetzung stark schwankt. Die Gasanteile sind in solchen Fällen wesentlich ärmer an Methan, enthalten aber häufig größere Mengen an Äthan $C_2H_6$ und Propan $C_3H_8$, daneben finden sich Butan $C_4H_{10}$ und manchmal auch kleine Mengen Äthylen, ferner die flüssigen Kohlenwasserstoffe Pentan, Hexan und Heptan, welche die Hauptbestandteile des sog. Naturgasolins darstellen.

Die Erdgase finden ihre Hauptverwendung als Heiz- und Leuchtgas und zur Rußdarstellung. Erst allmählich gewinnt die Verwendung für die chemische Industrie Bedeutung.

## 2. Erdöl.

In anderen Quellen sind nur wenig Gase enthalten. Das flüssige Öl zeigt eine sehr verschiedene Beschaffenheit; das spezifische Gewicht schwankt zwischen 0,65 und 1,2. Die darin enthaltenen flüssigen Verbindungen sind neben geringen Mengen schwefel- und stickstoffhaltiger Substanzen und Säuren und gewissen Mengen von nichtflüchtigen pech- und asphaltartigen Stoffen überwiegend Paraffinkohlenwasserstoffe. Dies gilt besonders für die amerikanischen Quellen. In den galizischen und kaukasischen Ölen sowie in dem Öl von Borneo finden sich ferner größere Mengen von Naphthenen, also gesättigten cyclischen Kohlenwasserstoffen, wobei vor allem Penta- und Hexamethylenderivate überwiegen.

Die Erdöle lösen sich in Kohlenwasserstoffen und Chlorkohlenwasserstoffen meist glatt, in Methanol und Sprit dagegen schwer. In Amylalkohol und Butanol sind sie leichter löslich. Für die Zähigkeit (Viscosität) der Kohlenwasserstoffe des Erdöls kann die Regel aufgestellt werden, daß die Benzine unter 1° Engler liegen, die Leuchtöle zwischen 1,04—1,10° Engler, während die Lagerschmieröle 4—35° Engler zeigen.

Auch das Lichtbrechungsvermögen hängt ab von der Art der Bestandteile. Es ist bei den Paraffinkohlenwasserstoffen am kleinsten.

Nach Le Roy[1] ist der Brechungsindex der folgende:

| | Herkunft | | |
|---|---|---|---|
| | Amerika | Rußland | Rumänien |
| Rohöl | 1,4540 | 1,4595 | 1,4639 |
| Destillat vom spez. Gew. 0,720 | 1,3995 | 1,4105 | 1,4055 |

Das spezifische Gewicht der als Lösungsmittel gebrauchten Benzine liegt zwischen 0,66 und 0,76 bei 15° C.

In fast allen Erdölen fehlen vollständig die aromatischen Kohlenwasserstoffe wie Benzol- und Naphthalinprodukte.

Durch verschiedene Reinigungsmethoden und Destillationen trennt man die Erdöle nach dem Siedepunkt in flüchtige Gase, Leicht-, Mittel- und Schwerbenzin. Diese Produkte sind für sich bereits wichtige Lösungsmittel. Es folgen dann die schwerflüchtigen Mineralöle, Schmieröle u. dgl.

Da die nichtflüchtigen Anteile im Erdöl überwiegen, aber die größere Nachfrage nach flüchtigen Benzinen herrscht, so wandelt man erstere in flüchtige Produkte nach verschiedenen Verfahren um. Am weitesten verbreitet ist der „Krack-Prozeß", d. h. das plötzliche Erhitzen auf Temperaturen von etwa 600° in Gegenwart heißer Metalle. Dabei entstehen neben Benzinen große Mengen von Gasen, welche ungesättigte Kohlenwasserstoffe enthalten, nämlich das Äthylen $C_2H_4$, Propylen $C_3H_6$, Butylen $C_4H_8$ und höhere Homologe. Diese Gase, die größtenteils noch als Heizgas dienen, sind wichtige Rohstoffe für Lösungsmittel. In größeren Mengen werden diese Olefine aber heute durch Überleiten über Kontaktsubstanzen in flüssige Benzine von hoher Klopffestigkeit umgewandelt, weil die Verarbeitung auf andere Lösungsmittel nur im Anschluß an eine Fabrikation sonstiger organisch-chemischer Produkte wirtschaftlich ist.

[1] C. Bd 1911 I S. 839.

Eine besondere Abart des Krack-Prozesses besteht darin, daß man flüssige Erdölkohlenwasserstoffe in Gasform zusammen mit Wasserdampf bei 550—600° C über Kontaktsubstanzen (Eisenoxydul) leitet. Dabei entstehen flüssige Benzine neben großen Mengen an Olefinen, vor allem Äthylen und etwas Propylen, die dabei leicht in ziemlich hohen Konzentrationen gewonnen werden können. Dieses Verfahren, das unter dem Namen Gyroprozeß[1] bekannt ist, wird in den Vereinigten Staaten von der Pure Oil Comp. zusammen mit der Union Carbide and Carbon Chemical Corp. im Staate Virginia in großem Maßstabe ausgeführt und gewinnt steigende Bedeutung.

Auch die flüssigen Benzine enthalten ungesättigte Olefinkohlenwasserstoffe, die für ihre Verwendung eine Zeitlang als schädlich betrachtet wurden, während man sie heute wegen ihrer Antiklopfwirkung im Motorenbenzin schätzt. Lacktechnisch beeinflussen sie etwas die Verdunstungsgeschwindigkeit und den Geruch.

Ein anderes Verfahren ist die Hydrierung schwerflüchtiger Öle, Teere und Rückstände, d. h. die Krackung unter gleichzeitiger Wasserstoffanlagerung. Dieses Verfahren ist in Verbindung mit der Hydrierung der Kohle nach Bergius von der I. G. Farbenindustrie ausgearbeitet worden und wird heute in größtem Maßstabe angewandt. Dabei werden die hochsiedenden Öle größtenteils in flüssige, flüchtige Benzine umgewandelt. Nebenher entstehen Gase, welche die niedersten Glieder der gesättigten aliphatischen Kohlenwasserstoffe vom Methan bis Butan enthalten. Diese Gase stehen nunmehr auch in Deutschland in sehr großen Mengen zur Verfügung. Ihre Trennung in die einzelnen Bestandteile und deren Umwandlung in ungesättigte Kohlenwasserstoffe, welche als wichtige Ausgangsmaterialien der Lösungsmittelindustrie dienen können, ist nach verschiedenen katalytischen Verfahren möglich, indessen ist sie heute noch umständlich und technisch nicht vollkommen durchgebildet.

Da die Ausarbeitung dieser Verfahren wahrscheinlich lediglich eine Frage der Zeit ist, so liegt zweifellos für die deutsche Lösungsmittelindustrie in der Verwertung dieser bei der Hydrierung in großen Mengen und in hohen Konzentrationen billig anfallenden Gase für die Zukunft eine starke Reserve.

## C. Die Gewinnung von Zwischenprodukten und Lösungsmitteln aus Kohle.

Die Kohle dient nach vier verschiedenen Richtungen hin als Grundstoff der Lösungsmittelindustrie.

---

[1] Amer. P. 1403194 von Ramage; Amer. P. 1646349.

## 1. Die trockene Destillation (Verkokung) der Kohle.

Die Destillation der Steinkohle, die im allgemeinen bei Temperaturen von etwa 800—1000° vorgenommen wird, liefert bekanntlich Gase (Leuchtgas), Gaswasser, Teer und Koks. Im Gas ist in größeren Mengen bis zu etwa 40% Methan enthalten. Dieses wird heute nur zum kleinsten Teil auf Lösungsmittel verarbeitet. Daneben enthält das Gas Benzol, das meist durch Auswaschen mit Teerölen vom Siedepunkt 200—300° C gewonnen wird.

Der Teer enthält gleichfalls Benzol und seine Homologen; man trennt durch Destillation in

| | |
|---|---|
| Leichtöl . . . . . . . . . . . . . . . . | 80—170° C |
| Mittelöl (Carbolöle) . . . . . . . . . . | 170—240° C |
| Schweröl oder Kreosotöl . . . . . . . | 240—270° C |

neben noch höher siedenden Anteilen (Anthracenöle), Siedepunkt bis 400° C.

Das Leichtöl enthält neben dem Benzol noch Toluol und Xylol sowie Solventnaphtha, die als solche bereits wichtige Lösungsmittel sind und je nach ihrer Verwendung verschiedenen Reinigungsprozessen unterworfen werden müssen. Die wichtigsten Handelstypen werden in Kapitel XIII beim Benzol besprochen.

Die Mittelöle und Schweröle enthalten neben dem Naphthalin, das als Zwischenprodukt für die Lösungsmittelherstellung wichtig ist, vor allem die sauren Bestandteile, die durch Ätzalkalien abtrennbar sind, nämlich Phenol und die Kresole. Sie sind wichtige Ausgangsstoffe für Lösungs- und Weichmachungsmittel.

Durch Behandlung der Steinkohle unter Druck mit Wasserstoff bei höheren Temperaturen gelingt es nach Bergius, erdölartige Verbindungen zu erhalten, ein Verfahren, das von der I. G. Farbenindustrie im großen ausgebaut worden ist. Die Kohle kann damit auch zum Ausgangsprodukt für die Herstellung von Benzinen werden. Kleine Mengen aliphatischer Kohlenwasserstoffe finden sich auch bei der Tieftemperaturverkokung der Kohle im Urteer.

## 2. Die Verschwelung der Braunkohle.

Die Braunkohle liefert bei der Verschwelung, die bei tieferen Temperaturen erfolgt als die Verkokung der Steinkohle, neben Phenolen auch Benzine. Letztere bestehen zur Hauptsache aus gesättigten und ungesättigten Kohlenwasserstoffen vom Hexan aufwärts und haben ein spezifisches Gewicht von etwa 0,78—0,8. Sie enthalten meist gewisse Mengen von organisch gebundenem Schwefel und kleine Anteile von aromatischen Kohlenwasserstoffen.

### 3. Die Karbidgewinnung.

Setzt man eine Mischung von Kalk und Kohle der Einwirkung sehr hoher, bei etwa 1600° oder darüber liegender Temperaturen aus, so entsteht Calciumcarbid $CaC_2$. Dieses Produkt ist das Kalksalz des Acetylens und verwandelt sich durch Berührung mit Wasser in Acetylen.

$$CaC_2 + 2H_2O = CH \equiv CH + Ca(OH)_2 .$$

Acetylen ist eines der wichtigsten Rohmaterialien der heutigen Lösungsmittelindustrie.

### 4. Die Herstellung von Schwefelkohlenstoff.

Die Kohle vermag sich bei Temperaturen von annähernd 1000° mit Schwefeldämpfen glatt zu verbinden unter Bildung von Schwefelkohlenstoff. So einfach diese Reaktion an sich ist, so schwierig und gefährlich ist sie in der Praxis durchzuführen, da der gebildete Schwefelkohlenstoff schon bei Temperaturen von etwa 150° C selbstentzündlich ist und verschiedene Nebenprodukte, wie Schwefelwasserstoff, auch Kohlenoxysulfid und Kohlenoxyd neben überschüssigem Schwefel den gebildeten Schwefelkohlenstoff verunreinigen. Das Verfahren, das im großen überall angewandt wird, ist dementsprechend eingehend durchgearbeitet worden[1]. Schwefelkohlenstoff kann weiter durch Behandeln mit Chlor in Tetrachlorkohlenstoff übergeführt werden[2]. Dieses Verfahren hat jedoch zu konkurrieren gegen die direkte Herstellung von Tetrachlorkohlenstoff durch Chlorierung von Methan.

## D. Die chemische Weiterverarbeitung der aus Erdöl und Kohle erhaltenen Zwischenprodukte auf Lösungsmittel.

Die Weiterverarbeitung der nach den im vorigen Abschnitt besprochenen Verfahren aus Erdöl, Erdgas und Kohle entstehenden Zwischenprodukte auf Lösungsmittel wird nachstehend zusammengefaßt, weil ein großer Teil davon je nach den örtlichen Verhältnissen wirtschaftlicher bald aus Erdöl oder Erdgas, bald aus Kohle gewonnen werden kann. Die wichtigsten Zwischenprodukte sind folgende:

1. gesättigte aliphatische Kohlenwasserstoffe: Methan, Äthan bis Pentan und höhere Homologe,

---

[1] Vgl. u. a. DRP. 386416, 407656, 413777; ferner DRP. 150826, 150980, 162629; Amer. P. 688364.

[2] DRP. 72999; Franz. P. 327322, 355423; Amer. P. 992551.

2. die einfach ungesättigten Olefin-Kohlenwasserstoffe: Äthylen, Propylen, Butylen, Amylen,

3. aliphatische Kohlenwasserstoffe mit dreifacher Bindung: Acetylen,

4. einfache aromatische Kohlenwasserstoffe: Benzol und Homologe, Naphthalin,

5. einfache Phenole: Phenol, Kresole,

6. Oxyde des Kohlenstoffs: Kohlenoxyd, Kohlendioxyd.

Vielfach ist es möglich, bald aus dem einen Rohstoff, bald aus dem anderen das gleiche technische Lösungsmittel zu gewinnen. Die örtlichen Verhältnisse können es vielfach dahin bringen, daß an der einen Stelle aus einem Zwischenprodukt, beispielsweise aus Isopropylalkohol, ein weiteres Lösungsmittel, nämlich Aceton, gemacht wird, während an anderer Stelle der umgekehrte Weg wirtschaftlicher ist.

## 1. Gesättigte aliphatische Kohlenwasserstoffe.

### a) Methan.

*α*) **Die Methanchlorierung.** Methan, das außer nach den im vorigen Kapitel genannten Verfahren auch durch Umsetzung von Kohlenoxyd mit Wasserstoff katalytisch hergestellt werden kann, wird hauptsächlich durch Chlorierung weiterverarbeitet. Durch Behandeln mit Chlor unter verschiedenen Reaktionsbedingungen lassen sich die Wasserstoffatome des Methans nacheinander durch Chlor ersetzen.

$$CH_4 \rightarrow CH_3Cl \rightarrow CH_2Cl_2 \rightarrow CHCl_3 \rightarrow CCl_4\,.$$

Die Chlorierung, die hauptsächlich in den Werken der I. G. Farbenindustrie Aktiengesellschaft ausgearbeitet worden ist, führt meist zu Gemischen, in denen eine Komponente überwiegt. Von diesen Produkten ist das Chlormethyl als Lösungsmittel ohne Interesse; das Produkt ist viel bearbeitet worden, weil man hoffte, durch seine Verseifung in wirtschaftlicher Weise Methanol zu erhalten gemäß der Gleichung

$$CH_2Cl + H_2O = CH_3OH + HCl\,.$$

Durch die Synthese des Methanols aus Oxyden des Kohlenstoffs ist indessen dieses Verfahren überholt.

Wichtiger ist die Herstellung von Methylenchlorid, das sich bei Anwendung eines Überschusses von Methan unter geeigneten Reaktionsbedingungen leicht gewinnen läßt[1].

Chloroform entsteht in größeren Mengen unter etwas abgeänderten Reaktionsbedingungen neben den übrigen Chlorprodukten. So arbeitet man nach dem amer. P. 1422838 unter Verwendung von Aktivkohle, nach dem franz. P. 195345 mit Antimon-Pentachlorid. Metallchloride

---

[1] DRP. 444799, 503716.

werden nach dem engl. P. 157253 benutzt. Wenn auch die Ausbeuten schwanken, so scheint diese Herstellung doch recht billig zu sein; sie hat indessen bis jetzt die Herstellung des Chloroforms aus Alkohol, Acetaldehyd oder Aceton mit Hypochloriten (Chlorkalk) nicht ganz verdrängen können[1].

Die durchgreifende Chlorierung des Methans führt zum Tetrachlorkohlenstoff[2], der hiernach billig gewonnen werden kann. Wo billiges Methan zur Verfügung steht, scheint dieses Verfahren wirtschaftlicher zu sein als die Chlorierung von Schwefelkohlenstoff[3].

Sämtliche Methanchlorierungsverfahren bedingen wegen der apparativen Schwierigkeiten große Erfahrungen und eine gut durchgeführte Verwertung der Nebenprodukte.

**β) Umwandlung des Methans in Äthanderivate.** Methan läßt sich bei sehr hohen Temperaturen, beispielsweise im elektrischen Lichtbogen, unter Freiwerden von Wasserstoff in Acetylen verwandeln[4].

$$2CH_4 = C_2H_2 + 3H_2.$$

Großtechnisch scheint dieses Verfahren bisher in Deutschland nicht ausgeübt zu werden.

Methan und seine Homologen können auch durch Kracken in Olefine übergeführt werden[5]. Die günstigsten Kracktemperaturen sind aber für die einzelnen gesättigten Kohlenwasserstoffe der Methanreihe verschieden, so daß eine sehr sorgfältige Trennung der einzelnen Produkte erforderlich ist. Das Verfahren arbeitet daher gegenüber dem Gyroprozeß bis jetzt zu teuer.

## b) Äthan und Homologe.

Diese Produkte werden mit Ausnahme des Pentans nicht zur Chlorierung verwendet; sie lassen sich aber, wie oben erwähnt, durch Katalysatoren bei höherer Temperatur unter Wasserstoffabspaltung in die entsprechenden Olefine verwandeln.

**α) Die Pentanchlorierung.** Pentan wird in Amerika nach dem Verfahren der Sharples Solvents Corp., Philadelphia, in der Gasphase mit Chlor umgesetzt, wobei jeweils nur ein Teil des Pentans chloriert wird. Dabei tritt unter den Reaktionsbedingungen in der Hauptsache nur ein Chloratom in die Molekel des Kohlenwasserstoffs ein, und es bilden sich je nach der Durchführung des Prozesses nur kleine Mengen von höher chlorierten Produkten. Die Zusammensetzung

[1] DRP. 297771, 339914, 347460. [2] Engl. P. 157253. [3] DRP. 72999.

[4] Franz. P. 628738, Brennstoff-Chem. Bd. 10 S. 108, Bd. 11 S. 507; Petroleum Bd. 25 S. 701; DRP. 284341, 406200.

[5] Amer. P. 1524355.

der nach der technischen Durchbildung des Verfahrens erhaltenen Chloride wird wie folgt angegeben[1]:

$CH_3—CH_2—CH_2—CH_2—CH_2Cl$ . . . . . . . . 24 %
$CH_3—CH_2—CH_2—CHCl—CH_3$ . . . . . . . . 8 %
$CH_3—CH_2—CHCl—CH_2—CH_3$ . . . . . . . . 18 %
$CH_3$
$\rangle CH—CH_2—CH_2Cl$ . . . . . . . . . . 15 %
$CH_3$
$ClCH_2$
$\rangle CH—CH_2—CH_3$ . . . . . . . . . . 30 %
$CH_3$
$CH_3$
$\rangle CCl—CH_2—CH_3$ . . . . . . . . . . . 5 %
$CH_3$

Dieses Gemisch von Chloriden wird in Gegenwart von Katalysatoren mit Natronlauge oder Kalilauge in die entsprechenden Alkohole übergeführt. Dabei entstehen gleichzeitig durch Salzsäurespaltung Amylene, und es bleibt ein Rest von Amylchlorid, der in den Kreislauf zurückgeht. Für die Zusammensetzung der entstehenden Alkohole werden folgende Zahlen angegeben:

$CH_3—CH_2—CH_2—CH_2—CH_2OH$, Sdp. 138° . . . . . 26 %
$CH_3—CH_2—CH_2—CHOH—CH_3$, Sdp. 119° . . . . . 18 %
$CH_3—CH_2—CHOH—CH_2—CH_3$, Sdp. 115,7° . . . . 8 %
$CH_3$
$\rangle CH—CH_2—CH_2OH$, Sdp. 130,5° . . . . . . 16 %
$CH_3$
$HO—CH_2$
$\rangle —CH—CH_2—CH_3$, Sdp. 128° . . . . . 32 %
$CH_3$

Die Chloride können auch direkt in die Acetate umgewandelt werden, indem sie bei 200—225° C unter Druck im Autoklaven mit Natriumacetat und Kohle erhitzt werden. Dieses Verfahren scheint wirtschaftlicher zu arbeiten als die Überführung der Chloride in die Alkohole und deren nachträgliche Veresterung. Die synthetischen Amylalkohole sind als Pentasol, die Acetate als Pentacetat in Amerika im Handel.

Das Sharples-Verfahren hat wegen der starken Korrosionsgefahr für die Apparate zeitweilig mit erheblichen Schwierigkeiten zu kämpfen gehabt und erfordert große Erfahrungen. Es scheint, daß die apparativen Schwierigkeiten den Herstellungspreis immerhin so weit verteuern, daß das Produkt nicht billiger als Butanol bzw. Butylacetat verkauft werden kann.

Die entsprechende Chlorierung von Butan und Propan ist bisher technisch nicht durchgeführt worden. Da die Chlorierung zu Gemischen führt und die Handhabung der Apparaturen schwierig ist, während andererseits die Butylalkohole und Isopropylalkohol nach anderen Ver-

[1] Ind. and Engin. Chem. Bd. 22 S. 439.

fahren billig zugänglich sind, dürfte das Verfahren für diese Produkte kaum konkurrenzfähig werden können.

β) **Die Ketonsynthese aus Benzin.** In Anlehnung an die Friedel-Crafftsche Ketonsynthese aus aromatischen Kohlenwasserstoffen ist es in der letzten Zeit H. Hopff[1] gelungen, unter Druck in Gegenwart von Aluminiumchlorid Kohlenoxyd in die Benzinmolekel einzuführen, wobei meist Ketone mit verzweigter Kette wie Methylisopropylketon oder Diisobutylketon entstehen. Auch Cyclohexane lassen sich in Ketone überführen.

Technisch wird das Verfahren noch nicht ausgeführt.

## 2. Olefinkohlenwasserstoffe: Äthylen und Homologe.

### a) Gewinnung der Olefine.

α) **Aus Alkohol.** Äthylen wurde früher technisch fast nur durch Wasserabspaltung aus Äthylalkohol, beispielsweise mit Hilfe von Mineralsäuren, gewonnen.

$$CH_3—CH_2OH \quad = \quad CH_2{=}CH_2 + H_2O.$$

Dieses Verfahren hat den Vorteil, daß ein sehr reines und hochprozentiges Äthylen entsteht, wie es für viele Zwecke notwendig ist; es wird deshalb auch heute noch trotz des hohen Preises des Alkohols vielfach ausgeführt. Mit zunehmender Verfeinerung der Reinigungsmethoden für Äthylen aus Gasgemischen dürfte es indessen an Bedeutung in Zukunft verlieren.

β) **Aus gesättigten Kohlenwasserstoffen durch Katalyse.** Durch Behandeln von gesättigten flüssigen aliphatischen Kohlenwasserstoffen bei höheren Temperaturen von etwa 550—600° mit Katalysatoren in Gegenwart von Wasserdampf erhält man große Mengen von Äthylen neben seinen Homologen wie Propylen und Butylen. Das Verfahren, das unter dem Namen Gyro-Prozeß bekannt ist, wird in den Vereinigten Staaten bereits in sehr großem Maßstab technisch durchgeführt und bildet eine wichtige Grundlage von wachsender wirtschaftlicher Bedeutung für die dortige Lösungsmittelindustrie.

γ) **Durch Kracken.** Durch Kracken von Methan, Äthan und deren Homologen werden ebenfalls Olefine erhalten, doch hat dieses Verfahren zur Zeit keine große technische Bedeutung.

Bei Kracken von Erdölen entstehen, wie früher gezeigt wurde, neben flüssigen Kohlenwasserstoffen reichliche Mengen Gase, die durchschnittlich etwa 5% Olefine, vor allem Äthylen (ca. 60%) neben Propylen (ca. 30%) und Butylen (ca. 10%) enthalten. Der Olefingehalt ist indessen stark abhängig von der Art des Krackverfahrens.

---

[1] B. Bd. 64 S. 2739. — DRP. 512718, 520154 der I. G. Farbenindustrie Aktiengesellschaft.

**δ) Aus Kokereigasen.** Äthylen ist ferner ein Bestandteil der Kokereigase, in denen es zusammen mit Propylen zu ungefähr 2% neben hauptsächlich Wasserstoff, Methan und Kohlenoxyd vorkommt. Die Verwertung dieser Olefine ist nur dort wirtschaftlich, wo die Kokereigase gleichzeitig für andere chemische Zwecke nutzbar gemacht werden. So verarbeitet die Ruhrchemie A. G. den Wasserstoff dieser Gase zur Ammoniaksynthese, während die bei der Vorreinigung des Wasserstoffs in konzentrierter Form anfallenden Olefine zur Lösungsmittelherstellung dienen. In Frankreich wird aus dem Äthylen der aufbereiteten Kokereigase Äthylalkohol gewonnen.

Von dem gesamten Anfall an Olefinen, der allein in Amerika etwa 600000 Tonnen jährlich beträgt, wird bis jetzt nur ein geringer Teil für synthetische Verfahren ausgenutzt.

## b) Verarbeitung der Olefine.

**α) Mit Säuren. Herstellung von Alkoholen und Äthern.** Mit Säuren bilden die Olefine leicht Ester. So entstehen mit Schwefelsäure je nach der Natur des Kohlenwasserstoffes mit verschiedener Leichtigkeit die Alkylschwefelsäuren.

$$CH_2{=}CH_2 + H_2SO_4 = CH_3{-}CH_2 \cdot O \cdot SO_3H \,.$$

Man leitet im Betrieb zur Bildung dieser Verbindungen die Olefingase in Schwefelsäure häufig in Gegenwart von Kontaktsubstanzen ein. Zweckmäßig enthält die Säure bereits einen Zusatz von kleinen Mengen der Alkylschwefelsäure[1]. Äthylen reagiert erst bei höherer Temperatur mit Schwefelsäure als seine Homologen. Hierdurch und durch die Anwendung verschiedener Konzentrationen der Säure ist eine Trennung des Äthylens und seiner Homologen möglich.

Die Alkylschwefelsäuren können entweder zur Bildung von Äthern, wie Diäthyläther oder zur Herstellung der Alkohole verwendet werden; letzteres geschieht beispielsweise durch Behandlung mit Ammoniak und Dampf[2]. Es ist ferner möglich, die Alkylschwefelsäuren direkt durch Behandeln mit Calciumacetat oder Natriumacetat in die entsprechenden Ester überzuführen.

$$\begin{matrix} CH_3 \\ CH_3 \end{matrix}\!\!>\!CHO{-}SO_3H + CH_3COONa \longrightarrow \begin{matrix} CH_3 \\ CH_3 \end{matrix}\!\!>\!CH \cdot OCOCH_3 \,.$$

Isopropylschwefelsäure. Isopropylacetat.

Aus Kokereigasen wird Äthylalkohol über Äthylschwefelsäure heute in Frankreich (Compagnie des Mines de Bethune) gewonnen. In Amerika stellt man steigende Mengen, die heute bereits etwa 10% der Gesamtalkoholerzeugung des Landes betragen, aus Äthylen her, das dem Gyro-Prozeß entstammt. Dieser Alkohol dient weiter zur

---

[1] Amer. P. 1598560 der U. C. C. [2] Franz. P. 550988, 589764.

Herstellung von Lösungsmitteln wie Butanol und Essigsäureprodukten. Er bildet die Grundlage der neuerdings auch in Amerika aufgenommenen synthetischen Erzeugung von Butanol. Das genaue Verfahren wird bei der Synthese aus Acetylen behandelt.

Aus Propylen gewinnt man mit Hilfe der Propylschwefelsäure Isopropylalkohol[1] und Isopropylacetat. Ersterer läßt sich mit Kontaktsubstanzen, namentlich mit solchen, welche Kupfer enthalten, bei Temperaturen von 425—480° zu Aceton dehydrieren[2]. Da für Isopropylalkohol sonstige große Anwendungsgebiete bisher nicht gefunden worden sind, besteht in der Umarbeitung auf Aceton vorläufig der einzige Weg, größere Mengen unterzubringen. Das so gewonnene Aceton hat indessen stark gegen das Produkt aus der Butanolgärung zu konkurrieren; welches von beiden Verfahren wirtschaftlicher ist, hängt nicht nur von den örtlichen Bedingungen ab, sondern auch sehr von den für Butanol zu erzielenden Preisen.

Butylen und Amylen werden nach dem gleichen Verfahren[3] übergeführt in Sekundärbutylalkohol und Sekundäramylalkohol sowie deren Acetate. Die Alkohole lassen sich schon durch einfaches Erhitzen der Alkylschwefelsäurelösungen glatt gewinnen. Das Verfahren wird in Amerika von der Standard Oil Co. ausgeführt. Der sekundäre Butylalkohol geht bei 160—300° beim Überleiten über Kupferkontakte zusammen mit Luft in Methyläthylketon über.

$$CH_3{-}CHOH{-}CH_2{-}CH_3 \rightarrow CH_3{-}CO{-}CH_2{-}CH_3 .$$

Technisch wird dieses Verfahren bisher nicht im großen ausgeführt, da die für das Endprodukt zu erzielenden Preise unbefriedigend sind.

Aus den höheren Homologen des Äthylens in den Krackgasen werden noch kleine Mengen Isohexylalkohol gewonnen.

Beim Durchleiten des Butylens der Krackgase durch Schwefelsäure bilden sich zwei verschiedene Ester, da das Butylen aus Normalbutylen und Isobutylen besteht. Die Schwefelsäureverbindung des Isobutylens ist weniger beständig als die des Normalbutylens und spaltet durch Erwärmen leicht wieder Isobutylen ab. Durch vorsichtige Behandlung mit Natronlauge kann man indessen daraus den tertiären Butylalkohol gewinnen.

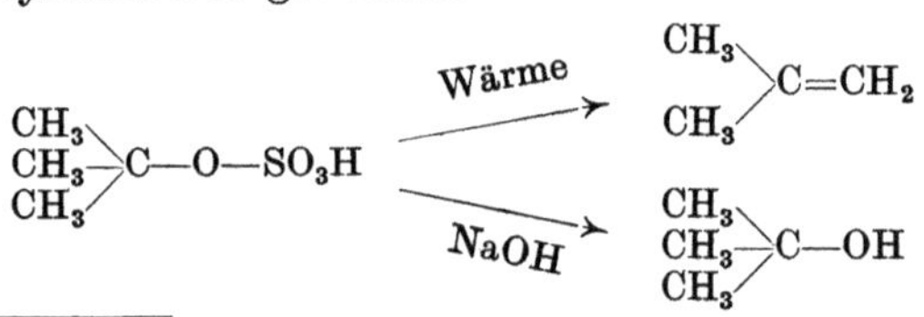


Isobutylen.

Tertiärer Butylalkohol.

[1] Brooks, B. T.: Chem. Rev. Bd. 2 (1926) S. 369.

[2] Engl. P. 263877 der I. G. Farbenindustrie Aktiengesellschaft; Amer. P. 1365053, 1497817.

[3] Amer. P. 1438123.

Dieses Produkt entsteht außer aus dem Isobutylen der Krackgase auch aus Isobutylalkohol, indem man diesen bei 450° C über einen Kontakt aus Aluminiumoxyd und Bimsstein leitet. Dabei wird unter Wasserabspaltung Isobutylen gebildet, das mit Schwefelsäure und Natronlauge in tertiären Butylalkohol übergeführt wird.

$$\begin{matrix} CH_3 \\ CH_3 \end{matrix}\!\!>\!CH{-}CH_2OH \longrightarrow \begin{matrix} CH_3 \\ CH_3 \end{matrix}\!\!>\!C{=}CH_2 + H_2O\,.$$

Mit Salzsäure reagiert Äthylen bei Anwesenheit von Kontaktsubstanzen unter Bildung von Chloräthyl[1]. Die Verseifung des Chloräthyls zu Äthylalkohol wird, da zu teuer, nicht durchgeführt; Chloräthyl dient deshalb entweder als Extraktionsmittel oder als Zwischenprodukt für weitere chemische Synthesen.

**β) Anlagerung von Chlor und Hypochlorit. Herstellung von Glykolverbindungen.** Mit Chlor entsteht aus Äthylen in Gegenwart der Chloride des Kupfers, Eisens, Antimons oder Calciums das Äthylenchlorid[2]. Dieses geht mit Alkali in guter Ausbeute über in Glykol[3].

$$C_2H_4 + Cl_2 = CH_2Cl{-}CH_2Cl\,;\; CH_2Cl{-}CH_2Cl + 2\,H_2O = CH_2OH{-}CH_2OH + 2\,HCl\,.$$

Dieses Verfahren konkurriert mit den folgenden:

Behandelt man Äthylen mit Alkalihypochlorit, so entsteht in glatter Reaktion neben ganz kleinen Mengen von Äthylenchlorid Äthylenchlorhydrin, das durch Kochen direkt in Glykol übergeführt werden kann[4].

$$C_2H_4 + HOCl \xrightarrow{NaOH} CH_2Cl{-}CH_2OH \xrightarrow{H_2O} CH_2OH{-}CH_2OH\,.$$

Man kann ferner aus Äthylenchlorhydrin mit Hilfe von Kalkmilch oder Natronkalk Salzsäure abspalten und erhält dann Äthylenoxyd[5].

$$CH_2Cl{-}CH_2OH \xrightarrow{CaO} \underset{\diagdown O \diagup}{CH_2{-}CH_2} + HCl\,.$$

Äthylenoxyd ist ein außerordentlich reaktionsfähiger Körper. Durch Anlagerung von Wasser geht es glatt in Glykol über[6].

---

[1] DRP. 404507, 420441 (I. G. Farbenindustrie Aktiengesellschaft); Amer. P. 1518182 (U. C. C.).

[2] DRP. 298931 (Goldschmidt); Bähr u. Zieler: Ztschr. f. angew. Ch. 1930 S. 233, 286.

[3] DRP. 299074, 369502, 373187.

[4] Amer. P. 1593608 (Dupont); Franz. P. 264124, 619190 (U. C. C.).

[5] DRP. 299682 (I. G. Farbenindustrie Aktiengesellschaft).

[6] DRP. 403643, 416604.

Bei dieser Reaktion reagiert das bereits gebildete Glykol in kleinen Mengen ebenfalls mit dem Äthylenoxyd, und es bilden sich als Nebenprodukte Polyglykole.

$$\underset{\diagdown O \diagup}{CH_2—CH_2} + H_2O = CH_2OH—CH_2OH\,.$$

$$\underset{\diagdown O \diagup}{CH_2—CH_2} + CH_2OH—CH_2OH = CH_2OH—CH_2 \cdot O \cdot CH_2—CH_2OH\,.$$

Alle diese Verfahren zur Herstellung von Glykol sind technisch ausgeführt worden; besondere Bedeutung scheint indessen die Umsetzung des Äthylenoxyds mit Wasser gewonnen zu haben. Die amerikanische Produktion an Glykol betrug 1930 ungefähr 18000 Tonnen.

Äthylenoxyd ist ferner die wichtigste Ausgangssubstanz für die Herstellung fast aller Glykolderivate. Mit Alkoholen geht es über in die Glykolmonoalkyläther[1];

$$\underset{\diagdown O \diagup}{CH_2—CH_2} + C_2H_5OH = CH_2OH—CH_2 \cdot O \cdot C_2H_5\,.$$

Als Kontaktsubstanz verwendet man hierbei Schwefelsäure, doch können auch andere Kontakte gebraucht werden. Die Glykolmonoalkyläther werden mit Essigsäure und Phthalsäure in die entsprechenden Ester übergeführt, von denen Äthylglykolacetat und Dimethylglykolphthalat (Palatinol O) die wichtigsten geworden sind.

In ähnlicher Weise reagiert Äthylenoxyd auch mit mehrwertigen Alkoholen, wie Glykol oder Glycerin unter Bildung der entsprechenden Oxyäthyläther.

$$\begin{array}{l} CH_2OH \\ | \\ CHOH \\ | \\ CH_2OH \end{array} + 3\,\underset{\diagdown O \diagup}{CH_2—CH_2} = \begin{array}{l} CH_2—O \cdot CH_2—CH_2OH \\ | \\ CH—O \cdot CH_2—CH_2OH \\ | \\ CH_2—O \cdot CH_2—CH_2OH\,. \end{array}$$

Mit Säuren verbindet sich Äthylenoxyd unter Bildung der entsprechenden Ester, von denen am wichtigsten das Glykolmonoacetat ist. Auch dieses Produkt kann wieder mit Äthylenoxyd reagieren, und man erhält dann die Ester der Polyglykole.

Von den auf diese Weise zugänglich gewordenen Glykolderivaten hat bisher eine größere Anzahl Verwendung als Lösungsmittel gefunden. Zweifellos liegen hier aber auch weitere Entwicklungsmöglichkeiten für die Gewinnung von Weichmachungsmitteln und ähnlichen Substanzen. Beispielsweise reagiert Äthylenoxyd mit Ammoniak unter

[1] Franz. P. 610282 (I. G. Farbenindustrie Aktiengesellschaft).

Bildung des für die Herstellung von Seifen außerordentlich wichtigen, alkalisch wirkenden Triäthanolamins

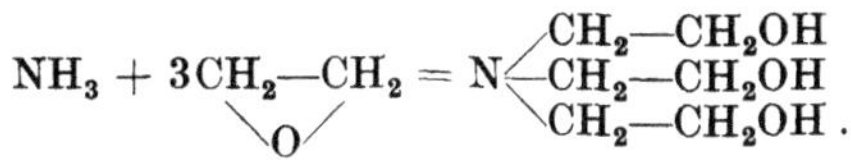

Die Glykolmonoalkyläther lassen sich mit Dialkylsulfaten oder anderen Alkylierungsmitteln überführen in die Glykoldialkyläther.

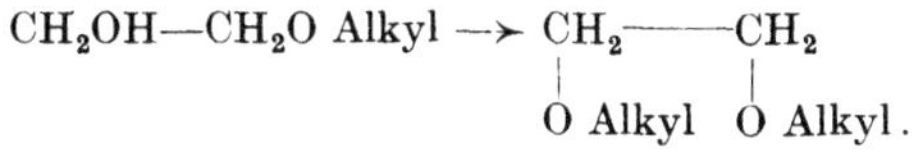

Da dieses Verfahren immerhin kostspielig ist, haben die Glykoldialkyläther als Lösungsmittel bisher eine größere Bedeutung nicht erlangt. Bei höherer Temperatur lassen sich aus 2 Molekeln Glykolmonoalkyläther durch Wasserabspaltung die Diäthylenglykoldialkyläther gewinnen.

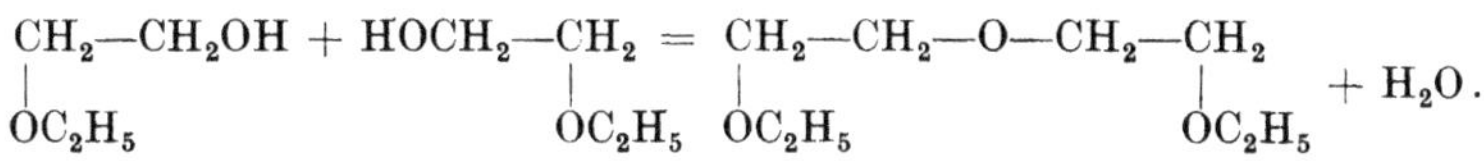

Sie haben wegen ihres höheren Preises technische Bedeutung bisher nicht erlangt.

Äthylenoxyd und die Polyglykole reagieren ferner unter dem Einfluß von Säuren bei höherer Temperatur und führen zum Dioxan.

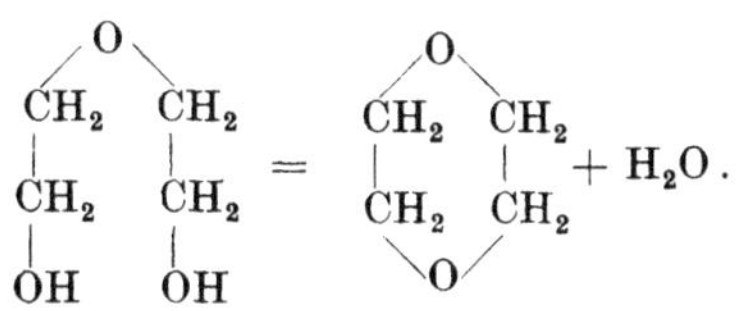

Ganz analog wie Äthylen verhalten sich Propylen und Butylen; mit ihnen können die gleichen Reaktionen durchgeführt und die entsprechenden 1,2-Glykole, nämlich 1,2-Propylenglykol und 1,2-Butylenglykol

$$CH_3—CHOH—CH_2OH \quad \text{und} \quad CH_3—CH_2—CHOH—CH_2OH$$

und deren Derivate gewonnen werden. Größere technische Bedeutung haben sie indessen bisher nicht erlangt, vielmehr beschränkt man sich bei der technischen Verarbeitung dieser Olefine auf Lösungsmittel vorläufig auf die Gewinnung von sekundären Alkoholen.

## 3. Acetylen.

### a) Gewinnung von Acetylen.

Für die Gewinnung von Acetylen kommen im großen folgende Verfahren in Betracht:

*α*) **Aus Calciumcarbid.** Calciumcarbid, welches nach Moissan und

Willson[1] aus Kohle und Kalk entsteht, wird mit Wasser übergeführt in Acetylen und Kalk:

$$CaC_2 + 2H_2O = CH{\equiv}CH + Ca(OH)_2.$$

Dieses Verfahren, das im großen fast ausschließlich zur Herstellung von Acetylen verwendet wird, ist außerordentlich weit durchgearbeitet worden[2].

β) **Aus Methan.** Methan und andere Kohlenwasserstoffe gehen bei sehr hoher Temperatur, vor allem im elektrischen Lichtbogen, über in Acetylen; als Nebenprodukt entsteht etwa 10—15% Diacetylen. Dieses Verfahren bietet nur dort, wo, wie in den Vereinigten Staaten, Methan oder ähnliche Gase in großen Mengen zusammen mit billiger elektrischer Energie zur Verfügung stehen, praktische Verwendungsmöglichkeiten.

Acetylen kommt als solches in den Handel als Lösung in Aceton, das mehr als das 300fache seines eigenen Volumens an Acetylen aufnimmt.

## b) Verarbeitung von Acetylen.

Für die Verarbeitung des Acetylens zu Lösungsmitteln kommen hauptsächlich zwei Verfahren in Betracht, nämlich die Anlagerung von Wasser und von Chlor.

α) **Anlagerung von Wasser an Acetylen.** Acetylen reagiert mit Wasser in saurer Lösung bei Anwesenheit von Quecksilberverbindungen, die mit dem Acetylen eine unbeständige Zwischenverbindung bilden, zu Acetaldehyd.

$$CH{\equiv}CH + H_2O \underset{Hg}{\longrightarrow} CH_3{-}CHO.$$

Acetaldehyd ist durch dieses Verfahren leicht in großer Reinheit billig zugänglich geworden und wurde bis vor kurzem beinahe überall nach diesem Verfahren synthetisch hergestellt. Die bekanntesten Anlagen sind diejenigen von Dr. A. Wacker in Burghausen und der der I. G. Farbenindustrie Aktiengesellschaft gehörenden A.-G. für Stickstoffdünger in Knapsack. In den Vereinigten Staaten bestehen entsprechende Anlagen in Niagara Falls.

Die an sich ebenfalls sehr einfache Darstellung des Acetaldehyds aus dem Alkohol durch katalytische Dehydrierung am Kupferkontakt[3] kann nur dort konkurrenzfähig sein, wo der Alkohol besonders billig

[1] B. Bd. 27 R. (1894) S. 238.

[2] Erdmann u. Kötner: Ztschr. f. anorg. u. allg. Ch. Bd. 18 (1898) S. 48. Literaturübersicht vgl. Ullmann: Enzyklopädie der technischen Chemie, 2. Aufl. Bd. 4 S. 644ff.

[3] DRP. 422729 der Hiag; Amer. P. 1555539 von Rößler u. Haßlacher.

zugänglich ist. Das ist beispielsweise in den Vereinigten Staaten der Fall, wo die Union Carbide and Carbon Chemical Corp. in Virginia aus Äthylen billigen Äthylalkohol gewinnt. Für Deutschland ist vorläufig dieser Weg der Acetaldehydherstellung zu teuer.

### Umsetzungen des Acetaldehyds.

Acetaldehyd ist ein wichtiges Zwischenprodukt für folgende Prozesse.

1. Oxydation von Acetaldehyd. Durch Chlorkalk wird Acetaldehyd in Chloral übergeführt, das weiter direkt in Chloroform übergeht. Dieses Produkt kann hiernach in reiner Form gewonnen werden. Gegenüber der Oxydation von Äthylalkohol mit Chlorkalk ist das Verfahren indessen nur dort wirtschaftlich, wo Acetaldehyd einen billigen, Äthylalkohol aber einen ziemlich hohen Preis hat.

Durch katalytische Oxydation beispielsweise mit Manganacetat[1] geht Acetaldehyd in Essigsäure über[2]. Essigsäure ist der Bestandteil einer großen Zahl von Lösungsmitteln, der Acetate, von denen besonders Methylacetat, Äthylacetat und Butylacetat überragende Bedeutung haben. Essigsäure zerfällt beim Überleiten ihrer Dämpfe über heiße Kontaktstoffe wie Holzkohle oder Tonerde in Aceton[3].

$$2CH_3—COOH \rightarrow CH_3—CO—CH_3 + CO_2 + H_2O\,.$$

Dieser Prozeß wird auch im großen ausgeführt, da er die Herstellung eines sehr reinen Acetons gestattet und deshalb diese Verarbeitung synthetisch gewonnener Essigsäure der Trockendestillation des essigsauren Kalkes vorgezogen wird. Das Verfahren konkurriert mit der Herstellung aus dem billigen Graukalk der Holzverkohlung.

Aceton kann auch direkt aus Acetylen durch Überleiten mit Wasserdampf über Oxydkontakte erhalten werden[4]. Seine Herstellung aus Isopropylalkohol, welcher aus den Krackgasen gewonnen wird, wurde bereits besprochen. Dieses Verfahren kann auch umgekehrt werden und man stellt dort, wo Aceton billig ist und Krackgase nicht zur Verfügung stehen, den Isopropylalkohol durch katalytische Hydrierung des Acetons her. Man erhält hierbei ein sehr reines, mildriechendes Produkt. Über die Gewinnung von Aceton aus Rohholzgeist wird im folgenden Kapitel gesprochen, ebenso über die Herstellung durch Gärung.

---

[1] DRP. 261589 der I. G. Farbenindustrie Aktiengesellschaft.

[2] Literaturübersicht über die zahlreichen Oxydationsverfahren s. Ullmann: 2. Aufl. Bd. 4 S. 651ff.

[3] Squibb: Journ. Amer. Chem. Soc. Bd. 17 (1896) S. 187, Bd. 18 S. 231.

[4] Scheideanstalt, Österr. P. 88631, 88632 (1917).

Aceton wird durch alkalische Kontaktsubstanzen leicht übergeführt in Diacetonalkohol[1].

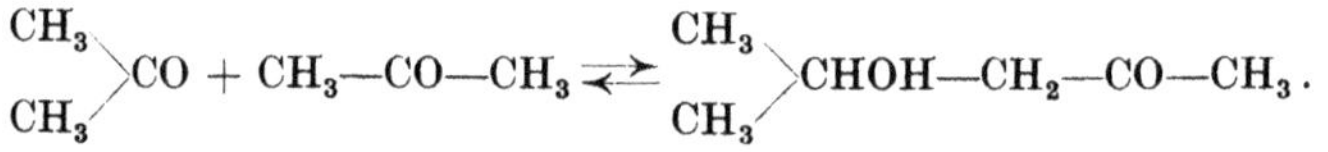

Diese Reaktion ist je nach den äußeren Bedingungen umkehrbar; bei höheren Temperaturen erfolgt in Gegenwart von Kontaktstoffen eine Rückbildung in Aceton[2].

Unter schärferen Bedingungen, beispielsweise durch Erhitzen mit konzentrierter Schwefelsäure oder Wasser entziehenden Mitteln[3], spaltet Diacetonalkohol Wasser ab und geht über in Mesityloxyd, das indessen als Lösungsmittel wegen seiner physiologischen Wirkung keine Bedeutung hat.

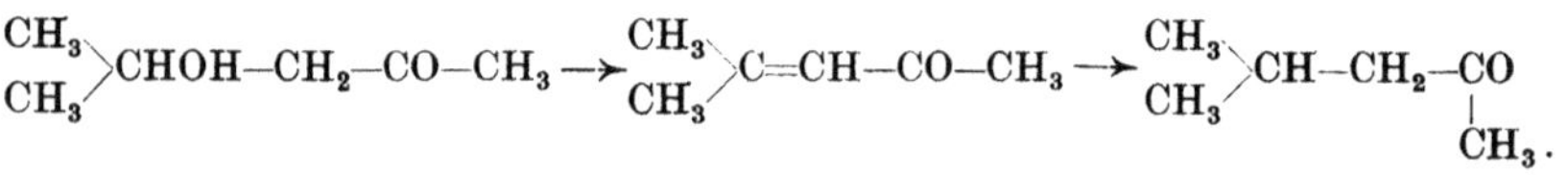

Mesityloxyd kann auch direkt aus Aceton hergestellt werden. Durch Reduktion des Mesityloxydes erhält man Methylisobutylketon, das auch in den Ketonölen vorkommt. Technische Bedeutung hat dieses Verfahren bis jetzt nicht gewonnen.

Aceton wird durch Chlorkalk in Trichloraceton übergeführt, das bei der Spaltung Chloroform und Essigsäure bildet. Dieses bereits von Liebig entdeckte Verfahren stellt sich indessen meist teurer als die Herstellung des Chloroforms aus Alkohol oder Acetaldehyd.

Mit Formaldehyd bildet Aceton unter Wasseraustritt Methylenaceton, das in neuester Zeit als Lösungsmittel vorgeschlagen worden ist[4].

$$CH_3{-}CO{-}CH_3 + OCH_2 = CH_3{-}CO{-}CH{=}CH_2 + H_2O\,.$$

Aceton ist, wie gezeigt wurde, auf sehr verschiedenartigen Wegen herstellbar. Welches Verfahren das wirtschaftlichste ist, hängt außerordentlich weitgehend von den örtlichen Verhältnissen und häufig auch von der Art der Verwertung der Nebenprodukte und der damit zusammenhängenden Spesenverteilung ab. Besonders die Gewinnung aus Krackgasen über den Isopropylalkohol und der Anfall an Gärungsaceton haben eine ungeheure Überproduktion in der ganzen Welt erzeugt, der bisher keine entsprechenden Absatzmöglichkeiten gegenüberstehen, so daß der Acetonpreis stark rückläufig geworden ist. Die Schaffung neuer Verwendungsgebiete für Aceton ist daher eine brennende

---

[1] Küster u. Heberlein: Ztschr. f. angew. Ch. Bd. 43 (1905) S. 67; Franz. P. 703889.

[2] Hoffmann: Journ. Amer. Chem. Soc. Bd. 31 (1905) S. 723.

[3] Heinz: A. Bd. 178 (1875) S. 351.

[4] Engl. P. 359387 der Brit. Celanese Co.

wirtschaftliche Frage geworden. Die Schärfe des Konkurrenzkampfes auf diesem Gebiet wird besonders klar beleuchtet durch die Tatsache, daß ein in seinen Absatzmöglichkeiten so beschränktes Produkt wie Diacetonalkohol in Deutschland von nicht weniger als drei Firmen hergestellt wird.

2. Reduktion von Acetaldehyd. Durch Reduktion an Metallkontakten geht Acetaldehyd über in Äthylalkohol. Das Verfahren hat technisch des Preises wegen bisher keine große Bedeutung erlangt (Carbid-Spritverfahren), da die Gärung und Herstellung über Äthylen meist billiger ist. In einigen Industrieländern ist vielmehr das umgekehrte Verfahren, Acetaldehyd aus Alkohol zu gewinnen, von steigender Bedeutung.

3. Umlagerung von Acetaldehyd. Mit Aluminiumalkoholat geht Acetaldehyd in glatter Reaktion über in Äthylacetat.

$$2CH_3CHO \rightarrow CH_3CH_2OCOCH_3 .$$

Dieser Weg der Herstellung von Äthylacetat gewinnt anscheinend immer mehr an Bedeutung[1].

Acetaldehyd reagiert ferner mit sich selbst unter Bildung von Aldol[2].

$$CH_3{-}CHO + CH_3{-}CHO = CH_3{-}CHOH{-}CH_2{-}CHO .$$

Dieser Prozeß wird durch Zusatz von Alkalien eingeleitet und verläuft stark exotherm, so daß die Reaktionsmischung gekühlt werden muß, um Verharzung zu vermeiden. Aldol liefert bei der Destillation oder dem Erhitzen mit Wasser unter Druck Crotonaldehyd[3].

$$CH_3{-}CHOH{-}CH_2{-}CHO = CH_3{-}CH{=}CH{-}CHO + H_2O .$$

Crotonaldehyd ist auch direkt aus Acetaldehyd erhältlich, wenn man diesen in Dampfform bei 100—200$^0$ über Kohlen- oder Aluminiumoxydkontakte leitet[4]. Durch Reduktion des Crotonaldehyds bei tiefen Temperaturen von 20—50$^0$ C erhält man Butyraldehyd, während man bei 100$^0$ unter Verwendung von Nickelkontakten[5] oder nach neueren Verfahren auch mit Kupferkontakten Butanol[6] erhält. Dieses Verfahren zur Herstellung von synthetischem Butanol, das entweder ausgeht vom Carbidacetylen oder in Amerika vom Äthylen über den Äthylalkohol, wird in Deutschland von der I. G. Farbenindustrie und Wacker und neuerdings auch in den Vereinigten Staaten von der Union

---

[1] DRP. 277111, 277187, 277188 der Dr. A. Wacker G. m. b. H.; 308043, 315021 der I. G. Farbenindustrie Aktiengesellschaft.

[2] Orndorff u. Newbury: Monatshefte f. Chemie Bd. 13 (1892) S. 516.

[3] McLeod: Amer. Chem. Journ. Bd. 37 (1907) S. 31; Engl. P. 242511; Amer. P. 1587661.

[4] DRP. 349915 (Konsortium für elektrochemische Industrie).

[5] Franz. P. 621434 der I. G. Farbenindustrie Aktiengesellschaft.

[6] DRP. 407837, 416906 der I. G. Farbenindustrie Aktiengesellschaft.

Carbide and Carbon Chemical Corp. ausgeübt. Das gebildete Butanol zeichnet sich durch besondere Reinheit aus und genügt schärferen Ansprüchen als die normale Gärungsware. Das neuerliche Vordringen der Synthese auch in den Vereinigten Staaten zeigt, daß bei entsprechenden örtlichen Verhältnissen der umständlich erscheinende Weg der Synthese durchaus konkurrenzfähig ist, zumal er nicht mit so schlecht verwertbaren Nebenprodukten wie Aceton belastet wird.

Butanol bildet mit Essigsäure in bekannter Weise das Butylacetat. Durch katalytische Oxydation mit Luft geht Butanol über in Butyraldehyd und Buttersäure, womit auch die Buttersäureester zugänglich werden.

Crotonaldehyd bildet mit Glykolen cyclische Acetale[1], die aber ohne Bedeutung als Lösungsmittel sind.

$$\begin{array}{l} CH_2OH \\ | \\ CH_2OH \end{array} + CH_3 \cdot CH{=}CH{-}CHO = \begin{array}{l} CH_2{-}O \\ | \\ CH_2{-}O \end{array}\!\!> CH{-}CH{=}CH{-}CH_3 + H_2O\,.$$

Unter dem Einfluß alkalischer Kontakte lagert Crotonaldehyd einwertige aliphatische Alkohole an die Doppelbindung an und geht nach Reduktion der Aldehydgruppe über in 1,3-Butylenglykol-mono-3-alkyläther; das Acetat eines solchen Butylenglykol-monomethyläthers ist unter dem Namen Butoxyl (I. G. Farbenindustrie) im Handel bekannt.

$$CH_3{-}CH{=}CH{-}CHO + CH_3OH + H_2 \rightarrow CH_3{-}\underset{\displaystyle OCH_3}{\underset{|}{CH}}{-}CH_2{-}CH_2OH\,.$$

Durch katalytische Reduktion mit Wasserstoff geht Aldol über in 1,3-Butylenglykol[2], das als Lösungsmittel und als Muttersubstanz für Butadien Interesse erweckt hat.

$$CH_3{-}CHOH{-}CH_2{-}CHO + H_2 \rightarrow CH_3 \cdot CHOH{-}CH_2{-}CH_2OH\,.$$

**β) Anlagerung von Chlor an Acetylen.** 1. Acetylentetrachlorid (Tetrachloräthan). Die Anlagerung von Chlor an Acetylen direkt ist mit großen Schwierigkeiten verbunden, da unter Umständen explosionsartige Umsetzungen erfolgen. Man hat deshalb ursprünglich Acetylen nicht mit Chlor, sondern mit Chlor abspaltenden Verbindungen umgesetzt, indem man Acetylen mit Antimonpentachlorid in eine Doppelverbindung überführte, die in der Wärme in Acetylentetrachlorid und Antimontrichlorid zerfällt.

$$SbCl_5 \cdot C_2H_2 + SbCl_5 = C_2H_2Cl_4 + 2\,SbCl_3\,.$$

Auch die direkte Chlorierung ist inzwischen gelungen. Nach den Verfahren des Konsortiums für elektrochemische Industrie, Nürnberg[3],

---

[1] DRP. 434989 der I. G. Farbenindustrie Aktiengesellschaft.

[2] Dalmar: DRP. 394116. [3] DRP. 154657.

werden Acetylen und Chlor nacheinander in Antimonpentachlorid eingeleitet. Dabei wird das zunächst mit dem Acetylen eine Doppelverbindung bildende Antimonpentachlorid wieder regeneriert, so daß das Verfahren wirtschaftlich ist. Es verläuft nach der Gleichung

$$SbCl_5 \cdot C_2H_2 + 2\,Cl_2 = SbCl_5 + C_2H_2Cl_4\,.$$

Nach dem Verfahren der I. G. Farbenindustrie Aktiengesellschaft, Griesheim[1], lassen sich Acetylen und Chlor ohne Explosion mischen, wenn man die Reaktionsgefäße mit Sand füllt, der einen Eisenkontakt enthält. Auch dieses Verfahren wird wirtschaftlich im großen durchgeführt.

Die europäische Produktion beträgt etwa 12000 Tonnen jährlich. Acetylentetrachlorid, das selbst wegen seiner Giftwirkung als Lösungsmittel kaum verwendet wird, ist das wichtigste Ausgangsmaterial für alle Chlorverbindungen des Äthans mit Ausnahme des Chloräthyls und des Äthylenchlorids.

2. Weiterverarbeitung des Acetylentetrachlorids. Tetrachloräthan läßt sich durch Kochen mit Wasser und Zinkstaub oder Eisenpulver[2] reduzieren zu Dichloräthylen. Dieses Produkt wird neuerdings auch katalytisch gewonnen, indem man Chlor mit einem Überschuß von Acetylen durch sandgefüllte Apparaturen streichen läßt; dabei entsteht gleichzeitig etwas Acetylentetrachlorid[3], das leicht durch Destillation abgetrennt werden kann. Bei beiden Prozessen entstehen Cis- und Trans-Dichloräthylen nebeneinander; sie können durch fraktionierte Destillation voneinander getrennt werden.

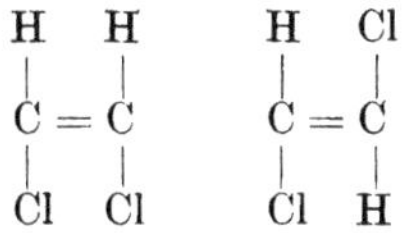

Cis- Trans-
Dichloräthylen.

Durch Kochen mit Kalkschlamm spaltet Acetylentetrachlorid im Rührkessel Salzsäure ab und geht über in Trichloräthylen[4]. Neuerdings wird die Abspaltung von Salzsäure auch durch Überleiten der Dämpfe bei etwa 300° über einen Chlorcalciumkontakt ausgeführt[5].

$$C_2H_2Cl_4 \longrightarrow C_2HCl_3 + HCl\,.$$

Trichloräthylen bildet mit 93proz. Schwefelsäure bei 160—180° C Chloressigsäure[6].

$$CHCl{=}CCl_2 + 2\,H_2O \longrightarrow CH_2Cl{-}COOH + 2\,HCl\,.$$

[1] DRP. 204883.

[2] DRP. 216070, 345259 (Konsortium für elektrochemische Industrie, Dr. A. Wacker G. m. b. H.).

[3] DRP. 254069 der I. G. Farbenindustrie Aktiengesellschaft, Griesheim.

[4] DRP. 171900 des Konsortiums für elektrochemische Industrie.

[5] DRP. 263457. [6] DRP. 359910.

Die Ester der Chloressigsäure haben indessen als Lösungsmittel keine Bedeutung gewonnen, da sie zu leicht Salzsäure abspalten und die Schleimhäute ziemlich stark reizen.

Durch Alkali wird Trichloräthylen bei 150° C im Autoklaven in Glykolsäure[1] $CH_2OH—COOH$ übergeführt, deren Butylester technisch als Lösungsmittel in kleinen Mengen verwendet wird.

Durch Einleiten von Chlor wird Trichloräthylen übergeführt in Pentachloräthan. Dieses als Lösungsmittel wenig verwendete Produkt spaltet durch Kochen mit Kalkmilch Salzsäure ab und geht über in Perchloräthylen.

$$C_2HCl_3 + Cl_2 \rightarrow C_2HCl_5 \rightarrow CCl_2{=}CCl_2.$$

# 4. Die aromatischen Kohlenwasserstoffe.

## a) Benzol, Toluol, Xylol.

Benzol und seine Homologen haben ihre Hauptbedeutung als Lösungsmittel selbst; sie sind ferner Ausgangsprodukte für die Herstellung von Chlorderivaten und für die Hydrierung.

**Chlorbenzol.** Benzol geht durch Chlorieren in Gegenwart von Eisen über in Monochlorbenzol; hierbei bilden sich kleinere Mengen von o- und p-Dichlorbenzol. Aus diesem Gemisch wird das feste p-Dichlorbenzol abgetrennt und das flüssige o-Dichlorbenzol gewonnen, das als Lösungsmittel dient.

**Cyclohexane.** Durch katalytische Hydrierung des Benzols und seine Homologen mit feinverteiltem Nickel nach Sabatier und Senderens[2] erhält man Cyclohexan und seine Homologen gemäß folgender Gleichung:

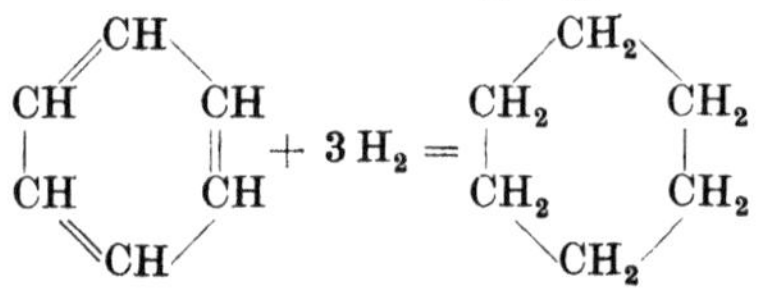


Wichtig hierfür ist die genügende Reinigung des Benzols von Schwefelverbindungen, die die Katalysatoren vergiften. Obgleich die Ausgiebigkeit der Katalysatoren für diesen Hydrierprozeß weitgehend verbessert worden ist, wird die Hydrierung bisher nicht im großen ausgeführt, weil die entstehenden Produkte im Verhältnis zu ihrem Wert als Lösungsmittel zu teuer sind.

## b) Naphthalin.

**α) Reduktion des Naphthalins.** Das Naphthalin ist das Ausgangsmaterial für die Herstellung von Tetra- und Dekahydronaphthalin. Die technische Durchführung der Hydrierung erfolgt nach dem von

---

[1] DRP. 257878 des Konsortiums für elektrochemische Industrie.

[2] B. Bd. 44 S. 1984.

Sabatier und Senderens[1] und von Schroeter[2] gegebenen Verfahren mit Nickelkontakten und Wasserstoff. Vor allem durch die Arbeiten von Schroeter ist es möglich, auch das technische, schwefelhaltige Naphthalin vorher mit Hilfe von Natrium so zu entschwefeln, daß es glatt hydriert werden kann. Tetrahydronaphthalin entsteht bei etwa 180° C unter 15 Atm. Wasserstoffdruck, während Dekahydronaphthalin bei 220—240° und 30—40 Atm. Wasserstoffdruck gebildet wird.

**β) Oxydation des Naphthalins.** Naphthalin wird katalytisch mit Schwefelsäure bei Gegenwart von Quecksilberverbindungen zu Phthalsäure oxydiert[3]. Dieses alte Verfahren hat indessen seine Bedeutung verloren, seitdem es gelungen ist, die Oxydation mit Luft in Gegenwart von Molybdän- und Vanadiumkontakten nach Wohl[4] durchzuführen. Phthalsäureanhydrid ist das Ausgangsmaterial für die Herstellung der Phthalsäureester (Palatinole) und der Phthalsäure„harze" (Alkydale).

## c) Die Phenole.

Die Phenole des Steinkohlenteers finden Verwendung in Form ihrer Ester und ihrer Hydrierungsprodukte.

**α) Ester der Phenole.** Die Phenole verestern sich leicht mit den verschiedensten Säurechloriden. Während die Einwirkung von Phosphoroxychlorid auf Alkalialkoholate nach Limbricht[5] und Evans[6] zu den Trialkylphosphaten, z. B. Tributylphosphat, führt, ist zur Veresterung der Phenole ein Zusatz von Alkali oder Chlorzink nicht mehr erforderlich[7]. So wird Trikresylphosphat aus Kresolen und Phosphoroxychlorid durch einfaches Erhitzen hergestellt, doch kann dabei auch Alkali zugesetzt werden. Die Reinigung ist wegen des Geruches und der Reaktionsfähigkeit des eventuell vorhandenen Kresols besonders wichtig. Sie wird durch Waschen mit Lauge und nötigenfalls Behandlung mit Kohle ausgeführt[8].

Die Ester der Phenole mit anderen Säuren, wie Phthalsäure, aliphatischen Dicarbonsäuren und Benzoesäure, haben keine größere technische Bedeutung erlangt.

**β) Die Hydrierung der Phenole.** Die Hydrierung des Phenols und der Kresole läßt sich mit Wasserstoff aus Platinkontakt oder bei den technischen Verfahren mit nickelhaltigen Katalysatoren leicht durchführen. Die entstehenden Endprodukte sind Cyclohexanol und die Methylcyclohexanole[9]. Die Arbeitsbedingungen können weit-

---

[1] C. r. Bd. 132 S. 1237. [2] A. Bd. 426 S. 4. [3] DRP. 91202.
[4] DRP. 379822, der I. G. Farbenindustrie Aktiengesellschaft gehörend.
[5] A. Bd. 134 S. 347. [6] Journ. Chem. Soc. 1930 S. 1310.
[7] Heim: B. Bd. 16 (1893) S. 1765. [8] DRP. 396794, 401872.
[9] DRP. 352439 der I. G. Farbenindustrie Aktiengesellschaft.

gehend schwanken. Gewöhnlich arbeitet man bei Temperaturen von etwa 160°. Die verwendeten Materialien müssen frei von Kontaktgiften sein.

Cyclohexanol ist selbst ein wichtiges Lösungsmittel, vor allem für die Seifenindustrie. Durch Veresterung mit Essigsäure entsteht *Cyclohexylacetat*, der als Lösungsmittel wichtigste Ester. Mit Adipinsäuren erhält man durch Erhitzen mit Salzsäure *Adipinsäurecyclohexylester*[1]; diese Ester haben als Weichmachungsmittel in Deutschland Bedeutung erlangt.

**γ) Die Weiterverarbeitung von Cyclohexanol.** Cyclohexanol ist ferner ein wichtiges Ausgangsmaterial für Reduktions- und Oxydationsprozesse.

1. *Die Dehydrierung zum Cyclohexanon.* Beim Überleiten über feinverteiltes Kupfer bei etwa 280° C oder über Nickel[2] geht Cyclohexanol unter Freiwerden von Wasserstoff über in Cyclohexanon.

$$C_6H_{11}OH \longrightarrow C_6H_{10}O\,.$$

Cyclohexanon, das selbst als wichtiges Lösungsmittel dient, verbindet sich mit Glycerin zu *Cyclohexanonglycerin*. Diese Körperklasse gewinnt in neuester Zeit als Lösungsmittel für Seifen Interesse.

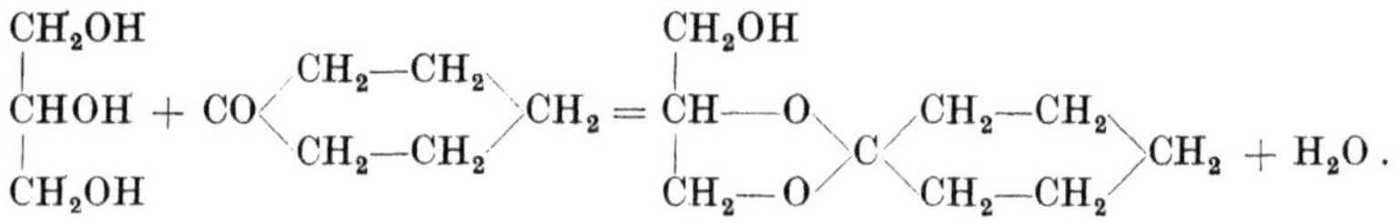

2. *Die Oxydation zu Adipinsäure.* Cyclohexanol und Cyclohexanon lassen sich ebenso wie ihre Homologen durch Salpetersäure oder Permanganat leicht zu *Adipinsäuren* oxydieren.

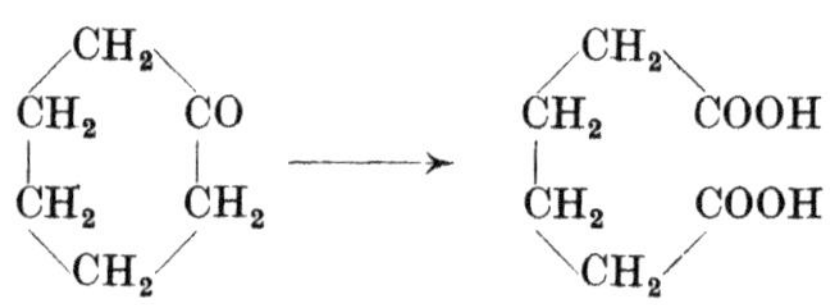

Aus dem Methylcyclohexanol erhält man analog die Methyldipinsäuren[3]. Das Verfahren führt durch weitergehende Oxydation gleichzeitig zu geringen Mengen anderer Säuren, beispielsweise der Bernsteinsäure, die oft zusammen mit den Adipinsäuren verarbeitet werden. Alle diese Säuren finden in Form ihrer Ester als Weichmachungs- und Gelatiniermittel in Deutschland Verwendung.

In ähnlicher Weise wie die Phenole läßt sich auch Betanaphthol zum *Tetralol* (Tetrahydronaphthol) hydrieren, doch haben dessen Ester, die auch Kautschuk quellen, bisher keine technische Verwendung gefunden.

---

[1] DRP. 406013 der Deutschen Hydrierwerke A. G., Berlin.

[2] DRP. 352439 der I. G. Farbenindustrie Aktiengesellschaft.

[3] *Rosenlew*: B. Bd. 39 S. 2202.

## 5. Die Oxyde des Kohlenstoffs.

Die Oxyde des Kohlenstoffs, die teils bei den verschiedensten Verbrennungsprozessen, teils auch bei der Gärung und in einigen natürlichen Quellen anfallen, lassen sich mit Hilfe von Wasserstoff unter Druck hydrieren. Dabei findet je nach den Reaktionsbedingungen nicht nur eine Aufnahme von Wasserstoff an ein Kohlenstoffatom statt, vielmehr lagern sich auch mehrere Molekeln entstehender Zwischenprodukte unter Entstehung von Bindungen zwischen mehreren Kohlenstoffatomen zusammen, und es bilden sich organische Verbindungen mit langen Kohlenstoffketten.

Die Hydrierung der Oxyde des Kohlenstoffs hat eingesetzt mit DRP. 293787 der I. G. Farbenindustrie Aktiengesellschaft, bei dessen Verfahren nicht Methan das Endprodukt der Hydrierung bildet, sondern Methanol neben zahlreichen anderen Alkoholen, Ketonen, Aldehyden und Säuren entsteht. Dieses Verfahren ist inzwischen weitgehend durchgebildet worden und findet die größte technische Verwendung. Man arbeitet meist mit Katalysatoren von Oxydcharakter, wie Zinkoxyd und Chromoxyd, und Temperaturen von etwa 280—400° C bei 150—250 Atm. Druck[1].

Die Produktion an Methanol in Amerika betrug 1930 etwa 6 bis 7000 Tonnen, von denen stark die Hälfte aus der Holzverkohlung stammt.

Das Hydrierungsverfahren kann so geleitet werden, daß neben Methanol nur sehr kleine Mengen Isobutylalkohol und andere Produkte entstehen; das erhaltene Methanol ist dann sehr rein. Dieses Verfahren wird allgemein bevorzugt. Es ist indessen auch durch Änderung der Katalysatoren und der Reaktionsbedingungen möglich, das Verfahren so abzuwandeln, daß neben Methanol größere Mengen höherer Alkohole, vor allem von Isobutylalkohol und etwas Normal-Propylalkohol, gemischt mit höhersiedenden Verbindungen, entstehen[2]. Der nach diesem Verfahren hergestellte Isobutylalkohol ist in Form seines Acetates in Deutschland im Handel. Auch in Amerika ist ein ähnliches Verfahren von Dupont durchgebildet worden.

# E. Gewinnung von Lösungsmitteln aus Lignin und Kohlehydrate enthaltenden Naturstoffen.

Von Kohlehydraten kommen für die Lösungsmittelindustrie in Betracht die Cellulose und ihre Begleitstoffe, ferner Stärke und gärungs-

[1] Bezüglich der umfangreichen Patentliteratur muß auf Ullmann: 2. Aufl. Bd. 7 S. 542ff. verwiesen werden.

[2] Franz. P. 597328 der I. G. Farbenindustrie Aktiengesellschaft.

fähige Zucker. Hiervon ist die Cellulose enthalten im Holz, in der Baumwolle und im Stroh; Stärke dagegen findet sich in großen Mengen in den Getreidearten, von denen besonders Mais, Roggen und Reis aus Preisgründen die wichtigsten Ausgangsstoffe sind, ferner in den Kartoffeln, die in Deutschland eine besonders wichtige Rolle spielen. Gärungsfähige Zucker werden erhalten beim Aufarbeiten der Kohlehydrate des Zuckerrohrs und der Zuckerrübe.

Das Holz ist der Grundstoff von zwei wichtigen Zweigen der Lösungsmittelindustrie, nämlich der Terpentinöl- und Harzindustrie sowie der Holzverkohlung.

## 1. Die Gewinnung von Terpentinölen.

Eine Reihe von Nadelbäumen, die Pinusarten, sondern bei der Verletzung ihrer Rinde einen zähen Saft ab, der an der Luft balsamartige Beschaffenheit annimmt und allmählich in ein mehr oder weniger sprödes Harz übergeht. Dieser ausgeschiedene Balsam (Terpentin) enthält neben Harzbestandteilen ein ätherisch riechendes flüssiges Öl, das sog. Terpentinöl.

Man gewinnt seit Jahrzehnten den Terpentinbalsam meist durch Anzapfen der lebenden Pinusbäume und Auffangen des Ausflusses. Dieses Verfahren wird überwiegend in den amerikanischen Südstaaten und im südlichen Frankreich ausgeübt. In geringerem Maße sind an der Produktion einige Mittelmeerländer beteiligt. Der Ausfluß der Bäume wird nach verschiedenen Destillationsverfahren zerlegt in Harz (Kolophonium) und Terpentinöl. Letzteres wird als Balsamterpentinöl bezeichnet, wobei gewöhnlich sein Herkunftsland mit angegeben wird.

Seit einigen Jahren ist es an vielen Orten üblich geworden, aus Wurzeln, Stämmen und Ästen durch Extraktion oder Dampfdestillation aus dem toten Holz die Ölbestandteile zu gewinnen, ehe das Holz selbst anderen Verwendungen zugeführt wird. Diese Art der Gewinnung wird im großen im Süden der Vereinigten Staaten, aber auch in Deutschland und in den nordischen Ländern geübt. Das auf diese Weise gewonnene Terpentinöl soll gemäß Übereinkunft des „Deutschen Schutzvereins der Lack- und Farbenindustrie“ als Holzterpentinöl oder Kienöl bezeichnet werden.

Terpentinöl zeigt eine stark wechselnde Zusammensetzung und dementsprechend verschiedenen Geruch. Es sind unter anderem folgende Substanzen isoliert worden[1].

---

[1] Pickett, O. A., u. J. M. Peterson: Ind. and Engin. Chem. Bd. 21 S. 325; Ref. Farben-Ztg. Bd. 34 S. 2727.

| | Siedebereich 5 % | Siedebereich 95 % | Spezifisches Gewicht 15,6° C | Brechungsindex 20° C | Optische Drehung |
|---|---|---|---|---|---|
| α-Pinen . . . . . . . . . | 155° C | 158° C | 0,8625 | 1,4560 | +26,50 |
| β-Pinen . . . . . . . . . | 160,2 | 163,8 | 0,8677 | 1,4709 | −11,71 |
| Dipenten . . . . . . . . . | 174 | 178 | 0,8481 | 1,4743 | +4,2 |
| Terpinolen . . . . . . . . | 187 | 189,7 | 0,8744 | 1,4809 | +0,2 |
| Fenchylalkohol . . . . . | 200 | 201,3 | 0,961 | 1,4626 | 1,9 |
| α-Terpineol . . . . . . . . | 218 | 219 | — | 1,4789 | 0,19 |

Die amerikanische Produktion an Balsamterpentinöl beträgt rund 600000 Barrels zu je 50 Gallonen.

## Die Camphersynthese.

Der Hauptbestandteil des Terpentinöls ist das Pinen von der Formel:

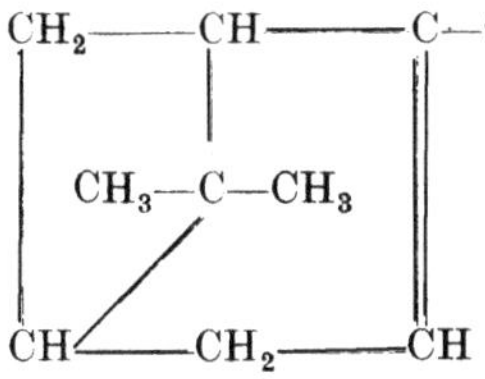


Pinen bildet die Grundsubstanz für die synthetische Herstellung des Camphers. Es geht mit trockener Salzsäure bei niedriger Temperatur leicht über in das flüssige Pinenchlorhydrat $C_{10}H_{17}Cl$, das sich leicht in das isomere feste Bornylchlorid umlagert. Dieses spaltet leicht wieder Salzsäure ab und geht über in Camphen.

Camphen kann direkt zu Campher oxydiert werden, doch wählt man technisch gewöhnlich den Weg, zunächst durch Eisessig und verdünnte Schwefelsäure das Camphen in Isobornylacetat überzuführen und dieses nach verschiedenen Verfahren, beispielsweise durch Oxydation mit Chromsäure, in Campher zu verwandeln.

Die bei diesem Verfahren entstehenden Nebenprodukte, Campherabfallöle genannt, die teils im Terpentinöl neben dem Pinen vorhanden sind, teils durch den Campherherstellungsprozeß chemisch verändert sind, werden unter verschiedenen Namen in mannigfacher Zusammensetzung als Lösungsmittel von dem Terpentinöl ähnlichen, aber manchmal etwas abweichenden und spezifischen Eigenschaften in den Handel gebracht. Diese Produkte sind meist chlorfrei und die Lieferanten halten auf möglichst hohe Gleichmäßigkeit. Ein wichtiger Bestandteil dieser Abfallöle ist das Dipenten, doch sind auch sehr hochsiedende Produkte bekannt, welche frei von Dipenten sind.

## 2. Die Holzverkohlung.

Als Rohstoffe für die Holzverkohlung dienen die verschiedensten Holzarten je nach den örtlichen Verhältnissen, vor allem Buchen- und Birkenholz. Das Holz zersetzt sich in exothermer Reaktion durch Trockendestillation bei etwa 275—300° unter starker Temperaturerhöhung. Neben der Holzkohle bilden sich dabei an flüchtigen Produkten *Teer*, *Rohessig* und *Gase*. Für die Herstellung von Lösungsmitteln ist der Rohessig am wichtigsten; seine Menge beträgt etwa 40% von der des angewendeten Holzes. Seine Zusammensetzung ist je nach der Holzart, der Destillationstemperatur und der Konstruktion der Apparaturen verschieden, doch ist er regelmäßig ein Gemisch von sehr zahlreichen Stoffen. Seine Hauptbestandteile sind:

1. niedrig molekulare *Fettsäuren*, hauptsächlich *Essigsäure*, daneben in kleinen Mengen Ameisen-, Propion- und Buttersäure.
2. *Alkohole*, vor allem *Methanol*, neben etwas *Amylalkohol*,
3. *Ketone*, namentlich *Aceton*.
4. Sehr geringe Mengen von *Estern*, *Furfurol* und *Lactonen*.

Die Trennung der Bestandteile erfolgt zunächst mit Hilfe von Kalk, der die Säuren in Form von *Graukalk* abscheidet. Dieser bildet einen wichtigen Handelsartikel und wird unter anderem auf Essigsäure verarbeitet. Er ist ferner ein wichtiges Ausgangsmaterial für die Herstellung von Aceton und seinen Homologen. Durch Trockendestillation von Graukalk bei etwa 400° C wird Kohlensäure abgespaltet, und es bilden sich Ketone, vor allem *Aceton* und seine höheren Homologen, entsprechend der Gleichung:

$$\begin{matrix}CH_3-COO\\ CH_3-COO\end{matrix}\Big\rangle Ca \longrightarrow \begin{matrix}CH_3\\ CH_3\end{matrix}\Big\rangle CO + CaCO_3.$$

Aus Propion- und Buttersäure und höheren Carbonsäuren bilden sich ganz entsprechend die höheren Ketone. Auch gemischte Ketone bilden sich beispielsweise nach folgender Gleichung:

$$\begin{matrix}CH_3\cdot COO\ \text{ca.}\\ +\,CH_3\cdot CH_2-COO\ \text{ca.}\end{matrix} \longrightarrow \begin{matrix}CH_3\\ CH_3-CH_2\end{matrix}\Big\rangle CO + CaCO_3.$$

Methyläthylketon

Aus 100 kg Graukalk 88proz. erhält man nach *Klar* etwa 25 kg Keton, davon 20—21 kg Aceton rein. Enthält der Graukalk überschüssigen Kalk, so bildet sich gleichzeitig *Methan*.

Die entstehenden Ketongemische werden mehreren Reinigungsprozessen unterworfen und durch Destillation getrennt, wobei man außer *Aceton* noch *Methyl-Äthylketon* und die sog. *Ketonöle* erhält. Die Zusammensetzung der letzteren wird in Kapitel XIII besprochen.

Nach der Abtrennung des Graukalkes hinterbleibt der rohe Holzgeist, der auf Methanol und Aceton verarbeitet wird und häufig auch noch Methylacetat, Methyl-Äthylketon und andere Verbindungen enthält. Der Holzgeist findet als solcher auch Verwendung als Vergällungsmittel für Sprit.

Dem Methanol aus der Holzverkohlung ist durch die im vorhergehenden Abschnitt besprochene Synthese aus Kohlenoxyden und Wasserstoff ein gefährlicher Gegner entstanden, der überall stark an Boden gewonnen hat. Auch dem Aceton aus der Holzverkohlung ist durch die Herstellung aus Krackgasen und aus der Butanolgärung eine scharfe Konkurrenz erwachsen.

## 3. Die Holzverzuckerung.

Durch Behandlung des Holzes mit Säuren läßt sich die Cellulose in Zucker überführen. Dieses Verfahren hatte vor allem während des Krieges infolge der Knappheit an Zucker und Futterstoffen ein großes Interesse; es ist unter anderem durch Willstätter und Bergius eingehend bearbeitet worden[1].

Die Ausführung des Verfahrens im großen scheiterte bisher daran, daß konzentrierte Säure, vor allem Salzsäure, verwendet werden mußte und die Widerstandsfähigkeit der Apparaturen unter den in Betracht kommenden Reaktionsbedingungen unbefriedigend war. In den letzten Jahren ist es indes gelungen, die Verzuckerung des Holzes auch mit sehr stark verdünnten Säuren herbeizuführen und die apparativen Schwierigkeiten zu beheben.

Auf einem solchen Wege, nach dem sog. Scholler-Verfahren, stellt die Brennerei und Preßhefefabrik Tornesch in neuester Zeit versuchsweise Holzzucker her. Seine Weiterverarbeitung kann nach verschiedenen Richtungen hin erfolgen. Am nächstliegenden ist der Gedanke, daraus durch Gärung Äthylalkohol herzustellen. Nach dem Verfahren werden ziemlich verdünnte Zuckerlösungen erhalten, die sich glatt vergären lassen. Der auf diese Weise erhaltene Alkohol dürfte billiger einstehen als der aus der Kartoffel- und Melassebrennerei, die heute in Deutschland fast ausschließlich angewendet wird und für die Landwirtschaft eine wichtige Einnahmequelle bedeutet.

Ob allerdings der Alkohol aus Holzzucker in Deutschland so billig einsteht, daß er als Zwischenprodukt für die chemische Weiterverarbeitung große Bedeutung erlangt, bleibt abzuwarten, da die Herstellung nur dort rentabel ist, wo Holzabfälle, die keine hohen Transportkosten vertragen, in großen Mengen zur Verfügung stehen. Dementsprechend wird das Verfahren in einer größeren Zahl von kleinen bis

[1] Vgl. u. a. Willstätter u. Zechmeister: B. Bd. 43 (1914) S. 23.

mittleren Anlagen ausgeführt werden müssen. Die billige großtechnische Weiterverarbeitung des entstehenden Alkohols wird hierdurch naturgemäß erschwert, zumal die jüngste Entwicklung in Amerika gezeigt hat, daß aus konzentrierten Äthylengasen ein für die chemische Weiterverarbeitung genügend billiger Alkohol industriell an einer Stelle in größtem Umfang erzeugt werden kann, wo alle Hilfsstoffe für die Umarbeitung billig zur Verfügung stehen. Inwieweit Holzzucker auf andere Gärungsprodukte wie Milchsäure oder Butanol in wirtschaftlicher Weise verarbeitet werden kann, läßt sich noch nicht übersehen.

## 4. Die Gärungsverfahren.

### a) Allgemeines über Gärung.

Die Gärungsverfahren beruhen auf der Erkenntnis, daß bestimmte Kohlehydrate und Eiweißverbindungen durch Mikroorganismen unter gleichzeitiger Bildung von Gasen in niedrigmolekulare Verbindungen von geringerem Energiegehalt umgewandelt werden. Als Ausgangsmaterial für die technischen Gärungsverfahren dienen billige Naturprodukte mit einem hohen Gehalt an Stärke oder Zucker. Verwendet werden in den Hauptproduktionsländern Mais, Roggen, Reis, ferner Kartoffel, Rohrzucker, Rübenschnitzel und Melasse. Auch die in den Sulfitlaugen der Zellstoffkocherei enthaltenen Kohlehydrate werden in einigen Ländern vergoren. Hierzu treten neuerdings versuchsweise die im vorigen Abschnitt besprochenen aus der Holzverzuckerung stammenden Zuckerlösungen.

Die meisten in der Natur vorkommenden Kohlehydrate sind selbst nicht gärungsfähig, müssen vielmehr mit Hilfe von Enzymen der Diastase des Malzes hydrolytisch gespalten und in die gärungsfähigen Zucker, nämlich Trauben- und Fruchtzucker, übergeführt werden.

$$\text{Stärke} \longrightarrow C_{12}H_{22}O_{11} \xrightarrow{H_2O} 2\,C_6H_{12}O_6\,.$$

Die Lösung der vergärbaren Zucker muß vor dem Gärprozeß durch Erhitzen sterilisiert werden, damit Fehlgärungen vermieden werden.

Die Gärung selbst bewirken Mikroorganismen, einzellige Lebewesen, welche Chlorophyll enthalten, nämlich Hefe, Bakterien und Schimmelpilze. In ihnen sind bestimmte Fermente enthalten, welche die als Gärung bezeichnete chemische Reaktion auslösen. Dieser Vorgang ist sehr eingehend behandelt in dem Buche von C. Neuberg: Die Gärungsvorgänge und der Zuckerumsatz der Hefe. Jena 1913. Dem genannten Forscher verdanken wir auch über den Reaktionsmechanismus der Gärung wichtige Aufklärungen, die zu Abwandlungen des Gärprozesses geführt haben[1].

---

[1] B. Bd. 44 S. 2477, Bd. 52 S. 1677; Biochem. Ztschr. Bd. 92 S. 234, Bd. 203 S. 463.

## b) Die Alkoholgärung.

Der wichtigste Gärprozeß führt zum Äthylalkohol; er verläuft vom Zucker ausgehend in mehreren Reaktionsstufen unter dem Einfluß der in der Hefe vorhandenen Fermente, der Zymase und der Carboxylase.

Zunächst entsteht aus dem Zucker durch die Zymase Methylglyoxal $CH_3—CO—CHO$ und Brenztraubensäure $CH_3—CO—COOH$. Letztere wird durch die Carboxylase übergeführt in Acetaldehyd.

Aus je einer Molekel Methylglyoxal und Acetaldehyd entsteht durch die Cannizarrosche Reaktion eine Molekel Alkohol und eine Molekel Brenztraubensäure, von denen die letztere wieder in Acetaldehyd zerfällt, während das zu dessen Reduktion zum Alkohol erforderliche Methylglyoxal durch die Zymase aus dem Zucker nachgebildet wird. Die Gärung verläuft somit in folgenden Stufen:

$$C_6H_{12}O_6 \longrightarrow CH_3—CO—CHO + CH_3—CO—COOH$$
$$CH_3—CO—COOH \longrightarrow CH_3—CHO + CO_2$$
$$CH_3CHO + CH_3—CO—CHO + H_2O \longrightarrow CH_3CH_2OH + CH_3—CO—COOH.$$

Die bei der alkoholischen Gärung anfallenden Gärflüssigkeiten enthalten bis zu 18 % Alkohol und werden durch Destillation aufgearbeitet. Dabei gewinnt man den sog. Rohsprit. Als nichtflüchtiger Rückstand hinterbleibt die Schlempe, welche die nicht vergärbaren Stoffe enthält und als Futtermittel dient. Außer dem Alkohol entstehen zahlreiche Nebenprodukte, von denen regelmäßig vorhanden sind:

höhere Alkohole, die sog. Fuselöle,
Bernsteinsäure,
Acetaldehyd,
Glycerin.

Von diesen entstehen die beiden ersteren durch eine neben der Zuckervergärung verlaufende Gärung der als Verunreinigung vorhandenen Eiweißspaltstücke, der Aminosäuren, welche aus dem Rohmaterial stammen. Die Anwesenheit von Acetaldehyd erklärt sich aus dem mitgeteilten Reaktionsverlauf. Über die Bildung des Glycerins wird im nächsten Abschnitt gesprochen.

Die Reaktionsprodukte der Gärung werden durch Destillation voneinander getrennt. Man teilt den Sprit bei der Rektifikation in folgende Fraktionen, wobei die angegebenen Mengen sich auf einen Ansatz von 100000 Liter beziehen, enthaltend 45000 Liter als 100proz. gerechneten Rohsprit.

**1. Vorlauf** (4000 Liter) enthält als leichtflüchtige Verunreinigungen vor allem Acetaldehyd und Äthylacetat und kann als Brennmaterial dienen. Seine Konzentration liegt bei etwa 95—96 Vol.-Prozent.

**2. Sekundasprit** (3000 Liter) ist ein 96 Vol.-prozentiger Sprit mit noch geringen Mengen an Acetaldehyd und Ester.

**3. Primasprit oder Feinsprit** (37000 Liter) ist 96proz. Alkohol, der zunächst noch Spuren von Fuselöl enthält. Von diesen wird er durch Behandeln mit Holzkohle getrennt; er enthält dann kaum noch Spuren von Nebenprodukten und ist frei von Fuselöl. Er wird mit Wasser gegebenenfalls auf andere Konzentrationen für den Verbrauch gestellt.

**4. Zweiter Sekundasprit** (500 Liter) enthält größere Mengen höhersiedender Nachläufe der homologen Alkohole, Ester und Acetale.

**5. Fuselöl** (1500 Liter) enthält nur noch ganz geringe Mengen Sprit, dafür aber alle höheren Alkohole. Vor allem befindet sich im Fuselöl

| | |
|---|---|
| optisch aktiver d-Isoamylalkohol . . . . . . . | Sdp. 129° |
| nicht aktiver Isoamylalkohol . . . . . . . . . . | „ 131° |
| Isobutylalkohol . . . . . . . . . . . . . . . . | „ 108° |
| Normal-Propylalkohol . . . . . . . . . . . . . | „ 97° |

Die Ausbeute an Alkohol erreicht niemals die theoretisch mögliche und ist abhängig von der Art der Apparatur und namentlich der Gärgefäße, die zur Erzielung möglichst hoher Ausbeute geschlossen sein sollen, damit nicht zuviel Alkohol verdunstet. Man rechnet nach Ullmann ungefähr mit folgenden Ausbeuten je 100 kg Ausgangsmaterial:

| | | |
|---|---|---|
| Kartoffeln . . . . . . . . . . . . | 11,5—12 | Liter Sprit |
| Trockenkartoffeln . . . . . . . . . | 36 —38 | „ „ |
| Roggen . . . . . . . . . . . . . . | 33 —34 | „ „ |
| Mais . . . . . . . . . . . . . . . | 34 —36 | „ „ |
| Rohrzucker . . . . . . . . . . . . | 62 | „ „ |
| Zuckerrüben . . . . . . . . . . . | 4,8—10,8 | „ „ |
| Rübenmelasse . . . . . . . . . . . | 28,5 | „ „ |
| Zuckerrohr . . . . . . . . . . . . | 8 —11 | „ „ |
| Zuckerrohrmelasse . . . . . . . . . | 32 —36 | „ „ |

Die Produktion an Alkohol beträgt in Deutschland ungefähr 2 bis 2,4 Millionen Hektoliter = etwa 160000 Tonnen. In den Vereinigten Staaten werden über 100 Millionen Gallonen zu 3,8 Liter jährlich gewonnen.

## c) Die Glyceringärung.

Eine Abart der Alkoholgärung arbeitet in alkalischer Lösung nach Neuberg. Bei ihr entsteht einerseits Glycerin, andererseits Acetaldehyd, welcher teils in Sprit, teils in Essigsäure verwandelt wird gemäß der Gleichung:

$$2C_6H_{12}O_6 + H_2O = CH_3CH_2OH + CH_3COOH + 2CO_2 + 2CH_2OH{-}CHOH{-}CH_2OH.$$

Durch Zugabe von Salzen der schwefligen Säure bzw. von Natriumbisulfitlauge zur Gärungslösung kann man nach Neuberg den gebildeten Acetaldehyd abfangen. Man erhält dann Glycerin nach der Gleichung:

$$C_6H_{12}O_6 = CH_3{-}CHO + CO_2 + CH_2OH{-}CHOH{-}CH_2OH.$$

Nach diesem Verfahren wurde während des Krieges Glycerin in Deutschland in größeren Mengen hergestellt. Das Verfahren ist indessen heute ohne Bedeutung, da Glycerin aus anderen Quellen, vor allem aus der Fettspaltung, wesentlich billiger anfällt.

## d) Die Butanol-Acetongärung.

Völlig anders verläuft die Gärung, wenn man der Lösung der gärungsfähigen Zucker an Stelle von Hefe spezielle Bakterien zusetzt. Man erhält dann als Hauptprodukt der Gärung Butanol und Aceton. Hierfür geeignete Bakterien sind an sich in sehr großer Zahl schon lange bekannt (unter anderem Bacillus butylicus, Granulobacter butylicum), doch liefern sie größtenteils nur recht schlechte Ausbeuten an Butanol.

Während des Krieges wurde die Butanolgärung im großen aufgenommen mit Rücksicht auf das hierbei gleichzeitig entstehende Aceton, das für die Herstellung von Sprengstoffen benötigt wurde. Die damit gleichzeitig anfallenden Butanolmengen wurden als unverwertbar zunächst gelagert. Ihre Verwertung hat neben der Notwendigkeit, das nach Beendigung des Krieges vorhandene Pulver industriellen Zwecken zuzuführen, zu der großen und raschen Entwicklung der Nitrocelluloselackindustrie wesentlich beigetragen.

Die industrielle Vergärung von Zucker zu Butanol und Aceton verknüpft sich mit dem Namen von Ch. Weizmann[1], der einen besonders wirksamen Bazillus beschreibt. Es mag dahingestellt bleiben, ob diese Patente einen wirksamen Schutz bedeuten, weil die industrielle Herstellung von Butanol schon vorher mit brauchbaren Bakterien beschrieben war[2] und die Beschaffenheit und Behandlung der Kohlehydrate sowie die entsprechende Züchtung der Bakterien für die Wirksamkeit von erheblichem Einfluß ist.

Als Rohmaterial dienen ähnlich wie bei der Alkoholgärung Mais, Roggen, ferner Reis, der zur Verfütterung nicht mehr geeignet ist, Kartoffeln und Melasse. Auch Maniok und Roßkastanien sind verwendbar. Man war lange Zeit der Ansicht, daß Melasse für diese Gärung weniger geeignet sei, doch sind neuerdings in Amerika Fabriken entstanden, die ohne Anstände zu konkurrenzfähigem Preise Zuckerrohrmelasse vergären (Publiker Inc., Union Solvents Corp.), während die Hauptherstellerin in Amerika, die Commercial Solvents Corp., hauptsächlich Mais und Roggen verarbeitet. Welches Ausgangsmaterial man wählt, wird demnach hauptsächlich vom Marktpreis und den örtlichen Verhältnissen abhängen.

---

[1] Franz. P. 498703; Engl. P. 4845/1915.

[2] DRP. 323533; Franz. P. 448364, 495532; Amer. P. 1044368.

Als Gärungserreger dient beispielsweise Chlostridium acetobutylicum, das am besten bei +37° C gedeiht. Die Vergärung erfolgt deshalb bei Temperaturen von 35—37°, weil schon bei 40—43° C die Wirksamkeit dieses Gärungserregers stark nachläßt.

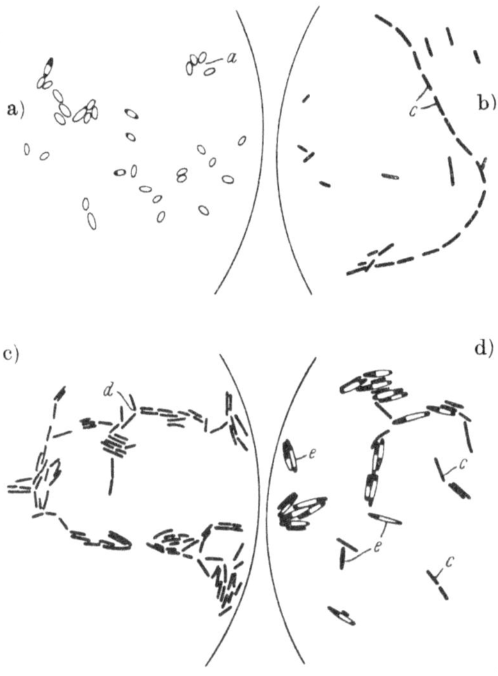

Abb. 26. Weizmann-Bakterien.

Das Aussehen der Bakterien von Weizmann ist je nach dem Entwicklungsstadium verschieden. Weizmann gibt die folgenden Formen an[1]:

Abb. 26a zeigt Sporen aus einer isolierten Kolonie des Bazillus, Abb. 26b die typische Kettenbildung nach 20stündigem Wachstum auf Mais; Abb. 26c zeigt die vereinigten Stäbe nach 30 Stunden, während Abb. 26d die Sporenbildung nach 48stündigem Wachstum auf Mais wiedergibt. Die Länge der Stäbchen ist etwa 0,0035 mm, ihre Dicke etwa 0,003 bis 0,006 mm.

Die Gärung dauert mehrere Tage und liefert aus 100 kg Stärke oder gärungsfähigem Zucker etwa

22,5 kg Butanol,
11 „ Aceton,
2,7 „ Sprit mit etwas Isopropylalkohol und Spuren Methyläthylketon,
Gase, bestehend aus Kohlensäure und Wasserstoff im Verhältnis 3 : 2.

In der fertig vergorenen Mischung liegen Aceton und Butanol zusammen in einer Konzentration von etwa 2 % vor. Die Aufarbeitung erfolgt durch Destillation in Kolonnenapparaten durch mehrfache Rektifizierung, wobei ein bei 92° siedendes azeotropisches Gemisch von 57 % Butanol und 43 % Wasser übergeht. Infolge der geringen Konzentration der Reaktionsprodukte in der Gärlösung ist der Dampfverbrauch hoch.

Die Produktion an synthetischem Butanol betrug in den Vereinigten Staaten im Jahre 1929 rund 30000 Tonnen.

[1] DRP. 445982.

Die bei der Gärung entstandenen Gase werden industriell zur Herstellung von Methanol verwendet, das unter dem Einfluß von Katalysatoren gemäß der Gleichung

$$CO_2 + 3H_2 = CH_3OH + H_2O$$

entsteht. Diese Verwertung scheint wirtschaftlicher zu sein als die Ausnutzung des gebildeten Wasserstoffes zur Fabrikation von Ammoniak.

## e) Die Milchsäuregärung.

Die Milchsäure, die bei verschiedenen Gärungsprozessen, z. B. im Sauerkraut und in der Sauermilch, entsteht, wird technisch in großem Maßstabe durch Gärung hergestellt. Man benutzt dazu in Deutschland vorwiegend Kartoffelmehl und Mais sowie Melasse, in Italien Molken, Melasse und Zuckerrübensaft, während in Amerika Melasse und Mais verwendet werden sollen. Von Milchsäure erzeugenden Bakterien sind verschiedene bekannt, beispielsweise Bacillus acidificans, Streptococcus lacticus, Bacterium acidi lactici und Coli, von denen das erste meist vorgezogen wird[1]. Die Gärung erfolgt bei etwa 50° C und dauert mehrere Tage. Die Ausbeute beträgt bis zu 90 % der Theorie. Aus etwa 1333 kg 75proz. Kartoffelmehl erhält man rund 2000 kg einer 50proz. Säure. Die Aufarbeitung erfolgt durch Eindampfen nach Zusatz von Kalk und nachträgliches Abtrennen des Kalkes mit Schwefelsäure.

Durch Erhitzen der entwässerten Säure mit Alkoholen in Gegenwart von Mineralsäure entstehen die Milchsäureester[2]. Die Entstehung der Milchsäure bei der Gärung erfolgt nach Neuberg gemäß der Gleichung:

$$\begin{array}{ccccc} CH_3\text{—}CO & & H_2 & & CH_3\text{—}CHOH \\ | & + & & = & | \\ CHO & & O & & COOH \\ \text{Methylglyoxal.} & & & & \text{Milchsäure.} \end{array}$$

## f) Die Buttersäuregärung.

Die Buttersäuregärung ist ähnlich wie die Milchsäuregärung seit langem bekannt. Als Ausgangsmaterial dienen ebenfalls stärkehaltige Materialien, auch Magermilch. Die Gärungserreger sind säureempfindlich, und die Gärung erfolgt deshalb in Gegenwart von Kreide, wodurch die gebildete Säure sogleich in Form des unlöslichen Kalksalzes abgetrennt wird. Man erhält stets neben Buttersäure auch Milchsäure und zahlreiche andere Carbonsäuren, so daß besondere Reinigungs-

---

[1] Nähere Beschreibung vgl. Ullmann: 2. Aufl. Bd. 7 S. 758.

[2] DRP. 278487, 171835; Amer. P. 1695444.

methoden erforderlich sind[1]. Das Verfahren ist deshalb gegenüber der Herstellung der Säure aus Butanol ohne Bedeutung geblieben.

Vor einigen Jahren wurde unter großer Anteilnahme der Tagespresse in Frankreich (Soc. Lefranc and Cie.) versucht, Buttersäure neben anderen Säuren zu gewinnen[2]. Die Säuren wurden in Form ihrer Kalksalze trocken destilliert. Dabei entsteht ein brenzlich riechendes Gemisch verschiedener Ketone, vor allem von Dipropylketon, Aceton und gemischten Ketonen, das in verschiedenen Fraktionen unter dem Namen Ketol als Lösungsmittel und als Zusatz zu Treibstoffen empfohlen wurde. Größere Bedeutung hat das Verfahren indessen nicht erlangt.

[1] Amer. P. 1580144.

[2] Ztschr. f. angew. Ch. Bd. 39 (1926) S. 798. Franz. P. 541535.

Spezieller Teil.

# Vorbemerkung.

In den folgenden Kapiteln werden die technologisch wichtigen Eigenschaften und Anwendungsgebiete der einzelnen Produkte ausführlich besprochen. Da die Herstellungsmethoden der meisten Produkte und die dafür dienenden Rohstoffe schon im vorhergehenden Kapitel behandelt worden sind, werden Angaben nur noch gemacht, soweit die Herstellung aus anderen Rohstoffen erfolgt. Auch die im Kapitel VIII ausführlich besprochene physiologische Wirkung wird nur in Einzelfällen noch gestreift.

Die Angaben über physikalische Konstanten von Handelsprodukten sind nach Möglichkeit Mitteilungen der Herstellerfirmen entnommen, verschiedene Angaben entstammen der verzweigten Literatur oder eigenen Bestimmungen. Die technologischen Eigenschaften werden auf Grund der Angaben von Literatur und Herstellerwerken sowie der praktischen Erfahrungen besprochen. Besonders hat der Verfasser den namhaften deutschen Herstellern zu danken, welche in bereitwilligster Weise ihre Unterlagen zur Verfügung gestellt haben. Über die ausländischen Produkte konnten teilweise Unterlagen und mündliche Mitteilungen der führenden amerikanischen Firmen herangezogen werden.

Im letzten Kapitel wird noch eine Übersicht über wichtige Daten in Form von Tabellen gegeben, die das Nachschlagen erleichtern sollen.

# XIII. Die einzelnen Lösungsmittel.

## A. Aliphatische Kohlenwasserstoffe (Benzine).

Benzine sind je nach ihrer Herkunft sehr verschieden zusammengesetzt. Selbst Produkte von etwa gleichen Siedegrenzen, aber verschiedener Herkunft stimmen in ihren Eigenschaften nicht völlig überein. Vor allem machen sich die Unterschiede im Lösevermögen bemerkbar.

Benzine, welche Naphthene oder Olefine enthalten, zeigen ein etwas größeres Lösevermögen als die gesättigten aliphatischen Benzinkohlenwasserstoffe, vor allem gegenüber Harzen. Als Anhaltspunkt für die Daten der verschiedenen Benzine kann folgende Übersicht dienen[1].

| $d_4^{15}$ | Mittleres Molekulargewicht | Mittlerer Siedepunkt | Verdampfungswärme Cal. |
|---|---|---|---|
| 0,666 | 79 | 52 | 84 |
| 0,763 | 114 | 136 | 74 |
| 0,783 | 128 | 156 | 69 |
| 0,812 | 151 | 202 | 65 |
| 0,888 | 216 | 286 | 53 |

Extraktionsbenzine zeigen im allgemeinen Siedegrenzen von 60—100° bis 110—145° C. Lackbenzine sieden etwa zwischen 130 und 180° C, $D_4^{15}$ etwa 0,79 (Sangajol). Für Zaponlacke geeignete Benzine sieden zwischen etwa 60 und 125° C, $d_4^{20}$ ca. 0,74.

Ganz allgemein lösen die Benzine sehr gut Paraffinöl, Mineralöle aller Art und fette Öle. Lediglich das etwas stärker polare Ricinusöl ist in Benzin nur begrenzt löslich. Die Fette sind nicht alle gleich gut löslich; vor allem das harte Stearinsäuretriglycerid (Tristearin) löst sich schlecht in Benzin. Es ist jedoch schwer, etwa auf Grund der schlechteren Löslichkeit dieses Produkt aus Mischungen mit weicheren und besser löslichen Glyceriden (Fetten) vollständig abzuscheiden, weil letztere das Lösevermögen des Benzins erhöhen.

Die Fettsäuren sind stärker polar als die Fette und deshalb weniger gut löslich; vor allem lösen sich die Oxyfettsäuren nur schwer in Benzinen. Man kann sie mit leichtestsiedenden Benzinen von den Fetten trennen. Ihre Unlöslichkeit ist auch bei der Herstellung und Lagerung mancher Öllacke von Bedeutung. Allgemein nimmt die Löslichkeit der Fettsäuren mit steigendem Erweichungspunkt ab.

Harze werden von Benzinen schlechter gelöst als von Benzolkohlenwasserstoffen. Reine Kohlenwasserstoffharze von nicht zu hohem Molekulargewicht sind in Benzinen löslich; hochmolekulare Harze wie Polystyrol und manche hochschmelzenden Harze aus Cumaron und Inden sind in Benzinen unlöslich. Meist ändert sich das Lösevermögen je nach Siedepunkt und Zusammensetzung des Benzins. Naphtenhaltige Benzine sind bessere Harzlösungsmittel. Stärker polare Harze, vor allem solche, welche Oxygruppen enthalten, wie Phenol-Formaldehyd, Harnstoff-Formaldehyd oder Phthalsäureharze mit höherem Phthalsäuregehalt lösen sich meist überhaupt nicht in Benzinen; auch beim Kolophonium hängt die Löslichkeit von dem Grade der Oxydation des Kolophoniums ab. Die meisten Polymerisationsbindemittel, wie Polyvinylacetat, sind ebenfalls in Benzinen vollkommen unlöslich.

---

[1] Zeitfuchs: Erdöl und Teer 1926 S. 222, 236; vgl. auch H. Wolff: Farbe u. Lack 1928 S. 177.

Infolge des schlechten Harzlösevermögens sind die Benzine als Extraktionsmittel für Ölsaaten vielfach sehr geschätzt. Die erhaltenen Öle sind meist sehr hell, weil harz- und farbstoffartige Bestandteile sowie Oxyfettsäuren des Extraktionsgutes nicht mit herausgelöst werden und unangenehm riechende Oxydationsprodukte nicht in das extrahierte Öl übergehen. Dem steht als Nachteil gegenüber, daß die Benzine in ziemlich weiten Grenzen mit Luft explosionsgefährliche Lösungsmitteldampf-Luftgemische bilden und sich durch Reibung, beispielsweise durch Ausgießen oder zu schnelles Fließen in Röhren, leicht ziemlich stark elektrostatisch aufladen. Dadurch entsteht, wenn die mit Benzinen in Berührung kommenden Metallteile nicht ausgezeichnet geerdet sind, leicht die Gefahr der Funkenbildung. Wegen dieser großen Feuergefährlichkeit sind die Richtlinien für die Verarbeitung der Benzine im Extraktionsbetrieb ebenso wie auch in der chemischen Wäscherei, in der die Benzine wegen ihres guten Schmutz- und Fettlösevermögens ausgedehnte Verwendung finden, sehr scharf und die Feuerschutzunkosten hoch. Man versucht deshalb in zahlreichen Fällen mit Erfolg, die Benzine durch die vollständig unbrennbaren Chlorkohlenwasserstoffe zu ersetzen, ist aber dabei häufig zu einer Änderung der Apparatur gezwungen, da unter anderem das spezifische Gewicht der Chlorkohlenwasserstoffe beträchtlich größer ist.

Von den Benzinen finden die leichtsiedenden Sorten für Extraktions- und Lackzwecke, teilweise auch für Reinigungszwecke, die höhersiedenden Benzine vor allem als Verdünnungsmittel für Öllacke und als Lösungsmittel in Schuhcremen, Bohnermassen und ähnlichen Wachszubereitungen große Verwendung.

Auf dem Celluloselackgebiet hat man sich für die Verwendung der Benzine wegen ihrer verhältnismäßig geringen physiologischen Wirksamkeit und des billigen Preises sehr stark interessiert, zumal zeitweilig befürchtet worden ist, daß das wichtigste Verdünnungsmittel für Celluloselacke, nämlich Toluol, nicht in genügenden Mengen vorhanden sein würde. Die Verwendung von Benzinen in Celluloselacken ist aber wegen ihres wesentlich schlechteren Lösevermögens gegenüber Toluol nur in begrenztem Maße möglich. Hierüber ist in Amerika sehr eingehend gearbeitet worden.

Benzine können zu Acetylcelluloselacken meist überhaupt nicht zugefügt werden, weil schon sehr kleine Mengen Benzin die sehr stark polare Acetylcellulose ausfällen. Auch Mischungen von Benzin mit Äthylalkohol zeigen im Gegensatz zu Mischungen von Toluol mit Äthylalkohol weder in der Kälte noch in der Wärme ein nennenswertes Lösevermögen für die üblichen Acetylcellulosen. Celluloseäther des Handels wie Benzylcellulose und Äthylcellulose lösen sich nicht in Benzin, während sie in Toluol meist leicht löslich sind. Lediglich in einigen Lacken aus AT-Cellulose B des Handels[1] können geringe Benzinmengen neben Toluol als Zusatzmittel verwendet werden.

Nitrocelluloselösungen nehmen gewisse Mengen Benzin auf, doch sind diese regelmäßig wesentlich geringer als solche von Toluol (s. Kapitel III). Die Benzine wirken dabei mitunter weniger günstig auf einen glatten Fluß der Lacke beim Trocknen, bewirken also leichter das Entstehen einer rauhen Filmoberfläche, die eine erhöhte Schleifarbeit bei der Nachbehandlung der Lackschichten erfordert. Diese Erscheinung hängt möglicherweise damit zusammen, daß die Benzine weniger zur Bildung azeotropischer Gemische mit den üblichen Lacklösungsmitteln neigen als Toluol und die Änderung der Oberflächenspannung der Lacke beim Trocknen weniger harmonisch verläuft. Sehr häufig wird Benzin als Verschnittmittel dagegen in Metallzaponen verwendet.

Besondere Vorsicht erfordert die Verwendung von Benzinen in Nitrocelluloselacken aber, wenn die Lacke gleichzeitig Harze oder in Benzin unlösliche Weichmachungsmittel enthalten. Es ist kaum möglich, die meist üblichen Harze in den leichtflüchtigen Benzinen aufzulösen und die Lösung den Nitrocelluloselösungen zuzusetzen, wie dies bei Verwendung von Toluol leicht gelingt und häufig üblich ist. Während des Trocknens der benzinhaltigen Lacke treten zuweilen Trübungen auf, die auf Ausscheidungen des Harzes zurückzuführen sind. Besonders manche harzähnliche Bindemittel, die in neuester Zeit immer mehr steigende Bedeutung gewinnen, wie einige ölhaltige Phthalsäureharze (Alkydale, TT und ST, Dulux, Rezyle) und Polyvinylacetate (Mowilith, Vinnapas, Vinylite) lassen sich mit Benzinen ohne Mitverwendung von Toluol nicht gut verarbeiten.

Alle technischen Untersuchungen über die Verwendung der Benzine in Celluloselacken kommen deshalb zu dem Ergebnis, daß Benzine allein als Verschnittmittel an Stelle von Toluol in den meisten Fällen nicht oder wenigstens nicht ohne erhebliche Nachteile technischer und kalkulatorischer Natur verwendet werden können. Dagegen haben sich Mischungen aus Toluol und Benzinen in sehr vielen Fällen ausgezeichnet bewährt. Empfohlen wird etwa ein Verhältnis bis zu gleichen Teilen Benzin und Toluol, weil dann die Nachteile der Benzine noch nicht allzu sehr hervortreten und vor allem das Harzlösevermögen durch den Gehalt an Toluol noch hoch ist[2].

---

[1] Hersteller I. G. Farbenindustrie Aktiengesellschaft.

[2] Vgl. u. a. Ind. and Engin. Chem. Bd. 22 (1930) S. 177; Ref. Farben-Ztg. Bd. 35 S. 1463. — The Oil and Colour Trades Journ. Bd. 79 (1931) S. 1702, 1607; Ref. Farben-Ztg. Bd. 37 S. 623.

Mischungen aus Benzinen und Äthylalkohol haben sich ebenfalls in einzelnen Nitrocelluloselacken bewährt, sind aber nicht gut verwendbar, wenn Harzester und andere besonders toluollösliche Harze mit verwendet werden müssen.

Für das verschiedene Verhalten von gesättigten und gekrackten, ungesättigte Bestandteile enthaltenden Benzinen geben Davidson und Reid[1] nebenstehende Belege:

| Siedegrenze des Benzins °C | Verdünnungsverhältnis 25 % Nitrocellulose 75 % Äthylglykol | 25 % Nitrocellulose 75 % Butylacetat |
|---|---|---|
| Destilliertes Gasolin. | | |
| 27— 80 | 0,8 | 1,4 |
| 80—130 | 0,7 | 1,4 |
| 130—180 | 0,5 | 1,2 |
| über 180 | 0,4 | 0,9 |
| Gekracktes Gasolin. | | |
| 27— 80 | 0,9 | 1,5 |
| 80—130 | 0,8 | 1,4 |
| 130—180 | 0,7 | 1,3 |
| über 180 | 0,9 | 1,5 |

Hochsiedende Benzine dienen als Terpentinölersatz vor allem in Öllacken und Wachskompositionen. Für erstere ist ihre Brauchbarkeit lange Zeit umstritten gewesen, weil man dem Terpentinöl besondere Wirkungen zuschrieb. Die ausgedehnte Verwendung der Benzine für diese Zwecke hat indessen deren Brauchbarkeit wohl bewiesen. Auf Grund eines umfangreichen Versuchsmaterials kommen H. R. Salzberg, F. L. Browne und I. H. Odell[2] zu dem Ergebnis, daß beim Ersatz des Terpentinöles in Lacken durch Benzine die Haltbarkeit von Ölanstrichen kaum abnimmt und Glanz und Vergilbung nicht beeinflußt werden. Über einzelne Eigenschaften der Lackbenzine berichtet ferner H. Wolff[3]; s. a. RAL-Blatt 848 E.

## B. Terpentinölprodukte.

### Balsamterpentinöl.

| | |
|---|---|
| Siedegrenzen . . . . | 155—175° C |
| $D_4^{20}$ . . . . . . . . . . | 0,86—0,88 |
| Flammpunkt . . . . | über 30° C. |

Der Siedepunkt der Balsamterpentinöle von verschiedener Herkunft ist nicht wesentlich verschieden. Nach Wolff[4] destillieren:

| | |
|---|---|
| Siedebeginn . . . . . | 153—155° C |
| ca. 70 % . . . . . . | 160° C |
| „ 85 % . . . . . . | 165° „ |
| „ 90 % . . . . . . | 170° „ |
| Siedeende . . . . . . | 175—180° C. |

Die Hauptmenge siedet also zwischen 155 und 165° C; sie besteht überwiegend aus Pinen.

---

[1] Ind. and Engin. Chem. Bd. 19 S. 977; Ref. Farbe u. Lack 1928 S. 228.
[2] Ind. and Engin. Chem. Bd. 23 S. 1214.
[3] Farbe u. Lack 1928 S. 177. [4] Farbe u. Lack 1924 S. 74.

Diese Siedegrenzen gelten nur für junge Öle. Alte, gelagerte Ware destilliert in weiteren Siedegrenzen, da durch das Aufnahmevermögen des Terpentinöles für Sauerstoff Verharzungen eintreten und Peroxyde gebildet werden können; immerhin destilliert die Hauptmenge alter Öle ebenfalls zwischen 155 und 165° C. Durch Messung des bei jedem Grad Temperatursteigerung übergehenden Volums erhält man eine Kennlinie, die nach Kubelka und Schneider[1] eine genauere Beurteilung von Terpentinölen zuläßt. Bei Anwesenheit größerer Mengen von Peroxyden muß vorsichtig destilliert werden.

Die Lieferbedingungen für Terpentinöl sind vom Reichsausschuß für Lieferbedingungen im RAL-Blatt 848c zusammengestellt worden; darin werden auch Prüfungsmethoden angegeben, welche das Erkennen von Verfälschungen ermöglichen.

Terpentinöl ist farblos, dünnflüssig und von erfrischend angenehmem Geruch, der je nach der Herkunft etwas schwankt. Alte gelagerte Öle riechen etwas weniger angenehm. Terpentinöl ist mit den meisten organischen Lösungsmitteln mischbar, lediglich die Löslichkeit in wasserhaltigen Alkoholen ist begrenzt.

Terpentinöl besitzt ein sehr hohes Lösevermögen für Öle, Fette und Harze. Es findet seine Hauptverwendung als Verdünnungsmittel für Öllacke und als Lösungsmittel bei der Fabrikation von hochwertigen Schuhcremen und Bohnermassen. Große Mengen werden ferner zur Herstellung von synthetischem Campher verbraucht.

Lange Zeit war Terpentinöl das einzige in höherwertigen Öllacken verwendete flüchtige Lösungsmittel. Man schrieb ihm für die Eigenschaften dieser Lacke besondere Wirkungen zu. Vor allem war man der Ansicht, daß die Oxydation, die das Terpentinöl an der Luft erleidet, irgendwie die rasche Trocknung der Öllacke und vielleicht auch deren Dauerhaftigkeit beeinflußte. Hierfür wurde beispielsweise auch eine die Dispersität der Trockenstoffe im Lack erhöhende Wirkung des Terpentinöles verantwortlich gemacht. Die chemischen Vorgänge beim Trocknen der Öle sind trotz zahlreicher wissenschaftlicher Arbeiten und zeitweilig heftiger Debatten in der Fachpresse auch heute noch nicht bis in die letzten Einzelheiten geklärt. Die Praxis ist jedoch in allen Ländern, in denen der Terpentinölpreis ziemlich hoch ist, in weitestem Umfange zur Verwendung von entsprechend hochsiedenden Benzinen übergegangen, ohne daß dadurch die Eigenschaften der Anstrichstoffe nennenswert verschlechtert worden sind[2].

Gleichwohl ergeben sich einzelne Unterschiede. So ist Terpentinöl ein etwas besseres Lösungsmittel für eingetrocknete Ölfilme (Linoxyn) und quillt diese daher, solange sie noch nicht sehr alt sind, etwas leichter

[1] Chem. Umschau a. d. Geb. d. Fette, Öle, Wache u. Harze Bd. 38 S. 29.
[2] Vgl. u. a. Salzberg, Browne u. Odell: Ind. and Engin. Chem. Bd. 23 S. 1214.

an als Benzine. Man versucht, hier und da beobachtete Unterschiede im Haftvermögen von Terpentinöl bzw. Benzine enthaltenden Lacken auf diese Beobachtungen zurückzuführen.

In bezug auf die Trockenstoffe zeigt in der Tat Benzin ein mitunter etwas geringeres Lösevermögen. Durch das Auftauchen der leicht und vollständig löslichen Naphthenattrockenstoffe (Soligene)[1] sind aber auch für die Verwendung von Benzinen diese Schwierigkeiten weitestgehend behoben. Auch bei anderen Trockenstoffen hat man Wege zur Verarbeitung in benzinhaltigen Lacken gefunden. Benzin hat bei der Verarbeitung von Kobalt enthaltenden Trockenstoffen vor Terpentinöl den Vorteil, daß die Sikkativlösungen ihre ursprüngliche violette Farbe lange behalten und weniger leicht Oxydationsvorgängen ausgesetzt sind.

In Wachskompositionen dient das Terpentinöl dazu, die heiß gelösten Wachse nach dem Erkalten in weich-schmierfähiger Form wieder erstarren zu lassen und ihnen damit die für die Verarbeitung notwendige Beschaffenheit zu geben, ohne daß ein Absetzen der Wachse eintritt. Auch für diese Zwecke ist die Bedeutung des Terpentinöles zugunsten der Benzine stark zurückgegangen.

## Holzterpentinöl.

| | |
|---|---|
| Siedegrenzen . . . | ca. 160—185° C |
| $D_4^{20}$ . . . . . . . . | „ 0,86—0,87 |
| Flammpunkt . . . . | 34 — 35° C. |

Der Geruch des Holzterpentinöles ist etwas von dem der Balsamterpentinöle abweichend. Es findet als Lösungsmittel ungefähr die gleichen Anwendungen und ist auch als Vergällungsmittel für Branntwein zugelassen. Die mitgeteilten Daten beziehen sich auf das Produkt der Deutschen Hydrierwerke A. G., Berlin.

## Hydroterpin.

| | |
|---|---|
| Siedepunkt . . . . . | 180—195° C |
| $D_4^{20}$ . . . . . . . . . | 0,879 |
| $n_D^{20}$ . . . . . . . . . . | 1,4733 |
| Bromzahl . . . . . . | 38. |

Hersteller: Deutsche Hydrierwerke A. G.

Hydroterpin ist ein anscheinend durch Hydrieren von terpentinölähnlichen Produkten gewonnenes wasserhelles Produkt, das einen milden Geruch nach Terpenen aufweist. Es steht in seinen Eigenschaften ungefähr zwischen dem Terpentinöl und den Kienölen und Lackbenzinen und wird vor allem als Verdünnungsmittel für Öllacke empfohlen.

## Mittel L 30.

| | |
|---|---|
| Siedepunkt . . . . . | 160/165—200° C |
| $D_4^{20}$ . . . . . . . . . | 0,879 |
| Flammpunkt . . . . | + 21° C. |

Hersteller: I. G. Farbenindustrie Aktiengesellschaft.

[1] Hersteller I. G. Farbenindustrie Aktiengesellschaft.

Mittel L 30 ist ein offenbar auf der Basis von terpenartigen, mit dem Terpentinöl genetisch verwandten Produkten aufgebautes Lösungsmittel, dessen Zusammensetzung nicht genauer bekannt ist. Es zeigt einen dem Terpentinöl naheliegenden, aber etwas weniger blumigen Geruch und unterscheidet sich vom Balsamterpentinöl unter anderem durch seinen Gehalt an höhersiedenden Anteilen. Dementsprechend ist die Flüchtigkeit langsamer, so daß die unter Zusatz von Mittel L 30 hergestellten Öllacke etwas länger verstreichbar bleiben und langsamer antrocknen. Diese Verzögerung tritt indessen nur anfangs auf; die Durchtrocknung wird durch Mittel L 30 nicht verzögert.

Mittel L 30 hat die Eigenschaft, das Runzeln bzw. die Eisblumenbildung von Holzöllacken und deren starke Hautbildung zu vermindern und mitunter ganz aufzuheben. Es wird in der Regel mit mindestens der doppelten Menge Lackbenzin vermischt verwendet.

### Dipenten.

| | |
|---|---|
| Siedepunkt . . . . . | ca. 170—185° C |
| $D_4^{20}$ . . . . . . . . . | 0,855—0,860 |
| Flammpunkt . . . . | ca. 50° C. |

Hersteller: Schering-Kahlbaum A. G., Berlin.

Dipenten ist eine klare, etwas gelblich gefärbte Flüssigkeit von angenehmem, terpentinölartigem Geruch, und enthält Bestandteile des Terpentinöles, welche nicht für die Campherfabrikation verwendet werden können. Dipenten ist ebenso wie die Terpentinöle und ähnliche Produkte nicht ohne Hinterlassung eines kleinen harzartigen Rückstandes flüchtig. Es findet ähnliche Verwendung wie Terpentinöl in Öllacken, Schuhcremen und Bohnermassen und hat ein sehr hohes Wachsbindevermögen. Es wird auch als Reinigungsmittel für Maschinenteile, Druckwalzen und Formen empfohlen[1].

# C. Cyclische Kohlenwasserstoffe.

## 1. Aromatische Kohlenwasserstoffe.

### Benzol.

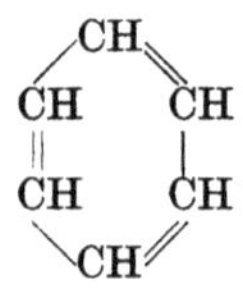


Benzol kommt in verschiedenen Sorten in den Handel. Benzollieferant: Benzolverband, Bochum.

[1] Noll, A.: Farben-Ztg. Bd. 34 S. 2014.

Das reine Benzol siedet bei 80—81° C und erstarrt bei + 5,4° C.

$D_4^{20}$ . . . . . . . . . . . . 0,873
Flammpunkt . . . . . . . —8° C.

Benzol ist mit den meisten organischen Flüssigkeiten mischbar, dagegen in Wasser unlöslich. 1000 Raumteile Wasser lösen 0,82 Raumteile Benzol, während 1000 Raumteile Benzol 2,11 Raumteile Wasser auflösen. Benzol brennt mit leuchtender, stark rußender Flamme. Physiologisch ist Benzol keineswegs harmlos (s. Kapitel VIII).

Technisch wird der Name „Benzol" nicht allein für den Kohlenwasserstoff $C_6H_6$, sondern auch für die unter 200° siedenden flüssigen Teerkohlenwasserstoffe angewandt. Die technisch verwendeten Handelsbenzole enthalten gewisse Mengen der Homologen des Benzols, nämlich Toluol, eventuell auch Xylol und Cumol. Gehandelt werden folgende Typen[1].

| Handelsbenzole | Spezifisches Gewicht | Flammpunkt | Es gehen über | | Annähernde Zusammensetzung in Prozent | | | | |
|---|---|---|---|---|---|---|---|---|---|
| | | | bis | % | Benzol | Toluol | Xylol | Cumol | Naphthalinöl |
| Handelsbenzol I, sog. 90er Benzol . . . . | 0,880—0,883 | —15° | 100° | 90 | 84 | 13 | 3 | — | — |
| Handelsbenzol II, sog. 50er Benzol . . . . | 0,875—0,887 | —9,5° | 100° | 50 | 43 | 46 | 11 | — | — |
| Handelsbenzol III, sog. gereinigtes Toluol . | 0,870—0,872 | — 5° | 120° | 90 | 15 | 75 | 10 | — | — |
| Handelsbenzol IV, sog. gereinigtes Xylol. . | 0,872—0,876 | +21° | 145° | 90 | — | 25 | 70 | 5 | — |
| Solventnaphtha I . . | 0,874—0,880 | +21° | 160° | 90 | — | 5 | 70 | 25 | — |
| „ II . . | 0,890—0,910 | +28° | 175° | 90 | — | — | 35 | 60 | 5 |
| Handelsschwerbenzol . | 0,920—0,945 | +47° | 190° | 90 | — | — | 5 | 80 | 15 |

Das Benzol des Steinkohlenteers enthält noch 0,15% Thiophen,

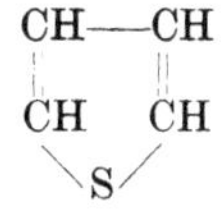


von dem es durch geeignete Behandlung mit Aluminiumchlorid befreit werden kann. Für die Verwendung als Lösungsmittel ist der Gehalt an Thiophen gewöhnlich ohne Belang, dagegen stört er bei der Hydrierung des Benzols. Außer Thiophen kommen noch als Verunreinigungen Schwefelkohlenstoff und Paraffinkohlenwasserstoffe in Frage, die sich vor allem in den Benzolvorläufen finden.

Ausführliche Angaben über Benzol und die Gewinnung der einzelnen Fraktionen vergleiche Ullmann: Enzyklopädie der technischen Chemie.

[1] Neumann: Flüssige Heizstoffe. Muspr. Chem. Erg. Bd. 1 (1917).

Benzol als Lösungsmittel. Hauptsächlich wird ein von sauren und alkalischen Bestandteilen gut gereinigtes 90er Benzol verwendet. Benzol löst ausgezeichnet hydrophobe und wenig polare Stoffe wie Öle, Fette, viele Harze, AT-Cellulose, Kautschukarten, Peche und Asphalte, ferner besonders in der Wärme viele Wachse. In Verbindung mit Alkohol löst es Benzylcellulose. Für Nitrocellulose ist es ein Fällungsmittel, dient aber in Mischung mit guten Lösungsmitteln als Verschnittmittel. Auch die Acetylcellulosen des Handels werden durch Benzol nicht gelöst. Mischungen von Benzol und Alkohol lösen Acetylcellulose in der Wärme; bei Zusatz kleiner Mengen von echten Lösungsmitteln tritt auch in der Kälte Lösung ein. Benzol zeigt allgemein ein größeres Lösevermögen als Benzin, so löst es nach Bratter[1] etwa 50% mehr Fett. Da es aber gleichzeitig für Farbstoffe und Harze ein besseres Lösevermögen aufweist als die Benzine, so ist es für die Extraktion von Saaten zur Gewinnung heller Öle und Fette häufig weniger geeignet, dagegen wird es zur Extraktion von Knochen und bei der Gewinnung dunkler Öle vorgezogen.

Sein Lösevermögen für Wachse und Paraffin wird technisch bei deren Gewinnung ausgewertet. Es dient ferner für chemische Wäschereien und für viele andere Spezialzwecke.

Für Kautschuklösungen und Lackzwecke, also dort, wo Benzoldämpfe in größerem Umfang in die Luft des Arbeitsraumes verdampfen können, wird dagegen Benzol trotz seiner sehr guten Eigenschaften immer mehr durch Toluol und ähnliche Stoffe ersetzt, um Unfälle durch die physiologische Wirkung des Benzols auszuschließen. Technisch bestehen gegen diese Umstellung in den meisten Fällen keine ernsthaften Bedenken, lediglich die Trockengeschwindigkeit wird etwas herabgesetzt. Preislich stellt sich Benzol etwas günstiger. In Abbeizmitteln wird Benzol vollwertig durch das weniger gefährliche und intensiver wirkende technische Methylenchlorid ersetzt.

## Toluol.

| | |
|---|---|
| Siedegrenzen . . . . | 109,5—110,5° C |
| $D_4^{20}$ . . . . . . . . . | 0,864 |
| Flammpunkt . . . . | +7°. |

Toluol gleicht im Lösevermögen weitgehend dem Benzol, ist aber weniger flüchtig und siedet höher; deshalb wird es für Extraktions-

[1] Öl- u. Fettindustrie 1919 S. 369.

zwecke nicht verwendet. Da es im Gegensatz zum Benzol kein Blutgift ist, so findet es in hochwertigen Lacken in der ganzen Welt in größtem Umfange Verwendung, vor allem ist es das wichtigste Verdünnungsmittel für Celluloselacke. Hierzu ist es aus verschiedenen Gründen besonders befähigt.

Toluol ist ein ausgezeichnetes Lösungsmittel für die meisten verwendeten Harze und Weichmachungsmittel; daher gestattet es, die Harze vor der Mischung mit Nitrocelluloselösungen im Verdünnungsmittel allein aufzulösen. Toluol wirkt homogenisierend auf Harz, Nitrocellulose und deren Lösungsmittel (Ester, Glykoläther). Es kann für diese Zwecke nicht durch aliphatische Kohlenwasserstoffe ersetzt werden (s. S. 52 u. 204).

Für Celluloseäther ist Toluol selbst ein Lösungsmittel. In Mischung mit Alkohol löst es bei Zusatz nur ganz geringer Mengen guter Lösungsmittel manche Kollodiumwollen. In allen diesen Eigenschaften unterscheidet sich Toluol grundsätzlich von den aliphatischen Kohlenwasserstoffen.

Toluol kann zu den Lösungen von Nitrocellulose in besonders großen Mengen ohne Ausscheidung der Celluloseester zugesetzt werden; dadurch werden die Lacke billig und große Ersparnisse an teuren Lösungsmitteln erzielt. Von der Gesamtmenge der für Nitrocelluloselacke verbrauchten Lösungs- und Verdünnungsmittel entfällt zwischen etwa einem Drittel und der Hälfte auf Toluol.

Toluol verflüchtigt sich genügend schnell, um ein rasches Trocknen der Celluloselacke zu gewährleisten, andererseits genügend langsam, um das Niederschlagen von Luftfeuchtigkeit in trocknenden Lacken zu verhindern und einen glatten Fluß zu fördern.

Toluol kann auch in größeren Mengen zu Acetylcelluloselacken als Verdünnungsmittel zugesetzt werden, während solche Lacke Zusätze von Benzinkohlenwasserstoffen beinahe überhaupt nicht vertragen.

Sein Geruch ist nicht unangenehm, hängt aber sehr von der Reinigung des Toluols ab. Vor allem in Amerika ist eine vorzügliche Ware im Handel.

Toluol findet wegen seines guten Lösevermögens für Bitumina und Harze ausgedehnte Verwendung in Tiefdruckfarben. Es gestattet hochkonzentrierte Lösungen dieser Bindemittel herzustellen.

Es ist auch ein ausgezeichnetes Lösungsmittel für die sog. „öllöslichen“ Farbstoffe und erleichtert daher in hohem Maße die Herstellung transparentgefärbter Cellulose- und Harzlacke.

Zu beachten ist die nur sehr geringe Mischbarkeit mit den besonders stark hydrophilen mehrwertigen Alkoholen wie Glykol, Butylenglykol und Glycerin.

## Xylol.

| | |
|---|---|
| Siedegrenzen | 137—139° C |
| $D_4^{20}$ | 0,857 |
| Flammpunkt | +23° C. |

Reinxylol ist eine Mischung der drei isomeren Xylole,

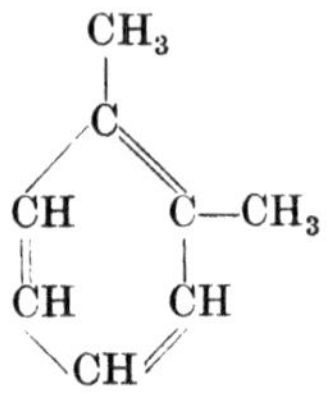
Orthoxylol.

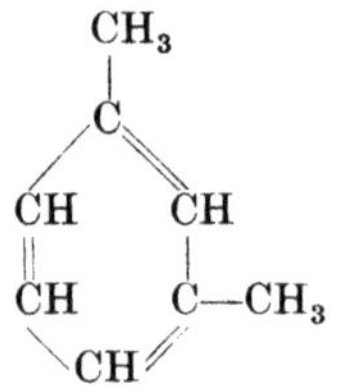
Metaxylol.

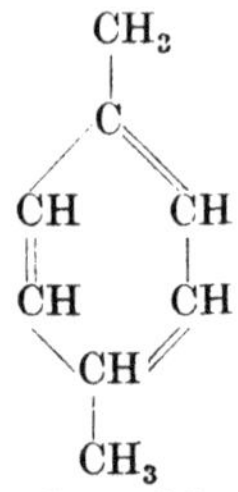
Paraxylol.

von denen die Metaverbindung vorherrscht. Sein Lösevermögen ist ähnlich dem des Toluols, doch ist seine Flüchtigkeit geringer. Es findet die gleichen Verwendungen wie Toluol, jedoch in bedeutend kleinerem Maßstabe. Wegen seiner langsamen Verdunstung wird es hauptsächlich für streichfähige Industrielacke verwendet. Große Mengen werden bei der Herstellung von Tiefdruckfarben verbraucht. Hierfür ist es erforderlich, daß das Xylol keine aktiven Schwefelverbindungen enthält, welche die Kupferwalzen angreifen würden.

Die physiologische Wirkung des Xylols ist wie die des Toluols beträchtlich geringer als die des Benzols (s. Kapitel VIII).

## Cymol.

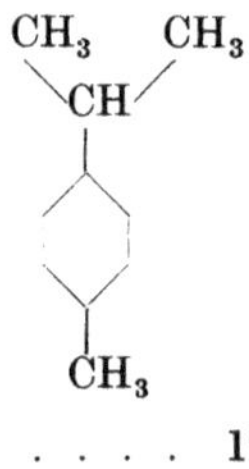

| | |
|---|---|
| Siedepunkt | 174—177° C |
| $D_4^{15}$ | 0,865 |
| Flammpunkt | 100° C. |

Cymol entsteht als Nebenprodukt der Sulfitzellstoffabrikation, wahrscheinlich durch Dehydrierung von Pinenverbindungen[1].

Cymol riecht mild und nicht unangenehm kohlenwasserstoffartig. Es wird als hochsiedendes Verdünnungsmittel für Lacke empfohlen[2]. Für seine Verwendung in Öllacken ist aber zu beachten, daß Cymol, dessen Siedepunkt dem des Terpentinöls naheliegt, als aromatischer

[1] Engl. P. 206848. [2] Chem. Metallurg. Engineering 1927 S. 291.

Kohlenwasserstoff ein stärkeres Lösevermögen für Linoxyn aufweist. Deshalb können mit Cymol hergestellte Öllacke beim Auftrag auf bereits getrocknete Ölanstriche stärker aufweichend wirken, so daß die Streichfähigkeit beeinträchtigt wird. Die Verwendung von Cymol ist beschränkt geblieben, weil das Produkt teurer ist als die entsprechenden Teerkohlenwasserstoffe.

## 2. Hydrocyclische Kohlenwasserstoffe.

### Tetrahydronaphthalin (Tetralin).

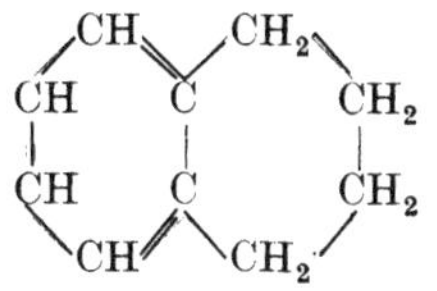

| | |
|---|---|
| Siedepunkt . . . . . . | $205^0$ |
| $D_4^{15}$ . . . . . . . . . . | 0,975 |
| Flammpunkt . . . . | ca. $80^0$ C |
| $n_D^{20}$ . . . . . . . . . . | 1,540 |
| Gefrierpunkt . . . . . | unter $-20^0$ C. |

Hersteller: Deutsche Hydrierwerke A.-G., Berlin.

Tetralin ist eine farblose, physiologisch ziemlich harmlose Flüssigkeit. Beim Stehen an der Luft nimmt es Sauerstoff auf und verfärbt sich etwas unter Bildung harzartiger Substanzen. Sein Geruch ist schwach, aber anhaftend. Mit den meisten organischen Lösungsmitteln ist Tetralin mischbar, dagegen löst es sich nicht in Wasser. Celluloseester, Kopale und einige stark polare Harze wie Schellack, Phenol-Formaldehyd und Harnstoffharze werden nicht gelöst. Sonst hat Tetralin ein gutes Lösevermögen für sehr viele Substanzen, vor allem für Öle, Fette, Harze, Bitumina, Kautschuk und Linoxyn.

Es wird empfohlen, Tetralin in kleinen Mengen zu Öl- und Nitrocelluloselacken zuzusetzen, um die Streichfähigkeit zu verbessern und bei Holzöllacken das gefürchtete Hauten zu verhindern. Dabei ist zu beachten, daß bei Tetralinzusätzen durch das hohe Lösevermögen für Linoxyn ein Aufweichen von bereits getrockneten Öllackanstrichen beim Darüberstreichen tetralinhaltiger Lacke erfolgen kann. Die Lackzusammensetzung muß daher entsprechend abgestimmt werden. Für Weißlacke wird Tetralin wegen der Gefahr von Verfärbungen nicht empfohlen.

Tetralin ist weiter ein Bestandteil von Lackentfernungs- und Abbeizmitteln. Es kann auch durch Lösungsmittelseifen, wie sie beispielsweise aus Seife und Cyclohexanol erhalten werden, in Wasser löslich gemacht werden. In dieser Form dient es als Reinigungsmittel.

In Patenten sind zahlreiche andere Verwendungsgebiete beschrieben[1], doch stört meist der gegenüber Benzinen und Terpentinöl stärker anhaftende Geruch. Hierin liegt wohl auch der Hauptgrund dafür, daß dieses billige Lösungsmittel nicht in größerem Ausmaße verwendet wird.

Tetralin ist auch als Waschöl für die Wiedergewinnung von Lösungsmitteln vorgeschlagen worden[2].

## Dekahydronaphthalin (Dekalin).

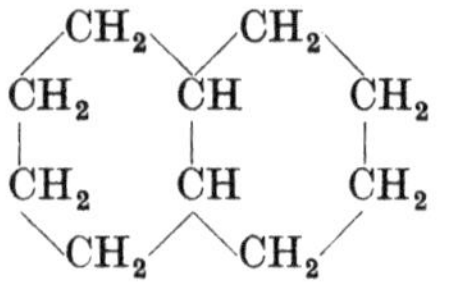

| | |
|---|---|
| Siedepunkt | 180—190° C |
| $D_4^{15}$ | 0,890 |
| Flammpunkt | +57° C |
| Gefrierpunkt | ca. —100° C. |

Hersteller: Deutsche Hydrierwerke A.-G.

Dekalin ist eine farblose, physiologisch ziemlich harmlose Flüssigkeit von größerer Flüchtigkeit als Tetralin und etwas angenehmerem Geruch. Chemisch ist es völlig beständig, da es vollständig hydriert ist. Seine Mischbarkeit mit organischen Lösungsmitteln entspricht etwa der des Tetralins, doch ist sein Lösevermögen für verschiedene Substanzen geringer; Dekalin ähnelt mehr als Tetralin den schlechter lösenden aliphatischen Kohlenwasserstoffen. Seine Anwendungsgebiete sind die gleichen wie die des Tetralins.

## Cyclohexan.

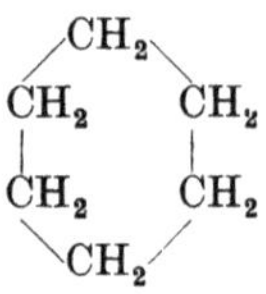

| | |
|---|---|
| Siedepunkt | etwa 81° C |
| $D_4^{15}$ | 0,78—0,79 |
| Schmelzpunkt | +5° C. |

Cyclohexan ist eine farblose, benzinähnlich riechende Flüssigkeit. Die Zusammensetzung schwankt je nach der Wahl des Ausgangsbenzols. Aus 90er Benzol erhält man ein Produkt mit weiteren Siedegrenzen, dessen Schmelzpunkt unter 0° liegt. Cyclohexan ist ferner ein Bestandteil verschiedener Petroleumbenzine, besonders solche von kaukasischer Herkunft. Physiologisch ist es weniger wirksam als Benzol, hat aber eine gewisse hautreizende Wirkung, die zur Vorsicht mahnt.

---

[1] DRP. 299691, 320152, 320807, 328212, 327180, 331050, 332909, 334761, 336146, 340035, 366355, 371717.

[2] DRP. 387583.

Cyclohexan ist mit den meisten organischen Lösungsmitteln mischbar. Es ist kein Lösungsmittel für Celluloseester und spritlösliche Harze, Kopale und ähnliche stärker polare Stoffe, dagegen löst es vorzüglich Fette, Öle, Kautschuk, Bitumina und Wachse. Im Lösevermögen vor allem für Harze und Farbstoffe steht es dem Benzol nach. In Nitrocelluloselacken kann es in etwas größeren Mengen als die Benzine ohne Ausscheidung der Kollodiumwolle mitverwendet werden, doch bleibt es den Benzolkohlenwasserstoffen, vor allem dem Toluol, weit unterlegen.

Für die Extraktion von Ölsaaten ist das gleichmäßige, in engen Grenzen siedende Cyclohexan besser geeignet als Benzin, doch ist sein Preis zu hoch. Letzteres ist auch der Grund, weshalb Cyclohexan für sonstige Verwendungszwecke, beispielsweise für Tiefdruckfarben, nicht verwendet wird.

Ähnliche Eigenschaften, aber eine geringere Flüchtigkeit zeigen die Hydrierungsprodukte von Toluol, Xylol und Solventnaphtha. Alle diese Produkte haben ihres Preises wegen keine technische Bedeutung erlangt.

Cyclohexan bildet mit verschiedenen Alkoholen azeotropische Gemische.

# D. Chlorkohlenwasserstoffe.

## 1. Aliphatische Chlorkohlenwasserstoffe der Methanreihe.

### Methylenchlorid.

$CH_2Cl_2$.

| | |
|---|---|
| Siedepunkt | ca. 40—60° C |
| $D_4^{20}$ | 1,369—1,375 |
| Verdampfungswärme bei 0° | 78 Cal. |
| Spezifische Wärme | 0,26 |
| Löslichkeit in Wasser | 1,6 % |
| Aufnahmevermögen für Wasser | 0,1—0,2 %. |

Hersteller: I. G. Farbenindustrie Aktiengesellschaft.

Methylenchlorid ist unbrennbar. Es ist der am leichtesten flüchtige, als Lösungsmittel verwendete Chlorkohlenwasserstoff, dessen Flüchtigkeit beinahe ebenso groß ist wie die des Äthyläthers, und zeichnet sich durch hohe Stabilität auch gegen Feuchtigkeit und Metalle aus. Mit fast allen Lösungsmitteln ist es völlig mischbar.

Methylenchlorid besitzt ein sehr hohes Lösevermögen für wenig polare Stoffe, wie Fette, Öle und Harze, Bitumina und Pech, die alle äußerst rasch gelöst werden. Es ist deshalb ein ausgezeichnetes Extraktionsmittel, das den Vorteil hat, sich infolge seines niedrigen Siedepunktes wieder leicht und ohne Rückstand abtreiben zu lassen. Bei der Anlage von Apparaturen ist auf das im Vergleich zu Benzinkohlenwasserstoffen ziemlich hohe spezifische Gewicht Rücksicht zu nehmen.

Da Methylenchlorid ein hohes Lösevermögen für Linoxyn besitzt, wird es in großen Mengen zur Herstellung von Abbeizmitteln gebraucht. Es ist wohl das am schnellsten und kräftigsten wirkende Lösungsmittel für diese Zwecke. Dabei wird es, um ein gutes Abbeizen sowohl von Öl- als auch von Nitrocelluloseanstrichen zu erreichen, mit kleinen Mengen von polaren Lösungsmitteln mit hoher Flüchtigkeit wie Lösungsmittel E 13 und eventuell außerdem noch mit etwas Alkohol gemischt. Um eine zu rasche Verdunstung zu verhindern und die Tiefenwirkung zu erhöhen, werden Zusätze in Methylenchlorid aufgelöst, die wie Kautschuk oder Celluloseester die Viscosität erhöhen oder wie Wachse oder Paraffin nur eine dünne Oberflächenhaut bilden und dadurch das Verdunsten größerer Lösungsmittelmengen weitgehend verhindern. Methylenchlorid ist auf diesem Gebiet in der Lage, das wegen seiner blutzersetzenden Wirkungen gefährlichere Benzol völlig zu ersetzen.

Als Lösungsmittel für Kautschuk, der gut gelöst wird, hat Methylenchlorid wohl wegen seines höheren Preises bis jetzt noch keine größere Verwendung gefunden.

In Verbindung mit etwas Alkohol löst Methylenchlorid auch Acetylcellulosen und Celluloseäther (AT-Cellulose der I. G. Farbenindustrie Aktiengesellschaft) und ist deshalb ein wichtiges Lösungsmittel für die Herstellung unbrennbarer Lacke.

Physiologisch zählt Methylenchlorid zu den am wenigsten gefährlichen Chlorkohlenwasserstoffen, doch sollte auch bei seiner Verwendung stets für entsprechende Entlüftung der Arbeitsräume gesorgt werden. Das chemisch reine Produkt findet als S o l ä s t h i n auch medizinische Verwendung. Im Handel unterscheidet man zwischen Methylenchlorid technisch, für das obige Daten gelten, und dem besonders gereinigten Methylenchlorid 98/100 %, Sdp. 39—41° C, $d_4^{20}$ 1,323—1,328.

## Chloroform.

$CHCl_3$.

| | |
|---|---|
| Siedepunkt . . . . . . . . | 61° C |
| $D_4^{15}$ . . . . . . . . . . . . | 1,49—1,50. |

Hersteller vor allem: I. G. Farbenindustrie Aktiengesellschaft; E. Merck, Darmstadt; Chem. Werke Fürstenwalde; J. D. Riedel-de Haen A. G., Berlin.

Chloroform ist eine eigentümlich narkotisch riechende Flüssigkeit, deren Lösevermögen dem des Methylenchlorids sehr ähnlich ist. Es wird für Lackzwecke im allgemeinen wenig verwendet.

Unter dem Einfluß von Licht und Feuchtigkeit kann Chloroform unter Umständen geringe Mengen Phosgen bilden. Durch Zusatz geringer Mengen von absolutem Alkohol wird es stabilisiert. Auch das

Narkosechloroform enthält kleine Mengen Alkohol. Das spezifische Gewicht sinkt dadurch bis auf etwa 1,48—1,49.

**Tetrachlorkohlenstoff** (im Handel „Tetra" genannt).

$CCl_4$.

| | |
|---|---|
| Schmelzpunkt | —23,77° C |
| Siedepunkt | 76,75° C |
| $D_4^{20}$ | 1,5944 |
| Spezifische Wärme bei 0° | 0,201 Cal |
| Verdampfungswärme | 45,1 Cal |
| $n_D^{20}$ | 1,463 |
| Ausdehnungskoeffizient | 0,001236 bei 20° C. |

100 Teile Wasser lösen bei 20° C 0,080 g Tetra.

Hersteller: I. G. Farbenindustrie Aktiengesellschaft.

Tetrachlorkohlenstoff zählt zu den physiologisch am wenigsten wirksamen Gliedern der aliphatischen Chlorkohlenwasserstoffe, doch ist beim Verdunsten von Tetradämpfen in den Arbeitsräumen für genügende Entlüftung zu sorgen. Tetra ist unbrennbar. Sein Geruch ist süßlich und chloroformähnlich. Mit den meisten organischen Lösungsmitteln ist es mischbar.

Tetra ist bei niedrigen und mittleren Temperaturen an sich völlig beständig gegen Wasser, auch im Licht. Seine Beständigkeit gegen Metalle ist je nach den Umständen verschieden. Im allgemeinen können V2A-Stahl, Monelmetall und Nickel als sehr beständig gelten. Zinn, Zink und Blei sind meistens für technische Zwecke brauchbar. Aluminium ist bis 60° haltbar, über 60° ist die Beständigkeit abhängig vom Feuchtigkeitsgehalt der Luft. Eisen wird zwar von trockenem Tetra nicht oder nur wenig verändert, eignet sich aber nicht auf den technischen Anwendungsgebieten. Der Versand erfolgt in verzinkten Umschließungen oder in Glasbehältern.

Die Wiedergewinnung von Tetra kann durch Ausblasen mit Dampf erfolgen. Aus festen Stoffen, beispielsweise Textilien, entfernt man Tetra durch warme Luft und gewinnt ihn durch eines der üblichen Verfahren, unter anderem durch Kondensation im Kreislaufverfahren, zurück. Tetra zeigt ein sehr schnelles und hohes Lösevermögen für hydrophobe Stoffe, wie Fette, Öle, sehr viele Harze, Asphalte, Peche und für Kautschuk. Von seinem hohen Fett- und Öllösevermögen macht man vor allem Gebrauch in der Textil- und Bekleidungsmittelindustrie sowie beim Entfetten von Leder und Rauchwaren. Als Reinigungsmittel wird er bei der chemischen Wäscherei gebraucht. Mit einigen Netz- und Emulgiermitteln wie Türkischrotölseifen bildet Tetra wasserlösliche Reinigungsmittel, die sich durch große Beständigkeit und gute Entfettungswirkung auszeichnen. Tetra dient ferner zum Entfetten von Metallgegenständen aller Art; da er den elektrischen Strom nicht leitet, kann er auch bei elektrischen Schalteinrichtungen verwendet werden. Bekannt ist ferner seine Verwendung zur Herstellung von Fleckenwässern für den Haushalt („Benzinoform"); hierbei werden ihm mitunter kleine Mengen anderer Lösungsmittel zugesetzt.

Über die Verwendung von Tetra zur Erhöhung des Flammpunktes von Nitrocelluloselacken ist in Kapitel II gesprochen worden. Als unbrennbares Lösungsmittel wird Tetra in ähnlicher Weise auch für Bitumina, Asphalt und für Harze verwendet. Seine Verarbeitung in Tiefdruckfarben als Ersatz für Benzolkohlenwasserstoffe ist oft versucht worden; da Tetra physiologisch nicht völlig harmlos ist, hat er vor Toluol und Xylol für Tiefdruckfarben hauptsächlich den Vorteil der Unbrennbarkeit; die wegen der Schwierigkeit geeigneter Entlüftungen bei vielen Tiefdruckmaschinen vom physiologischen Standpunkt aus erhobenen Bedenken gegen Toluol und Xylol gelten dagegen auch bis zu einem gewissen Grade für Tetra.

In der Gummiindustrie wird Tetra zur Herstellung von Kleblösungen und in der Kaltvulkanisation als Verdünnungsmittel für Chlorschwefel verarbeitet.

Die Beständigkeit von Tetra soll durch geringe Zusätze von Trikresylphosphat[1] oder von Paraffinkohlenwasserstoffen erhöht werden.

Für die chemische Wäscherei kommt neuerdings eine Sonderqualität von Tetra unter dem Namen „Asordin" in den Handel[2]. Sdp. 76—77°, spez. Gew. 1,57. Das Produkt hat den Vorteil, Gewebe aus Acetatkunstseide nicht anzugreifen, und arbeitet mit wesentlich geringerem Lösungsmittelverlust im Betrieb als Benzin, vor allem wenn entsprechend den chemischen Eigenarten von Asordin geschlossene Spezialmaschinen verwendet werden.

Eine der wichtigsten Verwendungen für Tetra ist ferner diejenige in Feuerlöschern. Vor allem für Brände von flüchtigen organischen, wasserunlöslichen Lösungsmitteln und in elektrischen Anlagen hat sich Tetra ausgezeichnet bewährt. Bezüglich der dabei einzuhaltenden Vorsichtsmaßregeln sei auf Kapitel XI verwiesen.

## 2. Aliphatische Chlorkohlenwasserstoffe der Äthanreihe.

### Äthylenchlorid (Äthylendichlorid, Dichloräthan).

$CH_2Cl \cdot CH_2Cl$.

| | |
|---|---|
| Siedepunkt | 81—87° C |
| $D_4^{20}$ | 1,23—1,25 |
| Flammpunkt | + 14,5° C. |

Hersteller in Deutschland: I. G. Farbenindustrie Aktiengesellschaft; Brennerei und chem. Fabrik Tornesch, in Amerika: Carbide and Carbon Chemical Corp.

[1] Engl. P. 317843, 319320.

[2] I. G. Farbenindustrie Aktiengesellschaft, Broschüre: Asordin für die chemische Wäsche. Frankfurt a. M.

Äthylenchlorid ist ein chloroformähnlich riechendes ausgezeichnetes Lösungsmittel für Öle, Fette, Harze und Kautschuk. Als Extraktionsmittel für Öle und Fette ermöglicht es eine sehr weitgehende Entfernung des Öles aus dem Extraktionsgut, doch ist es nicht immer für helle Öle brauchbar, weil es zugleich manche Farbstoffe und Harze mitlöst.

Äthylenchlorid wird in Amerika auch zur Wollwäsche durch Extraktion sowie für Lösungsmittelseifen empfohlen, da es ziemlich beständig ist. In Celluloselacken läßt es sich als Streckungsmittel verwenden, beispielsweise lösen Mischungen von Äthylenchlorid und Äthylglykol sehr gut acetonlösliche Acetylcellulosen.

Äthylenchlorid ist ferner ein Zwischenprodukt für die Herstellung von Glykol, Aminen und anderen Verbindungen.

Da es nicht völlig unbrennbar ist, hat es in Deutschland gegenüber Trichloräthylen, Tetra und Methylenchlorid keine große Bedeutung erlangt, zumal seine Dämpfe etwas weniger harmlos zu sein scheinen als die von Methylenchlorid. Über die Verwendungsmöglichkeit läßt sich indessen heute noch kein abschließendes Urteil fällen.

## Tetrachloräthan (symmetrisches Acetylentetrachlorid).

$CHCl_2 \cdot CHCl_2$.

| | |
|---|---|
| Siedepunkt | 144° C |
| $D_4^{15}$ | 1,60 |
| Dampfdruck | 11 mm bei 20° C |
| Verdampfungswärme | 52,8 Cal |
| Spezifische Wärme | 0,227 |
| Gefrierpunkt | —30° C. |

Hersteller: I. G. Farbenindustrie Aktiengesellschaft; Dr. Alexander Wacker G. m. b. H., München.

Gegen Laugen und Metalle ist Tetrachloräthan nicht beständig; auch bei Gegenwart von Wasser neigt es zur Salzsäureabspaltung. Es ist ein ausgezeichnetes Fett- und Öllösungsmittel, das für Spezialextraktionszwecke Verwendung findet. Es ist ferner ein ausgezeichnetes nicht zu schnell flüchtiges Lösungsmittel für Cellit, das früher für Flugzeug- und andere Lacke aus Acetylcellulose viel verwendet wurde.

Tetrachloräthan ist jedoch eine ziemlich giftige Substanz, deren Handhabung mit der größten Vorsicht erfolgen muß, damit die Einatmung seiner Dämpfe vermieden wird. Aus diesem Grunde, und weil es in den meisten Fällen durch andere Lösungsmittel ersetzt werden kann, ist seine Verwendung stark zurückgegangen und in vielen Ländern verboten.

## Pentachloräthan.

$CHCl_2 \cdot CCl_3$.

| | |
|---|---|
| Siedepunkt | 159° C |
| $D_{15}^{15}$ | 1,685 |
| Dampfdruck | 7 mm bei 20° C |
| Spezifische Wärme | 0,207 |
| Verdampfungswärme | 45 Cal. |

Hersteller: I. G. Farbenindustrie Aktiengesellschaft; Dr. A. Wacker G. m. b. H.

Pentachloräthan ähnelt in seinen Eigenschaften sehr weitgehend dem Tetrachloräthan. Es ist wie dieses gegen Laugen und Metalle nicht vollkommen beständig. Auch seine physiologische Wirkung ist ähnlich. Es wird ebenfalls nur in kleinen Mengen für Spezialzwecke verwendet.

## Perchloräthylen.

$CCl_2{=}CCl_2$.

| | |
|---|---|
| Siedepunkt | 119—120° C |
| $D_4^{15}$ | 1,628 |
| Dampfdruck | 17 mm bei 20° C |
| Spezifische Wärme | bei 18° C 0,208 |
| Verdampfungswärme | 500 Cal. |

Hersteller: I. G. Farbenindustrie Aktiengesellschaft.

Perchloräthylen ist unbrennbar und von schwachem narkotischem Geruch. Es zählt nicht zu den physiologisch stärker wirkenden Chlorkohlenwasserstoffen, doch sollte dort, wo seine Dämpfe in die Luft gelangen können, auf genügende Entlüftung gesehen werden.

Es findet hauptsächlich Verwendung als Reinigungsmittel in der Textilindustrie; durch Schütteln löst es sich bis zu 12% in Seifenlösungen auf und ist infolge seines hohen Siedepunktes auch aus heißen Seifenlösungen nicht in nennenswerten Mengen flüchtig, besitzt dagegen eine ausgezeichnete Reinigungswirkung. Gegen Wasser und Metalle ist es ziemlich beständig.

## Trichloräthylen (technisch „Tri" genannt).

$CHCl{=}CCl_2$.

| | |
|---|---|
| Siedepunkt | 85—87° C |
| Gefrierpunkt | —78° C |
| $D_4^{15}$ | 1,471 |
| Dampfdruck | 56 mm (20° C) |
| Spezifische Wärme | 0,228 (18° C) |
| Verdampfungswärme | 56,5 Cal. |
| $n_D^{20}$ | 1,481. |

Hersteller: I. G. Farbenindustrie Aktiengesellschaft; Dr. A. Wacker G.m.b.H.

Trichloräthylen zeigt einen eigentümlichen süßlichen Geruch. Es mischt sich wie die meisten Chlorkohlenwasserstoffe mit den üblichen Lösungsmitteln und ist unbrennbar, kann daher auch keine explosiblen Lösungsmitteldampf-Luftgemische bilden. In Wasser ist es bis auf Spuren unlöslich. Dagegen kann sich mitunter Wasser in sehr feiner Verteilung in „Tri" emulgieren; es wird dann durch Zusatz von calc. Soda zur Abscheidung gebracht.

„Tri" wird in verzinkten Gefäßen gelagert, da Eisen an der Grenzfläche zwischen Lösungsmittel und Luft zum Rosten neigt. Eiserne Leitungen können aber für Tri mitunter verwendet werden. Unter normalen Verhältnissen ist Trichloräthylen auch gegen Wasser beständig, jedoch nur im Dunkeln. Im Licht kann es dagegen leicht Salzsäure abspalten. Ist einmal freie Säure in Trichloräthylen vorhanden, so kann sich deren Menge unter Umständen rasch vergrößern. Hierbei wirken manche Metallverbindungen als Katalysatoren. Auf diese Möglichkeit muß vor allem geachtet werden, wenn ein zum Entfetten verwendetes, durch Metallstaub (Aluminiumpulver) verunreinigtes Trichloräthylen destilliert wird, weil durch die Salzsäureabspaltung sich Dichloracetylen $CCl \equiv CCl$ bildet, das beim Destillieren spontan zersetzlich ist. Ist Trichloräthylen durch Öle, Fette oder Seifen verunreinigt, so schäumt es leicht beim Sieden; ein Zusatz von 1 % Kochsalz wirkt schaumbrechend. Die Destillation mit direktem Dampf ist häufig besonders empfehlenswert, weil dann das Trichloräthylen schon bei 74° C destilliert.

Auch die Dämpfe von Trichloräthylen in der Luft spalten bei längerer Belichtung Salzsäure ab, wodurch Metallteile angegriffen werden können. Auch aus diesem Grunde ist gute Entlüftung der Fabrikräume geboten. Trichloräthylen zählt nicht zu den physiologisch besonders stark wirkenden Mitteln (s. Kapitel VIII), doch ist bei seiner Verarbeitung die Anreicherung von Dämpfen in der Luft zu vermeiden.

Trichloräthylen ist ein ausgezeichnetes Lösungsmittel für Öle, Fette, viele Harze, Wachse, Bitumina und Kautschuk. Vor allem letzteres ist beim Anbringen von Dichtungen an Apparateteilen zu beachten. „Tri" findet ausgedehnte Verwendung für Extraktionszwecke und hat sich besonders bewährt zur Extraktion von Abfällen, beispielsweise von Fischen und den in Ölraffinerien anfallenden Extraktionsrückständen. Letztere bestehen aus Bleicherden und Fetten. Da Trichloräthylen ein höheres Lösevermögen als Benzin besitzt, so sind die mit seiner Hilfe gewonnenen Öle und Fette häufig dunkler, doch hängt die Farbe weitgehend von der Art des Extraktionsgutes ab.

Trichloräthylen ist aus den Ölen und Fetten leicht vollständig und ohne Rückstand abtreibbar und beeinträchtigt daher nicht deren Brauchbarkeit für die Speisefetterzeugung. Dagegen sind einige Extraktionsrückstände, die mit Tri behandelt worden sind, nicht mehr für Futterzwecke brauchbar. Dies gilt vor allem für einige Nußarten und Ricinusölsamen, also nicht für alle Extraktionsrückstände, da deren chemische Natur naturgemäß von starkem Einfluß ist.

Die ausgedehntere Verwendung von Tri für Extraktionszwecke ist erst möglich geworden durch die Konstruktion von Apparaten, die dem höheren spezifischen Gewicht und der nicht völligen Beständigkeit Rechnung tragen.

Große Anwendung findet Tri zum Entfetten von Textilien in der chemischen Wäscherei. Tri dient ferner zur Metallreinigung. Damit behandeltes Eisen rostet aber infolge der guten Entfettung sehr leicht und muß nach der Reinigung mit Öl oder Fett behandelt werden. Auch zur Herstellung von Kautschuklösungen wird Tri verarbeitet.

## Symmetrisches Dichloräthylen.

Von dem symmetrischen Dichloräthylen sind zwei Isomere bekannt, deren physikalische Konstanten die folgenden sind:

### Trans-Dichloräthylen.

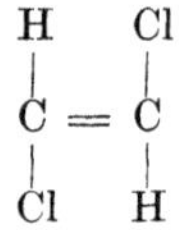

| | |
|---|---|
| Siedepunkt | 48,35° C |
| $D_4^{15}$ | 1,2650 |
| Dampfdruck | 293 mm (23° C) |
| Spezifische Wärme | 0,270 (18° C) |
| Verdampfungswärme | 41 Cal. |

### Cis-Dichloräthylen.

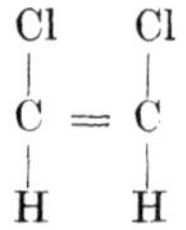

| | |
|---|---|
| Siedepunkt | 60,25° C |
| $D_4^{15}$ | 1,2913 |
| Dampfdruck | 222 mm (27° C). |

Hersteller: I. G. Farbenindustrie Aktiengesellschaft; Dr. A. Wacker G. m. b. H.

Beide Produkte zeigen einen schwachen narkotischen Geruch und finden häufig als Gemisch technische Verwendung.

Dichloräthylen ist als sehr leichtflüchtiges Extraktionsmittel in ähnlicher Weise wie Schwefeläther verwendbar, zeichnet sich aber durch seine Unbrennbarkeit aus. Es ist unter normal üblichen Verhältnissen durchaus beständig. Unter besonderen Umständen kann es Salzsäure abspalten und geht dann über in Chloracetylen $CH \equiv CCl$, das bei der Destillation zu heftiger Selbstzersetzung neigt.

Im Handel sind ferner einige für spezielle Anwendungsarten zusammengestellte Lösungsmittel bekannt, welche großenteils aus leichtflüchtigen Chlorkohlenwasserstoffen bestehen. Hersteller: I. G. Farbenindustrie Aktiengesellschaft (Lösungsmittel TAD) und Brennerei und chemische Fabrik Tornesch.

## ββ'-Dichlordiäthyläther.

$CH_2Cl—CH_2—O—CH_2—CH_2Cl$.

| | |
|---|---|
| Siedepunkt | 168—179° C |
| $D_4^{20}$ | 1,2219—1,2230. |

Hersteller in Amerika: Carbide and Carbon Chemical Corp.

Dichlordiäthyläther ist ein Nebenprodukt der Herstellung von verschiedenen Äthylenglykolderivaten. Er ist stabil und unlöslich in Wasser, aber löslich in den meisten organischen Lösungsmitteln. Für

Celluloseesterlacke kommt er nur als Zusatzmittel in kleinen Mengen in Betracht. Er wird besonders in Amerika empfohlen für Netzmittel und Lösungsmittelseifen, die bei höherer Temperatur verwendet werden sollen. Auch als Zusatzmittel beim Entfernen von Farb- und Teerflecken aus Wolle sowie in Fleckenwässern kann er gebraucht werden. Seine praktische Bedeutung ist bis jetzt gering, zumal die billig herzustellenden Mengen beschränkt sind. Da er eine erhebliche Giftwirkung besitzt, ist bei seiner Verwendung große Vorsicht geboten. In Deutschland kommt er nicht in den Handel.

Die sonstigen aliphatischen Chlorkohlenwasserstoffe sind ohne technisches Interesse als Lösungsmittel. Bekannter sind Propylenchlorid, das ähnliche Eigenschaften wie Äthylenchlorid zeigt, sowie das Amylchlorid und Amylenchlorid, die bei der Chlorierung des Pentans nach dem Verfahren von Sharples gewonnen werden. Bedeutung als Lösungsmittel haben sie bisher nicht erlangt.

### Äthylenchlorhydrin.

$CH_2Cl—CH_2OH$ .

| | |
|---|---|
| Siedepunkt | 128° C |
| $D_4^{20}$ | 1,213 |
| Flammpunkt | + 55° C. |

Hersteller in Deutschland: I. G. Farbenindustrie Aktiengesellschaft; in Amerika: Carbide and Carbon Chemical Corp.

Äthylenchlorhydrin ist außer in reiner Form auch bekannt als konstant siedendes azeotropisches Gemisch mit Wasser, enthaltend etwa 42% Äthylenchlorhydrin, Sdp. 96° C, $D_4^{15}$ 1,097. In dieser Form war es früher auch in Deutschland im Handel.

Äthylenchlorhydrin ist ein wichtiges Zwischenprodukt für die Herstellung von Glykolderivaten. Physiologisch ist es unter Umständen recht stark wirksam, deshalb wird es in Deutschland für Lösungsmittelzwecke nicht mehr verkauft, obgleich es ein außerordentlich hohes Lösevermögen für Celluloseester und viele andere Stoffe besitzt und beinahe geruchlos ist.

In Amerika wird Äthylenchlorhydrin als Reizmittel empfohlen, um das Keimen von Kartoffeln zu beschleunigen und allgemein das Wachstum von Pflanzen nach der winterlichen Ruheperiode anzuregen.

Ähnlich dem Äthylenchlorhydrin sind

**Propylen- und Butylenchlorhydrin,** deren Giftwirkung dem geringeren Dampfdruck entsprechend etwas geringer ist. Sie sind nicht im Handel.

## 3. Die Chlorhydrine des Glycerins.

### Monochlorhydrin,

$CH_2Cl—CHOH—CH_2OH$ .

Siedepunkt . . . . . . . . ca. 210—230° C;

**Dichlorhydrin,**

$CH_2Cl—CHCl—CH_2OH$ ,

Siedepunkt . . . . . . . . . 170—190° C;

Hersteller: Chem. Fabrik von Heyden A. G., Dresden.

**Epichlorhydrin,**

$CH_2—CH—CH_2Cl$ ,
$\diagdown O \diagup$

Siedepunkt . . . . . . . . . . . . 117° C,

sind sämtlich als Lösungsmittel ohne großes praktisches Interesse, da ihr Preis ziemlich hoch ist und sie in Gegenwart von Wasser Salzsäure abspalten können. Die Flüchtigkeit der beiden erstgenannten Chlorhydrine ist äußerst gering, während Epichlorhydrin mit Lacklösungsmitteln wie Äthylglykol verglichen werden könnte. Die Chlorhydrine können als Lösungsmittel für Farbstoffe in Spezialfällen Interesse bieten.

## 4. Aromatische Chlorkohlenwasserstoffe.

**Monochlorbenzol.**

$C_6H_5Cl$ .

| | |
|---|---|
| Siedepunkt . . . . . . . . | 130—131° C |
| $D_4^{20}$ . . . . . . . . . . . . | 1,104 |
| Flammpunkt . . . . . . . | + 28,5° C. |

Hersteller: I. G. Farbenindustrie Aktiengesellschaft.

Monochlorbenzol ist ein schwach benzolähnlich riechendes, in Wasser unlösliches Produkt, das mit den meisten organischen Lösungsmitteln mischbar ist. Es hat ein ausgezeichnetes Lösevermögen für Öle, Fette, Harze und Kautschuk und löst auch AT-Cellulose. Es wird für Bitumen- und Pechanstriche verwendet und ist auch ein Verschnittmittel für Nitrocelluloselacke von ähnlicher Flüchtigkeit wie Xylol, das es vertreten kann. Bei seiner Verwendung ist auf gute Entlüftung zu achten und vor allem die Berührung der Hände mit Monochlorbenzol auszuschließen.

**Ortho-Dichlorbenzol.**

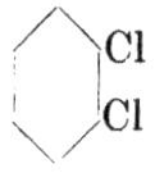


| | |
|---|---|
| Siedepunkt . . . . . . . . | 167—180° C |
| $D_4^{20}$ . . . . . . . . . . . . | 1,336 |
| Flammpunkt . . . . . . . | + 49° C. |

Hersteller: I. G. Farbenindustrie Aktiengesellschaft.

Ortho-Dichlorbenzol zeigt ähnliche Eigenschaften wie Monochlorbenzol, ist aber wesentlich langsamer flüchtig. Aus diesem Grunde ist seine Verwendung auf Spezialgebiete beschränkt. Die Berührung der Hände mit Dichlorbenzol ist nach Möglichkeit zu vermeiden.

# E. Alkohole.

## Methanol, rein.

$CH_3OH$.

| | |
|---|---|
| Siedepunkt . . . . . . . . . | 64—65° C |
| $D_4^{20}$ . . . . . . . . . . . . | 0,796 |
| Flammpunkt . . . . . . . . | +6,5° C. |

Hersteller: I. G. Farbenindustrie Aktiengesellschaft; Hiag-Verein G. m. b. H., Konstanz.

Reines Methanol zeigt einen nur sehr wenig, aber für den Kenner deutlich vom Äthylalkohol abweichenden Geruch. Es ist mischbar mit Wasser, anderen Alkoholen, Estern und Chlorkohlenwasserstoffen. Mit Benzolkohlenwasserstoffen ist wasserfreies Methanol mischbar, mit Benzinen dagegen nur wenig. Ausgesprochen schlecht ist das Lösevermögen für wenig polare Stoffe wie Fette, Öle und Fettsäuren. Methanol findet zum Umkristallisieren im Laboratorium, aber auch in der Technik Verwendung.

Stärker polare Stoffe wie die meisten technischen Nitrocellulosen und viele Farbstoffe werden von Methanol gut gelöst. Seiner ausgedehnten Verwendung für sich allein in Nitrocelluloselacken steht aber unter anderem die Gefahr des Weißwerdens solcher Lacke an feuchter Luft, die die Mitverwendung höhersiedender Lösungsmittel notwendig macht, und der im Vergleich mit Sprit höhere Preis entgegen.

Bei der Verwendung von Methanol muß die Berührung der Haut, der Genuß und die Einatmung in besonders hohen Konzentrationen vermieden werden.

## Äthylalkohol.

$C_2H_5OH$.

| | |
|---|---|
| Siedepunkt . . . . . . . . . . | 78° C |
| Spezifisches Gewicht . . . . . . | s. Tabelle in Kapitel XV |
| Erstarrungspunkt . . . . . . . | —120° C. |

Äthylalkohol bildet mit Wasser Hydrate; das Mischen mit Wasser ist mit einer starken Volumenkontraktion verbunden. Mit Alkoholen, Estern, Benzolkohlenwasserstoffen und Chlorkohlenwasserstoffen ist Alkohol mischbar, mit Benzinen dagegen nur begrenzt verträglich. Seine Mischbarkeit ist abhängig vom Wassergehalt.

Alkohol kommt als konstant siedendes Gemisch mit Wasser in den Handel und enthält dann 96 % $C_2H_5OH$. Um eine bessere Mischbarkeit mit Benzinen zu erreichen oder das Lösevermögen für Nitrocellulose zu steigern, muß der Alkohol völlig entwässert werden. Hierfür diente früher hauptsächlich Kochen mit entwässertem Kalk. Technisch stellen sich dagegen die azeotropische Destillation mit Benzol oder die Entwässerung mit hygroskopischen oder Hydrate bildenden Salzen wirtschaftlicher. Man erhält dabei einen 99,8 proz. Sprit.

Alkohol steht mit Rücksicht auf seinen verbreiteten Genuß in geistigen Getränken in allen Ländern unter staatlicher Kontrolle. Für technische Zwecke wird ein billiger Alkohol abgegeben, der durch Vergällungsmittel für den menschlichen Genuß unbrauchbar gemacht ist.

Von den zahlreichen, von der deutschen Monopolverwaltung für vollständige oder unvollständige Vergällung zugelassenen Produkten[1] interessieren für die Verwendung des Alkohols als Lösungsmittel hauptsächlich folgende:

Pyridinvergällung. Neben Pyridinbasen kann auch noch Holzgeist zugegen sein. Diese Vergällung wird für den sog. Brennspiritus angewandt. Ein derartig vergällter Alkohol darf keinesfalls zum Lösen von Kollodiumwolle verwendet werden, weil die Pyridinbasen schon in außerordentlich kleinen Mengen die Nitrocellulose angreifen und ihre Filmfestigkeit zerstören können.

Toluolvergällung. In der Regel durch Zusatz von 2% Toluol. Ein so vergällter Alkohol kann ohne Bedenken für alle Lackzwecke verwendet werden und ist für Celluloseesterlacke am besten geeignet. Zu beachten ist lediglich, daß beim Verdünnen mit Wasser sich ein Teil des Toluols ausscheidet, so daß die Mischung trübe wird.

Ähnlich wie Toluol kann auch Lösungsbenzol II verwendet werden.

Schellackvergällung. 20 Teile 33 proz. Schellacklösung in Alkohol auf 100 Teile Alkohol. Ein so vergällter Alkohol kommt fast nur für Schellackpolituren und einige Nitrocellulosespeziallacke in Frage, weil auf den anderen Gebieten die hohen Schellackmengen stören.

Terpentinölvergällung. Gewöhnlich 1% Terpentinölzusatz. Ein solcher Alkohol ist für viele Lackzwecke, auch für einige Polituren verwendbar.

Ferner sind noch in einzelnen Fällen zugelassen: Benzine, Diäthylphthalat, Tetrachlorkohlenstoff, Chloroform, Kollodium. Im Ausland ist vielfach eine Vergällung mit bis zu etwa 10% Holzgeist üblich.

Äthylalkohol zeigt ein etwas besseres Lösevermögen als Methanol, löst aber noch sehr schlecht die meisten Fette und Öle. Lediglich Ricinusöl ist gut löslich. Viele Fettsäuren und einige fettsaure Salze lassen sich in Alkohol wesentlich besser lösen als die Fette; darauf gründet sich eine Trennungsmethode von Fetten und Fettsäuren. Von Harzen sind nur einige stärker polare Produkte löslich.

Kollodiumwollen sind nur löslich, wenn sie einen größeren Hydroxylgruppengehalt aufweisen. Bei einzelnen, die einen niedrigen Stickstoffgehalt besitzen, ist es möglich, aus Alkohol und Toluol allein klare Lösungen herzustellen, beispielsweise aus Wolle A 500 der I. G. Farbenindustrie Aktiengesellschaft. Für die übrigen Wollen ist der Zusatz gewisser Mengen von guten Lösungsmitteln für Nitrocellulose erforder-

[1] Ullmann: Encyclopädie der technischen Chemie, 2. Aufl., Bd. 1 S. 651; ferner die „Technischen Bestimmungen zu den Ausführungsbestimmungen des Gesetzes über das Branntweinmonopol" vom 8. März 1922. Berlin 1923.

lich. Alkohol ist für Nitrocelluloselacke ein sehr wertvolles Verschnittmittel, vor allem wenn er in nur sehr kleinen Mengen zugesetzt wird, weil er die Viscosität vieler Lösungen beträchtlich senkt. Infolgedessen werden kleine Mengen außer dem Alkohol, der zum Anfeuchten dient, häufig den Lacken zugesetzt.

Acetylcellulose löst sich glatt in Mischungen aus Alkohol und manchen Chlorkohlenwasserstoffen schon in der Kälte, während sie in Mischungen aus Alkohol und Benzolkohlenwasserstoffen erst in der Wärme in Lösung geht[1].

Cellulosetriacetat ist besonders löslich in Methylenchlorid oder Chloroform unter Zusatz von etwa 10—15 % Alkohol. Technische Verwendung haben derartige Lösungen bisher nicht gefunden. Von Celluloseäthern löst sich nur AT-Cellulose B in Alkohol; durch Zusatz von etwas Äthylglykol oder Wasser und schwaches Erwärmen wird die Klarheit der Lösungen erhöht.

Als Lösungsmittel für Lackzwecke hat in Amerika zeitweilig wasserfreier Alkohol größeres Interesse gefunden. Er unterscheidet sich von der 96proz. Ware durch sein besseres Lösevermögen für Cellulosederivate, Harze und Öle. So werden alkohollösliche Kollodiumwollen beinahe vollständig gelöst; auch hochalkylierte Äthylcellulosen (AT-Cellulose B) gehen völlig in Lösung. Benzylcelluloselösungen in Benzolkohlenwasserstoffen vertragen größere Zusätze an wasserfreiem Alkohol. Von Naturharzen sind vor allem Elemi, Dammar und einige Kopale besser löslich als in wasserhaltigem Alkohol.

Die wahre Verschnittfähigkeit der meisten Lösungsmittel für Nitrocellulose ist für wasserfreien Alkohol etwas größer als für das 96proz. Produkt, doch vermag auch ersterer das Weißanlaufen von Nitrocelluloselacken an feuchter Luft nicht zu verhindern.

Über die Reinheitsbestimmung von Alkohol vgl. Ullmann: Encyclopädie der technischen Chemie, 2. Aufl. Bd. 1 S. 651ff.

Quantitative Prüfung auf Aceton nach W. O. H. Whaly[2]: 10 ccm Alkohol werden auf 1 Liter destilliertes Wasser verdünnt. Hiervon werden 10 ccm nochmals mit Wasser 1 : 10 und 10 ccm 5 n-Natronlauge versetzt, auf 0° gekühlt und unter kräftigem Schütteln 50 ccm n/100 Jodlösung zugegeben, nach 1—2 Min. wird mit Schwefelsäure angesäuert und mit Thiosulfat das überschüssige Jod zurücktitriert. Die gefundene Jodmenge entspricht dem vorhandenen Aceton. Die Titerbestimmung der Jodlösung muß gegen Aceton erfolgen. Die Prüfung versagt, wenn gleichzeitig Isopropylalkohol zugegen ist, da dieser analog festgestellt werden kann. Man verwendet daher die Methode auch zur Bestimmung des Isopropylalkohols, wenn man die Jodlösung gegen diesen Alkohol einstellt.

---

[1] Eichengrün, A.: DRP. 238348, 254385.

[2] Farben-Ztg. Bd. 34 S. 2778.

Die Prüfung auf Methanol nach S. Kettle geschieht durch Oxydation mit Schwefelsäure und Bichromat; dabei wird der Äthylalkohol in Essigsäure, das Methanol in Kohlensäure + Wasser übergeführt. Man leitet die Reaktionsprodukte ähnlich wie bei der Kohlensäurebestimmung in ammoniakalische Bariumchloridlösung über, wobei die Kohlensäure als unlösliches Bariumcarbonat ausfällt, die Essigsäure als Ammoniumacetat in Lösung bleibt. Aus der Bariumcarbonatmenge wird der Methanolgehalt errechnet. Umrechnungsfaktor 0,1625.

In Kraftstoffen kann Alkohol nach Dietrich und Konrad[1] durch Zusatz von Magnesiumnitrid bestimmt werden, mit dem der Alkohol unter Bildung von Ammoniak reagiert. Der Gehalt an letzterem wird titrimetrisch bestimmt. Die Methode soll auch auf andere Lösungsmittelgemische anwendbar sein, sofern nicht über 60% Methanol gleichzeitig vorhanden ist.

## n-Propylalkohol.

$$CH_3—CH_2—CH_2OH\,.$$

| | |
|---|---|
| Siedepunkt | 96—98° C |
| $D^{20}_4$ | 0,804 |
| Flammpunkt | + 22° C. |

Hersteller: I. G. Farbenindustrie Aktiengesellschaft; Hiag-Verein G. m. b. H.

Propylalkohol ist ein Bestandteil des Fuselöles, das bis vor kurzem seine einzige Herstellungsquelle war. Er entsteht aber auch neben anderen Alkoholen bei der Reduktion von Oxyden des Kohlenstoffs je nach der Art der Reaktionsbedingungen, aber stets in kleinen Mengen als Nebenprodukt. Die billige Herstellung in großen Mengen ist daher bis jetzt nicht möglich. Deshalb bleibt Propylalkohol ebenso wie seine Ester vorläufig trotz guter Eigenschaften ohne größere praktische Bedeutung.

Das Produkt ist wasserlöslich und wasserfrei und mit den üblichen Lösungsmitteln mischbar, auch besser benzinverträglich als Äthylalkohol. Es zeigt ein höheres Öl- und Harzlösevermögen, löst aber überhaupt nicht mehr Kollodiumwolle. Als Verschnitt- und Zusatzmittel zu Nitrocelluloselacken zeigt Propylalkohol die günstigen Wirkungen des Butanols in nur geringerem Maße.

## Isopropylalkohol.

$$\begin{matrix} CH_3 \\ CH_3 \end{matrix}\!\!>\!CHOH\,.$$

| | |
|---|---|
| Siedepunkt | 79,5—81,5° C |
| $D^{20}_4$ | 0,808 |
| Flammpunkt | + 18—20° C. |

Hersteller: I. G. Farbenindustrie Aktiengesellschaft; Deutsche Hydrierwerke A. G.; Dr. A. Wacker G. m. b. H.; Hiag-Verein G. m. b. H. In Amerika: Standard Oil Co.

Im Auslande als „Petrohol" und „Avantine" bekannt.

---

[1] Ztschr. f. angew. Ch. Bd. 44 S. 523.

Isopropylalkohol ist mit Wasser und den meisten organischen Lösungsmitteln mischbar. Sein Geruch ist bei den gut gereinigten Sorten schwach alkoholähnlich und keineswegs benzinartig oder stark brennend. Isopropylalkohol ist wasserfrei und übertrifft im Lösevermögen für Öle und Fette, Harze und Farbstoffe den Äthylalkohol, dagegen zeigt er keinerlei Lösevermögen mehr für Nitrocellulose. Er ist deshalb als Anfeuchtungsmittel für alkohollösliche Kollodiumwolle vorgeschlagen worden, wird aber für diese Zwecke vom Butanol mit Rücksicht auf dessen bessere lacktechnischen Eigenschaften übertroffen. Als Verschnittmittel ist Isopropylalkohol in Nitrocellulose- und Celluloseätherlacken ähnlich wie Äthylalkohol verwendbar; die Feuchtigkeitsempfindlichkeit ist etwas geringer als bei letzterem. Isopropylalkohol bildet mit Wasser ein binäres Gemisch mit etwa 12 Gewichtsprozenten (9 Vol.-%) Wasser, Sdp. 80,3° C.

Isopropylalkohol findet seine Hauptanwendung für einige Extraktionsprozesse vor allem von Duftstoffen und für die kosmetische Industrie. Seine bakterientötende Kraft ist derjenigen des Äthylalkohols überlegen.

Auf Grund eingehender Prüfung der physiologischen Wirkungen ist Isopropylalkohol in Deutschland zugelassen[1] für die Herstellung von Duftstoffen, Riechmitteln, kosmetischen Präparaten, wie Mund- und Zahnwässern, Nagelpolituren, Brillantinen, Haarwässern, Bayrum und Massagemitteln, ausgenommen Franzbranntwein, ferner als Händedesinfektionsmittel. Dagegen ist seine Verwendung für die Herstellung von Arzneimitteln mit Einschluß des Franzbranntweins (innerlich und äußerlich) und für Lebensmittel verboten.

Für die in den letzten Jahren wesentlich gesteigerte Produktionsmöglichkeit von Isopropylalkohol besteht zur Zeit kein entsprechender Absatz, solange nicht neue Verwendungsgebiete, auf denen das Produkt konkurrenzfähig ist, erschlossen werden.

## Die Butylalkohole.

Von Butylalkoholen sind vier verschiedene Isomere bekannt, nämlich:

$CH_3—CH_2—CH_2—CH_2OH$ = n-Butylalkohol, genannt Butanol.

$$\begin{matrix} CH_3 \diagdown \\ \quad CH—CH_2OH \\ CH_3 \diagup \end{matrix}$$ = primärer Isobutylalkohol, genannt Isobutanol.

$$\begin{matrix} CH_3—CH_2—CH—CH_3 \\ | \\ OH \end{matrix}$$ = sekundärer Butylalkohol, genannt Sekundärbutanol.

$$\begin{matrix} CH_3 \diagdown \\ CH_3 —COH \\ CH_3 \diagup \end{matrix}$$ = tertiärer Butylalkohol, genannt Tertiärbutanol.

[1] Reichsgesundheitsblatt 1929 Nr 29 S. 549.

Sämtliche Produkte sind technisch zugänglich. Überragende technische Bedeutung hat indessen nur das erste Glied der Reihe gewonnen.

## Normalbutanol.

| | |
|---|---|
| Siedepunkt | 114—118° C |
| $D_4^{20}$ | 0,812 |
| Flammpunkt | +34° C |
| Erstarrungspunkt | —80° C |
| Löslichkeit in Wasser | 1 : 12. |

Hersteller in Deutschland: I. G. Farbenindustrie Aktiengesellschaft; Deutsche Hydrierwerke A. G.; Dr. A. Wacker G. m. b. H.

Butanol ist wasserfrei und mit fast allen organischen Lösungsmitteln mischbar. Schon Zusätze von etwa 5% Butanol ermöglichen fast beliebige Mischungen aus Sprit und Benzinen. Sein Geruch ist stärker und kratzender als der von Sprit und den Propylalkoholen, aber beträchtlich milder als der der Amylalkohole, die durch Butanol weitgehend verdrängt worden sind. Butanol bildet mit verschiedenen Lösungsmitteln und mit Wasser konstant siedende azeotropische Gemische.

Es löst vorzüglich Öle, Fette und sehr viele Harze. Kautschuk wird nicht gelöst. Ebenso sind die Celluloseester in Butanol nicht löslich. Für Nitrocellulose ist Butanol ähnlich wie die Propylalkohole ein „indirektes" oder „latentes" Lösungsmittel, d. h. geringe Zusätze von Estern und anderen echten Lösungsmitteln genügen, um Kollodiumwolle in Butanol löslich zu machen. In Mischung mit Lösungsmitteln steigert Butanol daher deren Lösevermögen und die Verschnittfähigkeit für Kohlenwasserstoffe, wobei gleichzeitig oft die Viscosität der Lösungen herabgesetzt wird. Butanol vermag wegen seiner Fähigkeit zur Bildung azeotropischer Gemische ferner erhebliche Mengen Wasser aus dem trocknenden Nitrocelluloselackfilm auch bei Anwesenheit von größeren Mengen leichtflüchtiger Lösungsmittel zu entfernen. Da Butanol gleichzeitig als Lösungsvermittler zwischen Harz und Nitrocellulose wirkt, so verhindert es in außerordentlich hohem Maße die Trübung und das Weißanlaufen von trocknenden Lacken. Es hat ferner auf die Filmbildung auch insofern eine überaus günstige Wirkung, als es den Glanz erhöht und den glatten Verlauf im trocknenden Film unmittelbar vor der endgültigen Verfestigung der Lackschicht befördert und der Bildung von Unebenheiten entgegenwirkt. Alle diese Eigenschaften zusammen werden von keinem anderen aliphatischen Alkohol erreicht und machen Butanol zu dem besten Hilfsmittel, um viele Lackfehler auszugleichen.

Mit Rücksicht auf diese Eigenschaften und den hohen Flammpunkt ist Butanol außer Alkohol das wichtigste Anfeuchtungsmittel für Kollodiumwollen, zumal butanolfeuchte Wollen auch keinen Zollschwierigkeiten begegnen.

Butanol wird ferner zu spirituösen Harzlacken zugesetzt, um die Oberflächenspannung zu vermindern und das Fadenziehen zu verhindern. Ähnlich günstige Wirkungen auf den glatten Fluß übt es in Öllacken aus.

Butanol ist ferner ein Bestandteil von Poliermitteln, Abbeizmitteln, Rostentfernungsmitteln (für diese in Verbindung mit Phosphorsäure) und ähnlichen Erzeugnissen.

An seinen kratzenden Geruch gewöhnen sich die meisten Menschen sehr schnell.

Im allgemeinen bestehen technologisch keine wesentlichen Unterschiede zwischen der synthetischen und der Gärungsware. Erstere genügt indessen höheren Ansprüchen, die in einzelnen Fällen von Bedeutung sein können; die an Durchschnittsware ermittelten Daten seien deshalb nachstehend mitgeteilt:

| | Synthetisches Butanol | Gärungsbutanol |
|---|---|---|
| Siedeintervall | innerhalb 1° | innerhalb 4,75° |
| Wassergehalt | 0,04 % | 0,26 % |
| Löslichkeit in Wasser (10 ccm Butanol, 110 ccm Wasser) | klar | opalisierend getrübt |
| Schwefelsäureprobe (10 ccm Butanol mit 10 ccm konzentrierter Schwefelsäure ohne Wegnahme der Reaktionswärme gemischt) | 0,05 %[1] | 30 %[1] |
| Ätznatronprobe nach 1 Stunde (Einwirkung von festem Ätznatron oder Ätzkali auf Butanol) | unverändert | gelb |
| Silberprobe, sofort beurteilt (mit ammoniakalischer Silberlösung) | unverändert | Dunkelfärbung |
| Permanganatprobe (10 ccm Butanol, 3 Tropfen Permanganat 1 : 1000) | hält $1^1/_2$ Min. | sofort Entfärbung |
| Nesslers Reagens (Butanol mit gleichem Volum Reagens geschüttelt) | unverändert | gelber Niederschlag |

## Isobutylalkohol.

| | |
|---|---|
| Siedepunkt | 104—107° C |
| $D_4^{20}$ | 0,802 |
| Flammpunkt | +22° C. |

Hersteller: I. G. Farbenindustrie Aktiengesellschaft; Hiag-Verein G. m. b. H.; Brennerei und chem. Fabrik Tornesch.

Isobutylalkohol ist wasserfrei und mit den meisten organischen Lösungsmitteln mischbar. In Wasser ist er nur etwa im Verhältnis 1 : 10 löslich. Er hat einen ähnlichen, wenn auch etwas weniger kratzenden Geruch als Butanol. Seine Flüchtigkeit ist etwas größer.

Isobutylalkohol zeigt dem Butanol ähnliche Eigenschaften, aber sein Lösevermögen ist allgemein etwas geringer und dem des Isopropylalkohols ähnlicher. Insbesondere erreicht Isobutylalkohol in Nitrocelluloselacken nicht vollständig die günstigen Wirkungen des Butanols.

[1] Vergleichsfarbe einer Kaliumbichromatlösung der angegebenen Konzentration.

Da Isobutylalkohol bisher nicht in größeren Mengen billig auf dem Markt aufgetaucht ist, hat er keine größere Bedeutung. Seine Ester zeigen in höherem Maße die Eigenschaften der entsprechenden Normalbutylester.

## Sekundärer Butylalkohol.

| | |
|---|---|
| Siedepunkt . . . . . . . | 98—102° C |
| $D_4^{20}$ . . . . . . . . . . . | 0,81. |

Hersteller in Amerika: Standard Oil Co.

Sekundärbutylalkohol ist wasserfrei und ähnlich wie Isobutylalkohol mit den meisten organischen Lösungsmitteln mischbar; seine Löslichkeit in Wasser ist jedoch größer, etwa 1 : 4. Im Geruch ist Sekundärbutanol angenehmer und weniger kratzend als Normalbutanol.

Sein Lösevermögen steht zwischen dem von Butanol und Isopropylalkohol. Sekundärbutanol hat in Europa bisher keine Bedeutung erlangt.

Seine Ester sind denen der Normalbutylester, abgesehen von deren langsamerer Flüchtigkeit, sehr ähnlich.

## Tertiärer Butylalkohol.

$$\left.\begin{matrix} CH_3 \\ CH_3 \\ CH_3 \end{matrix}\right\rangle C \cdot OH .$$

| | |
|---|---|
| Schmelzpunkt . . . . . . . . | 25° C |
| Siedepunkt . . . . . . . . . . | 83° C |

Hersteller: I. G. Farbenindustrie Aktiengesellschaft.

Tertiärbutanol zeigt ein ziemlich weit vom Normalbutanol abliegendes Lösevermögen und ähnelt viel mehr dem Isopropylalkohol. Bei seinem heutigen Preise kann es deshalb als Lösungsmittel nur in Spezialfällen verwendet werden.

Seine Ester sind unbeständig, da die Bindung zwischen dem tertiären Kohlenstoffatom und dem Sauerstoff sehr schwach ist, so daß die Verbindungen leicht wieder in Säure und Alkohol gespalten werden und auch leicht in Isobutylen übergehen.

Tertiärbutanol dient für Spezialzwecke der Riechstoffindustrie. Sonstige größere Anwendungsgebiete sind bisher nicht bekannt geworden.

# Die Amylalkohole.

Von Amylalkoholen sind insgesamt 8 verschiedene möglich, von denen 3 ein asymmetrisches Kohlenstoffatom aufweisen und daher in zwei Modifikationen vorkommen können. Sieht man hiervon ab, so sind folgende Amylalkohole bekannt:

1. $CH_3—CH_2—CH_2—CH_2—CH_2OH$ .
   Normalamylalkohol, Siedepunkt 134,5—138,5° C; $d_4^{20}$ 0,82.
2. $$\left.\begin{matrix} CH_3 \\ CH_3 \end{matrix}\right\rangle CH—CH_2—CH_2OH .$$
   Isoamylalkohol, Siedepunkt 128—132° C; $d_4^{20}$ 0,815.

3. $CH_3—CH_2\diagdown$
$\qquad\qquad\quad CH—CH_2OH$ .
$\quad CH_3\diagup$
(Sekundärbutylcarbinol, Methyläthylcarbincarbinol), opt. akt. Amylalkohol Siedepunkt 125° C; $d_4^{20}$ 0,815.

4. $CH_3\diagdown$
$CH_3—C—CH_2OH$ .
$CH_3\diagup$
Tertiärbutylcarbinol, Siedepunkt 112° C.

5. $CH_3—CH_2—CH_2\diagdown$
$\qquad\qquad\qquad CH—OH$ .
$\qquad\quad CH_3\diagup$
Methyl-n-Propylcarbinol, Siedepunkt 117,5—121,5° C; $d_4^{20}$ 0,81.

6. $CH_3\diagdown$
$\qquad CH\diagdown$
$CH_3\diagup\qquad CHOH$ .
$\qquad CH_3\diagup$
Methylisopropylcarbinol, Siedepunkt 112° C.

7. $CH_3—CH_2\diagdown$
$\qquad\qquad CHOH$ .
$CH_3—CH_2\diagup$
Diäthylcarbinol, Siedepunkt 114—118° C; $d_4^{20}$ 0,82.

8. $CH_3—CH_2\diagdown$
$\qquad CH_3—COH$ .
$\qquad CH_3\diagup$
Dimethyläthylcarbinol (tertiärer Amylalkohol), Siedepunkt 100—104° C; $d_4^{20}$ 0,81.

Von diesen sind durch das Verfahren von Sharples alle mit Ausnahme von Nr. 4 und 6 zugänglich geworden, doch werden sie in der Regel nicht rein dargestellt, sondern als Mischungen verwendet. Für Europa bleiben vorläufig lediglich Nr. 2 und 3 von Bedeutung, da sie im Fuselöl durch Gärung billig anfallen.

## Gärungsamylalkohol (Isoamylalkohol).

$CH_3\diagdown$
$\qquad CH—CH_2—CH_2OH$ .
$CH_3\diagup$

| | | |
|---|---|---|
| Reines Produkt: | Siedepunkt . . . . . | 130—131° C |
| | Erstarrungspunkt . . | —117° C |
| Techn. Produkt: | Siedepunkt . . . . . | etwa 128—132° C |
| | $D_4^{15}$ . . . . . . . . | 0,810—0,815 |
| | Flammpunkt . . . . | +46° C. |

Hersteller: unter anderen Hiag-Verein, Tornesch.

Technischer Gärungsamylalkohol ist selten vollständig rein, vielmehr enthält er fast stets schwankende Mengen anderer Alkohole des Fuselöles. Spezifisches Gewicht und Siedegrenzen können dementsprechend etwas schwanken.

Der Gärungsamylalkohol ist wasserfrei und ähnlich wie Butanol mit allen in Betracht kommenden organischen Lösungsmitteln mischbar.

In Wasser ist er nur etwa 1 : 40 löslich. Sein Geruch ist unzweifelhaft kratzender und die Dämpfe wirken auch auf die tieferen Luftwege stärker reizend als die von Butanol. In den meisten Fällen tritt aber bald Gewöhnung ein.

Amylalkohol zeigt im Lösevermögen ein sehr ähnliches Verhalten wie Butanol, ist aber etwas langsamer flüchtig. Sein Geruch haftet deshalb länger an. Amylalkohol wird meist in Verbindung mit Amylacetat verwendet. Die Anwendungsgebiete sind ungefähr die gleichen wie beim Butanol.

## Synthetischer Amylalkohol.

| | |
|---|---|
| Siedepunkt . . . . . . | 112—140° C |
| $D_4^{20}$ . . . . . . . . . . | 0,81—0,82. |

Hersteller: Sharples Solvents Corp., Philadelphia („Pentasol").

Pentasol ist ein Gemisch der verschiedenen Amylalkohole aus der Pentanchlorierung und enthält größere Mengen von Normalamylalkohol. Seine Hauptanwendungsgebiete sind identisch mit denen des Gärungsamylalkohols. Für Europa sind die Produkte bisher ohne Bedeutung.

## Sekundärer Amylalkohol.

(Formel 5.)

Hersteller: in Amerika Standard Oil Co.

Der sekundäre Amylalkohol steht in seiner Flüchtigkeit dem Normalbutanol näher. Seine Eigenschaften gleichen weitgehend dem Butyl- und Gärungsamylalkohol. Bis jetzt ist das Produkt für Europa ohne praktische Bedeutung.

Die höheren aliphatischen Alkohole vom Hexylalkohol aufwärts bis etwa zum Decylalkohol sind bisher nicht in größerem Maßstab technisch zugänglich und haben daher praktische Bedeutung nicht erlangt. Ihre Verdunstungsgeschwindigkeit ist sehr gering. Die noch höher siedenden Alkohole werden unter den Weichmachungsmitteln besprochen.

## Cyclohexanol.

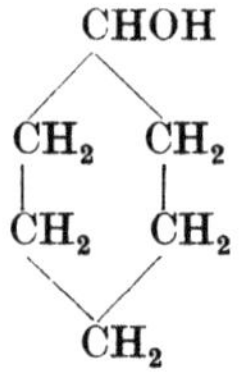


| | |
|---|---|
| Siedepunkt . . . . . . | 155—165° C |
| $D_4^{20}$ . . . . . . . . . . | 0,945 |
| Flammpunkt . . . . . | + 68° C |
| $n_D^{20}$ . . . . . . . . . . . | 1,4680 |
| Acetylzahl . . . . . . | 561. |

Hersteller in Deutschland: Deutsche Hydrierwerke A. G. (Hexalin). In England: Howards and Sons, Ilford.

Cyclohexanol ist fast wasserunlöslich, dagegen mit den meisten organischen Lösungsmitteln mischbar. Sein Geruch ist ziemlich schwach und nicht unangenehm, haftet aber sehr lange an. Physiologisch ist Cyclohexanol ziemlich harmlos.

Cyclohexanol ist ein vorzügliches, äußerst langsam verdunstendes Lösungsmittel für Öle, Fette, Harze[1] und Kautschuk[2] und löst auch recht gut Linoxyn[3].

Infolge der ziemlich hohen Eigenviscosität des Cyclohexanols sind die Lösungen meist ziemlich zähflüssig.

Für Celluloseester besitzt Cyclohexanol kein Gelatiniervermögen. Wird es in kleinen Mengen zu Nitrocelluloselacken zugesetzt, so erhöht es den Glanz, verzögert aber die Durchtrocknung. Sein Geruch haftet dann lange an.

Die Hauptverwendung findet Cyclohexanol (Hexalin) aber für die Herstellung von Lösungsmittelseifen. Es löst beim Erwärmen Seife auf und ergibt nach dem Verdünnen mit Wasser fast klare Seifenlösungen von sehr hoher Reinigungs- und Emulgierwirkung[4].

Solche Lösungsmittelseifen können ihrerseits wieder gewisse Mengen von flüchtigeren wasserunlöslichen Lösungsmitteln, beispielsweise von Tetrachlorkohlenstoff, emulgieren oder in bestimmten Verhältnissen sogar klar lösen und finden für Textilzwecke und Wäschereibetriebe Verwendung[5].

## Methylcyclohexanol.

| | |
|---|---|
| Siedepunkt . . . . . . | 170—180° C |
| $D_4^{20}$ . . . . . . . . . . | 0,922 |
| Flammpunkt . . . . . | 68° C |
| $n_D^{20}$ . . . . . . . . . . | 1,4635 |
| Acetylzahl . . . . . . | 492. |

Hersteller in Deutschland: Deutsche Hydrierwerke A. G. (Methylhexalin). In England: Howards and Sons (Sextol).

Methylcyclohexanol gleicht sehr weitgehend dem Cyclohexanol und unterscheidet sich davon lediglich durch seine langsamere Flüchtigkeit. Da es billiger als Cyclohexanol ist, findet es in noch größerem Maße für die gleichen Zwecke Verwendung.

## Benzylalkohol.

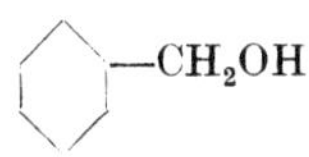


| | |
|---|---|
| Siedepunkt . . . . . . | 204—208° C |
| $D_4^{20}$ . . . . . . . . . . | 1,045 |
| Flammpunkt . . . . . | +96° C |

Hersteller: I. G. Farbenindustrie Aktiengesellschaft.

---

[1] DRP. 349905. [2] DRP. 336146. [3] DRP. 366355. [4] DRP. 365160.

[5] Deutsche Hydrierwerke, Broschüre: Hexalin und Methylhexalin.

Benzylalkohol entsteht durch alkalische Verseifung von Benzylchlorid. Er ist in Wasser kaum löslich, neutral und beinahe geruchlos. Seine Verdunstung erfolgt äußerst langsam. Dadurch wird seine Verwendung in Lacken auf den Zusatz von sehr kleinen Mengen beschränkt. Besonders in Acetylcelluloselacken verwendet man kleine Mengen Benzylalkohol, um dem Weißanlaufen durch die großen Mengen vorhandener leichtflüchtiger Bestandteile entgegenzuwirken und bei Flugzeuglacken eine gute Streichfähigkeit zu erzielen.

Benzylalkohol dient ferner zum Lösen von Farbstoffen und Farbstoffbasen und wird daher für die Herstellung von Durchschreibpapieren verwendet. Infolge seines guten Löse- und Emulgiervermögens findet er Verwendung für schwach riechende Lösungsmittelseifen.

## Diacetonalkohol.

$$\begin{matrix} CH_3 \searrow \\ \phantom{x} \\ CH_3 \nearrow \end{matrix} COH—CH_2—CO—CH_3\,.$$

| | |
|---|---|
| Siedepunkt . . . . . . | 150—165° C |
| $D_4^{20}$ . . . . . . . . . | 0,930 |
| Flammpunkt . . . . . | +45—46° C. |

Hersteller in Deutschland: I. G. Farbenindustrie Aktiengesellschaft (Pyranton A); Dr. A. Wacker G. m. b. H.; Hiag-Verein G. m. b. H. In Amerika: Commercial Solvents Corp. In England: Howards and Sons.

Diacetonalkohol ist ein Zweityplösungsmittel von sehr langsamer Flüchtigkeit, das völlig mit Wasser und gut mit den meisten organischen Lösungsmitteln mit Ausnahme der Benzinkohlenwasserstoffe mischbar ist. Sein Geruch ist äußerst schwach. Längeres Erhitzen in Gegenwart einiger Kontaktsubstanzen verwandelt Diacetonalkohol in Aceton zurück. In Lacken ist jedoch mit einer derartigen Spaltung nicht zu rechnen, vielmehr ist das Produkt unter den in Frage kommenden Bedingungen durchaus beständig. Diacetonalkohol spaltet keine freie Säure ab, rötet aber Lackmus ganz schwach.

Diacetonalkohol löst Nitrocellulose und Acetylcellulose und viele spritlösliche Harze. Für Esterharz und viele andere schwach polare Harze ist sein Lösevermögen wesentlich geringer. Seine sehr langsame Flüchtigkeit ermöglicht dem Produkt, schon bei kleinen Zusätzen zu Lacken den Verlauf während des Trocknens günstig zu beeinflussen. Diacetonalkohol löst bereits getrocknete Kollodiumwolleschichten verhältnismäßig langsam auf und wird deshalb auch für Celluloseesterstreichlacke verwendet. Lösungen von Acetylcellulose in Diacetonalkohol nehmen größere Mengen Wasser ohne Ausscheidung auf.

In Amerika findet Diacetonalkohol Verwendung bei der Herstellung hydraulisch wirkender Bremsen an Automobilen.

# F. Äther.

## Diäthyläther (Schwefeläther, Äther).

$C_2H_5—O—C_2H_5$.

Siedepunkt . . . . . . . 34—35° C
$D_4^{15}$ . . . . . . . . . . . 0,722
Flammpunkt . . . . . . unter 0° C.

Hersteller: I. G. Farbenindustrie Aktiengesellschaft; E. Merck, Darmstadt; Schering-Kahlbaum A. G., Berlin; Byk-Guldenwerke, Berlin; Brennerei und chem. Fabrik Tornesch; Riedel-de Haën A. G., Berlin; Chem. Werke Fürstenwalde; Chem. Fabrik Cotta, Dresden.

Schwefeläther findet großenteils Verwendung als 98—100proz. Ware, doch sind außerdem noch weniger reine Sorten im Handel, deren spezifisches Gewicht durch ihren Gehalt an Wasser oder Alkohol bis zu etwa 0,728 hinaufgeht. Die DAB-6-Ware hat ein spezifisches Gewicht von 0,713.

Äther ist eine leicht bewegliche Flüssigkeit von süßlich narkotischem Geruch. Er ist in Wasser etwa im Verhältnis 1 : 10 löslich, nimmt selbst aber nur etwa 2% Wasser auf, wie nachstehende Übersicht zeigt:

Löslichkeit von Äther und Wasser.

| Nach Klobbie | | Wasser in Äther $(C_2H_5)_2O$ | Nach Tolloczko | | Nach Schuncke | | Wasser in Äther $(C_2H_5)_2O$ |
|---|---|---|---|---|---|---|---|
| t °C | Äther in Wasser $(C_2H_5)_2O$ % | % | t °C | $(C_2H_5)_2O$ % | t °C | Äther in Wasser $(C_2H_5)_2O$ % | % |
| —4 | 12,63 | 99,06 | 13 | 8,20 | 0 | 11,08 | |
| 0 | 12,17 | 99,07 | 15 | 7,75 | 10 | 8,76 | 97,37 |
| 10 | 9,02 | 98,91 | 17 | 7,37 | 20 | 6,97 | 97,35 |
| 20 | 6,48 | 98,78 | 19 | 6,97 | 30 | 5,90 | |
| 30 | 5,04 | 98,65 | 21 | 6,50 | | | |

Mit den meisten organischen Lösungsmitteln ist Äther mischbar. Er ist besonders feuergefährlich wegen der großen Neigung der spezifisch schweren Dämpfe zum „Kriechen" und wegen der sehr weiten Explosionsgrenzen. Äther lädt sich ähnlich wie Benzin sehr leicht elektrisch auf, was zu Funkenbildung führen kann, wenn die Behälter nicht sehr gut geerdet sind.

Die wichtigste Eigenschaft des Äthers ist sein hohes Fettlösevermögen, das seine Verwendung für Extraktionszwecke ermöglicht. Bei Zimmertemperatur löst Äther die meisten Öle und Fette spielend leicht auf; einige schwerlösliche Verbindungen, wie Stearinsäuretriglycerid, werden nur bei Gegenwart anderer Fette gelöst, lassen sich aber aus solchen Mischungen gut ausfrieren.

In Mischung mit Äthylalkohol wird Äther zu einem Lösungsmittel für Kollodiumwolle; diese Mischung wird unter anderem für die Herstellung photographischer Filme und für pharmazeutisches Kollodium verwendet. Äther verursacht eine große Verdunstungskälte, die das Weißwerden von Lacken beim Trocknen begünstigt. Man macht hiervon bei der Herstellung undurchsichtiger Kapsellacke Gebrauch.

Äther bildet beim Stehen in Berührung mit Luft leicht Peroxyde, die vor allem bei der Destillation zu explosionsartigem Zerfall neigen[1].

## Diisopropyläther.

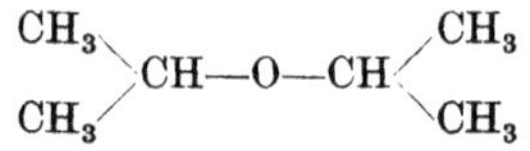

Siedepunkt . . . . . . . 66—69° C

$D_4^{20}$ . . . . . . . . . . . 0,723—0,729.

Hersteller in Amerika: Carbide and Carbon Chem. Corp.

Diisopropyläther wird in Amerika als Nebenprodukt der Isopropylalkoholherstellung gewonnen. Er gleicht in seinen Eigenschaften weitgehend dem Schwefeläther, ist aber etwas weniger leicht flüchtig. Dadurch werden die Verdunstungsverluste bei Extraktionen vermindert. Seine Wasserlöslichkeit ist mit 0,65 % bei 20° C erheblich geringer als die des Schwefeläthers. Isopropyläther soll besser geeignet sein zur Extraktion von Essigsäure aus verdünnten Lösungen. In Deutschland ist er bisher nicht billig erhältlich.

## Dinormalbutyläther.

$$C_4H_9—O—C_4H_9 .$$

Siedepunkt . . . . . . . 140—142° C

$D_4^{20}$ . . . . . . . . . . . 0,770.

Hersteller: I. G. Farbenindustrie Aktiengesellschaft.

Dibutyläther zeigt ein ähnlich hohes Lösevermögen vor allem für Fette und Öle wie Äthyläther, ist aber wasserunlöslich und weniger leicht flüchtig. In Mischung mit Alkohol ist er kein Lösungsmittel mehr für Nitrocellulose. Butyläther eignet sich besonders für die Durchführung chemischer Reaktionen (beispielsweise für Grignard-Synthesen) als weniger feuergefährlicher Ersatz für Schwefeläther, ist aber ziemlich teuer.

Der Vollständigkeit halber sei hier das

## Furfurol

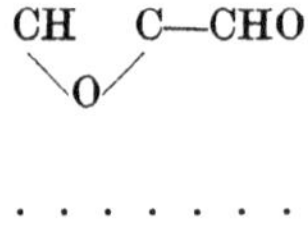

aufgeführt.

Siedepunkt . . . . . . . 160—162° C

$d_4^{20}$ . . . . . . . . . . . . 1,159.

Hersteller: The Quaker Oats Comp.

---

[1] Nolte: Ztschr. f. angew. Ch. 1930 S. 979.

Furfurol entsteht durch Behandeln von Kleie mit Schwefelsäure. Es ist eine eigenartig stechend riechende Flüssigkeit, die sich mit den meisten organischen Lösungsmitteln mischt, in Wasser aber nur wenig löslich ist. Es neigt beim Stehen stark dazu, sich bräunlich zu färben. Seine Dämpfe wirken etwas reizend auf die Schleimhäute.

Furfurol ist als Lösungsmittel für Cellulosederivate und einige Harze vorgeschlagen worden. Es gestattet indessen infolge seiner ungenügenden Beständigkeit nicht, farblose oder in klaren Farbtönen gefärbte Lacke herzustellen. Sein Preis ist höher und die Verschnittfähigkeit der Lösungen etwas geringer als bei Äthylglykol und Milchsäureäthylester, die als Lösungsmittel zum Vergleich herangezogen werden können. Praktische Bedeutung als Lösungsmittel hat Furfurol in Europa nicht erlangt.

Auch einige Derivate des Furfurols wie

**Furfuralkohol**

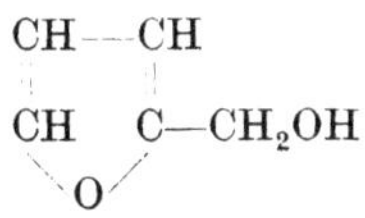

und

**Tetrahydrofurfuralkohol**

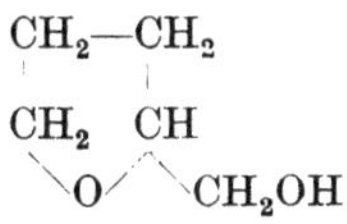

sind bekannt geworden, haben aber wegen ihres sehr hohen Preises keine technische Verwendung gefunden, obwohl sie lagerbeständiger sind. Ihr Lösevermögen für Nitrocellulose ist geringer als das des Furfurols.

**Glykoläther.**

(Siehe unter Glykolderivaten.)

# G. Acetale.

Die Acetale zeigen in ihren Eigenschaften große Ähnlichkeit mit den aliphatischen Äthern, doch ist ihrem stärker polaren Charakter entsprechend das Lösevermögen für Nitrocellulose etwas größer. Die niedersten Glieder, namentlich das Formaldehyddimethylacetal oder Methylal $CH_2\langle\begin{matrix}O\cdot CH_3\\ O\cdot CH_3\end{matrix}$, Sdp. 42° C, lösen für sich allein bereits Nitrocellulose, die höheren Glieder erst bei Zusatz von Alkohol. Methylal wird in kleinen Mengen als Extraktionsmittel für Riechstoffe verwendet. Als Lösungsmittel für Lacke wird es dagegen wegen seiner stark einschläfernden Wirkung nicht in den Handel gebracht.

Das gewöhnliche Acetal $CH_3 \cdot CH_2 \langle \begin{matrix} O \cdot C_2H_5 \\ O \cdot C_2H_5 \end{matrix}$, Sdp. 104°, und besonders das entsprechende Acetaldehyddimethylacetal findet sich in kleinen Mengen in manchen leichtsiedenden Lösungsmitteln. Stärker acetalhaltige Lösungsmittel waren vor einigen Jahren unter dem Namen Dissolvan CA und DN (I. G. Farbenindustrie Aktiengesellschaft) im Handel.

# H. Ketone.

## Aceton.

$CH_3—CO—CH_3$.

| | |
|---|---|
| Siedepunkt (chemisch rein) . . . . . | 55—56° C |
| $D_4^{20}$ . . . . . . . . . . . . . . . . | 0,791 |
| Flammpunkt . . . . . . . . . . . . | —17° C. |

Hersteller: I. G. Farbenindustrie Aktiengesellschaft; Hiag-Verein G. m. b. H., Konstanz; Dr. A. Wacker G. m. b. H., München.

Durch das Erscheinen des synthetischen reinen Acetons ist die Verwendung von technischem Aceton für manche Zwecke in den Hintergrund getreten. Aceton chemisch rein ist neutral, mit Wasser beliebig mischbar und von charakteristisch erfrischendem, leicht kratzendem Geruch.

Es löst vorzüglich Nitrocellulose und Acetylcellulose, ferner viele Harze, Öle und Fette. In Celluloseesterlösungen ist Aceton durch die billigeren methylacetathaltigen Lösungsmittel weitgehend verdrängt worden. In manchen Staaten, in denen die Industrie dieser Lösungsmittel noch wenig entwickelt ist, findet aber Aceton noch in größerem Umfange hierfür Verwendung, vor allem in Acetylcelluloselacken. Aceton dient ferner als Quellmittel für die hochnitrierten Nitrocellulosen bei der Herstellung von rauchlosem Pulver.

In Spezialfällen wird Aceton auch zur Extraktion von Ölen verwendet, weil zur Trennung von Öl und Lösungsmittel ein einfaches Verdünnen mit Wasser genügt. Kautschuk ist in Aceton völlig unlöslich; hierauf kann die Trennung von Kautschuk und manchen Harzen begründet werden. Eine der Hauptanwendungen von Aceton ist das Lösen von Acetylen (Dissousgas), da Aceton etwa das 300fache seines Volumens an Acetylen aufzunehmen vermag.

Das technische Aceton enthält kleine Verunreinigungen an anderen leichtsiedenden Produkten. Seine Flüchtigkeit ist nur unwesentlich langsamer als die des reinen Produktes. Seine Eigenschaften als Lösungsmittel werden, abgesehen von der Viscosität der Celluloseesterlösungen, nicht nennenswert beeinflußt.

In den Lösungsmittel verbrauchenden Industrien versteht man vielfach unter „Aceton“ überhaupt leichtflüchtige Lösungsmittel verschiedener Art, vor allem methylacetathaltige Produkte, die mitunter völlig frei von Aceton sind, aber den gleichen Verwendungszwecken dienen, für die früher Aceton in Gebrauch stand, ehe die Methylverbindungen billig wurden.

## Methylaceton.

Unter diesem Namen werden vor allem im Ausland Mischungen verstanden, die zu etwa 75 % aus Aceton, im übrigen aber aus Methanol und Methylacetat oder Acetalen bestehen. Sie zeigen ähnliche Eigenschaften wie die obenerwähnten Mischlösungsmittel.

## Acetonöle (Ketonöle).

Die bei der Gewinnung des Acetons aus dem Graukalk der Holzverkohlung entstehenden höhersiedenden Nachläufe stellen kaum zu entwirrende Mischungen der Homologen des Acetons dar. Man verzichtet meist auf deren Trennung überhaupt, da doch immer nur einzelne wenige Komponenten herausdestilliert werden könnten und die Eigenschaften der einzelnen Produkte ziemlich nahe übereinstimmen. Vielfach trennt man einfach in weißes, leichtes Acetonöl, Sdp. 75 bis 125° C, und schweres gelbes Acetonöl, Sdp. 120—150° C. Aus dem erstgenannten Produkt wird mitunter noch Methyläthylketon in roher oder gereinigter Form herausfraktioniert. Die Zusammensetzung der Ketonöle ist wiederholt eingehend untersucht worden[1]. An wichtigeren Produkten wurden festgestellt:

| Verbindung | Siedepunkt | D 15 | Prozent des Öles |
|---|---|---|---|
| Methyl-äthyl-keton | 78° | 0,8103 | 5,8 |
| Methyl-i-propyl-keton | 93—94° | 0,815 | 2,1 |
| Methyl-n-propyl-keton | 101—102° | 0,8123 | 32,6 |
| Methyl-i-butyl-keton | 116—117° | 0,8156 | 7,6 |
| Methyl-äthyl-aceton | 118—119° | 0,8145 | |
| Äthyl-n-propyl-keton | 122—124° | 0,816 | 0,6 |
| Methyl-n-butyl-keton | 126—127° | 0,8174 | 14,5 |
| Mesityloxyd | 128—129° | 0,8612 | 3,8 |
| n-Propyl-i-propyl-keton | 130—131° | 0,8216 | 4,6 |
| Diäthyl-aceton | 136—137° | 0,823 | 9,0 |
| α-Metho-n-propyliden-aceton | 147—148° | 0,8701 | 12,5 |
| Methyl-n-amyl-keton | 151—152° | 0,8202 | 4,6 |

Die Ketonöle sind mehr oder weniger gelblich gefärbt, in Wasser kaum löslich und zeigen einen weniger angenehmen Geruch als Aceton. Mit steigendem Siedepunkt geht das Lösevermögen für Nitrocellulose

[1] Reinglaß: DRP. 1198801; Pringsheim u. Bondi: B. Bd. 58 S. 1409; Suida u. Pöll: Ztschr. f. angew. Ch. 1927 S. 505.

zurück, während die Löslichkeit der Naturharze, Bitumina und Pechsorten steigt. Die höchstsiedenden Anteile können auch beim Lösen von Rohgummi verwendet werden. Die meisten Ketonöle lassen Nitrocellulose aus ihren Lösungen klar auftrocknen; sie werden für die Herstellung von billigen Lacken, vor allem von Schwarzlacken, verwendet, in denen ihre Färbung nicht stört.

Aus den sekundären Alkoholen, wie Sekundärbutanol, Sekundäramylalkohol, werden durch Reduktion Methylpropylketon und seine Homologen leicht in reiner Form erhalten. Sie sind sehr gute Lösungsmittel, werden aber technisch bislang nicht hergestellt.

### Methyläthylketon.

$CH_3CH_2 \cdot CO \cdot CH_3$.

| | |
|---|---|
| Siedepunkt | 75—85° C |
| $D_4^{15}$ | 0,82 |
| Flammpunkt | —14°. |

Hersteller: Hiag-Verein G. m. b. H.

Methyläthylketon zeigt ein dem Aceton sehr naheliegendes Lösevermögen, ist aber etwas langsamer flüchtig. Es kann dementsprechend ähnlich wie Äthylacetat verwendet werden, findet aber hauptsächlich in Acetylcelluloselacken Verwendung.

### Lösungsmittel RS 200.

| | |
|---|---|
| Siedepunkt | 197—200° C |
| Spezifisches Gewicht $D_4^{15}$ | 1,10 |
| Flammpunkt | + 94° C. |

Hersteller: Hiag-Verein G. m. b. H.

Lösungsmittel RS 200 ist ein gleichfalls aus der Holzverkohlung stammendes Gemisch aus hauptsächlich Butyrolacton und Valerolacton.

Es ist ein kaum gefärbtes, neutrales und nur schwach riechendes Lösungsmittel, dessen Geruch jedoch infolge der außerordentlich langsamen Flüchtigkeit sehr lange anhaftet. Es kann als Zusatzmittel zu Nitrocellulose- und Acetylcelluloselacken verwendet werden und wird auch als Lösungsmittel für Farbstoffe empfohlen.

## Ketole.

Unter dem Namen Ketol kamen vor einigen Jahren ketonartige Lösungsmittel auf den Markt, die durch Destillation von buttersaurem Kalk erhalten worden waren (s. Kapitel XII). Die Ketole bestanden hauptsächlich aus Dipropylketon, Sdp. etwa 150° C, dem jedoch erhebliche Mengen anderer Ketone beigemischt waren. Die Produkte sind gute Lösungsmittel für Nitrocellulose, aber lösen kaum Acetylcellulose. Ihr Geruch war ähnlich wie bei den Ketonölen, wahrscheinlich infolge der Anwesenheit von Verunreinigungen wenig angenehm, und sie haben größere technische Bedeutung nicht erlangen können.

## Cyclohexanon.

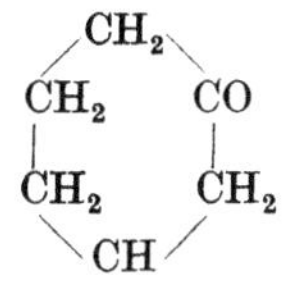

Siedepunkt . . . . . . . 150—156° C
$D^{20}_{4}$ . . . . . . . . . . 0,947
Flammpunkt . . . . . . +44° C.

Hersteller: I. G. Farbenindustrie Aktiengesellschaft (Anon). Im Auslande auch Deutsche Hydrierwerke A. G. (Hexanon) und Howards and Sons (Sextone).

Cyclohexanon ist ein wasserunlösliches, aber mit fast allen Lösungsmitteln mischbares Keton von eigentümlichem, erfrischendem Geruch. Es enthält meist geringe Mengen Cyclohexanol. Bei längerem Stehen an der Luft nimmt Cyclohexanon eine schwache Gelbfärbung an. Beeinträchtigungen der Lackqualität hierdurch sind nicht bekannt geworden.

Cyclohexanon löst Kollodiumwolle und Acetylcellulose. Die Lösungen vertragen größere Mengen der üblichen Verschnittmittel als beispielsweise Amylacetat, so daß das Lösungsmittel besonders ausgiebig und wirtschaftlich ist. Es hat zugleich einen günstigen Einfluß auf die Entstehung einer glatten Oberfläche der Lacke beim Trocknen und wirkt Entmischungen von Harzen, Ölen und Nitrocellulose entgegen.

Infolge des hohen Harz- und Fettlösevermögens ist Cyclohexanon außerordentlich geeignet für Lederlacke aus Kollodiumwolle, da es auch bei nicht fettfreien Ledern eine genügende Entfettung und Verankerung der Lacke befördert.

Es ist eines der wenigen guten, nicht zu langsam flüchtigen Lösungsmittel für Acetylcellulose und wirkt ausgleichend auf die Verdunstung solcher Lacke.

Die wichtigsten Verwendungen für Lacke aus Celluloseestern und Harzen stehen unter Patentschutz[1].

## Methylcyclohexanon.

Siedepunkt . . . . . . . 165—171° C
$D^{20}_{4}$ . . . . . . . . . . 0,919
Flammpunkt . . . . . . 45—50° C.

Hersteller: I. G. Farbenindustrie Aktiengesellschaft (Methylanon). Im Auslande auch Deutsche Hydrierwerke A. G. (Methylhexanon) und Howards and Sons (Sextone B).

[1] DRP. 283404, 272391 und 284672 der I. G. Farbenindustrie Aktiengesellschaft.

Methylcyclohexanon ist eine Mischung der 3 Isomeren:

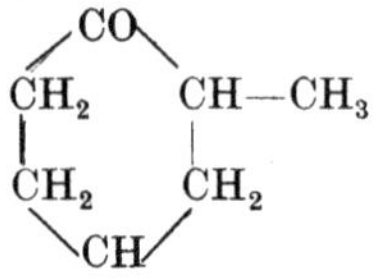


Ortho-
Methylcyclohexanon.

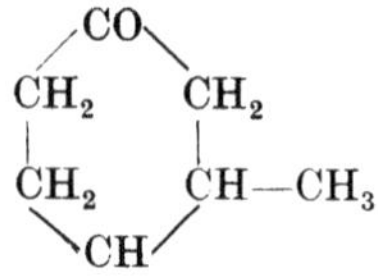


Meta-
Methylcyclohexanon.

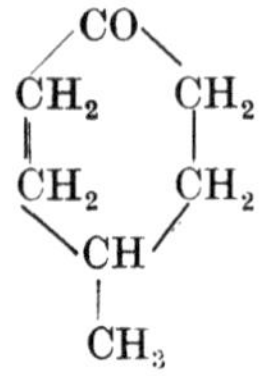


Para-
Methylcyclohexanon.

In seinen Eigenschaften steht es dem Cyclohexanon sehr nahe, unterscheidet sich aber von ihm durch seine langsamere Flüchtigkeit und das geringere Lösevermögen für Acetylcellulose.

Es findet seine Hauptverwendung als billiges, die Haftfestigkeit auch auf nicht gut entfettetem Leder ganz außerordentlich förderndes Zusatzmittel in Lederlacken aus Nitrocellulose. Da solche Lacke häufig viel Alkohol als Verdünnungsmittel enthalten, also an feuchter Luft die Gefahr des Weißwerdens beim Trocknen besteht, wirkt Methylcyclohexanon dieser Gefahr entgegen. Seine Verwendung in Lacken aus Harzen und Celluloseestern ist in Deutschland geschützt[1].

Methylcyclohexanon hat die eigenartige Fähigkeit, festsitzenden Rost aufzulockern. Es ermöglicht dadurch, festgerostete oder verschmutzte Verschraubungen wieder gangbar zu machen. Die Lockerung erfolgt infolge des guten Eindringungsvermögens von Methylcyclohexanon sehr schnell[2]. Diese Verwendung darf nicht verwechselt werden mit derjenigen von Rostentfernungs- oder Entrostungsmitteln, die den Rost chemisch vollkommen auflösen und eventuell das Eisen selbst angreifen.

Methylcyclohexanon wird auch in einer weniger ketonreichen Ware geliefert, die etwas weitere Siedegrenzen hat (Methylanon Spezial der I. G. Farbenindustrie Aktiengesellschaft). Auch Sextone B und Methylhexalin enthalten weniger Keton. Dadurch verzögert sich etwas die Trocknung und der Geruch haftet länger an.

Andere cyclische Ketone, wie Cyclopentanon und Cyclohexenon-1, die gelegentlich in der Literatur genannt worden sind, haben infolge ihres hohen Einstandspreises bisher keine technische Bedeutung als Lösungsmittel erlangt.

Verschiedene Ketone haben die Fähigkeit, große Mengen Schwefeldioxyd unter Bildung von Molekülverbindungen zu lösen, wobei das Lösevermögen durch Zusätze stark beeinflußt werden kann. Bekannt sind solche Verbindungen von Aceton und den cyclischen Ketonen wie

[1] DRP. 263404, 272391, 334871 der I. G. Farbenindustrie Aktiengesellschaft.
[2] DRP. 523071.

Cyclohexanon[1]. Technische Bedeutung hat diese Eigenschaft bisher nicht gewonnen.

### Diacetonalkohol.

(Siehe unter „Alkohole".)

### Mesityloxyd.

$$CH_3{-}CO{-}CH{=}C\begin{matrix} \diagup CH_3 \\ \diagdown CH_3 \end{matrix}$$

| | |
|---|---|
| Siedepunkt . . . . . . . | 126—130° C |
| $D_4^{15}$ . . . . . . . . . . | 0,86. |

Mesityloxyd ist ein etwas gelblich gefärbtes, eigenartig honigähnlich riechendes Lösungsmittel von mittlerer Flüchtigkeit und sehr hohem Lösevermögen für Nitrocellulose, das auch Acetylcellulose löst. Infolge seiner physiologischen Wirkung muß vor seiner Anwendung als Lösungsmittel gewarnt werden, zumal harmlosere Produkte zur Verfügung stehen.

Das durch Hydrierung aus Mesityloxyd entstehende Methylisobutylketon hat bisher technische Verwendung nicht gefunden.

# J. Ester.

## 1. Formiate.

Die Formiate sind bisher ohne größere technische Bedeutung geblieben, obgleich sie sehr leicht nach verschiedenen Verfahren hergestellt werden können. Der Grund liegt hauptsächlich in der leichteren Verseifbarkeit unter Bildung freier Ameisensäure im Vergleich mit den Acetaten und in der stärkeren physiologischen Wirksamkeit.

Am bekanntesten sind:

### Äthylformiat.

$HCOOC_2H_5$ .

| | |
|---|---|
| Siedepunkt . . . . . . . . | 55° C |
| $D_4^{15}$ . . . . . . . . . . . | 0,93. |

Es ähnelt weitgehend dem Methylacetat.

### Normalbutylformiat.

$HCOOC_4H_9$ .

| | |
|---|---|
| Siedepunkt . . . . . . . | 95, 110° C |
| $D_4^{15}$ . . . . . . . . . . | 0,88. |

Es ist flüchtiger als Butylacetat und kommt in Deutschland nicht in den Handel.

### Amylformiat.

$HCOOC_5H_{11}$ .

| | |
|---|---|
| Siedepunkt . . . . . . . | 115—122° C |
| $D_4^{15}$ . . . . . . . . . . | 0,87 |
| Flammpunkt . . . . . . | + 22° C. |

Hersteller: Hiag-Verein G. m. b. H.

[1] Weißenberger u. Hadwiger: Ztschr. f. angew. Ch. Bd. 40 (1927) S. 735.

Amylformiat steht in der Flüchtigkeit zwischen Butyl- und Amylacetat und zeigt einen dem Amylacetat ähnlichen stechenden Geruch. Seine Eigenschaften sind ähnlich denen des Amylacetats, doch ist seine physiologische Wirkung größer.

## 2. Acetate.

Die Acetate sind die wichtigste Gruppe von Estern wegen ihres hohen Lösevermögens für Nitrocellulosen und wegen der großen Beständigkeit der meisten Glieder dieser Reihe, ferner auch wegen der verhältnismäßig geringen physiologischen Wirkung. Die Herstellung geschieht meist sehr einfach durch Erhitzen der Alkohole mit Essigsäure oder Essigsäureanhydrid.

### Methylacetat.

$CH_3 \cdot COO \cdot CH_3$.

| | |
|---|---|
| Siedepunkt . . . . . . . | 56—62° C |
| $D^{20}_{4}$ . . . . . . . . . . . | 0,932 |
| Flammpunkt . . . . . . | —13° C. |

Hersteller: I. G. Farbenindustrie Aktiengesellschaft; Hiag-Verein G. m. b. H.

Methylacetat ist neutral und von schwachem narkotischem Estergeruch. Es mischt sich mit den üblichen Lösungsmitteln, ist aber in Wasser nur begrenzt löslich. Schon kleine Mengen freier Alkohole erhöhen die Löslichkeit in Wasser. Manche Methylacetatsorten des Handels enthalten etwas Methanol. Als Lösungsmittel gleicht Methylacetat äußerst weitgehend dem Aceton. Die Dampfdruckkurven beider Lösungsmittel sind, was allgemein sehr selten vorkommt, bei den verschiedensten Temperaturen beinahe identisch.

Methylacetat findet weitgehend Verwendung in Lacken aller Art, vor allem solchen aus Nitrocellulose und Acetylcellulose. Lösungen in Methylacetat sind etwas höher viscos als Acetonlösungen. Methylacetat ist eines der am raschesten wirkenden Dunstmittel zum Erweichen von Steifkappen in der Schuhindustrie und dient auch zur Herstellung von Klebstoffen. Es ist der Hauptbestandteil zahlreicher Speziallösungsmittel.

### Äthylacetat (Essigäther, Essigester).

$CH_3 \cdot COOC_2H_5$.

| | |
|---|---|
| Siedepunkt . . . . . . . | 74—77° C |
| $D^{20}_{4}$ . . . . . . . . . . . | 0,900 |
| Flammpunkt . . . . . . | —2° C. |

Hersteller: vor allem I. G. Farbenindustrie Aktiengesellschaft; Dr. A. Wacker G. m. b. H.; Hiag-Verein G. m. b. H.; R. Eisenmann A. G., Berlin; Chem. Fabrik Cotta, Dresden.

Äthylacetat ist neutral und von schwach fruchtartigem Geruch. Es ist in Wasser weniger löslich als Methylacetat; etwa 7,8 Teile lösen sich in 100 Teilen Wasser. Mit den üblichen Lösungsmitteln ist es mischbar.

Äthylacetat wird meist in 98—100 proz. Form geliefert; Äthylacetat ohne diese Bezeichnung enthält mitunter gewisse Mengen Alkohol zum Zwecke der Verbilligung, worauf schon deshalb zu achten ist, weil seine Eigenschaften dadurch verändert werden.

Äthylacetat ist eines der wichtigsten Lösungsmittel für Kollodiumwolle und wird in Nitrocelluloselacken von allen leichtflüchtigen Lösungsmitteln am meisten verwendet. Seine Verdunstungskälte ist geringer als die von Aceton und Methylacetat und seine Wasserlöslichkeit ist gering. Es gewährt dadurch einen größeren Schutz gegen das Weißanlaufen der Lacke. Gleichzeitig verträgt Äthylacetat sehr große Mengen von Verschnittmitteln ohne Ausfällung der Kollodiumwolle. Um aber klar trocknende, brauchbare Lacke zu erhalten, ist stets die Mitverwendung gewisser Mengen von mittel- oder schwerflüchtigen Lösungsmitteln notwendig. Äthylacetat hat ferner ein hohes Harzlösevermögen und gibt Nitrocelluloselösungen von ziemlich niedriger Viscosität. In letzterer Hinsicht verhalten sich allerdings Methylacetat und viele Speziallösungsmittel wie E 13 noch günstiger, doch sind die Unterschiede meist erst bei höherviscosen Lacken von Bedeutung.

Äthylacetat wird auch verwendet zum Kleben von Celluloid, weil die Klebstellen nicht leicht weiß anlaufen. Es ist ferner in Mischung mit Alkohol das wichtigste Lösungsmittel für Kunstledergießlösungen. Gewöhnliche Acetylcellulose des Handels wird von Äthylacetat nicht gelöst, bei Zusatz von etwa 15—20% Äthylalkohol gehen aber fast alle acetonlöslichen Acetylcellulosen in Lösung. Äthylacetat ist deshalb auch für Celluloseacetatlacke wertvoll, wird aber hierbei durch Mischlösungsmittel wie E 14 übertroffen.

Da Äthylacetat ein ausgezeichnetes Lösungsmittel für Fette und Öle ist, kann es auch als Extraktionsmittel sowie für Reinigungszwecke Verwendung finden.

Wichtig ist vor allem für Lackzwecke seine Eigenschaft, mit vielen anderen Lösungsmitteln aceotropische Gemische zu bilden. Auf Grund des Branntweinmonopolgesetzes ist die Verwendung von Äthylacetat in Deutschland nur auf Ankaufserlaubnisschein zulässig.

## Mischlösungsmittel (Speziallösungsmittel).

Unter sehr verschiedenen Bezeichnungen werden Mischungen von verschiedenen leichtsiedenden Lösungsmitteln, wie Methylacetat, Äthylacetat, Aceton, Methanol, Acetalen, von einigen Firmen in den Handel gebracht. In ihnen sind nicht immer alle diese Bestandteile vorhanden, und der Gehalt an den drei letztgenannten Stoffen ist, soweit überhaupt vorhanden, immer ziemlich gering. Methanol in kleinen Mengen hat dabei sehr günstige Wirkungen auf die Viscosität der Celluloselösungen und die Gleichmäßigkeit des Trocknens.

Soweit diese Produkte synthetisch hergestellt werden, ist ihre Zusammensetzung immer sehr gleichmäßig und der Geruch rein esterartig; soweit diese Speziallösungsmittel andere als synthetisch hergestellte Produkte enthalten, besteht in der Zusammensetzung ein geringer, praktisch aber ganz unerheblicher Spielraum. Ihr Geruch ist gewöhnlich etwas acetonähnlicher, doch sind die Unterschiede gering.

Solche Lösungsmittelgemische haben verschiedene Vorteile. Sie lösen Celluloseester mit besonders niedriger Viscosität und gewährleisten eine harmonischere Verdunstung vor allem dann, wenn in konzentrierten hochviscosen Lösungen keine weiteren Lösungsmittel zugegen sind. Der Preis ist häufig billiger als der für Aceton oder Methylacetat.

Ihre Hauptverwendung finden diese Lösungsmittelgemische für Nitrocelluloseklebstoffe nach dem Ago- und Cohesanverfahren. Hierbei werden konzentrierte, etwa 15—25 proz. Lösungen von Film- oder Celluloidabfällen unter weiterem Zusatz von Weichmachungsmitteln verwendet; sie dienen als wasserfeste Klebstoffe in der Schuhindustrie, beim Kleben von Treibriemen, im Haushalt und für viele andere Zwecke. Hierin ist die rasche Trocknung der Lösungsmittel ohne stärkere Blasenbildung von besonderem Vorteil.

Die Mischlösungsmittel sind ferner geeignet als Dunstmittel in der Schuhindustrie, da die dichtgepackten Steifkappen im Dunstkasten durch den Dampf dieser Lösungsmittel rasch erweicht werden. Durch Tauchen der erweichten Kappen in Lösungsmittel wird dann die nötige Klebkraft erreicht. Nach der Verklebung erfolgt rasche Trocknung. Auf Leder üben diese Lösungsmittel, sofern sie frei von Verunreinigungen sind, keine schädlichen Wirkungen aus.

Ferner werden sie verwendet für Lacke, die in Abstreifmaschinen, z. B. in der Bleistiftindustrie, gebraucht werden und die nicht mit feuchter Luft in Berührung kommen. In normalen Lacken sind diese Lösungsmittelgemische ähnlich wie Äthylacetat verwendbar, bedürfen also des Zusatzes von mittel- oder schwerflüchtigen Lösungsmitteln.

Sie finden weiter größere Verwendung als Entfettungs- und Reinigungsmittel für Leder, Maschinen und ähnliche Zwecke und werden auch in Abbeizmitteln verwendet, um deren Wirkung auf Celluloselackschichten zu erhöhen. Neben Butanol und Butylacetat sind sie ein Bestandteil vieler Lackverdünner.

Nachstehende Haupttypen haben sich besonders weitgehend eingeführt:

## Lösungsmittel E 13.

| | |
|---|---|
| Siedepunkt | 55—63° C |
| $D_4^{20}$ | 0,885 |
| Flammpunkt | —10° C. |

Hersteller: I. G. Farbenindustrie Aktiengesellschaft.

E 13 enthält keinen freien Äthylalkohol und keine Acetale. Es ist mit Wasser nur begrenzt mischbar.

## Lösungsmittel E 14.

| | |
|---|---|
| Siedepunkt | 52—62° C |
| $D_4^{20}$ | 0,873 |
| Flammpunkt | —10° C. |

Hersteller: I. G. Farbenindustrie Aktiengesellschaft.

E 14 enthält keinen freien Äthylalkohol und keine Acetale. Es ist mit Wasser beliebig mischbar. Gegenüber E 13 zeigt es eine etwas größere Lösegeschwindigkeit und eine noch geringere Viscosität der Lösungen von Nitrocellulose und Acetylcellulose.

Ähnliche Eigenschaften zeigt

## Lösungsmittel E 33.

Hersteller: I. G. Farbenindustrie Aktiengesellschaft.

## Speziallösungsmittel Hiag.

| | |
|---|---|
| Siedepunkt | 53—64° C |
| $D_4^{15}$ | 0,86—0,90 |
| Flammpunkt | —16° C. |

Hersteller: Hiag-Verein.

Es besteht hauptsächlich aus Methylacetat und Methanol. Ähnlich sind die Speziallösungsmittel E, EF und A zusammengesetzt, die teilweise noch Äthylacetat oder Aceton und Acetale enthalten und ungefähr die gleichen Daten aufweisen.

## Lösungsmittel EMA.

| | |
|---|---|
| Siedegrenzen | 60—75° C |
| $D_4^{20}$ | 0,893 |
| Flammpunkt | —12° C. |

Hersteller: Dr. A. Wacker G. m. b. H.

Lösungsmittel EMA ist etwas langsamer flüchtig und gibt Lösungen von etwas höherer Viscosität. Ähnliche Eigenschaften zeigen Metal und Lösungsmittel C der gleichen Firma.

In neuester Zeit sind einige etwas weniger leicht flüchtige Lösungsmittel im Handel aufgetaucht, die Äthylacetat mit Zusätzen der verschiedensten Art enthalten. Sie sind typische Ersatzprodukte für Äthylacetat und kommen vor allem für Lacke, Kunstleder und ähnliche Zwecke in Betracht. Für die wichtigsten Anwendungsgebiete der obenerwähnten Mischlösungsmittel sind sie aus verschiedenen Gründen weniger geeignet. Sie kommen unter dem Namen Dional (I. G. Farbenindustrie Aktiengesellschaft) und **Drawin** (Dr. A. Wacker G. m. b. H.) in den Handel.

## n-Propylacetat.

$$CH_3COOC_3H_7\,.$$

| | |
|---|---|
| Siedepunkt . . . . . . . | 97—101° C |
| $D_4^{20}$ . . . . . . . . . . . | 0,891 |
| Flammpunkt . . . . . . | + 12° C. |

Das Produkt, das früher von der I. G. Farbenindustrie Aktiengesellschaft, jetzt nur noch von der Hiag-Verein G. m. b. H. in den Handel gebracht wird, hat keine technische Bedeutung erlangt, weil es nicht billig in großen Mengen hergestellt werden kann. Die Hauptquelle ist zur Zeit das Fuselöl. Bei billigerem Preis würde es eine große Verwendung finden können.

## Isopropylacetat.

$$CH_3COOCH\langle{}^{CH_3}_{CH_3}\,.$$

| | |
|---|---|
| Siedepunkt . . . . . . . | 84—93° C |
| $D_4^{20}$ . . . . . . . . . . . | 0,869 |
| Flammpunkt . . . . . . | 0° C. |

Hersteller: I. G. Farbenindustrie Aktiengesellschaft.

Isopropylacetat ist ein schwach fruchtartig riechendes, in Wasser unlösliches Lösungsmittel für Nitrocellulose, Harze und Öle. Es ist dem Äthylacetat infolge seiner geringeren Feuchtigkeitsempfindlichkeit überlegen und kann in einigen Fällen auch ohne höhersiedende Zusätze zur Herstellung klartrocknender Lacke dienen. Es würde eine große Anwendung finden können, wenn es genügend billig erhältlich wäre.

## n-Butylacetat.

$$CH_3 \cdot COO \cdot CH_2 \cdot CH_2 \cdot CH_2 \cdot CH_3\,.$$

Butylacetat ist weitaus das wichtigste mittelflüchtige Lösungsmittel für Kollodiumwolle. Es kommt in zwei Formen in den Handel, als 98—100proz. reine und als 85proz. (in Amerika und England 92proz.) Ware. Letztere macht von der Beobachtung Gebrauch, daß ein Zusatz von etwa 15% Butanol den Glanz und Verlauf der trocknenden Lackfilme erhöht, ohne die Verdunstung wesentlich zu ändern. Dieses Produkt ist auch billiger herzustellen und daher von weitaus größerer Bedeutung als die 100proz. Ware. Da Butanol mit Butylacetat ein konstant siedendes Gemisch bildet, zeigt die 85proz. Ware wesentlich weitere Siedegrenzen, und der Flammpunkt ist etwas herabgesetzt.

| | Butylacetat 98—100 proz. | Butylacetat 85 proz. |
|---|---|---|
| Siedepunkt . . . . . . | 121—127° C | 110—132° C |
| $D_4^{20}$ . . . . . . . . . . | 0,879 | 0,871 |
| Flammpunkt . . . . . | + 25° C | + 24° C. |

Hersteller: I. G. Farbenindustrie Aktiengesellschaft; Dr. A. Wacker G. m. b. H.; Deutsche Hydrierwerke A. G.

Butylacetat ist neutral, wasserfrei und stets einheitlich in der Zusammensetzung. Sein Geruch ist fruchtartig süß und nur wenig kratzend. Es ist mit allen üblichen Lösungsmitteln mischbar, während es in Wasser nur zu etwa 1 % löslich ist. Die 85proz. Ware nimmt etwa 2 % Wasser bei Zimmertemperatur ohne Trübung auf. Gute Handelsware soll durch Ligroin- (Leichtbenzin-) Zusatz bei 20° C nicht getrübt werden, also wasserfrei sein.

Butylacetat hat als Lösungsmittel von mittlerer Flüchtigkeit das Amylacetat weitgehend zurückgedrängt, weil es billiger und gleichmäßiger ist und außer dem milderen Geruch eine Reihe von weiteren Vorzügen aufweist. Seine Lösungen von Kollodiumwolle sind ziemlich niedrig viscos und trocknen rascher als solche aus Amylacetat und zwar mit glatter Oberfläche; sie zeigen auch keinen länger anhaftenden Geruch. Butylacetat verhindert gleichzeitig weitgehend das Weißanlaufen von Lacken. Es ist ein gutes Lösungsmittel für Öle und nicht zu stark polare Harze. Dadurch wird es ausgezeichnet verwendbar auch für Lacke, die außer Kollodiumwolle noch Phthalsäureharze, Harzester oder andere Harze oder trocknende Öle enthalten.

Als Parfümierungsmittel dient es in kleinen Mengen in Spritlacken Reinigungs- und Abbeizmitteln, Fleckenwässern und ähnlichen Erzeugnissen.

In England sind durch die Spezifikation III D 4 die an Butylacetat zu stellenden Anforderungen wie folgt festgelegt worden:

| | |
|---|---|
| Siedepunkt 95 % zwischen | 110—130° C |
| Estergehalt mindestens | 87,5 % |
| Spezifisches Gewicht . . | 0,875—0,890 |
| Säuregehalt . . . unter | 0,01 %. |

Gegen Benzol trocken (keine Trübung beim Mischen mit 10 Raumteilen Benzol).

Diese Anforderungen gelten für die ca. 90—92proz. Ware, während man in Deutschland eine etwa 85proz. bevorzugt.

## Isobutylacetat.

$$CH_3 \cdot COO \cdot CH_2 \cdot CH\begin{matrix} CH_3 \\ CH_3 \end{matrix}.$$

| | |
|---|---|
| Siedepunkt . . . . . . | 106—117° C |
| $D_4^{20}$ . . . . . . . . . . | 0,858 |
| Flammpunkt . . . . . | + 18—22° C. |

Hersteller: Hiag-Verein G. m. b. H.; I. G. Farbenindustrie Aktiengesellschaft (Tamasol J); Brennerei und Chem. Fabrik Tornesch.

Isobutylacetat zeigt dem Butylacetat sehr ähnliche Eigenschaften, besitzt aber einen weniger charakteristischen Geruch und ist etwas flüchtiger. Bei entsprechendem Preis würde es, zumal in Mischungen mit Butanol, das Butylacetat in sehr vielen Fällen unschwer ersetzen können.

## Sekundäres Butylacetat.

$$CH_3COOCH\begin{matrix} \diagup CH_3 \\ \diagdown CH_2{-}CH_3 \end{matrix}.$$

| | |
|---|---|
| Siedepunkt . . . . . . . | 107—115° C |
| $D_4^{15}$ . . . . . . . . . . . | 0,86. |

Hersteller in Amerika: Standard Oil Co.

Sekundäres Butylacetat unterscheidet sich von Normalbutylacetat durch seine größere Flüchtigkeit und seinen weniger starken Geruch. Es ist in Wasser bis zu etwa 4% löslich. Seine Verschnittfähigkeit in Nitrocelluloselösungen ist etwas kleiner als die des Butylacetates und seine Schutzwirkung gegen Weißanlaufen und gegen einen unruhigen Fluß der trocknenden Lacke ist etwas geringer, so daß das Produkt nicht als dem Butylacetat vollkommen gleichwertig bezeichnet werden kann. In Europa hat es bisher keine Bedeutung erlangt, würde aber, sofern es etwas billiger als Butylacetat wäre, größere Verwendung finden können.

## Amylacetat.

Amylacetat ist das „klassische" Lösungsmittel für Zaponlacke, dessen Lösevermögen im Jahre 1882 von Stevens[1] entdeckt wurde und überhaupt zuerst die Verwendung der Nitrocellulose für Lackzwecke in gewissem Umfange ermöglichte. Durch die billige Herstellung von Butylacetat ist es in den letzten Jahren in den Hintergrund getreten. Es wurde jahrelang als das Standardlösungsmittel angesehen, doch hat sich im Laufe der Zeit gezeigt, daß die größere Flüchtigkeit des Butylacetates in vielen Fällen von Vorteil ist. Die hohe Meinung, die man allenthalben von Amylacetat hatte, gründet sich zur Hauptsache darauf, daß Lösungsmittel von mittlerer Flüchtigkeit, von denen man früher als einzigen Vertreter nur das Amylacetat kannte, in Nitrocelluloselacken bestimmte, durch leicht- und schwerflüchtige Lösungsmittel nicht zu erzielende Eigenschaften aufweisen.

Das technische Amylacetat schwankt in seiner Zusammensetzung durch einen Gehalt an Estern anderer Alkohole des Fuselöles; es enthält auch fast stets kleine Mengen Amylalkohol, die ähnlich wie Butanol eine günstige Wirkung auf Glanz und glatten Fluß der Lacke ausüben. Die Angaben über die physikalischen Daten sind daher nur als Anhaltspunkte zu betrachten, die je nach dem Hersteller wechseln.

## Gärungsamylacetat.

| | |
|---|---|
| Siedepunkt . . . . . . . | 105—142° C |
| $D_4^{20}$ . . . . . . . . . . . | 0,87 |
| Flammpunkt . . . . . . | + 23° C. |

Hersteller: vor allem Hiag-Verein G. m. b. H.; Brennerei und chem. Fabrik Tornesch; Dr. A. Wacker G. m. b. H.; Chem. Fabrik Cotta, Dresden; R. Eisenmann A. G., Berlin; Schering-Kahlbaum A. G., Berlin.

[1] USA.-P. 263340.

Amylacetat zeigt dem Butylacetat sehr ähnliche Eigenschaften und unterscheidet sich von diesem vor allem durch den schärferen bonbonartigen Geruch, der auch in den Bronchien stärker empfunden wird. Die langsamere Flüchtigkeit gegenüber Butylacetat bewirkt ein längeres Anhaften des Geruches im trocknenden Lack, dessen Glanz auch günstig beeinflußt wird. Produkte, die einen geringen übelriechenden und schwer verdunstenden Rückstand bei der Verdunstungsprobe auf Filtrierpapier zurücklassen, werden zweckmäßig in hochwertigen Lacken nicht verwendet.

Amylacetat wird häufig in kleinen Mengen neben Butylacetat verwendet, um die Verdunstungsgeschwindigkeit zu regulieren und weil besonders bei transparent gefärbten oder farblosen Zaponlacken manche Verbraucher von früher her an den typischen Nachgeruch gewöhnt sind.

Das in Amerika hergestellte synthetische Produkt Pentacetat (Hersteller Sharples) siedet etwa zwischen 126—155° C, $D_4^{20}$ ca. 0,86. Es enthält mindestens 85% Ester. Seine Eigenschaften als Lösungsmittel sind aus nachstehender Übersicht ersichtlich[1]:

| Lösungsmittel | Verdünnungsfähigkeit (Endkonzentration ca. 8% N.C.) gegenüber | | Viscosität von N.C.-Lösungen |
|---|---|---|---|
| | Toluol | Benzin 80—130° | |
| Butylacetat . . . . . . . | 2,50 | 1,37 | 0,09 |
| Pentacetat . . . . . . . | 1,90 | 1,27 | 0,18 |
| Äthyllactat . . . . . . . | 4,43 | 0,61 | 0,05 |
| Äthylglykol . . . . . . . | 4,43 | 0,88 | 0,05 |

## Sekundäramylacetat.

Siedepunkt . . . . . . . 125—135° C

$D_4^{20}$ . . . . . . . . . . . 0,86.

Hersteller in Amerika: Standard Oil Co.

Das Produkt ist mindestens 85proz. und unterscheidet sich von der Gärungsware durch etwas größere Flüchtigkeit und weniger scharfen Geruch. Seine Verschnittfähigkeit ist nur wenig geringer. In Europa ist der Sekundäramylacetat bis jetzt ohne Bedeutung.

Von den höheren Alkylacetaten hat bisher keines größere technische Bedeutung erlangt. Am bekanntesten ist

**Sekundärhexylacetat,** dessen 85proz. Ware einen Siedepunkt von etwa 155—165° C, $D_4^{20}$ 0,86 aufweist. Sein Geruch ist ziemlich mild, wie überhaupt der Geruch mit steigendem Molekulargewicht der Alkohole sinkt.

Die Acetate der Fettalkohole von über 10 Kohlenstoffatomen zeigen ein wesentlich geringeres Lösevermögen für Nitrocellulose und sind sehr langsam flüchtig. Sie leiten zu den Weichmachungsmitteln über und werden unter diesen behandelt.

[1] Wilson, M. M., u. F. J. Worster: Ind. and Engin. Chem. Bd. 21 (1929) S. 592; Farben-Ztg. Bd. 34 S. 2725.

## Cyclohexylacetat.

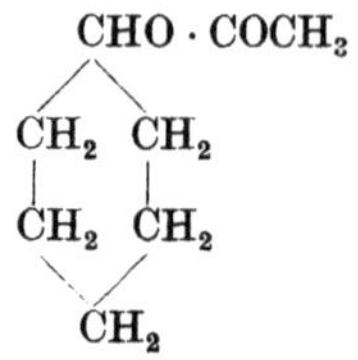

Siedepunkt . . . . . . . 170—177° C
$D_4^{20}$ . . . . . . . . . . . 0,966
Flammpunkt . . . . . . +57,5° C.

Hersteller in Deutschland: I. G. Farbenindustrie Aktiengesellschaft (Adronalacetat); Deutsche Hydrierwerke A. G. (Hexalinacetat). In England: Howards and Sons (Cyclohexanolacetate).

Cyclohexylacetat ist ein wasserunlösliches und sehr schwer flüchtiges Lösungsmittel von ziemlich schwachem Geruch, der aber infolge der langsamen Flüchtigkeit den Lacken äußerst lange anhaftet. Es ist eines der am besten verschnittfähigen Lösungsmittel für Nitrocellulose und übertrifft darin bei weitem die mittelflüchtigen Lösungsmittel. Da es gleichzeitig ein ungewöhnlich hohes Lösevermögen für Harze und Öle hat, wird es als Lösungsmittel für Nitrocelluloselacke bisher von keinem anderen Produkt erreicht. Leider steht seiner ausgedehnteren Verwendung der anhaftende Geruch entgegen.

Cyclohexylacetat findet Verwendung als Zusatzmittel zu Lacken in kleinen Mengen, in denen sein anhaftender Geruch noch nicht stört. Es erhöht den Glanz und den glatten Verlauf der Lacke und wirkt der Ausscheidung von Harzen und dem Niederschlagen von Wasser und damit dem Weißanlaufen der Lacke weitgehend entgegen. Es wird besonders empfohlen für Lederlacke, deren Haftfestigkeit es erhöht, und für Kombinationslacke aus Nitrocellulose und trocknenden Ölen.

Auch Kautschuk wird von Cyclohexylacetat leicht gelöst, dagegen löst es nicht Acetylcellulose.

Ähnlich verhält sich Methylcyclohexylacetat, dessen Geruch entsprechend der geringeren Flüchtigkeit noch stärker anhaftet. Das Produkt, das von den genannten Firmen hergestellt wird, hat deshalb keine nennenswerte technische Bedeutung erlangt; es ist in England als Sextate (Howards) bekannt.

## Benzylacetat.

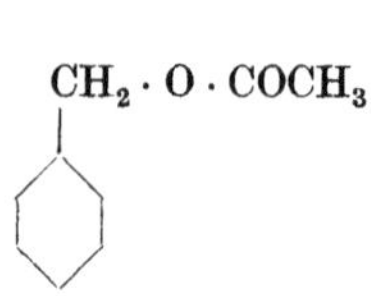

Siedepunkt . . . . . . . 213—216° C
$D_4^{20}$ . . . . . . . . . . . 1,055
Flammpunkt . . . . . . +95° C.

Hersteller: I. G. Farbenindustrie Aktiengesellschaft.

Benzylacetat steht in seiner Flüchtigkeit bereits zwischen den Lösungs- und Weichmachungsmitteln. Es hat deshalb als technisches Lösungsmittel keine größere Bedeutung erlangt; für ein Weichmachungsmittel ist es zu flüchtig. Man kann es dort verwenden, wo man zeitweilig eine gewisse höhere Zügigkeit der Lacke im Interesse der Verarbeitung wünscht und zuletzt im Ofen nachtrocknen kann.

Benzylacetat weist einen jasminähnlichen Geruch auf. Es findet in besonders gereinigter Form Verwendung für Riechstoffzwecke.

## 3. Propionate.

Die Ester der Propionsäure ähneln weitgehend den Acetaten und sind gleich diesen sehr wertvolle Lösungsmittel. Ihre technische Bedeutung ist indessen begrenzt, da Propionsäure nur in ziemlich kleinen Mengen billig zugänglich ist. Am bekanntesten sind die folgenden Ester:

### Äthylpropionat.

$CH_3 \cdot CH_2 \cdot COO \cdot C_2H_5$.

| | |
|---|---|
| Siedepunkt | 92—99° C |
| $D_4^{15}$ | 0,88 |
| Flammpunkt | +15° C. |

Hersteller: Hiag-Verein G. m. b. H.

Äthylpropionat zeigt einen etwas stärkeren Geruch als Äthylacetat und ist etwas langsamer flüchtig als dieses. Die Feuchtigkeitsempfindlichkeit der damit hergestellten Lacke ist dementsprechend geringer. Äthylpropionat kann ähnlich dem Essigäther als Zusatzmittel für Nitrocelluloselacke verwendet werden. Seine Bedeutung ist sehr gering.

Etwas weniger flüchtig ist Propylpropionat.

| | |
|---|---|
| Siedepunkt | 118—125° C |
| $D_4^{15}$ | 0,88 |
| Flammpunkt | +40° C. |

Hersteller: Hiag-Verein G. m. b. H.

### Butylpropionat.

$C_2H_5COO \cdot C_4H_9$.

| | |
|---|---|
| Siedepunkt | 130—143° C |
| $D_4^{15}$ | 0,88 |
| Flammpunkt | +45° C. |

Hersteller: Hiag-Verein G. m. b. H.; I. G. Farbenindustrie Aktiengesellschaft.

Butylpropionat zeigt einen fruchtartigen, dem Amylacetat nicht unähnlichen Geruch. Es ist nach seinen technischen Eigenschaften als das wertvollste Produkt anzusehen. Als vorzügliches Lösungsmittel für Nitrocellulose, Harze und Öle wird es vor allem in kleinen Mengen zu Nitrolacken zugesetzt, weil es den Glanz und den glatten Fluß sehr verbessert, ohne daß sein Geruch allzu lange anhaftet. Diese wertvollen Eigenschaften rechtfertigen auch den im Vergleich mit Butyl- und

Amylacetat höheren Preis. Butylpropionat ist auch in Kombinationen aus Nitrocellulose und trocknenden Ölen sehr gut verwendbar. In Amerika, wo es in größeren Mengen zur Verfügung steht als in Deutschland, wird es als Zusatzmittel trotz seines etwas höheren Preises viel gebraucht.

Ähnliche Eigenschaften, aber geringere Flüchtigkeit und einen länger anhaftenden Geruch zeigt das

Isoamylpropionat.

| | |
|---|---|
| Siedepunkt | 150—160° C |
| $D_4^{15}$ | 0,88 |
| Flammpunkt | +63° C. |

Hersteller: Hiag-Verein G. m. b. H.

## 4. Butyrate.

Die Butyrate gleichen im Lösevermögen weitgehend den Propionaten, sind aber etwas langsamer flüchtig und besitzen einen beträchtlich unangenehmeren Geruch. Die vielen Versuche, Butyraten in größerem Umfange Eingang in die Praxis zu verschaffen, sind, soweit sie nicht als Parfümierungsmittel und für die Herstellung von Essenzen und Duftstoffen dienen, an dem für ein technisches Lösungsmittel zu starken und zu unangenehmen Geruch gescheitert. Die nachfolgenden Produkte sind bekannt und können von der I. G. Farbenindustrie und der Hiag hergestellt werden:

| | | | | |
|---|---|---|---|---|
| Äthylbutyrat | Sdp. 120—127° C, | $d_4^{15}$ 0,88, | Flammpunkt | +23° C[1] |
| Propylbutyrat | „ 135—145° C, | „ 0,88, | „ | +50° C |
| Butylbutyrat | „ 145—165° C, | „ 0,87—0,88, | „ | +51° C |
| Isobutylbutyrat | „ 145—160° C, | „ 0,87, | „ | +61° C |
| Amylbutyrat | „ 160—180° C, | „ 0,875, | „ | +72° C |

## 5. Carbonate.

Die Carbonate sind die Ester der Kohlensäure. Sie werden hergestellt aus Phosgen und den Alkoholen, nach der Gleichung

$$2C_2H_5OH + COCl_2 \rightarrow C_2H_5OCOCl \rightarrow C_2H_5OCOC_2H_5 + 2HCl.$$

Einige Carbonate haben zeitweilig sehr starkes Interesse erweckt, da sie etwas milder riechen als die übrigen Ester von gleicher Flüchtigkeit. Bei längerem Arbeiten mit den Carbonaten ist der Geruch jedoch keineswegs angenehmer. Das Lösevermögen ist dagegen beträchtlich geringer als das der Acetate, vor allem ist das Harzlösevermögen und die Verschnittfähigkeit von Nitrocelluloselacken derjenigen der meisten Ester unterlegen. Es ist auch bisher nicht möglich gewesen, die Carbonate zu einem Preise herzustellen, der dem der Acetate gleichkommt

[1] Angaben der Broschüre der Hiag-Verein G. m. b. H.

oder sogar darunter liegt. Infolgedessen sind die Kohlensäureester ohne größere technische Bedeutung geblieben. Am bekanntesten ist das

### Diäthylcarbonat.

| | |
|---|---|
| Siedepunkt . . . . . . . | 120—130° C |
| $d_4^{20}$ . . . . . . . . . . . . | 0,97—0,98 |
| Flammpunkt . . . . . . | + 30,5° C. |

Hersteller: früher I. G. Farbenindustrie Aktiengesellschaft. In Amerika: US Industrial Chemical Co. (Diatol).

Diäthylcarbonat ist ein in Wasser und in aliphatischen Kohlenwasserstoffen nicht lösliches, mit den sonstigen Lösungsmitteln meist mischbares Produkt von schwachem eigenartigem Geruch und mittlerer, dem Butylacetat naheliegender Flüchtigkeit. Es löst Nitrocellulose besonders bei Gegenwart von etwas Alkohol und ist in Lösungen besonders mit Alkoholen, weniger dagegen mit Benzolkohlenwasserstoffen und schlecht mit Benzinen verschneidbar. Die Verschnittfähigkeit wird durch Zusätze von Sprit wesentlich verbessert. Diäthylcarbonat zeigt damit noch weitgehende Ähnlichkeit mit den Acetalen und Äthern, denen es auch in seiner Konstitution nicht ganz fern steht. Auch das Lösevermögen für Harze ist geringer als das des Butylacetates.

Da somit Diäthylcarbonat vor Butylacetat keine besonderen Vorteile, vielmehr eine Reihe von Nachteilen aufweist, ist es verständlich, daß das Produkt praktisch wieder vollständig aus dem Handel verschwunden ist.

Die höheren Carbonate zeigen ein noch geringeres Lösevermögen und bedürfen zur Herstellung von Nitrocelluloselösungen stets des Zusatzes gewisser Mengen von Äthylalkohol. In ihnen ist somit der Acetal- und Äthercharakter noch stärker ausgeprägt.

## 6. Oxysäureester.

Die Oxysäureester zählen zu den Zweityplösungsmitteln. Sie sind durchweg sehr langsam flüchtig und von sehr schwachem Geruch. Ihr Hauptnachteil ist, daß sie leichter als die entsprechenden hydroxylfreien Ester verseift werden können; die Neigung zur Säurebildung nimmt indessen mit steigendem Molekulargewicht im allgemeinen ebenso wie die Wasserlöslichkeit ab. Es sind unter den geschilderten Umständen nur wenige Produkte im Handel bekannt.

### Glykolsäurebutylester.

$$CH_2OH—COO \cdot C_4H_9 .$$

| | |
|---|---|
| Siedepunkt . . . . . . . | 178—186° C |
| $D_4^{20}$ . . . . . . . . . . . | 1,013 |
| Flammpunkt . . . . . . | + 68° C. |

Hersteller: Dr. A. Wacker G. m. b. H. (GB-Ester).

Glykolsäurebutylester ist ein ähnlich dem Cyclohexylacetat sehr verschnittfähiges Lösungsmittel für Nitrocellulose und viele Harze und löst auch ziemlich gut viele Öle. Acetylcellulose wird dagegen nicht gelöst. Das Produkt gehört zu den besonders langsam flüchtigen Lösungsmitteln und wird deshalb in Lacken nur in kleinen Mengen zugesetzt; es erhöht dann deren glatten Fluß, Glanz und Streichfähigkeit. Es kann auch zu Öllacken, die zum Hauten und zur Runzelbildung neigen, als Verlaufmittel zugesetzt werden. Allgemein zeigt Glykolsäurebutylester viel Ähnlichkeit mit Milchsäurebutylester und Glykolmonobutyläther.

## Acetylglykolsäureäthylester.

$CH_3—COO—CH_2—COOC_2H_5$.

| | |
|---|---|
| Siedepunkt . . . . . . . | 181—195° C |
| $D_4^{20}$ . . . . . . . . . . . | 1,094 |
| Flammpunkt . . . . . . . | + 82° C. |

Hersteller: I. G. Farbenindustrie Aktiengesellschaft.

Acetylglykolsäureäthylester zählt ebenfalls zu den besonders schwerflüchtigen Lösungsmitteln und löst auch Acetylcellulose. Da in Glykolmonobutyläther und anderen sehr schwer flüchtigen Lösungsmitteln genügend ähnliche Produkte im Markte sind, hat der Ester keine Bedeutung erlangt.

## Milchsäureäthylester (Äthyllactat).

$CH_3—CHOH—COOC_2H_5$.

| | |
|---|---|
| Siedepunkt . . . . . . . | 145—155° C |
| $D_4^{20}$ . . . . . . . . . . . | ca. 1,037 |
| Flammpunkt . . . . . . . | + 48° C. |

Hersteller in Deutschland: Byk-Guldenwerke (Solaktol); Schering-Kahlbaum A. G. (Eusolvan); C. E. Böhringer und Sohn, Hamburg (Laktonal). In Frankreich bekannt als Normanol; in Amerika unter dem Namen Ethyllactate (American Cyanamide Corp.).

Milchsäureäthylester ist ein wasserlösliches, schwerflüchtiges Lösungsmittel von mildem, schwachem Geruch. Es war eines der ersten schwachriechenden guten Lösungsmittel für Nitrocellulose und Acetylcellulose und ist mischbar mit den meisten organischen Lösungsmitteln.

Seine Lösungen von Nitrocellulose vertragen äußerst große Mengen von Sprit und Benzolkohlenwasserstoffen, so daß mit Milchsäureäthylester sehr billige Lacke hergestellt werden können. Benzin kann indessen solchen Lacken nur in sehr geringen Mengen zugesetzt werden. Fügt man Milchsäureäthylester nur in kleinen Mengen zu Lacken zu, so wirkt er günstig auf Glanz und glatten Fluß der Lacke. Die letzten Reste des Produktes verdunsten nur langsam aus dem Lack und Milchsäureäthylester wirkt deshalb ähnlich wie andere Lösungsmittel von so langsamer Flüchtigkeit vorübergehend weichmachend. Erst nach einiger Zeit erreichen die Filme und Lackschichten ihre Endhärte. Hierauf muß bei der Herstellung von Lacken geachtet werden; um Reißerscheinungen zu vermeiden, ist es empfehlenswert, den Gehalt solcher Lacke an Weichmachungsmittel so einzustellen, daß nach der völligen Verdunstung des Lösungsmittels eine genügend hohe Zügigkeit erhalten bleibt.

Milchsäureäthylester löst an Harzen nur gut stark polare spritlösliche Produkte, während schwächer polare Harze, wie z. B. Harzester, nur in für Nitrocelluloselacke unzureichendem Maße gelöst werden. Auch Öle lösen sich infolge des stark polaren Charakters des Milchsäureäthylesters nur schlecht, doch kann man das Produkt in kleinen Mengen zu Öllacken zufügen.

Milchsäureäthylester darf nicht mit basischen Pigmenten wie Zinkweiß verarbeitet werden, weil er als Oxysäureester verhältnismäßig leicht freie Säure abspalten kann und mit dem Pigment reagiert. Auch gegenüber manchen Metallen von Emballagen ist er deshalb nicht ganz indifferent. In diesen Eigenschaften ist wohl der Hauptgrund dafür zu suchen, daß das Produkt beispielsweise auch in Amerika nicht die Entwicklung genommen hat, die man anfänglich auf Grund seines milden Geruches erwarten durfte.

Auch für Acetylcelluloselacke wird Milchsäureäthylester als schwerflüchtiges Lösungsmittel verwendet. In Spritlacken wirken kleine Zusätze davon günstig auf den Glanz der Lackierung.

## Milchsäurebutylester.

$CH_3—CHOH—COOC_4H_9$.

| | |
|---|---|
| Siedepunkt . . . . . . . | 155—195° C |
| $D_4^{20}$ . . . . . . . . . . | 0,97—0,98 |
| Flammpunkt . . . . . . | + 61,5° C. |

Hersteller: Commercial Solvents Corp. in Amerika (Butyllactate). In Deutschland früher von der I. G. Farbenindustrie Aktiengesellschaft hergestellt.

Milchsäurebutylester gehört zu den sehr schwer flüchtigen Lösungsmitteln; er ist etwa 10mal langsamer flüchtig als Amylacetat. Sein Geruch ist sehr schwach und die Beständigkeit gegen Verseifung ist größer als die des Milchsäureäthylesters, doch neigt auch das Butyllactat noch mit basischen Pigmenten, wie Zinkweiß, in gewissem Umfange zum Eindicken. Mit den üblichen Streckungsmitteln können Nitrocelluloselösungen in Butyllactat sehr stark verschnitten werden; im Gegensatz zu Milchsäureäthylester können diese Lösungen auch sehr große Mengen von Benzin aufnehmen.

Infolge seiner sehr geringen Flüchtigkeit kommt Butyllactat ähnlich wie Glykolmonobutyläther in erster Linie für Streichlacke aus Nitrocellulose in Betracht. Ob dieses Lösungsmittel oder ähnliche jedoch der Nitrocellulose auf dem Gebiet der Streichlacke eine größere Anwendung erschließen werden, bleibt nach den bisherigen Erfahrungen mit Streichlacken abzuwarten.

### Oxyisobuttersäureäthylester.

$$\begin{matrix} CH_3 \\ CH_3 \end{matrix} \!\!\!> COH—COOC_2H_5 .$$

| | |
|---|---|
| Siedepunkt . . . . . . . | 142—146° C |
| $D_4^{20}$ . . . . . . . . . . . | 0,98. |

Hersteller in Amerika: American Cyanamide Corp. (Ethyloxybutyrate).

Äthyloxyisobutyrat ist ein wasserlösliches, mild riechendes Lösungsmittel, das in seinen Eigenschaften weitgehend dem Äthyllactat gleicht, aber viscosere Nitrocelluloselösungen gibt. Es läßt sich gleichfalls für Streichlacke verwenden, zumal es getrocknete Nitrocelluloselackschichten nur langsam anlöst. Es bleibt aber ebenfalls in kleinen Mengen unerwünscht lange im Anstrichfilm und reagiert auch mit basischen Pigmenten. Da sein Preis nicht entsprechend niedrig ist, hat Äthyloxyisobutyrat keine größere praktische Bedeutung erlangt.

# K. Glykolderivate.

Die Glykolderivate werden wegen ihres genetischen Zusammenhanges am besten zusammen besprochen, obgleich sie teils Äther, teils Alkohole oder Ester sind. In ihren Eigenschaften nehmen sie in mancher Hinsicht eine Sonderstellung ein.

## 1. Glykole.

### Äthylenglykol, Glykol.

$$CH_2OH—CH_2OH .$$

| | |
|---|---|
| Siedepunkt . . . . . . . | 191—200° C |
| $D_4^{20}$ . . . . . . . . . . . | 1,111 |
| Flammpunkt . . . . . . | + 117° C. |

Hersteller in Deutschland: I. G. Farbenindustrie Aktiengesellschaft. In Amerika: Carbide and Carbon Chemical Corp.

Glykol ist geruchlos, mit Wasser mischbar und ziemlich stark hygroskopisch. Chemisch ist es gegenüber den meisten Metallen indifferent.

Es löst überhaupt nicht Fette, Öle, Kautschuk sowie die Celluloseester, greift also Kautschukdichtungen und Celluloseesterfilme nicht an. Sein Lösevermögen selbst für stark polare Harze ist gering. Dagegen ist Glykol ein vorzügliches Lösungsmittel für viele Farbstoffe und eignet sich auch für manche Textildruckzwecke. Es kann auch zu Gummidruckfarben zugesetzt werden. Für Essenzen und Kosmetika kann es mitunter an Stelle von aliphatischen einwertigen Alkoholen Verwendung finden.

Ein Hauptanwendungsgebiet von Glykol sind gefrierfeste Sicherheitssprengstoffe, in denen es in Form seines Dinitrates meist zusammen mit Nitroglycerin verwendet wird, weil diese Mischungen bei tiefen Temperaturen nicht erstarren. Beispielsweise wird Glykoldinitrat erst bei $-22{,}75^0$ C fest, während Nitroglycerin schon bei $+13^0$ C erstarrt. Glykoldinitrat ist ferner weniger schlagempfindlich.

Glykol wird ferner zur Herstellung von nicht gefrierenden wässerigen Kühl- und Sperrflüssigkeiten, z. B. für Autokühlwässer, verwendet. Mischungen aus Glykol und Wasser erstarren erst bei sehr tiefen Temperaturen und werden auch dann nicht vollständig fest, sondern behalten meist breiartige Konsistenz. Glykol ist aus solchen Kühlflüssigkeiten praktisch nicht flüchtig und von anhaltender Wirksamkeit. Vor Glycerin hat es den Vorzug, den Gefrierpunkt stärker herabzusetzen und die Zähflüssigkeit des Wassers nicht wesentlich zu erhöhen, so daß die Zirkulation nicht beeinflußt wird. Für diese Zwecke ist in Deutschland das Glysantin der I. G. Farbenindustrie Aktiengesellschaft, in Amerika das Prestone der Carbide and Carbon Chemical Corp. bekannt, die mindestens überwiegend aus Glykol bestehen.

Glykol ist in Amerika auch ohne Wasserzusatz als Kühlflüssigkeit für Flugzeugmotorenkühler vorgeschlagen worden; die Motoren können dann bei etwa $150^0$ C statt wie bei Wasserkühlung bei $90—100^0$ C laufen. Inwieweit diese Verwendung auch auf anderen Gebieten sich als zweckmäßig herausstellt, ist noch nicht endgültig geklärt.

In Mischung mit Sand wird Glykol in Amerika zur Herstellung von Gußformen für Spezialgüsse von Metall verwendet, da es das Anbacken von Sand an das Gußstück verhindert. Glykol findet ferner Verwendung als Schmiermittel für Spezialzwecke. Überall dort, wo es an großer Oberfläche mit der Luft in Berührung kommt, verdunstet es allmählich, so daß es kein Ersatz des Glycerins auf solchen Anwendungsgebieten ist.

Die Verwendung von Glykol, zumindest in größeren Mengen, in Nahrungs- und Genußmitteln ist zu vermeiden.

## 1,2-Propylenglykol.

$CH_3—CHOH—CH_2OH$ .

Siedepunkt . . . . . . . $185—195^0$ C

$D_4^{20}$ . . . . . . . . . . 1,04.

Propylenglykol hat dem Glykol sehr ähnliche Eigenschaften; eine technische Verwendung in größerem Maßstab hat es bisher nicht gefunden. Es scheint beim Genuß größerer Mengen harmloser zu sein als Äthylenglykol.

Ähnlich ist ferner das 1,3-Propylenglykol $CH_2OH—CH_2—CH_2OH$, auch Trimethylenglykol genannt. Es wird bei der technischen Herstellung von Glycerin als Nebenprodukt gewonnen.

## 1,3-Butylenglykol.

$CH_3—CHOH—CH_2—CH_2OH$.

Siedepunkt . . . . . . . 185—195° C

$D_4^{20}$ . . . . . . . . . . . 1,02.

Butylenglykol gleicht in seinen allgemeinen Eigenschaften weitgehend dem Äthylenglykol, ist aber schwerer flüchtig und zeigt eine höhere Viscosität. Dementsprechend ist seine Schmierwirkung größer, so daß es als Schmiermittel für manche Spezialapparate, z. B. in der Meßtechnik, in Betracht kommt, soweit seine Wasserlöslichkeit nicht stört. 1,3-Butylenglykol ist Ausgangsmaterial für die Herstellung von Butadien.

## Polyglykole.

Durch Wasseraustritt zwischen zwei Molekeln Glykol erhält man das Diglykol, das mit weiteren Glykolresten zu Tri-, Tetraglykol und anderen Polyglykolen zusammentreten kann.

$$CH_2OH—CH_2OH + HOCH_2—CH_2OH + HOCH_2—CH_2OH$$
$$= CH_2OH—CH_2—O—CH_2—CH_2—O—CH_2—CH_2OH + 2H_2O.$$

Diese Produkte können für sich isoliert werden, sind aber gewöhnlich ziemlich billig als Gemisch zu haben, wie es bei der Herstellung von Glykolen als Nebenprodukt anfällt.

## Diglykol.

Siedet bei rund 245° C, spezifisches Gewicht etwa 1,12.

Die höheren Polyglykole sieden höher.

## Polyglykol.

Siedepunkt . . . . . . . 230—250° C

$D_4^{20}$ . . . . . . . . . . . 1,114—1,116

Flammpunkt . . . . . . 133° C.

Hersteller: I. G. Farbenindustrie Aktiengesellschaft. In Amerika: Carbide and Carbon Chemical Corp.

Infolge der Äthergruppen in der Molekel haben die Polyglykole ein größeres Lösevermögen für Harze und Öle als das Glykol selbst; das Lösevermögen bleibt aber stets sehr gering und hinter dem der üblichen Lösungsmittel weitaus zurück. Vor allem auch Celluloseester werden kaum von Polyglykolen gelöst.

Polyglykole mischen sich mit Wasser, Alkohol, Aceton und einigen anderen Lösungsmitteln, sind aber unlöslich in Kohlenwasserstoffen. Sie finden in Amerika größere Verwendung in der Textilindustrie zur Erhöhung der Geschmeidigkeit von Wolle, Baumwolle, Kunstleder und Seide während der Verarbeitung. Sie sollen das Nachwaschen der gewebten Artikel vor dem Färben überflüssig machen, weil sie wasserlöslich sind. Sie zeigen ferner ein gutes Schmiervermögen.

Polyglykole lösen ausgezeichnet Farbstoffe und bewirken häufig eine Erhöhung der Farbstärke und des Netzvermögens. In Deutschland hat man Polyglykole für diese Zwecke bisher nur wenig verwendet. Ähnlich wirkt Glykolmonoacetat.

Polyglykoldinitrate erstarren weit unter 0°.

## 2. Glykoläther.

Von Glykol leiten sich zwei Reihen von Äthern ab, je nachdem ob eine oder beide Hydroxylgruppen durch Alkylreste veräthert sind.

$$CH_2OH—CH_2OH \longrightarrow CH_2OH—CH_2O—Alkyl \longrightarrow \underset{\text{O-Alkyl}}{CH_2}—\underset{\text{O-Alkyl.}}{CH_2}$$

Von diesen Produkten sind die Monoäther technisch weitaus die wichtigsten. Sie sind ausgezeichnete Lösungsmittel für Nitrocellulose, deren wichtigste Vorzüge in dem sehr schwachen Geruch, der vollständigen Neutralität und der Unmöglichkeit, irgendwelche Säuren abzuspalten, ferner in dem hohen Aufnahmevermögen für Verschnittmittel liegen. Das Lösevermögen für Harze und Öle nimmt mit steigendem Molekulargewicht zu, während bei den allermeisten Gliedern der Reihe etwa vom Amyläther aufwärts das Lösevermögen für Nitrocellulose sinkt. Als günstigste Glieder der Glykolätherreihe können für den praktischen Gebrauch der Monoäthyläther und Monobutyläther gelten, ebenso das Acetat des Glykolmonoäthyläthers.

Die Verwendung der Glykoläther als Lösungsmittel besonders für Lacke und wesensähnliche Produkte ist in Deutschland und mehreren anderen europäischen Staaten der I. G. Farbenindustrie[1], in Amerika und einzelnen anderen Ländern der Union Carbide and Carbon Chemical Corp.[2] geschützt.

### Glykolmonomethyläther (Methylglykol).

$CH_2OH—CH_2 \cdot O \cdot CH_3$.

| | |
|---|---|
| Siedepunkt | 115—130° C |
| $D_4^{20}$ | 0,967 |
| Flammpunkt | + 36° C. |

Hersteller in Deutschland: I. G. Farbenindustrie Aktiengesellschaft (Methylglykol). In Amerika: Carbide and Carbon Chemical Corp. (Methylcellosolve).

Methylglykol ist das am leichtesten flüchtige Glied der technisch hergestellten Glykoläther und hat ungefähr den gleichen Siedepunkt

[1] DRP. 545172; Franz. P. 614984, 606763; Engl. P. 245129, 252203, 251303, 278735, 279771; Belg. P. 330039; Schweiz. P. 118450; Ital. P. 244306; Tschech. P. 22438; Kanad. P. 262604; USA.-P. 1788781.

[2] USA.-P. 1633927, 1644417—19, 1731333, 1770153, 1791301, 1812321, 1834050; Kanad. P. 260463, 260464, 260466.

wie Butylacetat, braucht aber zum Verdunsten ungefähr die dreifache Zeit. Es ist beinahe geruchlos und mit Wasser und den meisten organischen Lösungsmitteln mit Ausnahme der höhersiedenden aliphatischen Kohlenwasserstoffe mischbar. Es ist hygroskopisch und bildet mit Wasser ein konstant siedendes azeotropisches Gemisch.

Methylglykol hat ein hohes Lösevermögen für Nitrocellulose, Acetylcellulose und stark polare Harze, vor allem für Schellack. In Kohlenwasserstoffen lösliche Harze werden von Methylglykol nur schwer gelöst; auch viele Öle sind darin unlöslich.

Lösungen von Acetylcellulose in Methylglykol sind ziemlich hochviscos; durch Mischen mit Aceton, Lösungsmittel E 13, Sprit, Toluol oder Äthylenchlorid erhält man dagegen niedrigviscose Lösungen, die ziemlich rasch trocknen, da Methylglykol von allen höher als etwa 100$^0$ siedenden Lösungsmitteln für die Acetylcellulose am raschesten verdunstet.

Als Lösungsmittel für Nitrocellulose läßt sich Methylglykol sehr stark mit Toluol und Sprit verschneiden; die Lösungen neigen aber infolge der hygroskopischen Eigenschaften des Lösungsmittels ziemlich stark zum Trübwerden an feuchter Luft, so daß Butanol und andere dem Weißanlaufen entgegenwirkende Mittel mitverwendet werden müssen. Die übrigen Glykoläther zeigen diese hygroskopischen Eigenschaften und die starke Neigung zur Trübung trocknender Lackfilme nicht.

Methylglykol ist ein ausgezeichnetes Lösungsmittel für spritlösliche Farbstoffe.

Obgleich Methylglykol beinahe geruchlos ist, darf bei seiner Verarbeitung ebenso wie bei der der übrigen Glykoläther und anderer schwach riechender Lösungsmittel die Entlüftung der Arbeitsräume nicht versäumt werden.

## Glykolmonoäthyläther (Äthylglykol).

$CH_2OH—CH_2 \cdot O \cdot C_2H_5$ .

| | |
|---|---|
| Siedepunkt . . . . . . . | 126—138$^0$ C |
| $D_4^{20}$ . . . . . . . . . . . | 0,932 |
| Flammpunkt . . . . . . | +40$^0$ C. |

Hersteller: I. G. Farbenindustrie Aktiengesellschaft (Äthylglykol). In Amerika: Carbide and Carbon Chemical Corp. (Cellosolve).

Äthylglykol hat als Lösungsmittel die größte Bedeutung von allen Glykoläthern erlangt. Es ist von sehr schwachem Geruch, so daß die häufig gerügte Geruchsbelästigung durch verdunstendes Lösungsmittel für Äthylglykol fortfällt. Mit Wasser und mit organischen Lösungsmitteln ist es mischbar. Sein Lösevermögen für höhersiedende Benzinkohlenwasserstoffe ist beträchtlich größer als das des Methylglykols. Obwohl sein Siedepunkt ziemlich niedrig und ähnlich dem des Amylacetates ist, muß man Äthylglykol doch zu den schwerflüchtigen Lösungsmitteln rechnen.

Äthylglykol ist ein besseres Lösungsmittel für Harze und Öle als Methylglykol. Es löst ausgezeichnet alle Typen handelsüblicher Nitrocellulosen; die Lösungen können sehr große Mengen Sprit, Toluol und selbst Benzin aufnehmen und fließen beim Trocknen sehr glatt, was vor allem bei Tauchlacken wichtig ist. In einigen Fällen kann auch Wasser in kleinen Mengen als Verschnittmittel dienen, wenn Streichfähigkeit gewünscht wird und die Trocknung unter kontrollierten Bedingungen erfolgt. Bei Zusatz sehr großer Mengen von Alkohol kann mitunter Thixotropie und bei noch größeren Zusätzen von Alkohol Gelatinierung eintreten, die durch Zugabe von kleinen Mengen anderer Lösungsmittel verschwindet.

Manche Nitrocelluloselösungen in Äthylglykol allein trüben sich durch Wasseraufnahme beim Trocknen in feuchter Luft, doch neigen Lösungen mit einem größeren Gehalt an Verschnittmitteln, vor allem an Kohlenwasserstoffen oder an anderen Lösungsmitteln meist gar nicht oder nur sehr wenig zum Weißanlaufen an feuchter Luft, vorausgesetzt, daß die verwendeten Harze nicht während des Trocknens teilweise ausfallen und die Filmschicht trüben. Äthylglykol löst zwar gut den hauptsächlich verwendeten Harzester; durch Zugabe solcher Lösungen zu Nitrocelluloselacken, namentlich solchen, die größere Mengen Alkohol enthalten, tritt manchmal eine Trübung auf. Aber auch klare Lösungen, die Nitrocellulose und Harzester gelöst enthalten, geben mitunter durch Ausscheidung des Harzes während des Trocknens trübe Filme. Diese Erscheinung wird mitunter zu Unrecht für eine Wirkung der Luftfeuchtigkeit gehalten. Sie läßt sich meist vermeiden, indem man den Harzester mit mindestens einem Drittel bis der Hälfte seines Gewichtes an wachsfreiem Dammar oder Kunstharz AW 2 (I. G. Farbenindustrie) mischt oder im Lack größere Mengen an Toluol und etwas Butanol oder an Estern vorhanden sind. Um den Schwierigkeiten durch Trübung von Filmen zu begegnen, wird vielfach Äthylglykol in Mischung mit Äthylglykolacetat (Acetat des Glykolmonoäthyläthers) verwendet, das weniger wasserlöslich ist und vor allem als Ester ein besseres Harzlösevermögen aufweist. Man erreicht aber mit Zusätzen an Butanol oft die gleichen Wirkungen.

Aus Äthylglykol und Alkohol lassen sich sehr mildriechende Lacke darstellen; soweit dabei Harze zugesetzt werden sollen, müssen sie spritlöslich sein, wie z. B. Schellack.

Äthylglykol wird in Nitrocelluloselacken in der Regel in kleinen Mengen mitverwendet, weil dadurch die Verschnittfähigkeit erhöht, der Glanz verbessert und die Trockenzeit reguliert wird, ohne daß dem Lack ein Nachgeruch anhaftet oder die Filmfestigkeit sinkt. Äthylglykol wird deshalb auch in Verdünnern verwendet[1].

Äthylglykol hat die Eigenschaft, trockene Nitrocelluloselackschichten nur langsam aufzulösen; da es gleichzeitig ziemlich langsam verdunstet, ist es für Nitrocellulosestreichlacke und den Aufbau mehrerer Lackschichten übereinander geeignet. Ähnliche Eigenschaften zeigen auch die übrigen Glykoläther.

Acetylcellulose wird von Äthylglykol allein nicht gelöst; Mischungen von Äthylglykol mit Äthylenchlorid oder Methylenchlorid sind jedoch gute Lösungsmittel. Die Viscosität von Celluloseätherlösungen wird durch kleine Zusätze von Äthylglykol wesentlich herabgesetzt.

Äthylglykol kann auch bei der Herstellung von Lösungsmittelseifen und Emulsionen verwendet werden.

## Glykolmonoisopropyläther (Isopropylglykol).

$$CH_2OH—CH_2O \cdot CH\begin{matrix} \diagup CH_3 \\ \diagdown CH_3 \end{matrix}.$$

| | |
|---|---|
| Siedepunkt . . . . . . . | 140—145° C |
| $D^{15}_{4}$ . . . . . . . . . . . | 0,914. |

Isopropylglykol zeigt alle guten Eigenschaften des Äthylglykols. Seine Flüchtigkeit ist etwas geringer und ungefähr gleich der des Wassers. Es löst besser als Äthylglykol Harze, z. B. Harzester, und vermindert die Gefahr der Trübung von trocknenden Filmen bei nicht ganz zweckmäßiger Lackzusammensetzung und an feuchter Luft. Da es teurer ist als Äthylglykol, ist es zur Zeit nirgends im Handel.

## Glykolmonobutyläther (Butylglykol).

$$CH_2OH—CH_2O—C_4H_9 .$$

| | |
|---|---|
| Siedepunkt . . . . . . . | 164—182° C |
| $D^{20}_{4}$ . . . . . . . . . . . | 0,907 |
| Flammpunkt . . . . . . | + 60° C. |

Hersteller: I. G. Farbenindustrie Aktiengesellschaft (Butylglykol). In Amerika: Carbide and Carbon Chemical Corp. (Butylcellosolve).

Butylglykol ist nur noch begrenzt mit Wasser mischbar. Vom Äthylglykol unterscheidet es sich durch sein besseres Harz- und Öllösevermögen vor allem für Harzester und trocknende Öle sowie durch seine wesentlich langsamere Flüchtigkeit. Es wird als Veredelungsmittel für Nitrocelluloselacke gebraucht und ist außerordentlich geeignet für Streichlacke, da es trockene Öl- und Celluloseschichten nur langsam aufweicht. Im Gegensatz zu Estern ähnlicher Flüchtigkeit, wie z. B. Butyllactat, dickt es mit basischen Pigmenten nicht ein.

Butylglykol läßt sich auch für Seifen und Textilöle verwenden.

---

[1] Vgl. Farbe u. Lack 1926 S. 582; 1927 S. 23.

Die höheren Äther des Glykols sind ohne technische Bedeutung. Auch die

Äther des Propylenglykols

sind bisher nicht im Handel. Sie zeigen sehr ähnliche Eigenschaften wie die entsprechenden Äthylenglykoläther, von denen sie sich in der Flüchtigkeit nicht nennenswert unterscheiden. Am wertvollsten ist der Propylenglykolmonoäthyläther (Äthylpropylenglykol), der Harze besser löst als Äthylglykol und das Trübwerden von Lacken stärker verhindert.

Auch die

Butylenglykoläther

haben bisher, nicht zuletzt ihrer langsamen Flüchtigkeit wegen, größere Bedeutung nicht erlangt; sie ähneln in ihren allgemeinen Eigenschaften weitgehend den Propylenglykoläthern, sind aber teilweise bessere Lösungsmittel für Öle und Harze, wie aus ihrem schwächer polaren Charakter zu erwarten ist.

Über die Konstanten der nicht im Handel befindlichen Äther des Äthylen- und Propylenglykols unterrichtet nachstehende Übersicht, welche von Davidson[1] gegeben worden ist.

Eigenschaften der Monoalkyläther.

| | Siedepunkt °C | Spez. Gewicht bei 15° | Brechungs-Index bei 26° |
|---|---|---|---|
| a) Äther des Äthylenglykols. | | | |
| n-Propyläther | 150,0 | 0,9110 | 1,4125 |
| Isobutyläther | 158,8 | 0,9130 | 1,4135 |
| Isoamyläther | 181,0 | 0,9000 | 1,4198 |
| b) Äther des Propylenglykols. | | | |
| Methyläther | 122,8 | 0,9335 | 1,4035 |
| Äthyläther | 133,6 | 0,9090 | 1,4061 |
| Isopropyläther | 141,5 | 0,8900 | 1,4062 |
| n-Propyläther | 150,0 | 0,8970 | 1,4102 |
| Isobutyläther | 161,3 | 0,8810 | 1,4112 |
| n-Butyläther | 170,6 | 0,8890 | 1,4151 |
| Isoamyläther | 183,3 | 0,8835 | 1,4182 |

## Polyglykoläther.

Die Polyglykoläther entstehen als Nebenprodukte bei der Herstellung der Glykolmonoalkyläther. Sie lassen sich auch in reiner Form aus diesen und Äthylenoxyd gewinnen. Am bekanntesten ist der Polyglykoläthyläther. Hersteller: I. G. Farbenindustrie Aktiengesellschaft (= Äthylpolyglykol), Carbide and Carbon Chemical Corp. (= Carbitol).

[1] Ind. and Engin. Chem. Bd. 18 S. 669; Ref. Farben-Ztg. Bd. 31 S. 2827

Polyglykoläther ist ein gutes Lösungsmittel für Nitrocellulose und viele ätherische Öle. Er ist deshalb zum Kleben von splitterfreiem Glas vorgeschlagen worden. In alkoholischen Holzbeizen soll er das Aufrichten der Holzfasern beim Beizen verhindern. Er kann auch als Zusatz zu Farbstoffen verwendet werden.

Sehr vorteilhaft läßt sich ein reiner Polyglykoläther bei der Verarbeitung von ätherischen Ölen und Essenzen in kleinen Mengen verwenden.

Zu dieser Klasse von Produkten zählt auch Lösungsmittel APV

| | |
|---|---|
| Siedepunkt | 190—200° C |
| $D_4^{20}$ | 1,008 |
| Flammpunkt | +93° C |

der I. G. Farbenindustrie, das den gleichen Zwecken dienen kann.

### Glykoldialkyläther.

Die Glykoldialkyläther unterscheiden sich von den Monoäthern durch ihre bei naheliegendem Siedepunkt sehr viel raschere Flüchtigkeit. Als reine Äther zeigen sie ein wesentlich besseres Harz- und Öllösevermögen, vermögen aber auch Nitrocellulose gut zu lösen. Ihr Geruch ist ausgesprochen milde und angenehm. Wenn sie genügend billig zugänglich wären, würden sie technisch größere Bedeutung erlangen können.

### Diäthylenglykoldialkyläther.

$$\text{Alkyl—O—}CH_2\text{—}CH_2\text{—O—}CH_2\text{—}CH_2\text{—O—Alkyl.}$$

Diese Produkte zeigen etwa die gleiche Flüchtigkeit wie die Glykolmonoalkyläther, doch ist ihr Lösevermögen für Nitrocellulose eher etwas geringer. Ihr Geruch ist schwach und mild. Da sie teurer einstehen als die Glykolmonoalkyläther, so haben sie bisher technische Verwendung nicht gefunden.

## 3. Ester der Glykole.

### Glykolmonoacetat.

$$CH_2OH\text{—}CH_2O \cdot COCH_3 .$$

| | |
|---|---|
| Siedepunkt | 178—195° C |
| $D_4^{20}$ | 1,109 |
| Flammpunkt | +102° C. |

Hersteller: I. G. Farbenindustrie Aktiengesellschaft (Lösungsmittel GC).

Glykolmonoacetat ist wasserlöslich, geruchlos und nur sehr langsam flüchtig. Mit Benzin ist es nicht mischbar, verträgt sich aber mit den meisten übrigen Lösungsmitteln. Es wird für Nitrocelluloselacke trotz seines guten Lösevermögens fast nicht gebraucht, dagegen verwendet man es für Acetylcelluloselösungen, z. B. für Flugzeuglacke, vor allem aber für den Druck mit Acetylcellulose auf Textilgeweben. Seine Lösungen von Acetylcellulose vertragen einen größeren Zusatz von Wasser ohne Ausfällung des Celluloseesters, so daß sie mit wässerigen Pigmentteigen angerührt werden können.

Glykolmonoacetat wird zu Farbflotten zur Erhöhung der Farbstärke zugesetzt und verhindert häufig auch das Schäumen solcher Lösungen. Es ist ein gutes Lösungsmittel für ätherische Öle und Essenzen und kann auch für Kosmetika in reinster Form gebraucht werden. Harze und fette Öle werden dagegen von Glykolmonoacetat schlecht gelöst.

Ein chemisch anscheinend ähnlich zusammengesetztes Lösungsmittel, welches besonders für den Serikosedruck auf Textilien geeignet ist und sehr große Mengen Wasser aufzunehmen vermag, ist Serikosol A der I. G. Farbenindustrie Aktiengesellschaft.

Glykoldiacetat (Lösungsmittel GD) zeigt ein dem Glykolmonoacetat sehr ähnliches Verhalten, wird aber heute nicht mehr praktisch verwendet.

Die Propylenglykolacetate und Butylenglykolacetate zeigen ein den Äthylenglykolacetaten außerordentlich ähnliches Verhalten. Sie haben bisher technische Bedeutung nicht erlangt, da sie nicht wesentlich billiger als letztere hergestellt werden können und die Absatzmöglichkeiten für derartig schwerflüchtige Lösungsmittel durchaus begrenzt sind.

## Acetat des Glykolmonomethyläthers (Methylglykolacetat).

$$\begin{array}{l} CH_2—CH_2—OCH_3 \\ | \\ OCOCH_3\,. \end{array}$$

| | |
|---|---|
| Siedepunkt . . . . . . . | 138—152° C |
| $D_4^{20}$ . . . . . . . . . . . | 1,001 |
| Flammpunkt . . . . . . | + 44° C. |

Hersteller in Deutschland: I. G. Farbenindustrie Aktiengesellschaft (Methylglykolacetat). In Amerika: Carbide and Carbon Chemical Corp. (Methylcellosolveacetat).

Methylglykolacetat zeigt dem Methylglykol sehr ähnliche Eigenschaften und trotz seines höheren Siedepunktes eine kaum veränderte Flüchtigkeit. Es ist wasserlöslich und fast geruchlos. Als Ester löst es manche Harze und Öle besser als Methylglykol, ist auch weniger hygroskopisch.

In Nitrocelluloselacken erhöht es die Streichfähigkeit, doch hat es seine Hauptverwendung in Lacken aus Acetylcellulose gefunden, da es diese besser löst als Methylglykol und schwachriechende, mittelsiedende Lösungsmittel, die nicht ausgesprochen schwer flüchtig sind, für die Acetylcellulose bisher fast völlig fehlen. Lösungen von Acetylcellulose in Methylglykolacetat vertragen auch kleine Mengen Wasser.

## Acetat des Glykolmonoäthyläthers (Äthylglykolacetat).

$$\begin{array}{l} CH_2\text{—}CH_2OC_2H_5 \\ | \\ OCOCH_3\,. \end{array}$$

| | |
|---|---|
| Siedepunkt . . . . . . . | 149—160° C |
| $D_4^{20}$ . . . . . . . . . . | 0,971 |
| Flammpunkt . . . . . . | +47° C. |

Hersteller in Deutschland: I. G. Farbenindustrie Aktiengesellschaft (Äthylglykolacetat). In Amerika: Carbide and Carbon Chemical Corp. (Cellosolveacetat).

Äthylglykolacetat ist mit Wasser nicht mehr beliebig mischbar. Sein Geruch ist schwach esterartig, aber etwas stärker als der des Äthylglykols. Trotz seines hohen Siedepunktes ist es nicht wesentlich langsamer flüchtig als Äthylglykol.

Sein Lösevermögen für Harzester und Öle ist höher als das des Äthylglykols; die Widerstandsfähigkeit von Lacken mit Äthylglykolacetat gegen Trübungen beim Trocknen ist daher bei bestimmten Lackzusammensetzungen größer als bei Äthylglykol. Seine Verwendung ist die gleiche, namentlich wird das Produkt auch für Lederlacke benutzt.

## Acetat des Methyl-1,3-Butylenglykols (Butoxyl).

$$\begin{array}{l} CH_3\text{—}CH\text{—}CH_2\text{—}CH_2O \cdot COCH_3 \\ \quad\;\;\, | \\ \quad\;\;\, OCH_3\,. \end{array}$$

| | |
|---|---|
| Siedepunkt . . . . . . . | 167—171° C |
| $d_4^{20}$ . . . . . . . . . . . | 0,956 |
| Flammpunkt . . . . . . | + 60° C. |

Hersteller: I. G. Farbenindustrie Aktiengesellschaft (Butoxyl).

Butoxyl ist wie alle Glykolderivate von nur sehr schwachem Geruch, unterscheidet sich aber von den meisten schwach riechenden und schwer flüchtigen Lösungsmitteln durch seine Unlöslichkeit in Wasser. Es nimmt fast gar kein Wasser auf und ist selbst im Wasser zu weniger als 10% löslich. Seine Verseifungsgeschwindigkeit ist gering, und es kann deshalb im Gegensatz zu den Milchsäureestern mit basischen Pigmenten verarbeitet werden. Sein Lösevermögen für Harze und Öle ist beträchtlich größer.

Es wird infolge seiner langsamen Flüchtigkeit vor allem als Veredelungsmittel für Lacke gebraucht, um den glatten Fluß und Glanz zu fördern. Lederlacken gibt es eine gute Haftfestigkeit. Neben Butanol und anderen Estern wird es auch in Spritzlacken gebraucht, da es eine stark wasserabweisende Wirkung besitzt und dem Weißanlaufen entgegenwirkt. Es findet deshalb auch in Tauchlacken Verwendung.

Butoxyl wird auch als Zusatzmittel zu Acetylcelluloselacken empfohlen, in denen es verwendbar ist, ohne selbst ein Lösungsmittel zu sein. Kautschuk wird von Butoxyl nicht angegriffen.

Die übrigen Acetate der höheren Glykoläther bieten keine besonderen Vorteile. Am bekanntesten ist Butylglykolacetat. Auch das Acetat des Polyglykoläthers, in Amerika Carbitolacetat (UCC.) genannt, Sdp. 216—235° C, hat größere technische Bedeutung nicht erlangt. Das Acetat des Pentaäthylenglykolmonoäthyläthers, $Sdp._{5\,mm}$ = 190—195°, $d_4^{25}$ 1,080, ist als Gelatiniermittel für Acetylcellulose vorgeschlagen worden[1], wird aber seiner Wasserlöslichkeit wegen nicht verwendet.

## 4. Dioxan.

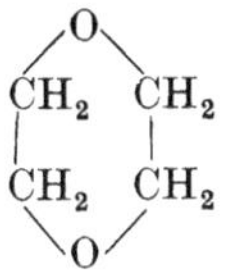

| | |
|---|---|
| Siedepunkt . . . . . . . | 94—110° C |
| $D_4^{20}$ . . . . . . . . . . . | 1,030 |
| Flammpunkt . . . . . . | + 5° C. |

Hersteller in Deutschland: I. G. Farbenindustrie Aktiengesellschaft. In Amerika: Carbide and Carbon Chemical Corp.

Dioxan ist ein an der Grenze zwischen leicht- und mittelflüchtigen Lösungsmitteln stehendes Produkt von sehr schwachem, ätherartigem Geruch. Obwohl es mit Wasser noch mischbar ist, löst es fast alle üblichen organischen Lösungsmittel und zeigt ein sehr hohes Lösevermögen für die meisten Öle, Fette und Harze. Es bildet mit Wasser ein azeotropisches binäres Gemisch vom Siedepunkt 87° C und 20% Wassergehalt.

Dioxan löst Acetylcellulose und Nitrocellulose sowie Celluloseäther. In reinster Form bedarf es eines kleinen Zusatzes von Sprit, um Kollodiumwolle zu lösen. Bei einigen Dioxan enthaltenden Lacken ist Thixotropie beobachtet worden. Es ist beinahe das einzige technisch zugängliche Lösungsmittel von mittlerer Flüchtigkeit für Acetylcellulose; es regelt als solches die Verdunstung und Trocknung von Lacken und wirkt ausgleichend auf den Verlauf.

Dioxan kann ferner zum Extrahieren von ätherischen Ölen dienen. Es löst viele pharmazeutisch verwendete Stoffe und kann in der Praxis des wissenschaftlichen Laboratoriums als gutes Lösungsmittel für viele Körper Verwendung finden. Auch für kosmetische Präparate wird es als mildes und nicht hautreizendes Lösungsmittel gebraucht.

Dioxan war lange Zeit eine Laboratoriumskuriosität, da seine Herstellung sehr teuer war; erst in letzter Zeit nähert sich sein Preis dem anderer Lösungsmittel.

---

[1] Farben-Ztg. Bd. 35 S. 603.

**Dimethyldioxan**

unterscheidet sich vom Dioxan dadurch, daß es wasserunlöslich ist; sein Lösevermögen für die Acetylcellulose ist etwas geringer, dagegen das für Nitrocellulose größer als das des Dioxans. Das Produkt ist bis jetzt wegen seines hohen Preises ohne technische Bedeutung geblieben.

## 5. Glycerinäther.

Im Glycerin können eine, zwei oder alle drei Hydroxylgruppen durch Alkylgruppen (R) ersetzt werden.

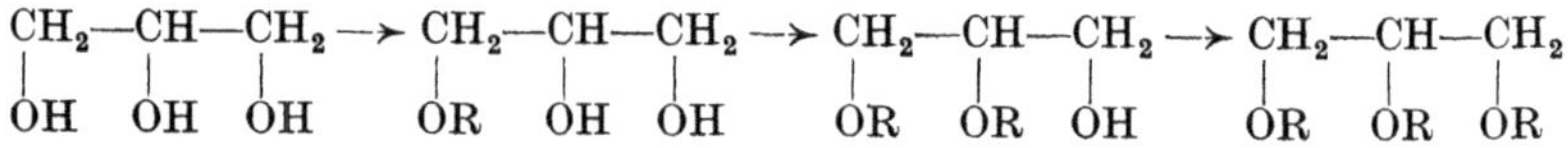

Eine billige Herstellungsweise für diese Verbindungen ist bisher nicht bekanntgeworden. Die Glycerinäther sind sehr schwach riechende und meist gut wasserlösliche Lösungsmittel von sehr langsamer Flüchtigkeit, die ihrer ausgedehnten Verwendung entgegenstehen dürfte. Sie lösen Nitrocellulose, haben aber aus Preisgründen technische Bedeutung bisher nicht erlangt. Die bekanntesten Glieder sind nach Fairbourne[1] folgende:

| | Siedepunkt | $d_4^{25}$ | Wasser-löslichkeit |
|---|---|---|---|
| α-Methyläther . . . . | 220° | 1,111 | löslich |
| α-Äthyläther . . . . . | 222° | 1,063 | „ |
| α, β-Dimethyläther . . | 180° | 1,016 | „ |
| α, α-Diäthyläther . . . | 191° | 0,952 | „ |
| Trimethyläther . . . . | 148° | 0,937 | „ |
| Triäthyläther . . . . . | 181° | 0,886 | 10% |

# L. Schwefelkohlenstoff.

$CS_2$.

Siedepunkt . . . . . . . . . . . . . . . . . . 46,3° C
$D_4^{20}$ . . . . . . . . . . . . . . . . . . . . . 1,263
Latente Verdampfungswärme beim Siedepunkt . 84 Cal.

Lieferant: Schwefelkohlenstoff-Verkaufsgesellschaft m. b. H., Frankfurt a. M.

Schwefelkohlenstoff ist eine in Wasser zu weniger als 1% lösliche, stark lichtbrechende Flüssigkeit, die mit den meisten Lösungsmitteln mischbar ist. Der Geruch des ganz reinen Produktes ist ziemlich mild, während alle nicht vollkommen gereinigten Erzeugnisse durch geringe Mengen anderer organischer Schwefelverbindungen einen widerwärtigen Geruch aufweisen. Da bei der Herstellung des Schwefelkohlenstoffs

[1] Vgl. Journ. Amer. Chem. Soc. 1928 S. 2235; Journ. Chem. Soc. London 1930 S. 359; Journ. Soc. Chem. Ind. 1930 S. 1021 u. 1069.

ziemlich viele Nebenprodukte entstehen, ist seine völlige Reinigung ziemlich umständlich[1].

Schwefelkohlenstoff bedarf bei seiner Verarbeitung ganz besonderer Vorsicht. Er wirkt im menschlichen Körper als starkes Gift und ist von besonderer Feuergefährlichkeit, weil er schon an etwa 150° heißen Gegenständen sich entzünden kann und seine Dämpfe, die schon unterhalb dieses Punktes langsam unter Phosphoreszenzerscheinungen verbrennen können, in Mischung mit Luft innerhalb außergewöhnlich weiten Grenzen explosiv sind. Als Reaktionsprodukt entsteht bei der Verbrennung des Schwefelkohlenstoffs neben Kohlensäure Schwefeldioxyd, das eine starke Reizwirkung besitzt.

Für die Verarbeitung von Schwefelkohlenstoff sind daher besondere Vorsichtsmaßregeln vorgeschrieben (vgl. Kapitel X).

Schwefelkohlenstoff ist ein ausgezeichnetes Lösungsmittel für Öle, Fette, Harze und Kautschuk. Er wurde früher in großen Mengen für Extraktionszwecke verwendet, ist aber auf diesem Gebiet weitgehend durch die meist weniger gefährlichen Kohlenwasserstoffe und die aliphatischen Chlorkohlenwasserstoffe ersetzt worden, zumal er leicht dunkle Öle liefert. Auch in der Kautschukindustrie hat man Schwefelkohlenstoff weitgehend zugunsten anderer Lösungsmittel ausgeschaltet.

Sein Hauptanwendungsgebiet ist die Kunstseidenindustrie. Zur Herstellung von Viscose wird Natroncellulose mit Schwefelkohlenstoff umgesetzt, wobei sich nach der Gleichung

$$R \cdot ONa + CS_2 = R \cdot O \cdot C\begin{matrix} \nearrow S \\ \searrow SNa \end{matrix}.$$

Cellulosexanthogenat bildet. Aus diesem entsteht nach einem Reifungsprozeß durch Säurebehandlung die regenerierte Cellulose, die in Form von Kunstseidenfäden oder Cellophanfolien gewonnen wird. Auf Einzelheiten dieses sehr wichtigen Prozesses kann hier nicht eingegangen werden.

# XIV. Weichmachungsmittel.

## A. Kohlenwasserstoffe.

### Vulcanol B.

| | |
|---|---|
| Siedepunkt . . . . . . . | 190—320° C bei 1 mm Druck |
| Flammpunkt . . . . . . | 190—193° C. |

Hersteller: I. G. Farbenindustrie Aktiengesellschaft.

Vulcanol B ist ein durch Kondensation gebildeter aromatischer Kohlenwasserstoff unbekannter Konstitution und als solcher von großer

[1] Vgl. Rabe: Chem.-Ztg. 1926 S. 609.

Beständigkeit gegen Alkalien und verdünnte Säuren. In einigen stark polaren Lösungsmitteln wie Glykol und einwertigen Alkoholen ist es nicht löslich. Es läßt sich nur mit wenig polaren Harzen und mit benzollöslichen Celluloseäthern gut verarbeiten und setzt deren Widerstandsfähigkeit gegen Chemikalien nicht herab. Da die Lichtechtheit des Produktes jedoch immer sehr gering ist, hat es nennenswerte Bedeutung nicht erlangt.

### Diphenyl.

$C_6H_5—C_6H_5$.

Schmelzpunkt . . . . . . $+70^0$ C
Siedepunkt . . . . . . . $255^0$ C.

Hersteller: I. G. Farbenindustrie Aktiengesellschaft.

Diphenyl ist kein gutes Weichmachungsmittel für Harze, Celluloseester und Polymerisationsbindemittel, obgleich es mehrfach hierfür in der Literatur empfohlen worden ist.

Diphenyl findet dagegen in steigendem Maße Beachtung als Wärmeüberträger an Stelle von Quecksilber, Wasserdampf oder Druckwärme, weil seine Dämpfe bis zu etwa $500^0$ C beständig sind und hohe Heiztemperaturen ohne starke Drucksteigerung in der Apparatur leicht erreicht werden können. Diphenyl findet deshalb Verwendung für Mantelheizungen, Heizbäder (Ersatz für Salpeterbäder) und Zweistoffkraftanlagen, nachdem es gelungen ist, auch vollkommen befriedigende Dichtungsmaterialien für die Apparaturen zu schaffen. Über die Verwendung von Diphenyloxyd-Diphenyläther-Gemischen siehe Diphenyläther.

## B. Alkohole.

### Glycerin.

Siedepunkt . . . . . . . . . . . . $290^0$ C
In reinster Form Erstarrungspunkt . $+19^0$ C.

Glycerin dient als Lösungsmittel für Farbstoffe auf zahlreichen Gebieten. Als Weichmachungsmittel hat es nur für Eiweißkunstmassen aus Gelatine und Kasein eine gewisse Bedeutung. Seine Hauptverwendung liegt auf anderen Gebieten. Seine Eigenschaften werden ausführlich behandelt von E. Schlenker: Das Glycerin. Stuttgart 1932.

Polyglycerine[1] haben als Weichmachungsmittel keine größere Verwendung gefunden.

Die Glycerinacetale sind sehr schwerflüchtige, zwischen den Lösungsmitteln und Weichmachungsmitteln stehende Produkte, die bisher ebenfalls vor allem aus Preisgründen eine nennenswerte Bedeutung nicht erlangt haben[2].

---

[1] DRP. 198768, 445163, 494430, 494431.

[2] Vgl. Fairbourne, Gibson, Stephenson: Journ. Soc. Chem. Ind. 1930 S. 1021 und 1069.

## Cyclohexanonglycerin (2,2-Pentamethylen-4-oxymethyl-dihydrodioxol).

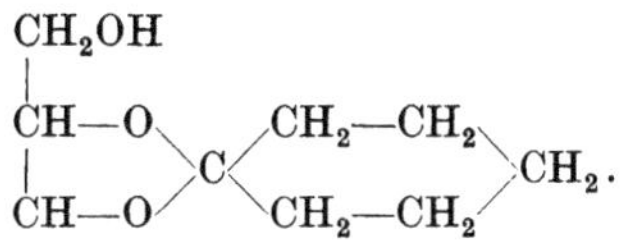

| | |
|---|---|
| Siedepunkt . . . . . . . . | 250° C |
| $D_4^{20}$ . . . . . . . . . . . . | 1,07. |

Cyclohexanonglycerin ist farblos und beinahe geruchlos; es mischt sich mit den meisten organischen Lösungsmitteln. In Wasser ist es nur wenig löslich. Es ist ein gutes Gelatiniermittel für Acetylcellulose[1], gelatiniert aber Nitrocellulose[2] nur in geringerem Maße. Seine Flüchtigkeit ist indessen so groß, daß das Produkt sich aus dem Film sehr bald weitgehend verflüchtigt. Es hat daher für diese Zwecke bisher keinen Eingang in die Praxis gefunden.

Cyclohexanonglycerin ist auch ein gutes Lösungsmittel für Öle und Fette. Verarbeitet man es zusammen mit Seifen und seifenähnlichen Körpern, so wird die Mischung vollkommen löslich in Wasser.

## Cyclonol.

Ein der Körperklasse des Cyclohexanonglycerins angehörendes Handelsprodukt ist das Cyclonol der Deutschen Hydrierwerke A. G.

| | |
|---|---|
| Siedepunkt . . . . etwa | 250° C |
| $D^{20}$ . . . . . . . . . . | 1,074 |
| $n^{20}$ . . . . . . . . . . | 1,474. |

Es bildet mit Seifen in Wasser klar lösliche Mischungen, ist also hydrotropisch. Cyclonol wird deshalb zusammen mit Seifen für den Gebrauch in der Industrie und im Haushalt zu Waschextrakten verarbeitet, die nach dem Verdünnen eine erhöhte Netz- und Reinigungswirkung aufweisen, ohne an Schaumkraft gegenüber Seifenlösungen zu verlieren. Dabei kann Cyclonol auch mit billigeren Lösungsmitteln gemischt werden.

## Weichmachungsmittel 9.

| | |
|---|---|
| $D_4^{20}$ . . . . . . . . . . . . | 1,117 |
| Flammpunkt . . . . etwa | 200° C. |

Hersteller: I. G. Farbenindustrie Aktiengesellschaft.

Weichmachungsmittel 9 ist ein synthetisch erzeugter mehrwertiger Alkohol, der nicht unzersetzt destillierbar ist. Äußerlich gleicht es dem Glycerin, unterscheidet sich aber von diesem durch seine höhere Viscosität und ist weniger hygroskopisch. Es läßt sich mit Eiweißstoffen in wässeriger Lösung zu geschmeidigen Filmen und Folien ver-

[1] DRP. 442764 (Soc. Chim. des Usines du Rhône).
[2] DRP. 214962 (Böhringer & Söhne).

arbeiten, in denen die Neigung zum Kleben vermindert ist. Es kommt ferner als Weichmachungsmittel für Schellack-Boraxlösungen und für Spezial-Nitrolacke in Betracht.

### Fettalkohole.

Durch Arbeiten der I. G. Farbenindustrie Aktiengesellschaft[1] und der Deutschen Hydrierwerke A. G.[2] ist es in den letzten Jahren möglich geworden, natürlich vorkommende Fette, Öle und Trane so zu hydrieren, daß unter Reduktion der Carboxylgruppe die den Fettsäuren dieser Fette entsprechenden Alkohole entstehen. Beispielsweise erhält man aus Sojaöl den Oktodecylalkohol, Schmelzpunkt 54 bis 55° C, aus Palmfett den Hexadecylalkohol, aus Ricinusöl das Oktodekandiol, Schmelzpunkt 60—65° C und aus Kokosfett den Dodecylalkohol, Schmelzpunkt 23° C. Diese Alkohole gewinnen steigende Bedeutung bei der Herstellung von Wasch- und Reinigungsmitteln, wo sie in Form ihrer Schwefelsäureester verwendet werden.

Die Alkohole selbst kommen seit kurzem als völlig neutrale Salbengrundlagen in den Handel. Über ihre Anwendung als hochsiedende Lösungsmittel läßt sich ein abschließendes Urteil noch nicht fällen. Als Weichmachungsmittel für Cellulosederivate kommt ihnen keine Bedeutung zu.

## C. Äther.

### Diphenyloxyd (Diphenyläther).

$$C_6H_5—O—C_6H_5 .$$

| | |
|---|---|
| Schmelzpunkt . . . . . . | 28° C |
| Siedepunkt . . . . . . . | 259° C . |

Hersteller: I. G. Farbenindustrie Aktiengesellschaft.

Diphenyläther ist mehrfach in der Literatur als Weichmachungsmittel für Cellulosederivate empfohlen worden, hat aber für diese Zwecke keine Bedeutung erlangen können.

Ähnlich wie Diphenyl gewinnt Diphenyläther steigende Bedeutung als Wärmeüberträger an Stelle von Quecksilber, Wasserdampf oder Druckwärme. Seine Dämpfe zersetzen sich bei etwa 450° C im laufenden Betrieb nur in sehr geringem Maße und ermöglichen die Heizung auf derartig hohe Temperaturen ohne starke Steigerung des Druckes. Die Anwendung ist die gleiche wie beim Diphenyl, vor dem Diphenyläther den Vorteil des tieferen Schmelzpunktes hat. Besonders geeignet für die genannten Zwecke sind Gemische von Diphenyloxyd und Diphenyläther, da diese bei niedereren Temperaturen noch flüssig bleiben als die einzelnen Komponenten.

[1] Franz. P. 689713. [2] B. Bd. 64 S. 1314.

**Dibenzyläther.**

$C_6H_5—CH_2 \cdot O \cdot CH_2—C_6H_5$.

| | |
|---|---|
| Siedepunkt | 290—300° C |
| $D_4^{20}$ | 1,036 |
| Flammpunkt | 114° C. |

Hersteller: I. G. Farbenindustrie Aktiengesellschaft.

Dibenzyläther ist wasserunlöslich, aber in den meisten organischen Lösungsmitteln löslich und besitzt einen sehr schwachen Geruch. Er kann in Nitrocelluloselacken in Mischung mit anderen weniger flüchtigen Weichmachungsmitteln verwendet werden. Infolge seiner Wasserunlöslichkeit und seines recht guten Fettlösevermögens läßt er sich auch zu Lösungsmittelseifen verarbeiten. Nachteilig ist die leichte Oxydierbarkeit, bei der Benzylaldehyd und schließlich Benzoesäure entstehen.

## D. Ketone.

**Campher.**

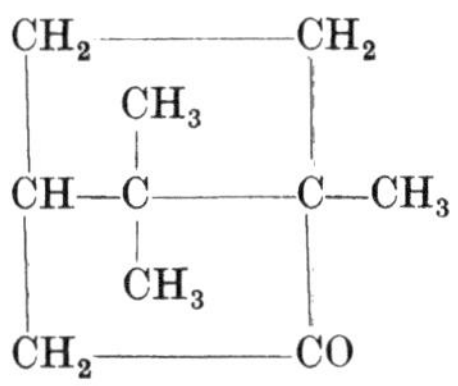


| | |
|---|---|
| Schmelzpunkt | 160° C |
| Siedepunkt | 204—209° C |
| $D_4^{20}$ | 0,963 |
| Flammpunkt | ca. 70° C. |

Campher bildet farblose Krystalle von charakteristischem Geruch. Es ist unverseifbar und in den üblichen Lösungsmitteln gut, in Wasser dagegen nicht löslich. Die angegebenen Daten beziehen sich auf den künstlichen Campher, der gegenüber dem Naturcampher sich in Mitteleuropa weitgehend durchgesetzt hat. Hersteller sind I. G. Farbenindustrie Aktiengesellschaft und Schering-Kahlbaum A. G.

Campher ist das klassische Gelatiniermittel für Nitrocellulose. Im Jahre 1865 entdeckte A. Parkes[1] und kurz danach D. W. Spill und I. Hyatt, daß Nitrocellulose durch in organischen Lösungsmitteln (Sprit) gelösten Campher leicht gelatiniert wird und nach dem Verdunsten des Lösungsmittels ein zäher, klarer, in der Wärme plastischer Körper entsteht, in dem die Explosionsgefährlichkeit der Nitrocellulose herabgesetzt ist. Diese Mischung, das sog. „Camphercelluloid", die normalerweise ungefähr 30% Campher enthält, zeichnet sich durch vorzügliche Verarbeitungsfähigkeit bei bester Festigkeit und Elastizität aus. Besonders beachtenswert ist die vorzügliche Kältebeständigkeit. Die Ge-

[1] Engl. P. 1313/1865.

samtheit dieser Eigenschaften des Camphercelluloids ist heute noch durch kein anderes Mittel, ausgenommen vielleicht Tributylphosphat, erreicht worden, und Campher gilt deshalb auch heute noch für Celluloid als unersetzlich. Campher gestattet indessen nicht die Herstellung von besonders lichtechtem Celluloid, wie es z. B. für splittersicheres Glas erwünscht wäre.

Für Lackzwecke hat sich Campher nicht eingeführt, weil seine Flüchtigkeit zu groß ist und er aus den dünnen Lacküberzugsschichten zum größten Teil verdampft. Seine Wirkung auf die Kältebeständigkeit und sein Gelatiniervermögen für Lack-Kollodiumwolle ist geringer als für Celluloidwolle von niedrigerem Stickstoffgehalt, doch hat Campher eine günstige Wirkung auf den Glanz. Für die Kombination mit Acetylcellulose ist Campher vielfach vorgeschlagen worden, doch hat er sich dafür nicht bewährt; auch in Verbindung mit Harzen und Polymerisationsbindemitteln hat er keine Bedeutung.

Die Verwendung von natürlichem Japancampher ist durch die billige Synthese aus Terpentinöl weitgehend zurückgedrängt worden.

### Campherabfallöle.

Bei der Umarbeitung des Terpentinöles auf Campher entstehen neben flüchtigen Verbindungen auch schwerflüchtige Öle, die sog. Depole (Hersteller I. G. Farbenindustrie Aktiengesellschaft). Es sind hellgelbe bis dunkelbraune zähe Öle, die unter anderem zur Erhöhung der Abbeizwirkung in Abbeizmitteln und zur Herstellung verschiedener Harzkompositionen verwendet werden.

## E. Ester.

Die überwiegende Mehrzahl der heutigen Weichmachungsmittel gehört zu den Estern. Von der ungeheuren Zahl von Produkten, die in den Laboratorien der ganzen Welt als Campherersatz und Weichmachungsmittel geprüft und im Handel angeboten worden sind, hat sich nur eine kleine Zahl wirklich bewährt. Nachstehend werden nur die wichtigeren Produkte erwähnt, dagegen längst überholte Angaben der Literatur, die immer wieder auftauchen, beiseite gelassen.

## 1. Oxalsäureester.

Von den Oxalsäureestern ist lediglich das Cyclohexyloxalat, Schmelzpunkt 35° C, Siedepunkt (20 mm) 220° C, und das Methylcyclohexyloxalat, Siedepunkt (10 mm) 190—200° C, letzteres unter dem Namen „Barkite“ (Howards and Sons) in England als Weichmachungsmittel bekannter geworden. Letzteres ist ein dickes, wasserunlösliches, aber in den meisten organischen Lösungsmitteln lösliches Öl und gelatiniert Nitrocellulose. Wie viele Ester der aliphatischen Dicarbonsäuren gibt es den Filmen anfangs eine hohe Festigkeit, die bei der Warmlagerung oder sonstiger starker Beanspruchung zurückgeht. Es wird in Deutschland nicht hergestellt.

Dibutyloxalat wird in Deutschland unter dem Namen „Lösungsmittel O" (Dr. A. Wacker G. m. b. H.) in den Handel gebracht. Das Produkt steht wegen seiner Flüchtigkeit zwischen den Lösungs- und Weichmachungsmitteln und wird deshalb nur für die Spezialzwecke empfohlen, in denen Lacküberzüge zunächst eine gewisse Zügigkeit aufweisen sollen und später im Ofen nachgetrocknet werden können.

## 2. Weinsäureester.

Von den Weinsäureestern hat Dibutyltartrat zeitweilig einige Bedeutung gehabt. Es löst nur geringe Mengen Wasser und ist mit den üblichen organischen Lösungsmitteln mischbar. Als Ester einer Oxysäure kann es bei Gegenwart von Wasser Spuren freier Säure abspalten. Es ist sehr gut verwendbar in Kombination mit Acetylcellulose und Nitrocellulose, die es beide gelatiniert. Seiner ausgedehnten Verwendung steht in erster Linie der hohe Preis entgegen.

## 3. Adipinsäureester.

Von den Estern der Adipinsäure und der Methyladipinsäure sind in den letzten Jahren mehrere im Handel erschienen:

| | Siedepunkt bei 12 mm | Flammpunkt | $d_4^{15}$ | Verseifungszahl |
|---|---|---|---|---|
| Methyladipinsäuredimethylcyclohexylester (Sipalin MOM) . . | 216—224° | 195 | 1,009 | ca. 325 |
| Adipinsäuredimethylcyclohexylester (Sipalin AOM) . . . . . | 226—232° | 189 | 1,011 | „ 320 |
| Adipinsäuredicyclohexylester (Sipalin AOC) . . . . . . . . | 212° | 185 | 1,030 | „ 340 |

Hersteller: Deutsche Hydrierwerke A. G.

Sämtliche Produkte, von denen das erstgenannte (Sipalin MOM) als das billigste am bekanntesten ist, sind in Wasser bis auf Spuren unlösliche, aber mit den meisten organischen Lösungsmitteln mischbare Flüssigkeiten, die kaum einen Geruch aufweisen und aus Nitrocellulosefilmen nur sehr wenig verdunsten.

Die Ester besitzen ein sehr hohes Gelatiniervermögen für Nitrocellulose, nicht aber für Acetylcellulose. Sie lösen ferner ziemlich gut Harze, Fette, Öle und Kautschuk. Ihre Hauptverwendung finden sie in Nitrocelluloselacken, weil solche Lacke am Licht innerhalb gewisser

Zeiträume nur sehr wenig vergilben. Dies ist besonders für Weißlacke von Bedeutung. Bei solchen Lacken verdient aber der Abfall der Filmelastizität beim Belichten Beachtung[1]. Mischungen aus Adipinsäureestern und Ricinusöl verhalten sich in dieser Beziehung etwas günstiger.

Die Ester der Adipin- und Methyladipinsäuren geben ferner mit Celluloid-Kollodiumwollen plastische Massen von sehr hoher Kältebeständigkeit.

Mit Pigmenten sind die Ester verträglich; sie können deshalb für sich oder in Mischung mit Ricinusöl zum Anreiben von Pigmenten auf dem Walzenstuhl verwendet werden.

Die Ester finden ferner Verwendung in der Kautschukindustrie, weil sie das Mischen des Kautschuks mit den Zusatzstoffen auf der Walze erleichtern.

Auch andere Ester der Adipinsäure und der Methyladipinsäuren sind bekannt, wie z. B. der Äthyl-, Isopropyl- und Cyclohexylester, von denen die beiden erstgenannten noch ziemlich rasch flüchtig sind, aber ein sehr hohes Löse- und Gelatiniervermögen aufweisen. Ferner sind Mischungen mit nichtgelatinierenden Weichmachungsmitteln bekannt, so eine Mischung aus Methyladipinsäuredimethylcyclohexylester, die auch Palmitinsäureester enthält („Sipalin spezial" der Deutschen Hydrierwerke A. G.), Siedepunkt bei 12 mm Druck 180—260°, $D_4^{15}$ 0,963, Flammpunkt + 151° C.

## 4. Stearate.

### Butylstearat.

| | |
|---|---|
| Siedepunkt . . . . . . . . | 221—238° C bei 20 mm |
| $D_4^{20}$ . . . . . . . . . . . | 0,859 |
| Flammpunkt . . . . . . . | + 145°. |

Hersteller in Deutschland: I. G. Farbenindustrie Aktiengesellschaft; Deutsche Hydrierwerke A. G. In Amerika: Commercial Solvents Corp.

Butylstearat zählt zu den nichtgelatinierenden Weichmachungsmitteln für Nitrocellulose, also zur gleichen Gruppe von Produkten wie Ricinusöl, hat aber den Vorteil, nicht ranzig zu werden. Es wird in Lacken meist neben kleinen Mengen von Gelatiniermitteln verarbeitet und neigt nur wenig zum Ausschwitzen. Es gibt den Lacken gute Lichtechtheit und Kältebeständigkeit.

Butylstearat scheint für Speziallacke und Poliermittel besondere Vorteile zu besitzen.

Von den übrigen Stearaten scheint neuerdings ein Stearat von Glykolen ein gewisses Interesse zu bieten. Das Produkt ist wachsartig, in warmem Wasser emulgierbar und kommt deshalb hauptsächlich für die kosmetische Industrie und als Lackpflegemittel in Betracht.

[1] Wolff, H.: Farben-Ztg. Bd. 34 S. 2564.

Es wird in Amerika unter dem Namen Glycerawachs, in Deutschland von der Th. Goldschmidt A.-G. („Tegin“) in den Handel gebracht.

Die übrigen Ester der aliphatischen einbasischen Säuren, beispielsweise der Ölsäure, Leinölsäure, Kokosfettsäure, haben bis jetzt größeres Interesse nicht gefunden.

## 5. Benzoate.

Benzoate sind in der Literatur wiederholt als Weichmachungsmittel beschrieben worden. Ihre niederen Glieder, wie Methylbenzoat, sind noch ziemlich flüchtig und weisen einen deutlichen Geruch auf; die höheren Glieder, wie z. B. die Benzoate von Glykolen, sind teilweise kaum noch flüchtig, aber in ihrer Wirkung als Weichmachungsmittel anscheinend den Phthalsäureestern keineswegs überlegen und teurer. Am bekanntesten ist

### Benzylbenzoat.

| | |
|---|---|
| Siedepunkt . . . . . . . | 320—325° C |
| Erstarrungspunkt . . . . | + 15—19° C. |

Dieses Produkt wird nur in sehr kleinen Mengen zu Lacken zugefügt und hat ebenso wie die meisten Alkylbenzoate seine Hauptverwendung in der Riechstoffindustrie.

## 6. Phthalsäureester (Phthalate).

Die Phthalsäureester sind heute die wichtigsten und am vielseitigsten in der ganzen Welt verwendeten Weichmachungsmittel für Nitrocellulose; einige Glieder gewinnen auch für Acetylcellulose immer mehr an Bedeutung. Die Alkylester der Phthalsäure sind farblos, zu weniger als 1 % in Wasser löslich und haben bei guter Herstellung einen Säuregehalt, der unter 0,02 % liegt. Ihre überragende Stellung verdanken die Phthalsäureester einmal ihrem hohen Gelatiniervermögen und der sonst kaum erreichten Harzverträglichkeit sowie den ausgezeichneten Eigenschaften der lichtechten Mischungen von Phthalsäureester und Ricinusöl, dann aber auch ihrer ziemlich hohen Lichtbeständigkeit und der über eine große Anzahl von Jahren bewährten Dauerhaftigkeit der mit ihrer Hilfe hergestellten Nitrocellulose-Lackschichten. Die Verwendung der einzelnen Glieder dieser Gruppe liegt indessen auf verschiedenen Anwendungsgebieten.

### Dimethylphthalat.

| | |
|---|---|
| Siedepunkt (20 mm) . . . | 158—169° C |
| $D_4^{20}$ . . . . . . . . . . . | 1,190 |
| Flammpunkt . . . . . . . | + 132° C. |

Hersteller: I. G. Farbenindustrie Aktiengesellschaft (Palatinol M).

Dimethylphthalat gelatiniert Nitrocellulose und handelsübliche Acetylcellulose, ist aber noch merklich aus den Filmen flüchtig. Es wird in größeren Mengen als Gelatiniermittel für plastische Massen aus Acetylcellulose, aber auch neben weniger gut gelatinierenden Mitteln in Acetylcelluloselacken gebraucht, da es Ausscheidungen von Triphenylphosphat verzögert und sogar verhindern kann. Dimethylphthalat findet ferner Verwendung für Kautschukmischungen, um deren Plastizität vor der Vulkanisation zu verbessern und das Verarbeiten des Kautschuks mit Füllstoffen zu erleichtern[1].

## Diäthylphthalat.

| | |
|---|---|
| Siedepunkt (20 mm) . . . | 174—179° C |
| $D_4^{20}$ . . . . . . . . . . . | 1,118 |
| Flammpunkt . . . . . . | +140° C. |

Hersteller: I. G. Farbenindustrie Aktiengesellschaft (Palatinol A); Byk-Guldenwerke A. G. (Placidol E).

Diäthylphthalat findet hauptsächlich als Gelatiniermittel und Campherersatz für plastische Massen und Kunststoffe aus Nitrocellulose Verwendung. Mit Acetylcellulose ist es verträglich, ohne indessen gelatinierende Eigenschaften zu besitzen. Wegen seiner verhältnismäßig hohen Flüchtigkeit hat es für Nitrocelluloselacke keine größere Bedeutung. Es wird ähnlich wie Dimethylphthalat in Kautschukmischungen verwendet[1].

## Dibutylphthalat.

| | |
|---|---|
| Siedepunkt (20 mm) . . . | 200—216° C |
| $D_4^{20}$ . . . . . . . . . . . | 1,046 |
| Flammpunkt . . . . . . | 160° C. |

Hersteller: I. G. Farbenindustrie Aktiengesellschaft (Palatinol C); Byk-Guldenwerke A. G. (Placidol B).

Dibutylphthalat ist das wichtigste und auf der ganzen Welt am meisten gebrauchte Gelatiniermittel für Nitrocelluloselacke; es zeichnet sich aus durch hohe Stabilität und ungewöhnlich hohe Verträglichkeit mit Harzen. Mit Acetylcellulose ist das Produkt dagegen nur wenig verträglich. In Kombination mit Celluloseäthern und Polymerisationsbindemitteln wie Polyvinylacetat wird es dagegen mit Vorteil verarbeitet.

Dibutylphthalat ist aus Nitrocelluloselacken nur wenig flüchtig und unterscheidet sich dadurch erheblich von Dimethyl- und Diäthylphthalat, die beide beträchtlich flüchtiger sind. Filme mit Dibutylphthalat bleiben dauernd elastisch. Sie zeigen ferner eine hohe Lichtechtheit, doch tritt bei weißen und hellbunten Lacken im Laufe der Zeit eine mäßige Vergilbung ein. Mischungen von Dibutylphthalat und Ricinusöl vergilben dagegen in weißen Lacken nur noch sehr wenig. Alle Filme behalten aber auch bei längerer Belichtung eine relativ

[1] DRP. 546690 der I. G. Farbenindustrie Aktiengesellschaft.

hohe Elastizität. Die Kältebeständigkeit von Filmen aus Lack-Kollodium-Wolle mit Dibutylphthalat ist gut.

Mit Pigmenten ist Dibutylphthalat gut verträglich; es wird deshalb für sich allein oder in der Kombination mit Ricinusöl zum Anreiben von Pigmenten auf dem Walzenstuhl verwendet. Dibutylphthalat wird auf allen Anwendungsgebieten der Nitrocellulose verwendet; besonders bewährt haben sich Überzüge auf Metallen aller Art, Leder und Holz. In Politurlacken dagegen ist es mitunter empfehlenswert, das weniger stark gelatinierende Trikresylphosphat zu verwenden.

Für besonders elastische Filme, z. B. für Dauermatrizen, haben sich Kombinationen von Dibutylphthalat und Ölen bewährt.

## Diamylphthalat.

| | |
|---|---|
| Siedepunkt (20 mm) . . . | 210—220° C |
| $D_4^{20}$ . . . . . . . . . . | 1,015—1,02 |
| Flammpunkt . . . . . . | 170° C. |

Hersteller: Byk-Gulden-Werke A. G. (Placidol A).

Diamylphthalat unterscheidet sich von Dibutylphthalat lediglich durch eine nur unwesentlich langsamere Flüchtigkeit. Wie nachstehende Tabelle zeigt, sind die bestehenden Unterschiede von ganz geringer Bedeutung.

In Filmen aus 2 Teilen Kollodiumwolle und 1 Teil Phthalsäureester ermittelte A. W. van Heuckeroth[1] folgende Verluste an Weichmachungsmitteln innerhalb der ersten Lagerungszeit:

| | |
|---|---|
| Film mit Diäthylphthalat. . . | 2,39 % |
| „ „ Dibutylphthalat . . | 0,98 % |
| „ „ Diamylphthalat. . . | 0,87 % |

Diese Unterschiede stimmen in der Größenordnung mit den Angaben anderer Autoren und zahlreichen eigenen Untersuchungen des Verfassers überein. Vereinzelte abweichende Literaturangaben konnten dagegen in keinem Falle bestätigt werden.

Diamylphthalat wird in vielen Literaturstellen mit Recht als hochwertiges Weichmachungsmittel erwähnt. Das Produkt hat indessen praktisch gegenüber dem billigeren und in seinen Eigenschaften beinahe übereinstimmenden Dibutylphthalat nirgends erhebliche Verbreitung gefunden.

Diisobutylphthalat ist etwa identisch mit Dibutylphthalat, aber etwas flüchtiger. Es hat gegenüber dem Dibutylphthalat keine Bedeutung erlangt und ist nicht mehr im Handel (früher „Palatinol JC“ der I. G. Farbenindustrie Aktiengesellschaft).

---

[1] Scientific Section Circular Bd. 383 (1931) S. 187; Ref. Farben-Ztg. Bd. 37 S. 659.

**Neutraler Phthalsäureester des Glykolmonomethyläthers (Di-methylglykolphthalat).**

| | |
|---|---|
| Siedepunkt (20 mm) . . . | 209—261° C |
| $D_4^{20}$ . . . . . . . . . . . | 1,17 |
| Flammpunkt . . . . . . | + 174° C. |

Hersteller: I. G. Farbenindustrie Aktiengesellschaft (Palatinol O).

Dieses Phthalat ist weniger flüchtig als Dibutylphthalat, besitzt aber eine etwas gelbliche Färbung. Es ist das beste zur Zeit bekannte Weichmachungsmittel für Acetylcellulose, der es bei ziemlich hoher Festigkeit vor allem gute Geschmeidigkeit gibt. Das Produkt ist besonders geeignet für Acetylcelluloselacke, die, wie beispielsweise Kabellacke, hohen Anforderungen an Wärmebeständigkeit und bleibende Zügigkeit genügen müssen. Sofern der Acetylcellulose Weichmachungsmittel in Höhe von mehr als etwa 50 % zugesetzt werden sollen, wird das Dimethylglykolphthalat in Mischung mit Triphenylphosphat oder Toluolsulfamidprodukten (Plastolen, Plastomoll) verwendet, um Härte und Zügigkeit zu regulieren.

Di-methylglykolphthalat läßt sich auch mit Nitrocellulose zu Lacken von guter Lichtbeständigkeit verarbeiten.

Die Phthalate des Glykolmonoäthyläthers (früher Palatinol E der I. G. Farbenindustrie Aktiengesellschaft) und des Glykolmonobutyläthers sind wesentlich weniger geeignet für die Kombination mit Acetylcellulose. Infolge ihres gegenüber Dibutylphthalat höheren Preises haben sie für die Verarbeitung mit Nitrocellulose keine größere Beachtung gefunden.

Andere Phthalsäureester haben teils wegen ihrer weniger günstigen Eigenschaften, teils aus Preisgründen keine Bedeutung erlangt.

Zu den Phthalsäureestern zählen auch die seit einigen Jahren besonders in Amerika entwickelten Phthalsäureverbindungen, die unter den Namen Alkydal, Glyptal, Dulux, Rezylharz und anderen Namen bekannt geworden sind. Diese Produkte sind in Kapitel IV besprochen worden.

## 7. Hexahydrophthalsäureester.

Durch völlige Hydrierung der Phthalsäureester erhält man die Hexahydrophthalsäureester. Sie zeigen als gelatinierende Weichmachungsmittel in Lacken ähnliche Eigenschaften, doch ist ihre Flüchtigkeit etwas größer als die der entsprechenden Phthalsäureester. Am bekanntesten ist der

**Dibutylester der Hexahydrophthalsäure.**

| | |
|---|---|
| Siedepunkt (10 mm) . . . | 185—190° C |
| $D_4^{15}$ . . . . . . . . . . . | 1,005 |
| Flammpunkt . . . . . . | + 152° C. |

Hersteller: Deutsche Hydrierwerke A. G. (Hydropalat B).

Der Ester gelatiniert nur Nitrocellulose. Für Acetylcellulose kommt ein in viel weiteren Grenzen (Gemisch) siedender Ester von wesentlich niedrigerem Flammpunkt, Hydropalat CY, Siedepunkt (15 mm) 130 bis 195° C, $D_4^{15}$ 1,051, Flammpunkt 105° C, in den Handel.

## 8. Salicylsäureester.

Die Salicylsäureester sind in der Literatur wiederholt beschrieben worden. Sie ähneln den Benzoesäureestern, zeigen aber einen noch stärker ausgeprägten Geruch und sind ziemlich teuer. Sie haben nur auf dem Gebiet der Riechstoffe und Pharmazeutica Bedeutung gewonnen.

## 9. Wachsalkoholester.

Die Ester der auf S. 276 genannten Fettalkohole oder Wachsalkohole zeigen durchweg einen ausgesprochen ölartigen Charakter. Nur die niederen Glieder zeigen noch ein schwaches Gelatiniervermögen für Nitrocellulose. Mit Acetylcellulose sind sie sämtlich nicht verträglich. Ob diese Gruppe von Körpern für Anstrichmittel oder plastische Massen oder auf anderen Spezialgebieten einmal Bedeutung erlangen wird, läßt sich noch nicht übersehen und wird großenteils vom Preise abhängen, der vorläufig noch sehr hoch ist. Beschrieben sind namentlich folgende Produkte[1]:

| | Siedepunkt | Verseifungszahl | Spezifisches Gewicht | Brechungsindex |
|---|---|---|---|---|
| Dodecylacetat, technisch . . . . $Kp_{15}$ | 140—160° | 240—250 | 0,869 | 1,434 |
| Tetradecylacetat, technisch . . . $Kp_{12}$ | 160—185° | 220 | 0,845 | 1,437 |
| Hexadecylacetat, technisch . . . $Kp_{12}$ | 180—205° | 185 | 0,861 | 1,440 |
| Dodecylbutyrat, rein . . . . . . $Kp_{20}$ | 174° | 220 | 0,859 | 1,434 |
| Dodecyloleat, technisch . . . . . . . . | — | 120—130 | 0,867 | 1,455 |
| Octadecenyloleat, technisch . . . . . . | — | 120 | 0,884 | 1,465 |
| Octadecenylbenzoat, technisch. . $Kp_{13}$ | 250—280° | 155—165 | 0,953 | 1,490 |

## 10. Glycerinester.

### Triacetin.

Siedepunkt (20 mm) . . . . . 152° C
$d_4^{20}$ . . . . . . . . . . . . . . 1,165
Flammpunkt . . . . . . . . . +140° C.

Hersteller: I. G. Farbenindustrie Aktiengesellschaft; Chem. Fabrik von Heyden A. G.

Reines Triacetin ist fast geruchlos und in Wasser nur sehr wenig löslich; es löst sich auch nicht in Benzinkohlenwasserstoffen und trocknenden Ölen und zeigt für schwach polare Harze nur ein begrenztes Lösevermögen. In Benzolkohlenwasserstoffen, Estern und Glykoläthern ist es dagegen gut löslich. Trotz seines guten Gelatinierver-

[1] Stickdorn: Farben-Ztg. Bd. 37 S. 341.

mögens hat es für die Verarbeitung mit Nitrocellulose keine größere Bedeutung erlangt. Seine Hauptverwendung findet es in Verbindung mit Celluloseacetat. Da es sich mit diesem in weiten Grenzen verarbeiten läßt, findet man es außer in Lacken vor allem auch in plastischen Massen und Kunststoffen. Seine Flüchtigkeit ist indessen größer als die anderer Weichmachungsmittel für Acetylcellulose und dünne Filme büßen im Laufe der Zeit merklich an Zügigkeit ein, so daß Triacetin häufig in Mischung mit weniger flüchtigen Weichmachungsmitteln verwendet wird.

Das reine Produkt zeigt nur einen sehr geringen Geschmack und unterscheidet sich dadurch von den meisten anderen Weichmachungsmitteln. Die technischen Triacetinsorten, die häufig noch etwas Diacetin und Monoacetin enthalten, sind mehr oder weniger wasserlöslich und finden für den Zeugdruck in der Textilindustrie Verwendung. Triacetin hat ein gutes Lösevermögen für viele Farbstoffe.

Mono- und Diacetin sind wasserlöslich und aus diesem Grunde als Weichmachungsmittel von wesentlich geringerer Bedeutung.

Die Acetate der Polyglycerine, die hier und da im Handel aufgetaucht sind, sind weniger flüchtig. Bis jetzt haben sie nennenswerte Bedeutung nicht erlangt.

### Tribuytrin.

| | |
|---|---|
| Siedepunkt (760 mm) . . . | 285° C |
| $D_4^{20}$ . . . . . . . . . . . . | 1,0324. |

Tributyrin ist weniger flüchtig und unempfindlicher gegen Wasser als Triacetin. Das reine Produkt ist fast geruchlos; durch spurenweise Verseifung tritt leicht der außerordentlich unangenehme Geruch der Buttersäure auf. Das Produkt hat ebenfalls bisher keine Bedeutung erlangt.

### Gemischte Glycerinester

sind vielfach angeboten worden. Vor allem hat man in früheren Jahren Ester in den Handel gebracht, welche neben Essigsäure noch Benzoesäure enthielten. Am bekanntesten ist das Mollit BR extra (I. G. Farbenindustrie Aktiengesellschaft), $D_4^{20}$ 1,10—1,12, Flammpunkt 197° C, das nicht mehr destillierbar ist. Es gibt mit Nitrocellulose besonders zügige Filme, wie sie für Kunstlederzwecke geschätzt werden, und ist auch gut geeignet für zügige Lederlacke und Deckfarben. Es ist indessen wohl aus Preisgründen fast aus dem Markt verschwunden.

## 11. Phosphorsäureester.

Von der o-Phosphorsäure leiten sich drei Gruppen von Estern ab, je nachdem ob ein, zwei oder drei Wasserstoffatome durch organische Radikale ersetzt sind. Nur die vollständig veresterten neutralen Phosphate haben als Weichmachungsmittel Bedeutung.

Bei den neutralen Phosphaten ist zu unterscheiden zwischen solchen der aliphatischen Alkohole und denen der Phenole. Erstere sind von außerordentlich hoher Lichtechtheit in Nitrocellulosefilmen und zeigen eine sehr hohe Gelatinierwirkung; die niedersten Glieder sind noch so flüchtig, daß sie nicht für Lackzwecke Verwendung finden können. Die aromatischen Ester des Phenols und der Kresole gelatinieren etwas weniger stark, sind beinahe gar nicht mehr flüchtig und im Nitrocellulosefilm nicht vollkommen lichtbeständig, geben aber gleichwohl auch bei Belichtung den Filmen eine bleibend hohe Elastizität.

Von den aliphatischen Phosphorsäureestern hat größere Bedeutung nur

## Tributylphosphat.

$(C_4H_9)_3PO_4$.

| | |
|---|---|
| Siedepunkt (20 mm) . . . . . | 180° C |
| ,, bei 760 mm . . . . . . | 289° C |
| $D^{20}_{4}$ . . . . . . . . . . . . . | 0,979 |
| Flammpunkt . . . . . . . . | + 160° C |
| Viscosität . . . . . . . . . . | 1,2° Engler bei 20° C |
| Löslichkeit in Wasser . . . . | 0,025 % |
| Verseifbarkeit . . . . . . . . | 0,001 % bei 50° C. |

Hersteller: I. G. Farbenindustrie Aktiengesellschaft.

Tributylphosphat ist farblos, fast ohne Geruch und mischt sich mit den meisten organischen Lösungsmitteln. Seine Brennbarkeit ist sehr gering. Gute Handelsprodukte müssen säurefrei sein.

Tributylphosphat ist eines der besten Gelatiniermittel für Nitrocellulose. Mit Celluloidwollen gibt es ein sehr lichtechtes und kältebeständiges Celluloid, wie es für wichtige Spezialzwecke gewünscht wird. Auch mit anderen Nitrocellulosetypen läßt es sich sehr gut verarbeiten; infolge des sehr hohen Lösevermögens werden leicht sehr weiche und zügige Filme erhalten. Tributylphosphat kann deshalb sehr stark mit Ricinusöl gestreckt werden. Solche Mischungen, ebenfalls lichtbeständig, sind besonders zweckmäßig und werden für Lacke und Kunstlederzwecke gebraucht. Zu große Zusätze an Tributylphosphat führen infolge des hohen Lösevermögens leicht zu einem Kleben der Filmschichten in der Wärme. Das Produkt ist auch für plastische Massen und Lacke aus Acetylcellulose und Celluloseäthern verwendbar. Leider ist sein Preis verhältnismäßig hoch.

Die übrigen aliphatischen Ester der Phosphorsäure haben folgende physikalische Konstanten:

| | Sdp. | $d^{25}_{4}$ |
|---|---|---|
| Trimethylphosphat (760 mm) . . . . . . . | 196° | 1,2052 |
| Triäthylphosphat (760 mm) . . . . . . . . | 215° | 1,0637 |
| Tri-n-propylphosphat (760 mm) . . . . . . | 252° | 1,0023 |
| Triisobutylphosphat (760 mm) . . . . . . . | 264° | 0,9617 |
| Triamylphosphat . . (50 mm) . . . . . . . | 225° | 0,9497 |

In neuester Zeit kommen einige Gelatiniermittel, welche Phosphorsäureester der aliphatischen Reihe enthalten, unter dem Sammelnamen „Cetamoll“ in den Handel (Hersteller: I. G. Farbenindustrie Aktiengesellschaft).

| | Siedepunkt (10 mm) | $d_4^{20}$ | Flammpunkt (nach Pensky-Martens) |
|---|---|---|---|
| Cetamoll AB . . . . . . . . . | 120—230° C | 1,033 | 155° C |
| Cetamoll MB . . . . . . . . . | 180—220° C | 1,089 | 120° C |
| Cetamoll P . . . . . . . . . | 120—129° C | 1,014 | 130° C |

Diese Produkte haben ein hohes Gelatiniervermögen für Nitro- und Acetylcellulose und werden für plastische Massen empfohlen, da sie vor allem mit Acetylcellulose celluloidähnliche Massen von hoher Lichtechtheit und ungewöhnlich guter Kältebeständigkeit bilden. Für Lackzwecke haben die Produkte keine besonderen Vorzüge.

## Triphenylphosphat.

$(C_6H_5)_3PO_4$.

| | |
|---|---|
| Schmelzpunkt . . . . . . | 48,8—49° C |
| Siedepunkt (20 mm) . . . | 260° C |
| $D_4^{20}$ . . . . . . . . . . | 1,185 (geschmolzen) |
| Schüttgewicht . . . . . . | 0,6 |
| Flammpunkt . . . . . . | + 235° C |
| Löslichkeit in Wasser . . | 0,2 % bei 50° C |
| Viscosität . . . . . . . . | 1,7° Engler bei 70° C |
| Verdampfung . . . . . . | 0,05 % in 2 Stunden bei 100° C |
| Verseifbarkeit . . . . . . | 0,0018 % bei 50° C. |

Hersteller: I. G. Farbenindustrie Aktiengesellschaft; Hiag-Verein G.m.b.H.; Chem. Fabrik von Heyden.

Triphenylphosphat bildet weiße Krystalle, die bei dem reinen Produkt kaum noch riechen und sich in den meisten üblichen organischen Lösungsmitteln lösen. Benzinkohlenwasserstoffe und Wasser lösen Triphenylphosphat dagegen nicht. Das Produkt brennt nicht und setzt auch die Brennbarkeit von Nitrocellulosefilmen herab. Es hat ein gutes Gelatiniervermögen für Kollodiumwolle, wird aber in Kombination damit nur selten verwandt, vielmehr meist durch das billigere Trikresylphosphat ersetzt.

Seine Hauptverwendung findet es in der Kombination mit Acetylcellulose. Obwohl es kein gutes Gelatiniermittel für diesen Celluloseester ist, gibt es plastischen Massen, Kunststoffen, aber auch Lacken aus Acetylcellulose hohe Festigkeit. Seine Verwendung ist aber dadurch begrenzt, daß nicht mehr als etwa 30 Teile Triphenylphosphat auf 100 Teile Acetylcellulose verwendet werden dürfen, wenn Krystallisationen mit Sicherheit vermieden werden sollen. Bis jetzt ist es nicht möglich gewesen, Triphenylphosphat durch andere Produkte vollwertig zu ersetzen; wo geschmeidigere Produkte aus Acetylcellulose verlangt werden, vor allem für Lackzwecke, wird Di-methylglykolphthalat vorgezogen, das häufig auch mit Triphenylphosphat gemischt wird.

## Trikresylphosphat.

$(CH_3 \cdot C_6H_4)_3PO_4$.

| | |
|---|---|
| Siedepunkt (760 mm) . . | ca. 400° unter Zersetzung |
| „ (20 mm) . . . | 275—280° C |
| $D^{25}_{4}$ . . . . . . . . . . | 1,179 |
| Flammpunkt . . . . . . | +230° C |
| Erstarrungspunkt . . . . | —30° C |
| Viscosität bei 0° C . . . | 70° Engler |
| „ „ 20° C . . . | 10° „ |
| „ „ 50° C . . . | 2,5° „ |
| Verdampfungsverlust . . . | 0,03 % in 2 Stunden bei 100° C |
| Dampfdruck bei 150° C. . | weit unter 0,01 mm |
| Ausdehnungskoeffizient. . | 0,0012 (50—100° C) |
| Verseifbarkeit . . . . . . | 0,0003 % bei 50° C |
| Löslichkeit in Wasser . . | 0,02 % |
| $n^{20}_{D}$ . . . . . . . . . . | 1,5568 |
| Spezifische Wärme . . . . | 0,305 |
| Durchschlagsfestigkeit . . | 150 kV/cm. |

Hersteller: I. G. Farbenindustrie Aktiengesellschaft (Trikresylphosphat CIIS, für das obige Daten gelten); Chem. Fabrik von Heyden. In Amerika: Celluloid Corp. (Lindol).

Trikresylphosphat war früher meist dunkel gefärbt und nicht geruchlos. Seit einigen Jahren kommt es völlig farblos und ohne Geruch in den Handel. Es zeigt dann, solange es nicht gelöst wird, eine schwach bläuliche Fluorescenz. Erst durch die Schaffung des völlig reinen Produktes ist die große Anwendung möglich geworden.

Trikresylphosphat ist nächst Dibutylphthalat das in der ganzen Welt für Lackzwecke seit Jahren am meisten verwendete Gelatiniermittel für Nitrocellulose. Es unterscheidet sich von Dibutylphthalat durch seine beinahe vollständige Nichtflüchtigkeit. Für Acetylcellulose ist es nicht gut verwendbar. Sein Gelatiniervermögen für Kollodiumwolle ist etwas geringer als das des Dibutylphthalates. Infolgedessen und wegen der nicht sehr raschen Mischbarkeit mit Benzinkohlenwasserstoffen neigen Nitrocelluloselackschichten, die Trikresylphosphat enthalten, in Berührung mit Alkohol-Benzol-Benzin-Gemischen weniger leicht zum Anquellen, vor allem wenn gleichzeitig noch etwas geblasenes Ricinusöl vorhanden ist und die dem Lackfilm zugesetzten Harzmengen sehr gering bleiben. Für Polierlacke wird Trikresylphosphat häufig deshalb vorgezogen, weil es in dem zum Abpolieren verwendeten Polieröl unlöslich ist.

Nitrocellulosefilme mit einem Gehalt an Trikresylphosphat gilben am Licht stärker als Filme mit einem Gehalt an Phthalsäure- und Adipinsäureestern. Wird Trikresylphosphat dagegen mit Ricinusöl gemischt, wie dies in Lacken häufig der Fall ist, so wird die Lichtbeständigkeit wesentlich erhöht. Die Elastizität von Trikresylphosphat enthaltenden Kollodiumwollefilmen wird durch längeres Belichten verhältnismäßig wenig vermindert. Die Kältebeständigkeit von plastischen Massen aus Trikresylphosphat und Celluloidwollen ist schlecht; deshalb findet Trikresylphosphat nicht für alle Arten von Celluloid Verwendung. In Verbindung mit Lackwollen ist die Kältebeständigkeit besser. Trikresylphosphat ist ein ausgezeichneter Lösungs- und Elastizitätsvermittler zwischen den verschiedensten Harztypen und Nitrocellulose. Vor allem ist es auch gut geeignet für die Kombination von Fettsäure enthaltenden Phthalsäureharzen mit Nitrocellulose. Gegen die üblichen Pigmente ist es indifferent. Es wird auch in Mischung mit Ricinusöl zum Anreiben von Pigmenten gebraucht. Nur für das Anreiben einzelner Pigmente hat sich Dibutylphthalat besser bewährt.

Trikresylphosphat zeigt ein ungewöhnlich hohes Lösevermögen für Phenole. Es wird dadurch möglich, die Phenole, welche in meist sehr geringer Konzentration in den Abwässern der Schwelerei und der Kokerei und in Gaswässern vorhanden sind und wegen ihrer Wirkung daraus beseitigt werden müssen, mit Hilfe von Trikresylphosphat auszuwaschen. Das Verfahren ist in der I. G. Farbenindustrie Aktiengesellschaft ausgearbeitet worden[1].

Infolge des außerordentlich niedrigen Dampfdruckes wird Trikresylphosphat ferner als Sperrflüssigkeit in physikalisch-technischen Meßapparaten, wie Gasdruckreglern, Gasuhren und Gaswagen verwendet. Es löst die meisten Gase nur sehr wenig auf. Auch als Heizbadflüssigkeit für Ölbäder und Thermostaten hat es sich bewährt.

Ein Zusatz von etwa 1% Trikresylphosphat zu Tetrachlorkohlenstoff soll die Phosgenbildung verhindern[2].

Auch zum Auswaschen von Lösungsmitteln aus Gasen kann Trikresylphosphat verwendet werden[3], doch sind Wiedergewinnungsverfahren für Lösungsmittel auf dieser Basis bisher noch nicht im großen ausgeführt worden.

In der Literatur sind ferner gemischte Ester der Phenole und der Chlorphenole beschrieben; sie sind durchweg teurer und ohne besondere Vorteile.

## 12. Kieselsäureester.

Die Kieselsäure vermag mit Alkoholen flüssige, schwerflüchtige Ester zu bilden, die am besten aus 1 Teil Siliciumtetrachlorid mit etwa 1,3—1,5 Volumteilen Alkohol hergestellt werden. Die Produkte sind

[1] Engl. P. 328388.

[2] Engl. P. 317843, 319320 der I. G. Farbenindustrie Aktiengesellschaft.

[3] Franz. P. 624450.

nicht brennbar und als die Brennbarkeit herabsetzende Zumischungen zu Celluloid und Filmen aus Nitrocellulose vorgeschlagen worden[1]. Ihre Verwendung für diese Zwecke ist aber an zwei Eigenschaften gescheitert. Einmal wird die Brennbarkeit der Filme keineswegs vermindert, weiter aber sind die Ester sehr unbeständig; sie neigen in hohem Maße dazu, bei Zutritt von Feuchtigkeit wieder in Kieselsäuregel und den Alkohol überzugehen.

Auf dieser an sich unerwünschten Eigenschaft der Kieselsäureester hat man versucht, eine Spezialverwendung als Konservierungsmittel für poröse und leicht verwitternde Bausteine aufzubauen[2]. Durch Lösen in organischen Lösungsmitteln wie Alkohol-Toluol-Gemischen, erhält man Lösungen, die auf Bausteine aufgebracht, mit der Feuchtigkeit des Untergrundes leicht unter Zersetzung reagieren. Da die Feuchtigkeit der Bausteine ziemlich stark schwankt, reguliert man die Zersetzung von vornherein in der Weise, daß man der Lösung gewisse Mengen Wasser zusetzt; es bildet sich dann ein kolloidales Kieselsäuregel schon in der Lösung. Die auf den Bausteinen erhaltenen Überzüge sind stets porös, also nicht für Metall und Holz, sondern nur für Mauerwerk und Gestein geeignet. Die Herstellung und Verarbeitung bietet aber wegen der leichten Zersetzlichkeit und des Eintretens von kaum zu kontrollierenden kolloid-chemischen Vorgängen in Bezug auf Haftvermögen und Härte der Überzüge praktisch einige Schwierigkeiten. Ob die vor einiger Zeit in England aufgetauchten Produkte eine größere Verbreitung finden werden, bleibt daher abzuwarten.

Für ähnliche Verwendungszwecke sind Titansäureester vorgeschlagen worden. Aus ihnen entsteht durch Zersetzung Titandioxyd.

Von Estern anorganischer Säuren sind ferner noch die Borsäureester bekannt geworden. Sie zersetzen sich unter dem Einfluß der Feuchtigkeit ebenfalls, und zwar unter Bildung von Borsäure. Dies tritt auch in Nitrocellulosefilmen ein. Die Säure greift die Filmunterlage, z. B. Metalle, an und kann auf die Filmfestigkeit Einfluß haben. Praktische Bedeutung haben diese Ester bisher ebenfalls nicht gewonnen.

## 13. Toluolsulfosäureester.

Von den verhältnismäßig leicht zugänglichen o- und p-Toluolsulfosäuren leitet sich eine Reihe von seit langem bekannten Weichmachungs-

---

[1] DRP. 170784, 149764; Engl. P. 10320/1910.

[2] King, G.: Oil and Colour Trades Journ. Bd. 76 (1927) S. 1627; Ref. Farben-Ztg. Bd. 35 S. 1155.

mitteln ab. Die Ester dieser Säuren haben keine Bedeutung erlangt, dagegen sind die mit Hilfe von Ammoniak und Aminen erhältlichen Toluolsulfamidprodukte von Interesse. Sie zeichnen sich sämtlich durch ihr Gelatiniervermögen für Nitrocellulose und in geringerem Maße auch für Acetylcellulose aus und geben Filme mit diesen Celluloseestern, in denen die Elastizität und hohe Härte der Celluloseester weitgehend erhalten bleibt. Ihre Verwendung zusammen mit Nitrocellulose ist stark zurückgegangen, weil die Lichtbeständigkeit schlecht ist. Die Filme zeigen unter dem Einfluß des Lichtes neben einer starken Vergilbung auch eine erhebliche Versprödung. In der Kombination mit Acetylcellulose ist die Lichtechtheit aber bedeutend besser und eine Schädigung der Filmelastizität tritt nicht ein. Die meisten Produkte sind in Benzin unlöslich, also für benzinfeste Lacke von einem gewissen Interesse.

Aus der größeren Zahl der bekannten reinen Substanzen, deren Eigenschaften ziemlich nahe beieinanderliegen, haben sich die nachstehenden Handelsprodukte in Europa entwickelt, sie stellen teilweise Mischungen dar, in denen die mitunter störende Krystallisationsfreudigkeit der bei Zimmertemperatur festen Produkte herabgesetzt ist. Über einige Vergleiche mit den schlechter geeigneten Benzolsulfosäurederivaten berichtet T. S. Carswell[1].

## Plastol C II.

| | |
|---|---|
| Schmelzpunkt . . . . . . | ca. 100° C |
| Siedepunkt (20 mm) . . . | 225—230° C |
| $D_4^{20}$ . . . . . . . . . . . | 1,320. |

Hersteller: I. G. Farbenindustrie Aktiengesellschaft.

Plastol C II ist das billigste Produkt dieser Reihe. Es scheint zur Hauptsache Toluolsulfamid zu enthalten, und es ist in Benzin und Wasser unlöslich, löst sich aber in den meisten übrigen Lösungsmitteln. Seine Hauptverwendung hat es in Acetylcelluloselacken, da es auch die Haftfestigkeit verbessert und damit gewisse harzähnliche Eigenschaften hat. Da für die Acetylcellulose gut verträgliche und einigermaßen lichtbeständige Harze bisher fehlen, ist diese Eigenschaft besonders beachtenswert.

## Plastol M.

| | |
|---|---|
| Schmelzpunkt . . . . . . | ca. 45° C |
| Siedepunkt (20 mm) . . . | 210—215° C |
| $D_4^{20}$ . . . . . . . . . . . | 1,286. |

Hersteller: I. G. Farbenindustrie Aktiengesellschaft.

Plastol M wird für plastische Massen und Lacke aus Acetylcellulose gebraucht. Es neigt weniger zum Krystallisieren als Plastol C II und

[1] Ind. and Engin. Chem. Bd. 21 (1929) S. 1176; Ref. Farbe u. Lack 1930 S. 247; Farben-Ztg. Bd. 35 S. 1987.

hat eine Reihe von harzähnlichen Eigenschaften. Vor allem erhöht es in erheblichem Maße den Glanz. Es wird meist in Verbindung mit Di-methylglykolphtalat oder Dimethylphtalat verwendet, wobei die Zügigkeit der Filme erhöht wird.

### Plastomoll P.

| | |
|---|---|
| Siedepunkt (20 mm) . . . | 195—225° C |
| $D_4^{20}$ . . . . . . . . . . | 1,178. |

Hersteller: I. G. Farbenindustrie Aktiengesellschaft.

Plastomoll P ist flüssig und in den üblichen Lösungsmitteln, auch in Benzinen, löslich. Es ist von allen Toluolsulfosäurederivaten noch am besten mit Nitrocellulose verträglich, führt indessen bei Warmlagerung oder Belichtung der Filme gleichfalls zu Vergilbungen. Seine Hauptanwendung findet es in plastischen Massen und Lacken aus Acetylcellulose. Es erhöht gleichzeitig die Zügigkeit der Filme, so daß Zusätze von Di-methylglykolphtalat nicht unbedingt notwendig sind.

Plastomoll P wird auch als Zusatzmittel zu Caseinmassen zur Erhöhung der Plastizität verwendet.

Ähnliche Produkte meist einheitlicher Zusammensetzung sind ferner unter folgenden Namen bekannt, aber nicht mehr alle im Handel.

Camphrosal (Chem. Fabrik von Heyden, Toluolsulfamid), Schmelzpunkt 120° C.

Mittel PJ (Chem. Fabrik von Heyden, p-Toluolsulfanilid).

Mittel B 6 (Chem. Fabrik von Heyden, ein Toluolsulfosäurealkylamid).

In England:

Abracol 789 (Boake, Roberts and Co., Toluolsulfamid).

Abracol 203 (Boake, Roberts and Co., Toluolsulfanilid).

In Amerika sind die Produkte unter dem Namen Santicizer bekannt.

## 14. Acetanilide.

### Äthylacetanilid.

| | |
|---|---|
| Schmelzpunkt . . . . . . . | 53° C |
| Siedepunkt (20 mm) . . . . | 138° C |
| $D_4^{20}$ . . . . . . . . . . . . | 1,106 |
| Flammpunkt . . . . . . . | + 124° C. |

Hersteller: I. G. Farbenindustrie Aktiengesellschaft (Mannol).

Äthylacetanilid bildet weiße Krystalle von schwachem, eigenartigem Geruch, der bei manchen Verwendungen berücksichtigt werden muß. Es übertrifft im Gelatiniervermögen für Kollodiumwolle noch den Campher, so daß es schon mit wasserfeuchter Kollodiumwolle auf plastische Massen verarbeitet werden kann. Das daraus erhaltene

Celluloid ist aber auch infolge des höheren Gelatiniervermögens weicher; man braucht von Äthylacetanilid daher kleinere Mengen als von Campher.

Für Lacke hat Äthylacetanilid keine Bedeutung, weil seine Lichtechtheit geringer ist als die des Trikresylphosphates. Dagegen macht man von der großen Erhöhung des Haftvermögens vielfach dort Gebrauch, wo es auf besondere Lichtechtheit nicht ankommt, beispielsweise bei Dauermatrizen, Imprägniermassen und beim Kleben von Celluloid.

Ähnliche Eigenschaften hat auch Methylacetanilid.

### Acetanilid.

| | |
|---|---|
| Schmelzpunkt | 115° C |
| $D_4^{20}$ | 1,20 |
| Flammpunkt | 165° C. |

Hersteller: I. G. Farbenindustrie Aktiengesellschaft.

Acetanilid ist wasserlöslich und besitzt ein wesentlich größeres Kristallisiervermögen als Äthylacetanilid, so daß es schon bei kleinen Zusätzen zum Auskrystallisieren aus Nitrocellulosefilmen neigt. Hiervon macht man Gebrauch bei der Herstellung von Eisblumenlacken aus Nitrocellulose. Beim Zusatz von etwa der $1^1/_2$--2fachen Menge Acetanilid zur Kollodiumwolle entstehen sehr schöne Krystallbilder, deren Aussehen abhängig von der Wahl der Lösungsmittel ist. Wie bei allen Eisblumenlacken aus Nitrocellulose ist die Kratzfestigkeit solcher Eisblumen nicht sehr hoch. Das Überlackieren mit farblosen Lacken begegnet Schwierigkeiten, weil die Lösungsmittel solcher Lacke das Krystallisationsmittel meist auflösen. Verhältnismäßig am besten verhalten sich Celluloseätherlacke gelöst in Benzolkohlenwasserstoffen.

## 15. Äthylabietat.

| | |
|---|---|
| Siedepunkt (760 mm) | 350° C |
| Flammpunkt | 165—178° C |
| Erstarrungspunkt | —45° C |
| Brennpunkt | 310° C |
| Viscosität | 6,5 Poisen bei 25° C |
| Säurezahl | 1,5—2. |

Hersteller in Amerika[1]: Hercules Powder Co., Wilmington (Del.).

Äthylabietat ist ein zähflüssiges, hellgelbes und kaum flüchtiges Produkt von schwachem, dem Kolophonium ähnlichem Geruch. Es wird durch Verestern von Kolophonium mit Alkohol hergestellt und löst sich leicht in den meisten Lösungsmitteln.

---

[1] Amer. P. 1839529.

Äthylabietat hat kaum ein Gelatiniervermögen und ist auch streng genommen kein Weichmachungsmittel, sondern ein Weichharz, da es auf die Haftfestigkeit ähnlich wie Harzester wirkt, doch setzt es die Sprödigkeit weniger als dieser herab. Das Produkt hat in Europa keine Bedeutung erlangt, da es billiger durch Mischungen aus Harzester und Weichmachungsmitteln recht weitgehend nachgestellt werden kann und ihm aus der Reihe fallende charakteristische Vorzüge fehlen. Nach A. C. Johnston[1] gibt ein Film aus 10 Teilen Nitrocellulose und 13 Teilen Äthylabietat etwa die Härte eines Filmes aus 10 Teilen Nitrocellulose, 8 Teilen Harzester und 5 Teilen Trikresylphosphat. Ähnlich verhält sich Methylabietat.

# F. Sonstige künstliche Weichmachungsmittel.

## Diäthyldiphenylharnstoff (Mollit I, Centralit I).

| | |
|---|---|
| Schmelzpunkt | 72° C |
| Siedepunkt (20 mm) | 198° C |
| $D_4^{20}$ | 1,12 |
| Flammpunkt | 165° C. |

Hersteller: I. G. Farbenindustrie Aktiengesellschaft.

Mollit I bildet weiße Krystalle, die sich in den meisten organischen Lösungsmitteln lösen. Es findet seine Hauptverwendung als Stabilisiermittel für Celluloid und rauchloses Pulver, weil es die mitunter eintretende Zersetzung verhindert. Da es die Lichtechtheit ungünstig beeinflußt (Aufnahme von Stickoxyden unter Bildung von gefärbten Verbindungen) und bei Lackwollen derartige Zusätze nicht als notwendig betrachtet werden, hat es trotz seines guten Gelatiniervermögens für Lackzwecke keine große Bedeutung.

## Stabilisal A.

Unter diesem Namen kommt ein Produkt unbekannter Zusammensetzung in den Handel (Hersteller: I. G. Farbenindustrie Aktiengesellschaft), das neben einer Wirkung als Weichmachungsmittel für den Nitrocelluloselackfilm die Eigenschaft hat, die Reaktion der Nitrocellulose mit Kupfer und Kupferlegierungen zu verhindern. Derartige Reaktionen treten auf bei Metallzaponen auf Messing, wo sie eine Dunkelfärbung des Metalls verursachen, vor allem aber beim Mischen von Nitrocelluloselösungen mit kupferhaltigen Bronzen, wobei nach kurzer Zeit, abhängig von der Art der Bestandteile, Verdickung eintritt. Stabilisal A verhindert diese Erscheinungen, erfordert aber sorgfältige Auswahl der Lösungsmittel.

---

[1] Ind. and Engin. Chem. Bd. 21 (1929) S. 688; Ref. Farben-Ztg. Bd. 34 S. 2896.

# G. Natürliche Öle als Weichmachungsmittel.

## Ricinusöl.

| | |
|---|---|
| Nicht unzersetzt destillierbar, | |
| Erstarrungspunkt . . . . | —10 bis —18° C |
| $D_4^{15}$ . . . . . . . . . . | 0,959—0,974 |
| Verseifungszahl . . . . . | 176—191 |
| Jodzahl . . . . . . . . . | 81—90 |
| Acetylzahl . . . . . . . . | 150. |

Ricinusöl wird aus dem Samen der Ricinusstaude in der Regel durch Pressung gewonnen. Für die Verwendung als Weichmachungsmittel ist ein Öl erster Pressung am besten geeignet. Die Säurezahl soll bei höchstens 1—2 liegen.

Ricinusöl ist zur Hauptsache das Glycerid von Oxysäuren, vornehmlich der Ricinolsäure, einer Oxyölsäure von der Formel

$$CH_3—(CH_2)_5—CHOH—CH_2—CH = CH—(CH_2)_7—COOH .$$

Daneben sind geringe Mengen Dioxystearinsäure in Form des Glycerids vorhanden. Es ist wahrscheinlich, daß die Oxygruppen dieser Säuren wesentlich mitbestimmend sind für die Eigenschaft des Ricinusöles, sich in Kombination mit Nitrocellulose sehr günstig zu verhalten, obwohl Ricinusöl keinerlei Gelatiniervermögen aufweist. Aus verschiedenen Anzeichen muß man schließen, daß auch bei nichtgelatinierenden Weichmachungsmitteln der polare Charakter und die Konstitution von erheblichem Einfluß ist.

Ricinusöl ist löslich in den meisten Lösungsmitteln, dagegen nicht in einigen Benzinen und in Methanol. In Alkohol ist es im Gegensatz zum Leinöl löslich, wovon man bei der Analyse von Nitrocelluloselacken Gebrauch machen kann.

Ricinusöl ist das klassische Weichmachungsmittel in Lacken aus Nitrocellulose, dessen Verwendung durch den Zusatz von Gelatiniermitteln eine überragende Bedeutung behalten hat, wo es gilt, zügige Filme herzustellen. Somit ist das Hauptanwendungsgebiet das Kunstleder. Sehr verbreitet ist Ricinusöl auch in Lederlacken; es bildet ferner einen Bestandteil auch sehr vieler Lacke für andere Zwecke, weil es billig ist.

Ricinusöl ist äußerst hochviscos und hat sich vor allem in der Kombination mit Gelatiniermitteln wegen seiner Zähigkeit als sehr geeignet erwiesen, Pigmente auf dem Walzenstuhl kornfrei anzureiben, so daß sie als Pasten den Nitrocelluloselacken zugesetzt werden können.

Ricinusöl nimmt im Nitrocellulosefilm auf die Dauer durch Oxydationserscheinungen einen ranzigen Geruch an. Um das Ausschwitzen aus Filmen in der Wärme oder unter Druck zu vermindern, wird Ricinusöl oft mit Luft geblasen. Derartige Öle müssen indessen sehr sorgfältig hergestellt werden, um stets den gleichen Einfluß auf die Filmfestigkeit zu haben. Die Zähflüssigkeit steigt dabei erheblich an.

Auch Acetylierungsprodukte von Ricinusöl sind bekannt.

Ein Ricinusölderivat ist das Casterol (Hersteller: L. Blumer, Zwickau). Ricinusöl dient auch zur Herstellung von sog. „Phthalsäureharzen".

Zu den Ricinusölabkömmlingen zählt ferner das Weichmachungsmittel REA (Hersteller: Dr. A. Wacker G. m. b. H.), in dem sich durch Verseifen Acetylgruppen und Äthylalkohol nachweisen lassen.

Andere, nichttrocknende Öle, wie Rüböl, Baumwollsaatöl, Rapsöl, sind wiederholt als Weichmachungsmittel vorgeschlagen worden. Technische Bedeutung haben sie als Ersatz für Ricinusöl indessen bisher nicht erlangt. Nähere Untersuchungen darüber haben unter anderen A. W. Heuckeroth und J. R. Steward angestellt[1].

## Leinöl.

| | |
|---|---|
| Erstarrungspunkt . . . . | —15 bis —30° C |
| $D_4^{15}$ . . . . . . . . . . | 0,930—0,937 |
| Jodzahl . . . . . . . . . | 171—191 |
| Acetylzahl . . . . . . . | 8,5 |
| Hexabromidzahl . . . . . | 50,5—51,7 |
| Verseifungszahl . . . . . | 188—197[2]. |

Leinöl wird aus dem Samen des Flachses in der Regel durch Pressen, mitunter durch Extraktion mit Lösungsmitteln gewonnen. Es hat seine bekannte überragende Bedeutung als Selbstbindemittel für Lacke auf vielen Gebieten bis heute behaupten können. In Kombination mit Nitrocellulose und Acetylcellulose hat es nur geringe Beachtung gefunden. In neuerer Zeit gewinnt es erhöhte Bedeutung für die aus Leinöl und Phthalsäure hergestellten „Phthalsäureharze", die mit Nitrocellulose sehr gut verträglich sind und gewisse weichmachende Wirkungen ausüben.

Leinöl ist in niedrigen aliphatischen Alkoholen und in manchen stark polaren Zweityplösungsmitteln unlöslich. Es wird deshalb in Nitrocelluloselacken mit weniger stark polaren Estern oder Ketonen als Lösungsmittel und Kohlenwasserstoffen als Streckungsmittel verarbeitet. Besser löslich sind die Phthalsäure-Leinölverbindungen. Leinöl für Nitrocelluloselacke soll eine Säurezahl von möglichst unter 3 haben.

---

[1] Farbe u. Lack 1932 S. 22.

[2] Nach Scheiber: Lacke und ihre Rohstoffe. Leipzig 1926.

## Holzöl.

| | |
|---|---|
| Erstarrungspunkt je nach Alter . . . | +2 bis —21° C |
| $D_4^{15}$ . . . . . . . . . . . . . . . | 0,93—0,944 |
| Verseifungszahl . . . . . . . . . . | 188—197 |
| Jodzahl . . . . . . . . . . . . . . . | 150—176[1]. |

Holzöl wird aus der Frucht des chinesischen Holzölbaums gewonnen. Es hat als Weichmachungsmittel nur eine ganz geringe Bedeutung. In einzelnen Fällen kombiniert man Lacke aus Holzöl und Harzen mit Nitrocelluloselacken. Dabei muß man sich auf wenig polare Ester und

# XV. Tabellen

## A. Physikalische Daten

| Lösungsmittel | Relative Flüchtigkeit Äther = 1 | Siedepunkt °C | $D_4^{20}$ | Dampfdruck bei 20° C mm Hg[3] | Dampfdichte bezogen auf Luft = 1[3] |
|---|---|---|---|---|---|
| Äthyläther . . . . . . . . . . . | 1 | 34—35 | 0,722[2] | 442 | 2,56 |
| Methylenchlorid 98/100 % . . . . . | 1,8 | 40—42 | 1,328 | 349 | 2,93 |
| Schwefelkohlenstoff . . . . . . . | 1,8 | 46,3 | 1,263 | 298 | 2,6 |
| Methylenchlorid, techn. . . . . . . | 2,0 | 40—60 | 1,369—1,375 | — | — |
| Aceton . . . . . . . . . . . . . | 2,1 | 55—56 | 0,791 | 180 | 2,01 |
| Methylacetat . . . . . . . . . . | 2,2 | 56—62 | 0,932 | 170 | 2,56 |
| Speziallösungsmittel A (Hiag) . . . | 2,2 | 53—64 | 0,86—0,90[2] | 175[2] | — |
| Lösungsmittel E 33 (I. G.) . . . . | 2,3 | 52—60 | 0,895 | 173 | 1,91 |
| Speziallösungsmittel EMA (Wacker) | 2,3 | 60—75 | 0,893 | — | — |
| Lösungsmittel E 14 (I. G.) . . . . | 2,4 | 52—62 | 0,873 | 194 | 1,85 |
| Speziallösungsmittel (Hiag) . . . . | 2,4 | 53—64 | 0,86—0,90[2] | 195[2] | — |
| Lösungsmittel E 13 (I. G.) . . . . | 2,5 | 55—63 | 0,885 | 186 | 1,97 |
| Speziallösungsmittel C (Wacker) . . | 2,5 | 60—75 | 0,87 | — | — |
| Chloroform . . . . . . . . . . . | 2,5 | 61 | 1,483 | 160 | 4,1 |
| Speziallösungsmittel E (Hiag) . . . | 2,6 | 52—62 | 0,90[2] | 190[2] | — |
| Essigester . . . . . . . . . . . | 2,9 | 74—77 | 0,900 | 72,8 | 3,04 |
| Tetrachlorkohlenstoff . . . . . . . | 3 | 77 | 1,594 | 90,6 | 11,5 |
| Benzol . . . . . . . . . . . . . | 3 | 80—81 | 0,873 | 75 | 2,69 |
| Leichtbenzin . . . . . . . . . . | 3,5 | 67—100 | 0,68—0,72 | — | — |
| Speziallösungsmittel EF (Wacker) . | 3,6 | 55—63 | 0,88—0,90[2] | 160[2] | — |
| Trichloräthylen . . . . . . . . . | 3,8 | 85—87 | 1,470 | 56 | 4,5 |
| Äthylenchlorid . . . . . . . . . . | 4,1 | 81—87 | 1,23—1,25 | 63 | 3,4 |
| Isopropylacetat . . . . . . . . . | 4,2 | 84—93 | 0,869 | 63 | 3,52 |
| Äthylpropionat . . . . . . . . . | 5,5 | 92—99 | 0,88[2] | 28 | 3,52 |
| Reintoluol . . . . . . . . . . . | 6,1 | 109,5—110,5 | 0,864 | 22 | 3,17 |

[1] Nach Scheiber. [2] Bei +15° C. [3] Für chemisch reine Substanzen.

Ketone als Lösungsmittel und Kohlenwasserstoffe, vor allem Toluol, als Verdünnungsmittel beschränken, um Ausscheidungen zu vermeiden.

Über trocknende Öle besteht eine umfangreiche Literatur, von der nachstehend die wichtigsten Werke genannt werden.

Eibner, A.: Über fette Öle. München 1922.
— Das Öltrocknen, ein kolloider Vorgang aus chemischen Ursachen. 1931.
Scheiber: Lacke und ihre Rohstoffe. Leipzig 1926.
Holde: Kohlenwasserstofföle und Fette. 1924.
Seeligmann-Zieke: Handbuch der Lack-, Farben- und Firnisfabrikation. Berlin 1930.

# und Übersichten.

## der Lösungsmittel.

| $n_D^{20}$ | Flammpunkt °C | Explosionsgrenzen Volumprozente | Explosionsgrenzen pro m³ g | Volumprozente Lösungsmittel in Luft bei 20° und 760 mm Druck bei völliger Sättigung | Molekulargewicht [3] | Verseifung bzw. Acetylierungszahl [3] | Lösevermögen für Celluloseester | In Wasser löslich % |
|---|---|---|---|---|---|---|---|---|
| 1,3566[2] | —40 | 2,3—7,7 | 89—235 | 58,2[2] | 74 | — | — | 10 |
| — | | brennt nicht | | 46,0 | 85 | — | — | 1,6 |
| 1,6279 | — | 1—50 | — | 39,2 | 76 | — | — | unter 1 |
| — | | brennt nicht | | — | — | — | — | ca. 1 |
| 1,3592 | —17 | 2,5—9 | 60,5—218 | 23,7 | 58 | — | NC, AC | + |
| 1,3610 | —13 | 4,1—14 | 127—431 | 22,4 | 74 | 758 | NC, AC | teilweise |
| — | —18 | —[4] | — | 23[2] | — | — | NC, AC | 28 |
| — | —10 | 4,7—14,2 | 108—328 | 22,8 | — | — | NC, AC | + |
| — | —12 | —[4] | — | — | — | — | NC, AC | teilweise |
| — | —10 | 4,7—14,6 | 105—327 | 25,5 | — | — | NC, AC | + |
| — | —16 | —[4] | — | 25,6[2] | — | — | NC, AC | + |
| — | —10 | 5,5—16,1 | 130—383 | 24,5 | — | | NC, AC | teilweise |
| — | —14 | —[4] | — | — | — | — | NC, AC | + |
| 1,4467 | — | — | — | 21,1 | 119 | — | — | — |
| — | —14 | —[4] | — | 25[2] | — | — | NC, AC | teilweise |
| 1,3726 | — 2 | 2,25—11 | 82,4—403 | 9,6 | 88 | 638 | NC | 8 |
| 1,463 | | brennt nicht | | 12,0 | 332 | — | — | — |
| 1,5014 | — 8 | 1,4—8 | 45—238 | 9,9 | 78 | — | — | — |
| — | ca. 3 | (2,5—4,8) | (137—281) | — | — | — | — | — |
| — | —10 | —[4] | — | 21[2] | — | — | NC, AC | + |
| 1,481 | | brennt nicht | | 7,4 | 131 | — | — | — |
| 1,4444 | +14,5 | 6 bis ca. 15 | — | 8,3 | 99 | — | — | 3,5 |
| — | 0 | 3,4—9,0 | 144—382 | 8,3 | 102 | 550 | NC | — |
| 1,3848 | +15 | —4 | — | 3,7 | 102 | 550 | NC | — |
| 1,4955 | + 7 | 1,3—7 | 49,8—268 | 2,9 | 92 | — | — | — |

[4] Größenordnung ähnlich Essigester und Lösungsmittel E 13.

A. Physikalische Daten der

| Lösungsmittel | Relative Flüchtigkeit Äther = 1 | Siedepunkt °C | $D_4^{20}$ | Dampfdruck bei 20° C mm Hg[2] | Dampfdichte bezogen auf Luft = 1[2] |
|---|---|---|---|---|---|
| Normalpropylacetat | 6,1 | 97—101 | 0,891 | 25 | 3,52 |
| Methanol | 6,3 | 64—65 | 0,796 | 95 | 1,12 |
| Methyläthylketon | 6,3 | 75—85 | 0,82[1] | 65[1] | 2,5 |
| Dioxan | 7,3 | 94—110 | 1,030 | — | 3,04 |
| i-Butylacetat | 7,7 | 106—117 | 0,858 | 12,8 | 4,0 |
| Sprit 94 % | 8,3 | 78 | 0,804 | 45 | 1,59 |
| Äthylbutyrat | 11 | 120—127 | 0,88[1] | 11,3 | 4,0 |
| n-Propylalkohol | 11,1 | 96—98 | 0,804 | 14,5 | 2,07 |
| n-Butylacetat 96/100 % | 11,8 | 121—127 | 0,879 | 18,0 | 4,01 |
| Sekundäres Butylacetat | 12 | 107—115 | — | — | 4,0 |
| n-Butylacetat 85 % | 12,5 | 110—132 | 0,871 | 16 | 3,76 |
| Monochlorbenzol | 12,5 | 130—131 | 1,104 | 8,8 | 3,9 |
| Amylacetat, rein | 13,0 | 135—140 | 0,87 | 15,7 | ca. 4,52 |
| Reinxylol | 13,5 | 137—139 | 0,854 | ca. 10 | 3,68 |
| Diäthylcarbonat | 14 | 120—130 | 0,97—0,98 | — | 4,08 |
| Gärungsamylacetat | 18 | 105—142 | 0,86—0,87 | 26[1] | — |
| Sekundärer Butylalkohol | 20 | 98—102 | 0,81 | — | 2,56 |
| i-Propylalkohol | 21 | 79,5—81,5 | 0,808 | 32,9 | 2,07 |
| i-Butylalkohol | 24 | 104—107 | 0,802 | 8,8 | 2,55 |
| Butanol | 33 | 114—118 | 0,812 | 5 | 2,55 |
| Tetrachloräthan | 33 | 144 | — | 3 | 5,8 |
| Methylglykol | 34,5 | 115—130 | 0,967 | 10,2 | 2,62 |
| Methylglykolacetat | 35 | 138—152 | 1,001 | 7,3 | 4,07 |
| Anon 94 % | 40,4 | 150—156 | 0,947 | 10,8 | 3,41 |
| Äthylglykol | 43 | 126—138 | 0,932 | 8,1 | 3,04 |
| Methylanon | 47 | 165—171 | 0,919 | — | 3,6 |
| Äthylglykolacetat | 52 | 149—160 | 0,971 | — | 4,55 |
| o-Dichlorbenzol | 57 | 167—180 | 1,336 | — | 5,1 |
| Amylalkohol, rein | 62 | 130—131 | — | 2,2 | 3,04 |
| Amylalkohol, techn. | ca. 62 | 128—132 | 0,810—815[1] | — | — |
| Butoxyl | 75 | 167—171 | 0,956 | — | 4,63 |
| Cyclohexylacetat | 77 | 170—177 | 0,966 | 9 | 4,85 |
| Milchsäureäthylester | 80 | 145—155 | 1,037 | — | 4,1 |
| Dekalin | 94 | 180—190 | 0,890[1] | — | 4,75 |
| Diacetonalkohol | 147 | 150—165 | 0,930 | 10[1] | 4,0 |
| Butylglykol | 163 | 164—182 | 0,907 | — | 3,6 |
| Tetralin | 190 | 205 | 0,975[1] | — | 4,55 |
| Benzylacetat | 393 | 213—216 | 1,055 | unter 0,5 | 5,18 |
| Cyclohexanol | 403 | 155—165 | 0,945 | — | 3,45 |
| Glykolsäurebutylester | 430 | 178—186 | 1,013 | — | 4,55 |
| Milchsäurebutylester | 443 | 170—195 | 0,974 | — | 5,05 |
| Acetylglykolsäureäthylester | 464 | 181—195 | 1,094 | — | 5,05 |
| Glykolmonoacetat | 606 | 178—195 | 1,109 | — | 3,6 |
| Methylcyclohexanol | 807 | 170—180 | 0,922 | 1 | 4,0 |
| Äthylpolyglykol | 970 | 190—200 | 1,008 | — | — |
| Benzylalkohol | 1767 | 204—208 | 1,045 | unter 0,1 | 3,72 |
| Glykol | 2625 | 191—200 | 1,111 | unter 0,5 | 2,12 |

[1] Bei + 15° C.
[2] Für chemisch reine Substanzen.

Lösungsmittel (Fortsetzung).

| $n_D^{20}$ | Flammpunkt °C | Explosionsgrenzen Volumprozente | Explosionsgrenzen pro $m^3$ g | Volumprozente Lösungsmittel in Luft bei 20° und 760 mm Druck bei völliger Sättigung | Molekulargewicht [2] | Verseifung bzw. Acetylierungszahl [2] | Lösevermögen für Celluloseester | In Wasser löslich % |
|---|---|---|---|---|---|---|---|---|
| 1,3844 | +12 | 1,9—6,3 | 81—268 | 3,3 | 102 | 550 | NC | — |
| 1,3326 | + 6,5 | 5,5—21,0 | 73,4—280 | 12,5 | 32 | 1753 | NC | + |
| 1,3807[2] | —14 | 2—12 | — | 8,5[1] | 72 | — | NC, AC | + |
| — | + 5 | — | — | — | 88 | — | NC, AC | + |
| 1,3907 | +18 bis +23 | 2,4—10,5[3] | — | 1,7 | 116 | 483 | NC | 0,75 |
| — | ca. +18 | 3,5—19 | 67—364 | 5,9 | — | 1219 | NC | + |
| 1,3956 | +23 | — | — | 1,5 | 116 | 483 | NC | — |
| 1,3859 | +22 | 2,5—9,2[3] | 62,5—230 | 1,9 | 60 | 935 | — | — |
| — | +25 | 3,0—8,3[3] | 145—400 | 2,4 | 116 | 483 | NC | 1 |
| — | — | — | — | — | 116 | 483 | NC | 4 |
| — | +24 | 3,0—8,7[3] | — | 2,1 | 109 | — | NC | 1 |
| 1,5232 | +28,5 | — | — | 1,2 | 112 | — | — | 2 |
| 1,4038 | ca. +25 | 2,2—10[3] | 119—541 | 2,1 | 130 | 432 | NC | — |
| ca. 1,496 | +23 | 3,0—7,6[3] | 132—334 | 1,3 | 106 | — | — | — |
| 1,3852 | +30,5 | — | — | — | 118 | — | NC | wenig |
| — | +23 | — | — | 3,5 | — | — | NC | — |
| 1,3974 | — | — | — | — | 74 | 758 | — | 20 |
| 1,3775 | +18—20 | 3,8—10,2[3] | 114—314 | 4,3 | 60 | 935 | — | + |
| 1,3959 | +22 | 1,68[3] | — | 1,2 | 74 | 758 | — | 10 |
| 1,3991 | +34 | 3,7—10,2[3] | 114—314 | 0,6 | 74 | 758 | — | 8 |
| 1,4967[1] | — | — | — | — | 168 | — | — | — |
| — | +36 | 3,0—14,0[3] | 95—442 | 1,3 | 76 | 739 | NC, AC | + |
| — | +44 | 2,8—8,8[3] | 140—438 | 0,96 | 118 | 475 | NC, AC | + |
| 1,452 | +44 | 3,2—9,0[3] | 131—371 | 1,4 | 98 | — | NC, AC | — |
| — | +40 | 2,5—10,1[3] | 93,5—378 | 1,1 | 90 | 624 | NC | + |
| 1,450 | +45—50 | — | — | — | 105 | — | NC | — |
| — | —47 | — | — | — | 132 | 425 | NC | teilweise |
| — | +49 | — | — | — | 147 | — | — | — |
| 1,4078 | +46 | 1,19[3] | — | 0,3 | 88 | 637 | — | ca. 5 |
| — | ca. +45 | — | — | — | — | — | — | ca. 5 |
| — | +60 | — | — | — | 134 | 418 | NC | 8 |
| — | +57,6 | — | — | 1,2 | 142 | 395 | NC | — |
| — | +48 | — | — | — | 118 | 475 | NC, AC | + |
| — | +57 | — | — | — | 138 | — | — | — |
| — | +45—48 | — | — | 1,3[1] | 116 | — | NC, AC | + |
| — | +60 | — | — | — | 104 | 551 | NC | 50 |
| 1,540 | ca. +80 | — | — | — | 132 | — | — | — |
| — | +95 | — | — | — | 150 | 374 | NC | — |
| 1,4680 | +68 | — | — | — | 100 | 561 | — | — |
| — | +68 | — | — | — | 132 | 425 | NC | — |
| — | +61,5 | — | — | — | 146 | 384 | NC | — |
| — | +82 | — | — | — | 146 | 386 | NC | — |
| — | +102 | — | — | — | 104 | 439 | NC, AC | + |
| 1,4635 | +68 | — | — | 0,13 | 115 | 492 | — | — |
| — | +93 | — | — | — | — | — | — | + |
| 1,5387 | +96 | — | — | — | 108 | — | AC | wenig |
| 1,4274 | +117 | — | — | — | 62 | 1790 | — | + |

[3] Bilden bei Zimmertemperatur keine explosiven Gemische.
[4] Größenordnung ähnlich Essigester und Lösungsmittel E 13.

## Spezifische und Verdampfungs-

| | Siedepunkt °C | Verdampfungswärme in Cal beim Siedepunkt | Spezifische Wärme bei 0° |
|---|---|---|---|
| Methylenchlorid, technisch | 40—60 | 78 | 0,26 |
| Tetrachlorkohlenstoff | 77 | 45,1 | 0,201 |
| Tetrachloräthan | 144 | 52,8 | 0,227 |
| Pentachloräthan | 159 | 45 | 0,207 |
| Perchloräthylen | 119—120 | 50 | 0,208[1] |
| Trichloräthylen | 85—87 | 56,5 | 0,228[1] |

## B. Konstanten der wichtigeren

| | Schmelzpunkt °C | Siedepunkt °C |
|---|---|---|
| Diphenyl | 70 | 255 |
| Cyclohexanonglycerin | fl. | 250 |
| Weichmachungsmittel 9 | — | —[3] |
| Diphenyloxyd | 28 | 259 |
| Dibenzyläther | — | 290—300 |
| Campher | 160 | 204—209 |
| Dibutyloxalat (Lösungsmittel 0) | — | 232—243 |
| Methyladipinsäuremethylcyclohexylester (Sipalin MOM) | — | 216—224/12 mm |
| Adipinsäuremethylcyclohexylester (Sipalin AOM) | — | 226—232/12 mm |
| Adipinsäurecyclohexylester (Sipalin ACC) | — | 212/12 mm |
| Butylstearat | — | 221—238/20 mm |
| Benzylbenzoat | +15 bis +19 | 320—325 |
| Dimethylphthalat (Palatinol M) | — | 158—169/20 mm |
| Diäthylphthalat (Palatinol A) | — | 174—179/20 mm |
| Dibutylphthalat (Palatinol C) | — | 200—216/20 mm |
| Diamylphthalat (Placidol A) | — | 210—220/20 mm |
| Dimethylglykolphthalat (Palatinol O) | — | 209—261/20 mm |
| Hexahydrophthalsäuredibutylester (Hydropalat B) | — | 185—190/10 mm |
| Triacetin | — | 152/20 mm |
| Tributylphosphat | — | 289 |
| Cetamoll AB | — | 120—230/10 mm |
| Cetamoll MB | — | 180—220/10 mm |
| Cetamoll P | — | 120—129/10 mm |
| Triphenylphosphat | 49 | 260/20 mm |
| Trikresylphosphat | —30 | 275—280/20 mm |
| Plastol C II | ca. 100 | 225—230/20 mm |
| Plastol M | ca. 45 | 210—215/20 mm |
| Plastomoll P | — | 195—225/20 mm |
| Äthylacetanilid (Mannol) | 53 | 138/20 mm |
| Acetanilid | 115 | — |
| Äthylabietat | —45 | 350 |
| Mollit I | 72 | 198/20 mm |
| Ricinusöl | —10 bis —18 | —[3] |

[1] = bei 18° C. [2] = bei 15°. [3] = nicht unzersetzt destillierbar.

## wärme einiger Lösungsmittel.

| | Siedepunkt C° | Verdampfungswärme in Cal. beim Siedepunkt | Spezifische Wärme bei 0° |
|---|---|---|---|
| Dichloräthylen-trans | 48,5 | 41 | 0,270[1] |
| Dichloräthylen-cis | 60 | — | — |
| Äthylenchlorid | 81—87 | 78,3 | 0,298[1] |
| Chloroform | 61 | 58,5 | 0,233[1] |
| Schwefeläther | 34—35 | 88,4 | 0,552[1] |
| Benzol | 80—81 | 92,9 | 0,415[1] |

## Weichmachungsmittel.

| $D_{4}^{20}$ | Flammpunkt °C | Verseifungszahl | Eignung für | Wasserlöslichkeit | Molekulargewicht |
|---|---|---|---|---|---|
| 1,165 | — | — | — | — | 154 |
| 1,074 | — | — | NC, AC | — | 181 |
| 1,117 | ca. 200 | — | Gelatine | + | — |
| — | — | — | — | — | 170 |
| 1,036 | 114 | — | NC | — | 198 |
| 0,963 | +70 | — | NC | — | 152 |
| 1,000 | 115 | 471 | NC | — | 238 |
| 1,009[2] | 195 | ca. 325 | NC | — | 354 |
| 1,011[2] | 189 | ca. 320 | NC | — | 340 |
| 1,030[2] | 185 | 340 | NC | — | 310 |
| 0,859 | 145 | 165 | NC | — | 340 |
| 1,1224 | — | 378 | NC | — | 212 |
| 1,190 | 132 | 578 | NC, AC | — | 194 |
| 1,118 | 140 | 505 | NC, AC | — | 222 |
| 1,046 | 160 | 403 | NC | — | 278 |
| 1,015—1,02 | 170 | 366 | NC | — | 306 |
| 1,17 | 174 | 397 | NC, AC | — | 282 |
| 1,005[2] | 152 | 395 | NC | — | 284 |
| 1,165 | 140 | 770 | NC, AC | wenig | 218 |
| 0,979 | 160 | 631 | NC, AC | — | 266 |
| 1,033 | 155 | — | NC, AC | wenig | — |
| 1,089 | 120 | — | NC, AC | wenig | — |
| 1,014 | 130 | — | NC, AC | wenig | — |
| 0,6[4] | 235 | 516 | NC, AC | — | 326 |
| 1,179 | 230 | 456 | NC | — | 368 |
| 1,320 | — | — | NC, AC | — | — |
| 1,286 | — | — | NC, AC | — | — |
| 1,178 | — | — | NC, AC | — | — |
| 1,106 | 124 | — | NC | — | 164 |
| 1,20 | 165 | — | NC | — | 135 |
| — | 165—178 | 169 | NC | — | 330 |
| 1,12 | 165 | — | NC | — | — |
| 0,959—0,974 | — | 167—191 | NC | — | — |

[4] = Schüttgewicht.

# C. Löslichkeitstabelle

Anmerkung: Die Angaben geben die Löslichkeit im Verhältnis I Teil: Harz: 1 Teil
Erwärmen an; die Naturharze enthalten mehr oder weniger große Mengen unlöslicher

| | | Elemi | Accaroid-harz | Colo-phonium | Galipot | Benzoe Siam | Mastix | Pontianak hell | Manila spritl. weich | Manila hart |
|---|---|---|---|---|---|---|---|---|---|---|
| 1 | Aceton | 0 | 0+ | + | + | + | 0 | + | + | + |
| 2 | Äthylacetat | 0 | + | + | + | + | 0+[1] | + | + | 0+ |
| 3 | Äthylbutyrat | + | + | + | + | 0 | + | +[1] | + | 0+ |
| 4 | Äthyläther | + | 0 | + | + | + | +[1] | 0 | +[1] | 0+ |
| 5 | Äthylenchlorid | 0+ | 0 | + | + | 0+ | + | 0 | 0+[1] | 0 |
| 6 | Äthylglykol | + | + | + | + | + | 0+[1] | + | + | + |
| 7 | Äthylglykolacetat | + | + | + | + | + | 0+[1] | 0+ | + | 0+ |
| 8 | Äthylpropionat | + | + | + | + | 0 | + | +[1] | + | 0+ |
| 9 | Amylacetat techn. | + | + | + | + | + | + | 0+ | +[1] | + |
| 10 | Benzin | +[1] | 0 | 0+[1] | + | 0 | 0 | 0 | 0 | 0 |
| 11 | Benzol | + | 0 | + | + | 0 | + | 0 | 0+[1] | 0 |
| 12 | Benzylalkohol | + | + | + | + | + | + | + | + | + |
| 13 | Butanol | + | + | + | + | + | + | + | + | 0+ |
| 14 | Butoxyl | + | + | + | + | 0+ | + | + | + | 0+ |
| 15 | Butylacetat 98/100 % | + | + | + | + | + | + | 0+ | +[1] | + |
| 16 | Butylacetat 85 % | + | + | + | + | + | + | 0+ | + | + |
| 17 | Butylglykol | + | + | + | + | + | + | + | + | + |
| 18 | Butylpropionat | + | + | + | + | 0 | + | 0+ | 0 | 0 |
| 19 | Cyclohexanol | +[1] | + | + | + | + | + | +[1] | +[1] | 0+ |
| 20 | Cyclohexanon | + | + | + | + | + | + | 0+ | + | + |
| 21 | Cyclohexylacetat | + | + | + | + | + | + | + | + | + |
| 22 | Diacetonalkohol | 0 | + | + | + | + | +[1] | + | + | + |
| 23 | Dioxan | + | + | + | + | + | + | + | + | + |
| 24 | Glykolsäurebutylester | + | + | + | + | + | + | 0+ | + | 0+ |
| 25 | Isoamylalkohol | + | + | + | + | + | + | + | + | 0+ |
| 26 | Isobutylacetat | 0 | + | + | + | + | + | 0+ | + | 0+ |
| 27 | Isobutylalkohol | 0+ | + | + | + | + | 0+[1] | + | + | 0+ |
| 28 | Isopropylacetat | 0 | + | + | + | + | + | 0+ | + | 0+ |
| 29 | Isopropylalkohol | 0 | + | + | + | + | 0+[1] | + | + | 0+ |
| 30 | Lösungsmittel E 13 | 0+ | + | + | + | + | +[1] | + | + | + |
| 31 | Lösungsmittel E 14 | 0+ | + | + | + | + | +[1] | + | + | + |
| 32 | Lösungsmittel EMA | 0+ | + | + | + | + | +[1] | + | + | + |
| 33 | Methanol | 0 | 0+ | + | + | + | 0+[1] | 0 | +[1] | 0 |
| 34 | Methylacetat | 0 | + | + | + | + | 0+[1] | 0 | + | 0 |
| 35 | Methylcyclohexanon | + | + | + | + | + | + | + | + | + |
| 36 | Methylenchlorid | 0+ | 0 | + | + | 0+ | + | 0 | +[1] | 0 |
| 37 | Methylglykol | 0 | + | + | + | + | 0 | 0+ | + | 0+ |
| 38 | Methylglykolacetat | 0 | + | + | + | + | 0+[1] | + | + | 0+ |
| 39 | Milchsäureäthylester | + | + | + | + | + | 0+[1] | 0+ | + | 0+ |
| 40 | n-Propylalkohol | + | + | + | + | + | 0+[1] | + | + | 0+ |
| 41 | n-Propylacetat | 0 | + | + | + | + | + | 0+ | + | 0+ |
| 42 | Speziallösungsmittel C | 0 | + | + | + | + | + | + | + | + |
| 43 | Speziallösungsmittel E | 0+ | + | + | + | + | +[1] | + | + | + |
| 44 | Speziallösungsmittel EF | 0+ | + | + | + | + | +[1] | + | + | + |
| 45 | Speziallösungsmittel A | 0+ | + | + | + | + | +[1] | + | + | + |
| 46 | Sprit (2 % Toluol vergällt) | 0+ | + | + | + | + | 0+ | 0+ | + | 0+ |
| 47 | Tetrachlorkohlenstoff | 0+ | 0+ | + | + | 0 | 0+ | 0 | 0+ | 0+ |
| 48 | Trichloräthylen | + | 0+ | + | + | + | + | 0 | + | 0+ |
| 49 | Toluol | + | 0 | + | + | 0 | + | 0 | 0+[1] | 0 |
| 50 | Xylol | + | 0 | + | + | 0 | + | 0 | 0+[1] | 0 |

[1] = Beim Verdünnen erfolgt Trübung oder Ausscheidung des Harzes.

# für Harze und Kautschuk.

Lösungsmittel (ausgenommen Kautschuk) bei gewöhnlicher Temperatur oder mäßigem Verunreinigungen (bes. Benzoe). + = gelöst, 0 = ungelöst, 0+ = teilweise gelöst.

| Kauri-Nüsse natur | Sandarak | Schellack gebl. klar[2] | Dammar (C) | Kautschuk | Kolophoniummester SZ. 17 | Kunstharz AW 2 | Albertol 111 L | Albertol 82 G | Mowilith H u. N | Mowilith NN | Vinnapas B u. U | Alkydal ST | Alkydal T u. TT | Plastopal W | |
|---|---|---|---|---|---|---|---|---|---|---|---|---|---|---|---|
| 0+[1] | + | 0 | 0 | 0 | +[1] | + | +[1] | +[1] | + | + | + | + | + | 0+ | 1 |
| +[1] | +[1] | 0 | 0 | 0 | + | + | + | + | + | + | + | + | + | 0+ | 2 |
| + | 0 | 0 | 0 | 0 | + | + | + | + | + | + | + | + | + | 0+[1] | 3 |
| 0 | +[1] | 0 | +[1] | 0+ | +[1] | + | + | + | 0 | 0 | 0 | + | +[1] | 0 | 4 |
| 0 | 0+[1] | 0 | 0+[1] | + | + | + | + | + | + | + | + | + | + | + | 5 |
| + | + | + | 0 | 0 | + | + | +[1] | + | + | + | + | + | + | + | 6 |
| +[1] | + | 0 | 0 | 0 | + | + | + | + | + | + | + | + | + | 0+ | 7 |
| +[1] | 0 | +[1] | + | 0 | + | + | + | + | + | + | + | + | + | 0+[1] | 8 |
| +[1] | +[1] | 0 | 0+[1] | 0 | + | + | + | + | + | + | + | + | + | 0+ | 9 |
| 0 | 0 | 0 | 0+[1] | + | +[1] | +[1] | +[1] | + | 0 | 0 | 0 | + | + | 0 | 10 |
| 0 | 0 | 0 | 0+ | + | + | + | + | + | +[3] | +[3] | + | + | + | 0+ | 11 |
| + | + | + | + | 0 | + | + | + | + | + | + | + | + | + | + | 12 |
| + | + | + | 0 | 0 | +[1] | + | 0 | 0 | 0 | 0 | 0 | 0 | 0 | + | 13 |
| + | + | 0 | 0 | 0 | + | + | + | + | + | + | + | + | + | +[1] | 14 |
| +[1] | +[1] | 0 | 0+[1] | 0 | + | + | + | + | + | + | + | + | + | 0+ | 15 |
| + | + | 0 | 0+[1] | 0 | + | + | + | + | + | + | + | + | + | 0+ | 16 |
| + | + | + | 0 | 0 | + | + | + | + | 0 | 0 | 0 | + | + | + | 17 |
| +[1] | 0 | 0 | 0 | 0 | + | + | + | + | + | + | + | + | + | 0+ | 18 |
| +[1] | 0 | 0 | 0 | 0 | + | + | + | + | 0 | 0 | 0 | + | +[1] | + | 19 |
| + | + | 0+ | 0+ | + | + | + | + | + | + | + | + | + | + | + | 20 |
| + | + | 0 | + | + | + | + | + | + | + | + | + | + | + | 0+ | 21 |
| + | + | + | 0 | 0 | 0+ | 0 | 0+ | 0+ | + | + | + | + | + | + | 22 |
| + | + | + | 0 | 0+ | + | + | + | + | + | + | + | + | + | + | 23 |
| +[1] | + | 0+ | 0 | 0 | + | + | + | + | + | + | + | + | + | 0+ | 24 |
| + | + | + | 0 | 0 | + | + | + | + | 0 | 0 | 0 | 0 | 0 | + | 25 |
| + | + | 0 | 0 | 0 | + | + | + | + | + | + | + | + | + | 0+ | 26 |
| + | + | + | 0 | 0 | +[1] | 0+ | 0 | 0 | 0 | 0 | 0 | 0 | 0 | + | 27 |
| +[1] | + | 0 | 0 | 0 | + | + | + | + | + | + | + | + | + | 0+ | 28 |
| +[1] | + | + | 0 | 0 | 0 | 0 | 0 | 0 | 0 | 0 | 0 | 0 | 0 | + | 29 |
| +[1] | + | + | 0 | 0 | +[1] | +[1] | 0 | +[1] | + | + | + | + | + | + | 30 |
| +[1] | + | + | 0 | 0 | +[1] | +[1] | 0 | +[1] | + | + | + | + | + | + | 31 |
| +[1] | + | 0 | 0 | 0 | +[1] | +[1] | 0 | +[1] | + | + | + | + | + | + | 32 |
| 0 | +[1] | + | 0 | 0 | 0 | 0 | 0 | 0 | + | + | + | 0 | 0 | +[1] | 33 |
| +[1] | + | 0 | 0 | 0 | + | + | 0 | 0 | + | + | + | + | + | 0+ | 34 |
| + | + | 0+ | 0+ | + | + | + | + | + | + | + | + | + | + | + | 35 |
| +[1] | +[1] | 0 | + | + | + | + | + | + | + | + | + | + | + | + | 36 |
| + | + | + | 0 | 0 | 0 | 0 | 0 | 0 | + | + | + | +[1] | +[1] | + | 37 |
| +[1] | + | 0 | 0 | 0 | + | +[1] | 0 | 0 | + | + | + | + | + | + | 38 |
| + | + | + | 0 | 0 | 0+[1] | + | +[1] | +[1] | + | + | + | + | + | 0+ | 39 |
| +[1] | + | + | 0 | 0 | + | 0 | 0 | 0 | + | + | + | 0 | 0 | + | 40 |
| +[1] | +[1] | 0 | 0 | 0 | + | + | + | + | + | + | + | + | + | 0+ | 41 |
| +[1] | + | 0 | 0 | 0 | +[1] | +[1] | 0 | +[1] | + | + | + | + | + | + | 42 |
| +[1] | + | + | 0 | 0 | + | +[1] | 0 | 0 | + | + | + | + | + | + | 43 |
| +[1] | + | + | 0 | 0 | + | +[1] | 0 | 0 | + | + | + | + | + | + | 44 |
| +[1] | + | + | 0 | 0 | + | +[1] | 0 | 0 | + | + | + | + | + | + | 45 |
| 0+ | + | + | 0 | 0 | 0 | 0 | 0 | 0 | + | + | + | 0 | 0 | + | 46 |
| 0+ | 0+ | 0+ | + | + | + | + | + | + | + | + | + | + | + | 0 | 47 |
| 0+ | 0+ | 0 | + | + | + | + | + | + | + | + | + | + | + | 0 | 48 |
| 0 | 0 | 0 | 0+ | + | + | + | + | + | + | + | + | + | + | 0 | 49 |
| 0 | 0 | 0 | + | + | + | + | + | + | 0 | 0 | 0 | + | + | 0 | 50 |

[2] = Andere Schellacksorten z. T. schwerer löslich. [3] = Bei 0° C Ausscheidung.

# D. Löslichkeit öl- und fettlöslicher

Nach Mitteilungen der I. G. Farben-

Prüfungsmethode. Die Lösungen der Farbstoffe wurden auf dem Wasserbad bei mengen bleiben nach achttägigem Stehen der Filtrate bei einer Durchschnittstemperatur den flüssigen und 1000 Gewichtsteilen

| Farbstoffe | Alkohol 96 proz. | Butanol | Aceton | Cyclo-hexanon | Äthyl-glykol | Lösungs-mittel E 13 |
|---|---|---|---|---|---|---|
| Sudangelb 3G | 2,5 | 3,5 | 11,2 | 60 | 11,2 | 17 |
| Sudangelb GG | 7,5 | 9 | 60 | 150 | 38 | 37 |
| Sudangelb G | 0,6 | 1,3 | 5 | 20 | 3,8 | 3,8 |
| Sudangelb GR | 1,9 | 5,2 | 5,6 | 87 | 7,5 | 6 |
| Sudangelb R | 79 | 67 | 187 | 150 | 187 | 100 |
| Sudangelb RR, Typ 1211b | 72 | 360 | 650 | 450 | 420 | 400 |
| Sudanorange G | 7,5 | 9 | 15 | 97 | 15 | 15 |
| Sudanorange R | 5 | 6 | 22,5 | 60 | 22,5 | 15 |
| Sudanrot GG | 0,5 | 2,5 | 0,75 | 23 | 2,3 | 2 |
| Sudanrot G | 0,75 | 0,75 | 3 | 11,2 | 3,8 | 3,3 |
| Sudanrot R | 1,5 | 2,5 | 11,2 | 30 | 7,5 | 7,5 |
| Sudanrot 3R | 0,6 | 1,5 | 11,2 | 150 | 150 | 11 |
| Sudanrot B | 0,75 | 1,5 | 6,6 | 65 | 7,5 | 6 |
| Sudanrot BB | 0,5 | 1 | 1,1 | 12 | 1,5 | 1,5 |
| Sudanrot 5B | 0,5 | 0,6 | 1,25 | 11,2 | 1,5 | 1,5 |
| Sudanrot 7B | 1,25 | 3,8 | 15 | 150 | 22,5 | 22 |
| Sudanbraun 3G | 5 | 15 | 53 | 150 | 112 | 33 |
| Sudanbraun G | 5,6 | 5,6 | 22,5 | 150 | 45 | 27 |
| Sudanbraun R | 7,5 | 15 | 83 | 150 | 45 | 63 |
| Sudanbraun RRN | 24 | 50 | 85 | 420 | 350 | 82 |
| Sudanbraun B | 0,5 | 2,5 | 7,5 | 67 | 5,6 | 10 |
| Sudanbraun BB | 1,9 | 3,8 | 11,2 | 75 | 22,5 | 10 |
| Sudanbraun 3B | 2,5 | 7,5 | 30 | 112 | 38 | 20 |
| Sudanbraun 5B | 1,25 | 3,8 | 1,9 | 15 | 3 | 2 |
| Sudanviolett BR | 1 | 2,5 | 7,5 | 5 | 2 | 5,6 |
| Sudanblau G | 0,5 | sehr schwer löslich | 2,5 | 11,2 | 2,6 | 2,2 |
| Sudangrün BB | 0,25 | sehr schwer löslich | 1,3 | 3,8 | 1 | 1,1 |
| Sudanechtlichtgrün G | — | — | — | — | — | — |
| Sudanschwarz BT | 3 | 6 | 8 | 25 | 42 | 7,5 |
| Sudanschwarz G | 0,6 | sehr schwer löslich | 5,2 | 34 | 3,8 | 3,3 |

# E. Löslichkeit von Farb-

## a) Produkte von mäßiger oder mittlerer Lichtechtheit.

| Name | Besonders geeignete Lösungsmittel | Lichtechtheit |
|---|---|---|
| Auramin konz. | Alkohole, Glykoläther, Ketone, Lösungsmittel E 13 und E 14 | mäßig |
| Metanilgelb extra | Alkohole, Glykoläther, Ketone, Lösungsmittel E 13 und E 14 | ziemlich gut |

# Pulverfarbstoffe (Sudanfarbstoffe).

industrie Aktiengesellschaft.

90—95° C innerhalb 20 Minuten hergestellt und heiß filtriert. Die angegebenen Farbstoff- von 22° C in Lösung. Die Spaltenzahlen geben die Löslichkeit in 1000 Volumteilen bei bei den festen Lösungsmitteln an.

| Butylacetat 98 bis 100 proz. | Leinöl roh gebleicht | Terpentinöl | Paraffinöl | Ölsäure | Stearinsäure | Benzin spezifisches Gewicht 0,711 | Benzol | Xylol |
|---|---|---|---|---|---|---|---|---|
| 22 | 20 | 5,6 | 5 | 15 | 38 | 3,8 | 62 | 45 |
| 22 | 27 | 15 | 7,5 | 15 | 67 | 7,5 | 90 | 7,5 |
| 10 | 7,5 | 3,8 | 3,3 | 7,5 | 30 | 2,2 | 47 | 30 |
| 27 | 13,7 | 5,6 | 15 | 17,5 | 52 | 7,5 | 60 | 45 |
| 150 | 67 | 5,6 | 2 | 53 | 67 | 2,2 | 53 | 75 |
| 280 | 210 | 60 | 10 | 135 | 135 | 11,2 | 280 | 140 |
| 30 | 45 | 15 | 0,3 | 15 | 50 | 1,5 | 11 | 6,3 |
| 38 | 27 | 15 | 7,5 | 22,5 | 72 | 7,5 | 47 | 56 |
| 3,8 | 15 | 22 | 2,5 | 13 | 15 | 1,9 | 30 | 19 |
| 3,8 | 4,5 | 1,5 | 1 | 3,3 | 7,5 | 0,5 | 10 | 5,6 |
| 11 | 11 | 5,2 | 1,9 | 7,5 | 15 | 1,9 | 5,6 | 5,6 |
| 15 | 5,6 | 3 3 | 0,6 | 7,5 | 5,6 | 1,3 | 148 | 13 |
| 20 | 12,5 | 6 | 2,5 | 10 | 30 | 2,2 | 40 | 7,5 |
| 2,5 | 4,5 | 1,9 | 1,9 | 5,6 | 15 | 0,6 | 10 | 5,6 |
| 3,8 | 1,9 | 2,2 | 2,5 | 3,8 | 7,5 | 1,7 | 11 | 7,5 |
| 11 | 30 | 6,8 | 9 | 30 | 30 | 3,8 | 11 | 15 |
| 30 | 22 | 3,8 | 0,3 | 15 | 5,6 | 0,75 | 11 | 5,2 |
| 30 | 22 | 2,2 | 7,5 | 15 | 5,6 | 1,5 | 5,6 | 3,8 |
| 60 | 45 | 2,2 | 1,6 | 19 | 15 | 0,75 | 15 | 15 |
| 52 | 30 | 2 | 1,4 | 25 | 7,5 | 1 | 32 | 7,5 |
| 15 | 22 | 2,2 | 0,75 | 15 | 6 | 0,75 | 5,6 | 5 |
| 15 | 3,8 | 0,75 | 1,9 | 6,6 | 3,8 | 0,4 | 1,2 | 1,6 |
| 45 | 22 | 3,8 | 1,9 | 7,5 | 15 | 0,75 | 2,5 | 1,2 |
| 7,5 | 13 | 3,8 | 1,9 | 7,5 | 15 | 0,4 | 3,8 | 2,2 |
| 6,6 | 13 | 3,6 | 6,6 | 6,6 | 19 | 8 | 15 | 11 |
| 3,8 | 3,8 | 1,9 | 0,9 | 7,5 | 15 | 0,7 | 11 | 7,5 |
| 1,1 | 1,2 | 0,75 | 0,4 | 1,1 | 3,8 | 0,5 | 7,5 | 4,7 |
| — | — | — | — | 33 | 75 | — | — | — |
| 15 | 3,4 | 2 | 2,4 | 7,6 | 7,6 | 1,2 | 16 | 2,8 |
| 11 | 11 | 3,8 | 1,9 | 7,5 | 15 | 0,75 | 33 | 15 |

# stoffen für Lackzwecke.

| Name | Besonders geeignete Lösungsmittel | Lichtechtheit |
|---|---|---|
| Sudanrot 3R . . . . . . | allgemein gut löslich | mäßig |
| Sudanrot 5 B . . . . . . | allgemein gut löslich | mäßig |
| Spritscharlach B . . . . . | Alkohole, Glykoläther, Ketone, Lösungsmittel E 13 und E 14 | ziemlich gut |

a) Produkte von mäßiger oder mittlerer Lichtechtheit (Fortsetzung).

| Name | Besonders geeignete Lösungsmittel | Lichtechtheit |
|---|---|---|
| Brillantfeuerrot WL . . . | Alkohole, Glykoläther, Ketone, Lösungsmittel E 13 und E 14 | ziemlich gut |
| Rhodamin B extra . . . | Alkohole, Glykoläther, Ketone, Lösungsmittel E 13 und E 14 | ziemlich gut |
| Sudanorange R . . . . . | allgemein gut löslich | mäßig |
| Sudanbraun BB . . . . . | allgemein gut löslich | mäßig |
| Spritblau T . . . . . . | Alkohole, Glykoläther, Ketone, Lösungsmittel E 13 und E 14 | mäßig |
| Sudanblau G . . . . . . | allgemein gut löslich | mäßig |
| Viktoriablau B hochkonz. | Alkohole, Glykoläther, Ketone, Lösungsmittel E 13 und E 14 | mäßig |
| Sudanviolett BR1 . . . . | allgemein gut löslich | mäßig |
| Methylviolett N blau. . . | Alkohole, Glykoläther, Ketone, Lösungsmittel E 13 und E 14 | mäßig |
| Sudanschwarz BT . . . . | allgemein gut löslich | mäßig |

## b) Produkte von guter bis sehr guter Lichtechtheit.

| Name | Besonders geeignete Lösungsmittel | Weniger geeignete Lösungsmittel |
|---|---|---|
| Sudangelb 3 G . . . . | allgemein gut löslich | Sprit |
| Sudangelb GR . . . . | allgemein gut löslich | — |
| Zaponechtgelb CGG. . | Sprit, E 13, Glykoläther, Butanol, Pyranton | Ester, Kohlenwasserstoffe |
| Zaponechtgelb GR . . | Sprit, Butanol, Lösungsmittel E 13, Glykoläther (Äthylglykol, Methylglykol usw.), E 14 | Kohlenwasserstoffe, Ester, wie Butyl- und Amylacetat, Anon |
| Zaponechtorange G . . | Sprit, Butanol, Lösungsmittel E 13, Glykoläther (Äthylglykol, Methylglykol usw.), E 14 | Kohlenwasserstoffe, Ester, wie Butyl- und Amylacetat, Anon |
| Zaponechtorange RR . | Sprit, Butanol, Glykoläther, Lösungsmittel E 13, Anon, Pyranton, E 14 | Kohlenwasserstoffe, einige Ester |
| Zaponechtscharlach CG | Sprit, Butanol, Glykoläther, Anon | Kohlenwasserstoffe, Ester |
| Zaponechtscharlach CR | Sprit, Glykoläther | Butanol, Ester, Kohlenwasserstoffe, Anon |

b) Produkte von guter bis sehr guter Lichtechtheit (Fortsetzung).

| Name | Besonders geeignete Lösungsmittel | Weniger geeignete Lösungsmittel |
|---|---|---|
| Zaponechtrot CB . . . | Sprit, Butanol, Glykoläther, Anon | Ester, Kohlenwasserstoffe |
| Zaponechtrosa B . . . | Sprit, Butanol, Lösungsmittel E 13, Glykoläther, Anon, E 14 | Ester, Kohlenwasserstoffe |
| Zaponechtviolett BB . | Sprit, Glykoläther | Ester, Kohlenwasserstoffe |
| Zaponechtviolett CRR . | Sprit, Glykoläther | Ester, Kohlenwasserstoffe |
| Zaponechtblau BL . . | Sprit, Glykoläther | Butanol, Kohlenwasserstoffe, Ester, Anon, Pyranton |
| Zaponechtgrün GG . . | Sprit, Glykoläther | Ester, Kohlenwasserstoffe |
| Zaponechtschwarz M . | Sprit, Glykoläther | Ester, Kohlenwasserstoffe |
| Zaponschwarz 30180 . | Kohlenwasserstoffe, Glykoläther, Anon, Ester | Sprit |

# F. Prüfung von Lösungsmitteln mit Drakorubinpapier[1].

(4 Streifen des Reagenspapieres werden in ein Reagensglas voll Lösungsmittel geworfen und die Lösung ohne zu schütteln nach 1 Stunde und nach 12 Stunden betrachtet, dann das Papier herausgenommen und getrocknet.) Vgl. S. 159.

| | Nach 1 Stunde | Nach 12 Stunden im Durchblick | Beschaffenheit des Papieres |
|---|---|---|---|
| 1. Benzol, Toluol, Xylol (ähnlich auch Tetralin) . | dunkelblutrot | dunkelblutrot | ganz hell |
| 2. Benzine (ähnlich auch Dekalin) . | unverändert | Spur gelblich, orange oder schwach rosa | unverändert, dunkelrot |
| 3. Benzin mit 20 % Toluol gemischt | unverändert | orange | kaum verändert |
| 4. Tetrachlorkohlenstoff. . . | gleichmäßig orange | gleichmäßig gefärbt mit vielen festen Ausscheidungen, die nach oben schlieren | ziegelrot, merklich weicher geworden |

[1] Nach Dr. Frank und Dr. Marckwald: Farben-Ztg. 21, S. 26 (auszugsweise).

F. Prüfung von Lösungsmitteln mit Drakorubinpapier[1] (Fortsetzung).

| | Nach 1 Stunde | Nach 12 Stunden im Durchblick | Beschaffenheit des Papieres. |
|---|---|---|---|
| 5. Trichloräthylen | starke Rotfärbung, oben etwas stärker | ähnlich wie Tetra | helles Ziegelrot, merklich weicher geworden |
| 6. Terpentinöl . . | aller Farbstoff nach unten gezogen | untere Hälfte blutrot, obere kaum gefärbt, Schlieren | sehr weich, rosa |
| 7. Äther . . . . . | schwache Rotfärbung | dunkelblutrot, noch durchscheinend | ziegelrot |
| 8. Aceton . . . . | stark gefärbt, Farbstoff völlig auf dem Grund des Glases | schwarzrot, undurchsichtig | helles Rosa, am Rand am stärksten entfärbt; sehr weich |
| 9. Alkohol (96 %) . | unten blutrot, oben hell kupferrot | schwarzrot, undurchsichtig | sehr helles Rosa, an den Rändern schmaler roter Streifen; sehr weich |
| 10. Amylalkohol . . | wie Aceton | wie Aceton | ähnlich Aceton |
| 11. Essigäther . . . | wie Aceton | etwas dunkler als Aceton | ähnlich Aceton |
| 12. Amylacetat . . | unten tief dunkelrot, sonst gelbstichig hellrot | wie nach 1 Std. | untere Hälfte ziegelrot, obere hellrosa, ziemlich weich |

# G. 1. Spezifisches Gewicht und Gehalt in Gewichtsprozenten eines wässerigen Alkohols.

**Bei 15,55° (nach Fownes).**

| Spezifisches Gewicht | Gew.-Proz. Alkohol | Spezifisches Gewicht | Gew.-Proz. Alkohol | Spezifisches Gewicht | Gew.-Proz. Alkohol | Spezifisches Gewicht | Gew.-Proz. Alkohol |
|---|---|---|---|---|---|---|---|
| 0,9991 | 0—5 | 0,9753 | 17 | 0,9511 | 34 | 0,9160 | 51 |
| 0,9981 | 1 | 0,9741 | 18 | 0,9490 | 35 | 0,9135 | 52 |
| 0,9965 | 2 | 0,9728 | 19 | 0,9470 | 36 | 0,9113 | 53 |
| 0,9947 | 3 | 0,9716 | 20 | 0,9452 | 37 | 0,9090 | 54 |
| 0,9930 | 4 | 0,9704 | 21 | 0,9434 | 38 | 0,9069 | 55 |
| 0,9914 | 5 | 0,9691 | 22 | 0,9416 | 39 | 0,9047 | 56 |
| 0,9898 | 6 | 0,9678 | 23 | 0,9396 | 40 | 0,9025 | 57 |
| 0,9884 | 7 | 0,9665 | 24 | 0,9376 | 41 | 0,9001 | 58 |
| 0,9869 | 8 | 0,9652 | 25 | 0,9356 | 42 | 0,8979 | 59 |
| 0,9855 | 9 | 0,9638 | 26 | 0,9335 | 43 | 0,8956 | 60 |
| 0,9841 | 10 | 0,9623 | 27 | 0,9314 | 44 | 0,8932 | 61 |
| 0,9828 | 11 | 0,9609 | 28 | 0,9292 | 45 | 0,8908 | 62 |
| 0,9815 | 12 | 0,9593 | 29 | 0,9270 | 46 | 0,8886 | 63 |
| 0,9802 | 13 | 0,9578 | 30 | 0,9249 | 47 | 0,8863 | 64 |
| 0,9789 | 14 | 0,9560 | 31 | 0,9228 | 48 | 0,8840 | 65 |
| 0,9778 | 15 | 0,9544 | 32 | 0,9206 | 49 | 0,8816 | 66 |
| 0,9766 | 16 | 0,9528 | 33 | 0,9184 | 50 | 0,8793 | 67 |

[1] Nach Dr. Frank und Dr. Marckwald: Farben-Ztg. 21, S. 26 (auszugsweise).

G. 1. Spezifisches Gewicht und Gehalt in Gewichtsprozenten eines wässerigen Alkohols (Fortsetzung).

| Spezifisches Gewicht | Gew.-Proz. Alkohol | Spezifisches Gewicht | Gew.-Proz. Alkohol | Spezifisches Gewicht | Gew.-Proz. Alkohol | Spezifisches Gewicht | Gew.-Proz. Alkohol |
|---|---|---|---|---|---|---|---|
| 0,8769 | 68 | 0,8557 | 77 | 0,8357 | 85 | 0,8145 | 93 |
| 0,8745 | 69 | 0,8533 | 78 | 0,8331 | 86 | 0,8118 | 94 |
| 0,8721 | 70 | 0,8508 | 79 | 0,8305 | 87 | 0,8089 | 95 |
| 0,8696 | 71 | 0,8483 | 80 | 0,8279 | 88 | 0,8061 | 96 |
| 0,8672 | 72 | 0,8459 | 81 | 0,8254 | 89 | 0,8031 | 97 |
| 0,8649 | 73 | 0,8434 | 82 | 0,8228 | 90 | 0,8001 | 98 |
| 0,8625 | 74 | 0,8408 | 83 | 0,8199 | 91 | 0,7969 | 99 |
| 0,8603 | 75 | 0,8382 | 84 | 0,8172 | 92 | 0,7938 | 100 |
| 0,8581 | 76 | | | | | | |

## 2. Vergleich der Gewichtsprozente von wässerigem Alkohol mit Volumenprozenten (nach Tralles).

| Gew.-Prozente | Vol.-Prozente | Gew.-Prozente | Vol.-Prozente | Gew.-Prozente | Vol.-Prozente | Gew.-Prozente | Vol.-Prozente | Gew.-Prozente | Vol.-Prozente |
|---|---|---|---|---|---|---|---|---|---|
| 99,9 | 99,9 | 81,5 | 86,6 | 62,5 | 69,9 | 43,5 | 50,9 | 24,5 | 29,6 |
| 99,7 | 99,8 | 81,0 | 86,2 | 62,0 | 69,4 | 43,0 | 50,4 | 24,0 | 29,0 |
| 99,5 | 99,7 | 80,5 | 85,8 | 61,5 | 69,0 | 42,5 | 49,9 | 23,5 | 28,4 |
| 99,0 | 99,4 | 80,0 | 85,3 | 61,0 | 68,5 | 42,0 | 49,3 | 23,0 | 27,8 |
| 98,5 | 99,0 | 79,5 | 84,9 | 60,5 | 68,0 | 41,5 | 48,8 | 22,5 | 27,2 |
| 98,0 | 98,7 | 79,0 | 84,5 | 60,0 | 67,5 | 41,0 | 48,2 | 22,0 | 26,6 |
| 97,5 | 98,3 | 78,5 | 84,1 | 59,5 | 67,1 | 40,5 | 47,7 | 21,5 | 26,1 |
| 97,0 | 98,0 | 78,0 | 83,7 | 59,0 | 66,6 | 40,0 | 47,1 | 21,0 | 25,5 |
| 96,5 | 97,7 | 77,5 | 83,3 | 58,5 | 66,1 | 39,5 | 46,6 | 20,5 | 24,9 |
| 96,0 | 97,3 | 77,0 | 82,8 | 58,0 | 65,6 | 39,0 | 46,1 | 20,0 | 24,3 |
| 95,5 | 97,0 | 76,5 | 82,4 | 57,5 | 65,1 | 38,5 | 45,5 | 19,5 | 23,7 |
| 95,0 | 96,7 | 76,0 | 82,0 | 57,0 | 64,6 | 38,0 | 45,0 | 19,0 | 23,1 |
| 94,5 | 96,3 | 75,5 | 81,6 | 56,5 | 64,1 | 37,5 | 44,4 | 18,5 | 22,5 |
| 94,0 | 96,0 | 75,0 | 81,2 | 56,0 | 63,7 | 37,0 | 43,9 | 18,0 | 21,9 |
| 93,5 | 95,7 | 74,5 | 80,7 | 55,5 | 63,2 | 36,5 | 43,3 | 17,5 | 21,3 |
| 93,0 | 95,3 | 74,0 | 80,2 | 55,0 | 62,7 | 36,0 | 42,7 | 17,0 | 20,7 |
| 92,5 | 94,9 | 73,5 | 79,8 | 54,4 | 62,2 | 35,5 | 42,2 | 16,5 | 20,1 |
| 92,0 | 94,6 | 73,0 | 79,4 | 54,0 | 61,7 | 35,0 | 41,6 | 16,0 | 19,6 |
| 91,5 | 94,2 | 72,5 | 79,0 | 53,5 | 61,2 | 34,5 | 41,1 | 15,5 | 19,0 |
| 91,0 | 93,8 | 72,0 | 78,5 | 53,0 | 60,7 | 34,0 | 40,5 | 15,0 | 18,5 |
| 90,5 | 93,5 | 71,5 | 78,1 | 52,5 | 60,2 | 33,5 | 40,0 | 14,5 | 17,9 |
| 90,0 | 93,1 | 71,0 | 77,7 | 52,0 | 59,7 | 33,0 | 39,4 | 14,0 | 17,3 |
| 89,5 | 92,7 | 70,5 | 77,2 | 51,5 | 59,2 | 32,5 | 38,8 | 13,5 | 16,7 |
| 89,0 | 92,4 | 70,0 | 76,7 | 51,0 | 58,7 | 32,0 | 38,3 | 13,0 | 16,1 |
| 88,5 | 92,0 | 69,5 | 76,3 | 50,5 | 58,2 | 31,5 | 37,7 | 12,5 | 15,5 |
| 88,0 | 91,6 | 69,0 | 75,9 | 50,0 | 57,7 | 31,0 | 37,1 | 12,0 | 14,9 |
| 87,5 | 91,2 | 68,5 | 75,4 | 49,5 | 57,1 | 30,5 | 36,5 | 11,0 | 13,7 |
| 87,0 | 90,8 | 68,0 | 75,0 | 49,0 | 56,6 | 30,0 | 36,0 | 10,0 | 12,5 |
| 86,5 | 90,5 | 67,5 | 74,5 | 48,5 | 56,1 | 29,5 | 35,4 | 9,0 | 11,2 |
| 86,0 | 90,1 | 67,0 | 74,1 | 48,0 | 55,6 | 29,0 | 34,8 | 8,0 | 10,0 |
| 85,5 | 89,8 | 66,5 | 73,6 | 47,5 | 55,1 | 28,5 | 34,2 | 7,0 | 8,8 |
| 85,0 | 89,4 | 66,0 | 73,2 | 47,0 | 54,6 | 28,0 | 33,6 | 6,0 | 7,5 |
| 84,5 | 89,0 | 65,5 | 72,7 | 46,5 | 54,1 | 27,5 | 33,1 | 5,0 | 6,2 |
| 84,0 | 88,6 | 65,0 | 72,2 | 46,0 | 53,5 | 27,0 | 32,5 | 4,0 | 5,0 |
| 83,5 | 88,2 | 64,5 | 71,8 | 45,5 | 53,0 | 26,5 | 31,9 | 3,0 | 3,8 |
| 83,0 | 87,7 | 64,0 | 71,3 | 45,0 | 52,5 | 26,0 | 31,4 | 2,0 | 2,5 |
| 82,5 | 87,3 | 63,5 | 70,8 | 44,5 | 52,0 | 25,5 | 30,8 | 1,0 | 1,2 |
| 82,0 | 87,0 | 63,0 | 70,4 | 44,0 | 51,4 | 25,0 | 30,2 | 0,5 | 0,6 |

## 3. Gemische von Alkohol und Äther.

Die Menge Alkohol vom spez. Gew. 0,809 ist in Gewichtsprozenten ausgedrückt.

| Alkohol % | Spezifisches Gewicht | Alkohol % | Spezifisches Gewicht |
|---|---|---|---|
| 0 | 0,729 | 60 | 0,779 |
| 10 | 0,737 | 70 | 0,786 |
| 20 | 0,747 | 80 | 0,798 |
| 30 | 0,756 | 90 | 0,801 |
| 40 | 0,765 | 100 | 0,809 |
| 50 | 0,772 | | |

## 4. Wässeriger Methylalkohol, bezogen auf Wasser von 4° C

(nach Dittmar und nach Fawsitt).

| Gewichts-Prozent | Spezifisches Gewicht bei 0° | Spezifisches Gewicht bei 15,56° | Gewichts-Prozent | Spezifisches Gewicht bei 0° | Spezifisches Gewicht bei 15,56° |
|---|---|---|---|---|---|
| 1 | 0,99806 | 0,99729 | 63 | 0,90276 | 0,89133 |
| 2 | 0,99631 | 0,99554 | 64 | 0,90056 | 0,88905 |
| 4 | 0,99299 | 0,99214 | 65 | 0,89835 | 0,88676 |
| 6 | 0,98990 | 0,98893 | 66 | 0,89611 | 0,88443 |
| 8 | 0,98701 | 0,98569 | 67 | 0,89384 | 0,88208 |
| 10 | 0,98429 | 0,98262 | 68 | 0,89145 | 0,87970 |
| 12 | 0,98171 | 0,97962 | 69 | 0,88922 | 0,87714 |
| 14 | 0,97926 | 0,97668 | 70 | 0,88687 | 0,87487 |
| 16 | 0,97689 | 0,97379 | 71 | 0,88470 | 0,87262 |
| 18 | 0,97459 | 0,97039 | 72 | 0,88237 | 0,87021 |
| 20 | 0,97233 | 0,96808 | 73 | 0,88003 | 0,86779 |
| 22 | 0,97007 | 0,96524 | 74 | 0,87767 | 0,86535 |
| 24 | 0,96780 | 0,96238 | 75 | 0,87530 | 0,86290 |
| 26 | 0,96549 | 0,95949 | 76 | 0,87290 | 0,86042 |
| 28 | 0,96310 | 0,95655 | 77 | 0,87049 | 0,85793 |
| 30 | 0,96057 | 0,95355 | 78 | 0,86806 | 0,85542 |
| 32 | 0,95783 | 0,95053 | 79 | 0,86561 | 0,85290 |
| 34 | 0,95500 | 0,94732 | 80 | 0,86314 | 0,85035 |
| 36 | 0,95204 | 0,94399 | 81 | 0,86066 | 0,84779 |
| 38 | 0,94895 | 0,94055 | 82 | 0,85816 | 0,84521 |
| 40 | 0,94571 | 0,93697 | 83 | 0,85504 | 0,84262 |
| 42 | 0,94239 | 0,93335 | 84 | 0,85310 | 0,84001 |
| 44 | 0,93911 | 0,92975 | 85 | 0,85055 | 0,83738 |
| 46 | 0,93575 | 0,92610 | 86 | 0,84798 | 0,83473 |
| 48 | 0,93229 | 0,92237 | 87 | 0,84539 | 0,83207 |
| 50 | 0,92873 | 0,91855 | 88 | 0,84278 | 0,82938 |
| 51 | 0,92691 | 0,91661 | 89 | 0,84015 | 0,82668 |
| 52 | 0,92507 | 0,91465 | 90 | 0,83751 | 0,82396 |
| 53 | 0,92320 | 0,91267 | 91 | 0,83485 | 0,82123 |
| 54 | 0,92130 | 0,91066 | 92 | 0,83218 | 0,81849 |
| 55 | 0,91938 | 0,90863 | 93 | 0,82948 | 0,81572 |
| 56 | 0,91742 | 0,90657 | 94 | 0,82677 | 0,81293 |
| 57 | 0,91544 | 0,90450 | 95 | 0,82404 | 0,81013 |
| 58 | 0,91343 | 0,90239 | 96 | 0,82129 | 0,80731 |
| 59 | 0,91139 | 0,90026 | 97 | 0,81853 | 0,80448 |
| 60 | 0,90917 | 0,89798 | 98 | 0,81576 | 0,80164 |
| 61 | 0,90706 | 0,89580 | 99 | 0,81295 | 0,79876 |
| 62 | 0,90492 | 0,89358 | 100 | 0,81015 | 0,79589 |

# H. Übersicht über die Herstellungsverfahren von Lösungsmitteln.

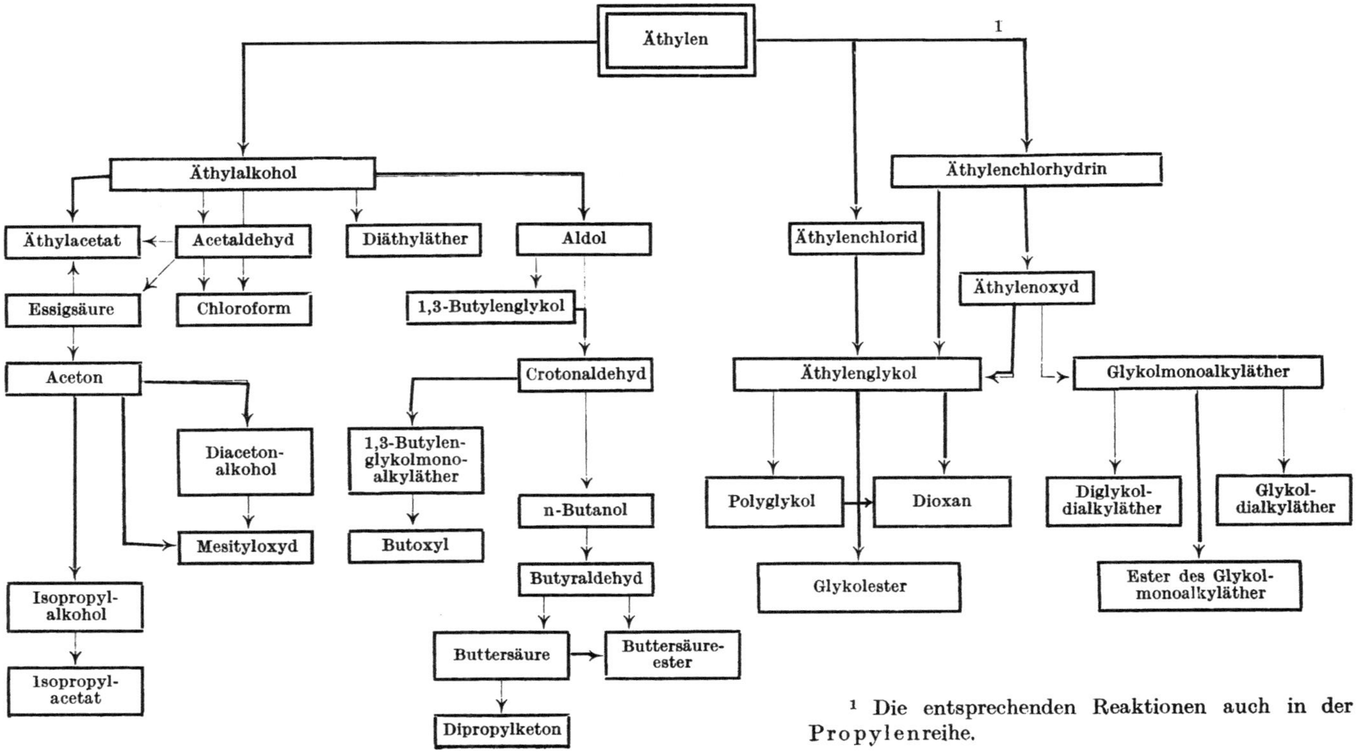


[1] Die entsprechenden Reaktionen auch in der Propylenreihe.

## H. Übersicht über die Herstellungsverfahren von Lösungsmitteln (Fortsetzung).

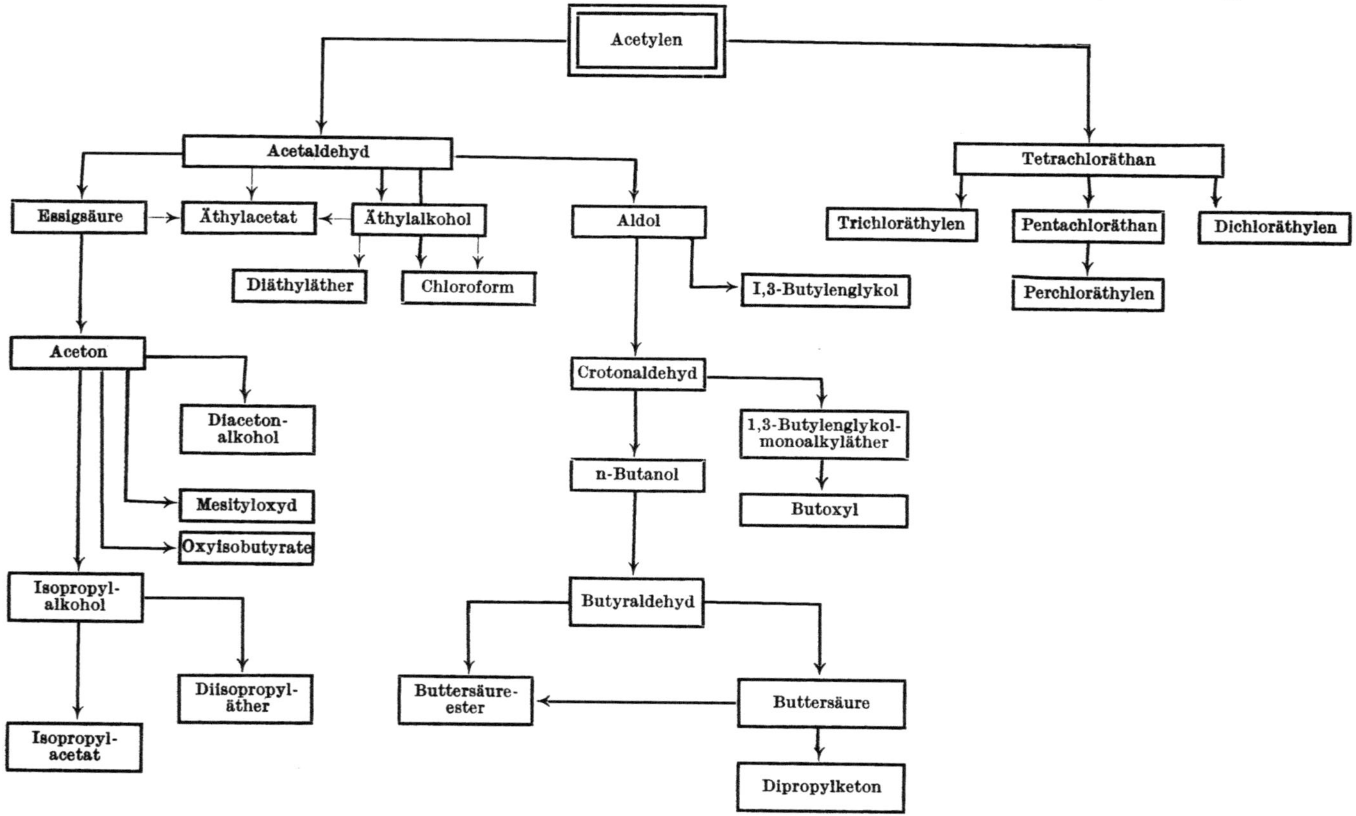

# J. Wichtigere azeotropische Mischungen von Lösungsmitteln.

Die nachstehenden Angaben über azeotropische Gemische sind der Literatur entnommen, wobei vor allem die Mitteilungen von:

Lecat: La Tension de vapeur des mélanges liquides. Brüssel 1918.
Von Rechenberg: Einfache und fraktionierte Destillation. Leipzig 1923.
Washburn: International Critical Tables of numeral Data, Physics, Chemistry and Technology. New York 1928.
Kremann: Die Eigenschaften der binären Flüssigkeitsgemische. Stuttgart 1916.

Berücksichtigung fanden. Nennenswerte Literatur über azeotropische Gemische neuerer Lösungsmittel, beispielsweise der Glykoläther, liegt noch nicht vor. Die Tatsache, daß azeotropische Gemische dieser Lösungsmittel nicht aufgeführt werden, beweist deshalb keineswegs, daß solche nicht existieren. Gemische der nachstehend genannten Lösungsmittel mit anderen, weniger als Lösungsmittel verwendeten Flüssigkeiten, sind nicht aufgenommen worden; wegen Einzelheiten darüber sei auf die Literatur verwiesen.

## 1. Mischungen mit Minimumsiedepunkt.

### a) Binäre Gemische.

| Bestandteile | | | | | Siedepunkt °C (760 mm Druck) |
|---|---|---|---|---|---|
| 1 | Gewichtsprozente | Molprozente | 2 | Gewichtsprozente | |
| Benzine: | | | | | |
| n-Hexan | 81 | · | Benzol | 19 | 68,9 |
| ,, | 28 | · | Chloroform | 72 | 60,0 |
| ,, | 79 | 67 | Äthylalkohol | 21 | 58,7 |
| ,, | 96 | 94 | n-Propylalkohol | 4 | 65,7 |
| ,, | 78 | 79 | Isopropylalkohol | 22 | 61,0 |
| n-Heptan | 38 | 17 | Methanol | 62 | 60,5 |
| ,, | 52 | 33 | Äthylalkohol | 48 | 72,0 |
| n-Oktan | 26 | 16 | n-Propylalkohol | 74 | 95,0 |
| Cyclohexan | 45 | · | Benzol | 55 | 77,8 |
| ,, | 63 | 39 | Methanol | 37 | 54,2 |
| ,, | 70 | 55 | Äthylalkohol | 30 | 64,9 |
| ,, | 67 | 59 | Isopropylalkohol | 33 | 68,6 |
| ,, | 80 | 74 | n-Propylalkohol | 20 | 74,3 |
| ,, | 90 | 89 | n-Butanol | 10 | 79,8 |
| ,, | 86 | 84 | Isobutylalkohol | 14 | 78,1 |
| ,, | · | 60 | Tert. Butanol | · | 71,8 |
| Benzol | 19 | · | n-Hexan | 81 | 68,9 |
| ,, | 55 | · | Cyclohexan | 45 | 77,8 |
| ,, | 60 | 29 | Methanol | 40 | 58,3 |
| ,, | 68 | 55 | Äthylalkohol | 52 | 68,2 |
| ,, | 83 | 79 | n-Propylalkohol | 17 | 77,1 |
| ,, | 67 | 61 | Isopropylalkohol | 33 | 71,9 |
| ,, | 91 | 90 | Isobutylalkohol | 9 | 79,8 |
| ,, | · | 62 | Tert. Butanol | · | 74,0 |
| ,, | 62 | 39 | Methyläthylketon | 38 | 78,4 |

## 1. Mischungen mit Minimumsiedepunkt.

| Bestandteile | | | | | Siedepunkt °C (760 mm Druck) |
|---|---|---|---|---|---|
| 1 | Gewichtsprozente | Molprozente | 2 | Gewichtsprozente | |
| Toluol | 32 | 19 | Äthylalkohol | 68 | 76,7 |
| „ | 51 | 40 | n-Propylalkohol | 49 | 92,6 |
| „ | 31 | 23 | Isopropylalkohol | 69 | 80,6 |
| „ | 56 | 50 | Isobutylalkohol | 44 | 101,1 |
| „ | 68 | 63 | n-Butanol | 32 | 105,5 |
| „ | 74 | 74 | Epichlorhydrin | 26 | 108,3 |
| o-Xylol | 40 | 36 | Isoamylalkohol | 60 | 128,0 |
| m-Xylol | 47 | 42 | Isoamylalkohol | 53 | 127,0 |
| p-Xylol | 49 | 44 | Isoamylalkohol | 51 | 126,8 |
| m-Xylol | · | 55 | Isoamylacetat | · | 136,0 |
| Chloroform | 72 | · | n-Hexan | 28 | 60,0 |
| „ | 88 | 65 | Methanol | 12 | 53,5 |
| „ | 93 | 84 | Äthylalkohol | 7 | 59,4 |
| Tetrachlorkohlenstoff | 79 | 44,5 | Methanol | 21 | 55,7 |
| „ | 84 | 61 | Äthylalkohol | 16 | 64,9 |
| „ | 89 | 75 | n-Propylalkohol | 11 | 72,8 |
| „ | · | 64 | Isopropylalkohol | · | 67,0 |
| „ | · | 89 | Isobutylalkohol | · | 75,8 |
| „ | · | 71 | Tertiärbutylalkohol | · | 69,5 |
| „ | 57 | 43 | Äthylacetat | 43 | 74,8 |
| „ | 71 | 53 | Methyläthylketon | 29 | 73,8 |
| Cis-Dichloräthylen | · | 81 | Äthylalkohol | · | 57,7 |
| Trans- „ | · | 88 | „ | · | 46,5 |
| Trichloräthylen | 64 | 30 | Methanol | 36 | 60,2 |
| „ | 73 | · | Äthylalkohol | 27 | 70,9 |
| „ | · | 54 | Isopropylalkohol | · | 74,0 |
| „ | · | 69 | n-Propylalkohol | · | 81,8 |
| „ | 81 | 86 | Isobutylalkohol | 19 | 85,4 |
| Perchloräthylen | 19 | 6 | Äthylalkohol | 81 | 78,0 |
| „ | 46 | 24 | n-Propylalkohol | 54 | 94,0 |
| „ | · | 8 | Isopropylalkohol | · | 81,7 |
| „ | 60 | 40 | Isobutylalkohol | 40 | 103,0 |
| „ | 68 | 47 | n-Butanol | 32 | 110,0 |
| „ | 81 | 69 | Isoamylalkohol | 19 | 116,0 |
| Äthylenchlorhydrin | 42 | · | Wasser | 58 | 96,0 |
| Monochlorbenzol | 20 | 13 | n-Propylalkohol | 80 | 96,5 |
| „ | 37 | · | n-Butanol | 63 | 107,2 |
| „ | 64 | · | Isoamylalkohol | 36 | 124,3 |
| Methanol | 27 | 51 | n-Hexan | 73 | 50,0 |
| „ | 62 | 83 | n-Heptan | 38 | 60,5 |
| „ | 37 | 61 | Cyclohexan | 63 | 54,2 |
| „ | 40 | 61 | Benzol | 60 | 58,3 |
| „ | 21 | 44,5 | Tetrachlorkohlenstoff | 79 | 55,7 |
| „ | 12 | 35 | Chloroform | 88 | 53,5 |
| „ | 36 | 70 | Trichloräthylen | 64 | 60,2 |
| „ | · | 62 | Äthylenchlorid | · | 59,5 |
| „ | 86 | 20 | Aceton | 14 | 55,7 |
| „ | 19 | 35 | Methylacetat | 81 | 54,0 |
| „ | 16 | 30 | Äthylformiat | 84 | 51,0 |
| „ | · | 92 | Äthylacetat | · | 62,3 |
| Äthylalkohol | 95,57 | 89,43 | Wasser | 4,43 | 78,15 |
| „ | 21 | 33 | n-Hexan | 79 | 58,6 |
| „ | 48 | 67 | n-Heptan | 52 | 72,0 |

a) Binäre Gemische (Fortsetzung).

| Bestandteile | | | | | Siedepunkt °C (760 mm Druck) |
|---|---|---|---|---|---|
| 1 | Gewichtsprozente | Molprozente | 2 | Gewichtsprozente | |
| Äthylalkohol . . . . | 30,5 | 45 | Cyclohexan . . . . . | 69,5 | 64,9 |
| „ . . . . | 32,4 | 45 | Benzol . . . . . . | 67,6 | 68,2 |
| „ . . . . | 68 | 81 | Toluol . . . . . . . | 32 | 76,7 |
| „ . . . . | 7 | 16 | Chloroform . . . . . | 93 | 59,4 |
| „ . . . . | 15,8 | 39 | Tetrachlorkohlenstoff | 84,2 | 64,9 |
| „ . . . . | 27 | · | Trichloräthylen . . . | 73 | 70,9 |
| „ . . . . | · | 19 | cis-Dichloräthylen . . | · | 57,7 |
| „ . . . . | · | 12 | trans- „ . . | · | 46,5 |
| „ . . . . | 81 | 94 | Perchloräthylen . . . | 19 | 78,0 |
| „ . . . . | 30,6 | 46 | Äthylacetat . . . . | 69,4 | 71,8 |
| „ . . . . | 40 | 45 | Methyläthylketon . . | 60 | 74,8 |
| „ . . . . | 9 | · | Schwefelkohlenstoff . | 91 | 42,4 |
| n-Propylalkohol . . . | 72 | 43 | Wasser . . . . . . | 28 | 87,7 |
| „ . . . | 4 | 6 | n-Hexan . . . . . . | 96 | 65,6 |
| „ . . . | 74 | 84 | n-Oktan . . . . . . | 26 | 95,0 |
| „ . . . | 20 | 26 | Cyclohexan . . . . . | 80 | 74,3 |
| „ . . . | 17 | 21 | Benzol . . . . . . | 83 | 77,1 |
| „ . . . | 49 | 60 | Toluol . . . . . . . | 51 | 92,6 |
| „ . . . | 12 | 25 | Tetrachlorkohlenstoff | 88 | 72,8 |
| „ . . . | · | 69 | Trichloräthylen . . . | · | 81,8 |
| „ . . . | 54 | 76 | Perchloräthylen . . | 46 | 94,0 |
| „ . . . | 80 | 87 | Monochlorbenzol . . | 20 | 96,5 |
| „ . . . | 40 | 74 | n-Propylacetat . . . | 60 | 94,0 |
| „ . . . | 51 | 64 | Äthylpropionat . . . | 49 | 93,4 |
| Isopropylalkohol . . | 88 | 31,5 | Wasser . . . . . . | 12 | 80,4 |
| „ . . | 22 | 29 | n-Hexan . . . . . . | 78 | 61,0 |
| „ . . | 33 | 41 | Cyclohexan . . . . . | 67 | 68,6 |
| „ . . | 33 | 39 | Benzol . . . . . . | 67 | 71,9 |
| „ . . | 69 | 77 | Toluol . . . . . . . | 31 | 80,6 |
| „ . . | · | 36 | Tetrachlorkohlenstoff | · | 67,0 |
| „ . . | · | 46 | Trichloräthylen . . . | · | 74,0 |
| „ . . | · | 92 | Perchloräthylen . . | · | 81,7 |
| „ . . | 30 | · | Methyläthylketon . . | 70 | 77,3 |
| „ . . | 23 | 30 | Äthylacetat . . . . | 77 | 74,8 |
| „ . . | 52 | · | Isopropylacetat . . . | 48 | 80,1 |
| „ . . | 8 | · | Schwefelkohlenstoff . | 92 | 44,6 |
| n-Butanol . . . . . | 63 | 29 | Wasser . . . . . . | 37 | 92,3 |
| „ . . . . . | 10 | 11 | Cyclohexan . . . . . | 90 | 79,8 |
| „ . . . . . | 32 | 37 | Toluol , . . . . . . | 68 | 105,5 |
| „ . . . . . | 32 | 53 | Perchloräthylen . . | 68 | 110,0 |
| „ . . . . . | 63 | · | Monochlorbenzol . . | 37 | 107,2 |
| „ . . . . . | 47 | 56 | n-Butylacetat . . . | 53 | 117,2 |
| „ . . . . . | 24 | · | n-Butylformiat . . . | 76 | 105,8 |
| Isobutylalkohol . . . | · | 23 | Wasser . . . . . . | · | 89,9 |
| „ . . . | 14 | 16 | Cyclohexan . . . . . | 86 | 78,1 |
| „ . . . | 9 | 10 | Benzol . . . . . . | 91 | 79,8 |
| „ . . . | 44 | 50 | Toluol . . . . . . . | 56 | 101,1 |
| „ . . . | · | 36 | Tetrachlorkohlenstoff | · | 67,0 |
| „ . . . | · | 46 | Trichloräthylen . . . | · | 74,0 |
| „ . . . | · | 92 | Perchloräthylen . . | · | 81,7 |
| Sek. Butanol . . . . | 73 | 34 | Wasser . . . . . . | 27 | 88,5 |
| „ „ . . . . | 86 | · | Sek. Butylacetat . . | 14 | 99,6 |
| „ „ . . . . | · | 63 | Äthylpropionat . . . | · | 85,5 |

## 1. Mischungen mit Minimumsiedepunkt.

### a) Binäre Gemische (Fortsetzung).

| Bestandteile 1 | Gewichts-prozente | Mol-prozente | Bestandteile 2 | Gewichts-prozente | Siedepunkt °C (760 mm Druck) |
|---|---|---|---|---|---|
| Isoamylalkohol . . . | · | 17 | Wasser . . . . . . . | 83 | 95,2 |
| „ . . . | 60 | 64 | o-Xylol . . . . . . | 40 | 128,0 |
| „ . . . | 53 | 58 | m-Xylol . . . . . . | 47 | 127,0 |
| „ . . . | 51 | 56 | p-Xylol . . . . . . | 49 | 126,8 |
| „ . . . | 36 | 42 | Monochlorbenzol . . | 64 | 124,3 |
| „ . . . | 19 | 20 | Epichlorhydrin . . . | 81 | 115,4 |
| Aceton . . . . . . | 97,5 | · | Isoamylacetat . . . | 2,5 | 131,3 |
| Methyläthylketon . . | 26 | · | Isoamylformiat . . . | 74 | 123,6 |
| „ . . | 86 | 20 | Methanol . . . . . | 14 | 55,9 |
| „ . . | 89 | · | Wasser . . . . . . | 11 | 73,6 |
| „ . . | 37 | 39 | Benzol . . . . . . | 63 | 78,3 |
| „ . . | 29 | 47 | Tetrachlorkohlenstoff | 71 | 73,8 |
| Diäthyläther . . . . | 40 | 55 | Äthylalkohol . . . . | 60 | 74,8 |
| Methylacetat . . . . | 30 | · | Isopropylalkohol . . | 70 | 77,3 |
| Äthylacetat. . . . . | · | 95 | Wasser . . . . . . | · | 34,2 |
| „ . . . . . | 81 | · | Methanol . . . . . | 19 | 54,0 |
| „ . . . . . | · | 8 | Methanol . . . . . | · | 62,3 |
| „ . . . . . | 69 | 54 | Äthylalkohol . . . . | 31 | 71,8 |
| n-Propylacetat . . . | 77 | 70 | Isopropylalkohol . . | 23 | 74,8 |
| „ . . . | 43 | 57 | Tetrachlorkohlenstoff | 57 | 74,7 |
| Isopropylacetat . . . | 86 | · | Wasser . . . . . . . | 14 | 82,4 |
| n-Butylacetat . . . | 60 | 26 | n-Propylalkohol . . . | 40 | 94,2 |
| „ . . . | 48 | · | Isopropylalkohol . . | 52 | 80,1 |
| Isobutylacetat . . . | 71 | · | Wasser . . . . . . . | 29 | 90,2 |
| „ . . . | 53 | · | n-Butanol . . . . . | 47 | 117,2 |
| Sek. Butylacetat . . | 83 | · | Wasser . . . . . . . | 17 | 87,4 |
| Isoamylacetat . . . | 55 | · | Isobutylalkohol . . . | 45 | 107,4 |
| „ . . . | 14 | · | Sek. Butylalkohol . . | 86 | 99,6 |
| Dioxan . . . . . . | 2,5 | · | Isoamylalkohol . . . | 97,5 | 131,3 |
| „ . . . | · | 45 | m-Xylol . . . . . . | · | 136,0 |
| „ . . . | ca. 80 | · | Wasser . . . . . . . | ca. 20 | 87,0 |

### b) Ternäre Gemische.

Die Zahlen verstehen sich in Molprozenten. In Klammern beigefügte Zahlen geben die Gewichtsprozente an.

| Bestandteile 1 | | Bestandteile 2 | | Bestandteile 3 | | Siedepunkt °C |
|---|---|---|---|---|---|---|
| Äthylalkohol . . | 23 | Tetrachlorkohlenstoff . . | 57,6 | Wasser | 19,4 | 61,8 |
| „ . . | 56,2 | cis-Dichloräthylen . . . | 37,8 | „ | 6,0 | 53,8 |
| „ . . | 8,4 | trans-Dichloräthylen . . . | 86,2 | „ | 5,4 | 44,4 |
| „ . . | 41,2 | Trichloräthylen . | 38,4 | „ | 20,4 | 67,3 |
| „ . . | 25,7 | Äthylenchlorid . | 54,9 | „ | 19,4 | 66,7 |
| „ . . | 12,4(9) | Äthylacetat . . | 60,1(83) | „ | 27,5(8) | 70,3 |
| „ . . | 22,8 | Benzol . . . . . | 53,9 | „ | 23,3 | 64,9 |
| „ . . | 22,2 | Cyclohexan . . . | 54,3 | „ | 23,5 | 62,1 |

b) Ternäre Gemische (Fortsetzung).

| Bestandteile 1 | | Bestandteile 2 | | Bestandteile 3 | | Siedepunkt °C |
|---|---|---|---|---|---|---|
| Isopropylalkohol | 18,6(19) | Benzol | 18,6(74) | Wasser | 24,9(7) | 66,5 |
| ,, | 19,2 | Cyclohexan | 54,8 | ,, | 26,0 | 64,2 |
| n-Propylalkohol | 18 | Tetrachlorkohlenstoff | 54,4 | ,, | 26,9 | 65,4 |
| ,, | 8,9 | Benzol | 62,8 | ,, | 29,3 | 68,5 |
| ,, | 10,3 | Cyclohexan | 60,3 | ,, | 29,4 | 66,5 |
| ,, | (20) | n-Propylacetat | (59) | ,, | (21) | 82,2 |
| n-Butanol | (28) | Butylacetat | (35) | ,, | (37) | 89,4 |
| Isobutylalkohol | (23) | Isobutylacetat | (47) | ,, | (30) | 86,8 |
| Isoamylalkohol | (31) | Isoamylacetat | (24) | ,, | (45) | 93,6 |

## 2. Mischungen mit Maximumsiedepunkt.

### Binäre Gemische.

| | | | | | |
|---|---|---|---|---|---|
| Aceton | 35,5(20) | Chloroform | 64,5(80) | — | 65,5 |

# K. Decknamen-Verzeichnis.

Nachstehend werden die Decknamen verschiedener Produkte, welche im Handel sind oder waren, mit Angabe der chemischen Zusammensetzung aufgeführt. Für die vollständige Richtigkeit der Angaben kann eine Gewähr nicht übernommen werden. Das Herkunftsland wird wie folgt bezeichnet:

D = Deutschland
A = Vereinigte Staaten von Amerika
E = England
F = Frankreich.

| Handelsnamen: | | Zusammensetzung: |
|---|---|---|
| Abracol 789 | E | Paratoluolsulfamid |
| Abracol 203 | E | Paratoluolsulfanilid |
| Abracol 1001 | E | Tertiäres Butylphenol |
| Adronolacetat | D | Cyclohexylacetat |
| Äthylglykol | D | Glykolmonoäthyläther |
| Äthylglykolacetat | D | Acetat des Glykolmonoäthyläthers |
| Alkydal | D | Phthalsäure-„Harz" |
| Anol | D | Cyclohexanol |
| Anon | D | Cyclohexanon |
| Ansol | A | Äthylalkohol + Äthylacetat; auch wasserfreier Äthylalkohol |
| Asordin | D | Hauptsächlich Tetrachlorkohlenstoff |
| Avantine | E | Isopropylalkohol |
| Acetin | D | Acetylglycerin |
| Aceton-Ersatz | D | Verschiedene leicht flüchtige esterhaltige Lösungsmittel |
| Barkite | E | Oxalsäuredimethylcyclohexylester |
| Benzinoform | D | Tetrachlorkohlenstoff |
| Butoxyl | D | Acetat des 1,3-Butylenglykolmonomethyläthers |
| Butylcarbitol | A | Diäthylenglykolmonobutyläther |

| Handelsnamen: | | Zusammensetzung: |
|---|---|---|
| Butylcellosolve | A | Äthylenglykolmonobutyläther |
| Butylglykol | D | Äthylenglykolmonobutyläther |
| Camphol | D | Oxanilid |
| Camphrosal | D | Paratoluolsulfamid |
| Carbitol | A | Diäthylenglykolmonoäthyläther |
| Casterol | D | Geblasenes Ricinusöl |
| Cellosolve | A | Äthylenglykolmonoäthyläther |
| Cellusol | F | Paratoluolsulfamid |
| Centralit I | D | Dialkyldiphenylharnstoff |
| Cyclonol | D | Produkt der Cyclohexanonglycerin-Reihe |
| Cetamoll | D | Gemische, enthaltend verschiedene Phosphorsäureester |
| Dial | | Diacetonalkohol |
| Diatol | A | Diäthylcarbonat |
| Dekalin | D | Dekahydronaphthalin |
| Depanol | D | Produkt der Terpenreihe aus Terpentinöl |
| Depol | D | Produkt der Terpenreihe aus Terpentinöl |
| Dional | D | Alkylacetathaltige Gemische |
| Dipenten | D | Dipentenhaltiges Produkt aus Terpentinöl |
| Dissolvan CA | D | Gemisch leicht flüchtiger Lösungsmittel, Ester enthaltend |
| Dissolvan DN | D | Acetale enthaltendes Lösungsmittelgemisch |
| Drawin | D | Äthylacetat enthaltende Lösungsmittelgemische |
| Duatol | | Guajakolacetat |
| Elaol | D | Dibutylphthalat |
| Elastol | F | Paratoluolsulfosäureäthylamid, enthaltend m-, p-Toluolsulfamid |
| Enodrin | D | Früher Äthylenchlorhydrin; auch andere Glykolderivate enthaltende Lösungsmittelgemische |
| Erganol | | Dibenzyläther |
| Ergol | | Benzylbenzoat |
| Ester P | D | Äthylpropionat |
| Estisol | | Äthyllactat |
| Ethox | A | Di-äthylglykol-phthalat |
| Eusolvan | D | Äthyllactat |
| Formosol | F | Äthylformiat |
| GB-Ester | D | Glykolsäurebutylester |
| Heptalin | D | Methylcyclohexanol |
| Hexalin | D | Cyclohexanol |
| Hexalinacetat | D | Cyclohexylacetat |
| Hydralin | D | Rohes Cyclohexanol |
| Hydropalat B | D | Hexahydrophthalsäuredibutylester |
| Hydroterpin | D | Hydriertes Kienöl (Holzterpentinöl) |
| Isopropylglykol | D | Äthylenglykolmonoisopropyläther |
| Katarin | D | Tetrachlorkohlenstoff |
| Kemsolene | A | Benzin; Siedepunkt etwa 80—200° C |
| Ketol | F | Mischungen verschiedener Ketone, vor allem Dipropylketon |
| Krystallöl | D | Benzin |
| Lactole | A | Benzin für Nitrocelluloselacke |
| Lindol | A | Trikresylphosphat |
| Lösungsmittel APV | D | Polyglykolätherprodukt |
| Lösungsmittel BP | D | Butylpropionat |
| Lösungsmittel C | D | Gemisch leicht siedender Ester, anscheinend mit Acetalen |
| Lösungsmittel E 13 | D | Gemisch hauptsächlich leicht siedender Ester |

| Handelsnamen: | | Zusammensetzung: |
|---|---|---|
| Lösungsmittel E14 | D | Gemisch hauptsächlich leicht siedender Ester |
| Lösungsmittel E33 | D | Gemisch hauptsächlich leicht siedender Ester |
| Lösungsmittel EMA | D | Gemisch hauptsächlich leicht siedender Ester |
| Lösungsmittel GC | D | Glykolmonoacetat |
| Lösungsmittel GD | D | Glykoldiacetat |
| Lösungsmittel O | D | Oxalsäuredibutylester |
| Lösungsmittel RS200 | D | Butyrolacton + Valerolacton |
| Lösungsmittel DA | D | Diacetonalkohol |
| Lösungsmittel TAD | D | Gemisch unbrennbarer Chlorkohlenwasserstoffe |
| Mannol | D | Äthylacetanilid |
| Metal | D | Hauptsächlich leicht siedende Ester enthaltendes Gemisch |
| Methylaceton | | Aceton, Methylacetat, Methanol u. dgl. enthaltend |
| Methylanol | D | Methylcyclohexanol |
| Methylanon | D | Methylcyclohexanon |
| Methylated Spirit | E | Mit Holzgeist vergällter Alkohol |
| Methyladronolacetat | D | Methylcyclohexylacetat |
| Methylglykol | D | Aethylenglykolmonomethyläther |
| Methylglykolacetat | D | Acetat des Aethylenglykolmonomethyläthers |
| Methylhexalin | D | Methylcyclohexanol |
| Methylhexalinacetat | D | Methylcyclohexylacetat |
| Mittel AEP | D | Toluolsulfosäuremethylester |
| Mittel B6 | D | Toluolsulfosäurealkylamid |
| Mittel L30 | D | Terpentinölderivat |
| Mittel PJ | D | Paratoluolsulfamilid |
| Mollit BR extra | D | Gemischte Glycerinester verschiedener Säuren |
| Mollit I | D | Diäthyldiphenylharnstoff |
| Normanol | F | Äthyllactat |
| Palatinol A | D | Diäthylphthalat |
| Palatinol C | D | Dibutylphthalat |
| Palatinol JC | D | Diisobutylphthalat |
| Palatinol M | D | Dimethylphthalat |
| Palatinol O | D | Di-methylglykol-phthalat |
| Pentacetat | A | Synthetisches Amylacetat |
| Pentasol | A | Synthetischer Amylalkohol |
| Pentexel | A | Synthetischen Amylalkohol enthaltendes Gemisch |
| Peralcol | D | Cyclohexanol + Alkohol |
| Peramylalkohol | D | Cyclohexanol + Isopropylalkohol + Butanol |
| Persprit | D | Isopropylalkohol |
| Petrohol | A | Isopropylalkohol |
| Pine Oil | A | Terpentinölderivat (Kiefernöl) |
| Placidol A | D | Diamylphthalat |
| Placidol B | D | Dibutylphthalat |
| Placidol E | D | Diäthylphthalat |
| Plastol CII | D | Enthaltend hauptsächlich Toluolsulfamid |
| Plastol M | D | Gemisch alkylierter Toluolsulfamide |
| Plastoform I | | Benzylalkohol |
| Plastolin I | | Benzylacetat |
| Prestone | A | Äthylenglykol für Gefrierschutzzwecke |
| Pyranton A | D | Diacetonalkohol |
| Ricol | D | Geblasenes Ricinusöl |
| Sangajol | D | Lackbenzin |
| Santicizer I | A | Paratoluolsulfamid |
| Santicizer III | A | Paratoluolsulfosäureäthylamid |
| Santicizer VIII | A | m-Toluolsulfosäureäthylamid |

| Handelsnamen: | | Zusammensetzung: |
|---|---|---|
| Serikosol | D | Glykolderivat |
| Sextate | E | Methylcyclohexylacetat |
| Sextole | E | Methylcyclohexanol |
| Sextone | E | Methylcyclohexanon |
| Sipalin AOC | D | Adipinsäuredicyclohexylester |
| Sipalin AOM | D | Adipinsäuredimethylcyclohexylester |
| Sipalin MOM | D | Methyladipinsäuredimethylcyclohexylester |
| Sipalin spezial | D | Methyladipinsäuredimethylcyclohexylester Palmitinsäureester enthaltend |
| Solaesthin | D | Methylenchlorid für Narkosezwecke |
| Solvenol | A | techn. Dipenten, Siedepunkt 165—200° C. |
| Solv-o-hol | A | Polyglykoläther + Glykol |
| Spectrol | D | Enthält Tetrachlorkohlenstoff, parfümiert |
| Speziallösungsmittel | D | Gemisch hauptsächlich leicht siedender Ester |
| Speziallösungsmittel A, E und EF | D | Gemisch hauptsächlich leicht siedender Ester |
| Stabilisal A | D | Stickstoffhaltiges Polymerisationsprodukt |
| Synthin | D | Synthetisches Benzin |
| Synthol | D | Synthetisches Benzin |
| Tamasol J | D | Isobutylacetat |
| Tamasol II | D | Gemisch von höheren aliphatischen Alkoholen mit cyclischen Ketonen |
| Tamasol III | D | Gemisch von höheren aliphatischen Alkoholen mit cyclischen Ketonen |
| Terlitol | D | Lackbenzin |
| Terapin | D | Lackbenzin |
| Textile | A | Benzinkohlenwasserstoffe, Siedepunkt 65 bis 100° C |
| Tetra | D | Tetrachlorkohlenstoff |
| Tetraform | D | Tetrachlorkohlenstoff |
| Tetrakol | D | Tetrachlorkohlenstoff |
| TCP | A | Abkürzung für Trikresylphosphat |
| TPP | A | Abkürzung für Triphenylphosphat |
| Tetralin | D | Tetrahydronaphthalin |
| Triacetin | D | Glycerintriacetat |
| Tributyrin | D | Glycerintributyrat |
| Tri | D | Trichloräthylen |
| Vulcanol B | D | Hochmolekularer aromatischer Kohlenwasserstoff |
| V.M.P.Naphtha | A | Lackbenzin, Siedepunkt 100—160° |
| Vestron | | Tetrachloräthan |
| Weichmachungsmittel 9 | D | Dreiwertiger synthetischer Alkohol |
| Weichmachungsmittel PA | D | Di-äthylglykol-Phthalat |
| Weichmachungsmittel PM | D | Di-methylglykol-Phthalat |
| Weichmachungsmittel REA | D | Ricinusölsäureester, Acetylgruppen enthaltend |
| White Spirit | E | Lackbenzin. |